MONOGRAPHIEN AUS DEM GESAMTGEBIET DER PHYSIOLOGIE DER PFLANZEN UND DER TIERE

HERAUSGEGEBEN VON

F. CZAPEK-PRAG, M. GILDEMEISTER-BERLIN, E. GODLEWSKI JUN.-KRAKAU, C. NEUBERG-BERLIN, J. PARNAS-WARSCHAU

REDIGIERT VON F. CZAPEK UND J. PARNAS

DRITTER BAND:

DIE BIOGENEN AMINE

VON

M. GUGGENHEIM

Springer-Verlag Berlin Heidelberg GmbH 1920

DIE
BIOGENEN AMINE

UND IHRE BEDEUTUNG FÜR DIE PHYSIOLOGIE UND PATHOLOGIE DES PFLANZLICHEN UND TIERISCHEN STOFFWECHSELS

VON

M. GUGGENHEIM

Springer-Verlag Berlin Heidelberg GmbH 1920

Copyright 1920 by Springer-Verlag Berlin Heidelberg

Originally published by Julius Springer in Berlin in 1920.

ISBN 978-3-662-24210-0   ISBN 978-3-662-26323-5 (eBook)
DOI 10.1007/978-3-662-26323-5

Vorwort.

Die Grundlagen dieses Buches bilden Literatur-Zusammenstellungen, welche gelegentlich verschiedener Laboratoriumsarbeiten auf dem Gebiete der Eiweißchemie von mir gemacht wurden. Ihre Veröffentlichung wäre voraussichtlich unterblieben, wenn mir nicht durch einen schweren Unfall die Fortsetzung eigener experimenteller Arbeiten unmöglich gemacht worden wäre. Es lag ja auch bereits die vortreffliche Monographie von G. Barger „The Simpler Natural Bases", Longmans, Green and Co. London 1914 vor, welche dasselbe Arbeitsgebiet behandelt. Ich hoffte aber mit dieser neuen Darstellung nicht bloß auf einem mir liebgewordenen Gebiet nach Möglichkeit weiter zu arbeiten, sondern auch durch eine übersichtliche und vollständige Zusammenstellung nach der einen oder anderen Richtung neue Anregungen zu geben. Wenn es mir möglich geworden, diese meine Absicht trotz der großen äußeren Schwierigkeiten — ich mußte mir alles vorlesen lassen — auszuführen, so verdanke ich es vor allem der gewissenhaften und geduldigen Mitarbeit von Fräulein Ilse Schramm. Zu großem Dank verpflichtet bin ich auch Herrn Prof. Dr. M. Cloëtta für die Durchsicht des pharmakologischen Teiles, sowie meiner Frau und Herrn Dr. E. Hug für das Lesen der Korrekturen.

Basel, im Juni 1919.

M. Guggenheim.

Inhaltsverzeichnis.

Einleitung.

Die Biochemie hat sich bemüht, die analytisch ermittelten stickstoffhaltigen Produkte des Pflanzen- und Tierreichs in wenige, durch spezifische physiologische Funktionen gekennzeichnete Gruppen einzureihen. In der Tat gelingt es ohne Schwierigkeiten, alle bisher aufgefundenen Stickstoffderivate in die Klassen der Eiweißkörper, der Phosphatide und Nucleinsäuren zu ordnen oder sie zu diesen als Bausteine oder Stoffwechselendprodukte in Beziehung zu bringen. Die eingehendere Forschung verband aber nicht bloß diese großen Etappen durch das Studium der Zwischenreaktionen und durch die Isolierung intermediärer Stoffwechselprodukte, sondern sie brachte auch die Erkenntnis, daß diesen Zwischenstufen nicht immer nur die passive Rolle einer Übergangsstation zukommt, sondern daß sie imstande sind, die Stoffwechselprozesse und die gesamten Lebensvorgänge in fundamentaler Weise zu beeinflussen.

Biogene Amine. Vom biologischen und chemischen Gesichtspunkte aus läßt sich nun eine Reihe solcher intermediärer Stickstoffprodukte in eine Gruppe zusammenfassen, die in dem vorliegenden Buche kurz mit dem Namen biogene Amine bezeichnet werden sollen. Diese vielleicht wenig charakterisierende Bezeichnung mußte deshalb gewählt werden, weil sich für die in Betracht kommenden Verbindungen weder auf physiologischer noch auf chemischer Grundlage eine definiertere Benennung finden läßt. Wiewohl die größere Zahl der in Frage kommenden Substanzen nachgewiesenermaßen im engen Zusammenhang mit dem Eiweiß und den Eiweißbausteinen steht, so daß sich für diese der früher vorgeschlagene Name proteinogene Amine rechtfertigen ließe, so ist es doch kaum richtig, sämtlichen hierher gehörigen Substanzen eine direkte Beziehung zu den Eiweißkörpern zuzuschreiben. Viele können ebensowohl oder noch richtiger als phosphatidogen oder nucleinogen bezeichnet werden, während für andere ein unmittel-

gelangten sie zu einigermaßen definierten basischen Substanzen Es ist namentlich das Verdienst von Gautier, die Trennung dieser Gemische mit Hilfe der verschieden löslichen Platin- und Goldsalze bis zu einem gewissen Grade ermöglicht, und durch deren Elementaranalyse eine exaktere Grundlage für ihre Charakterisierung und Identifizierung gegeben zu haben (vgl. auch Oechsner de Conink). Seitdem Brieger durch Verwendung neuer Fällungs- und Trennungsmittel diese Methoden erheblich vermehrt und verbessert hat, ist die Reindarstellung und die chemische Identifizierung der Ptomaine bis heute das Fundament der ganzen Fäulnis-Chemie geblieben. Wenn man das Wesen der Fäulnis, wie dies wohl richtig ist, in einer Zerlegung komplizierterer organischer Stickstoffverbindungen durch anaerobe Bakterien erblickt, so ist es begreiflich, daß die zunehmenden Erfahrungen der Bakteriologie und die sich stetig entwickelnde Eiweiß-, Phosphatid- und Nucleinchemie bis heute einen andauernden Fortschritt in der Erkenntnis der Fäulnisvorgänge bedeuten.

Biogene Amine in der Pathologie. Die durch Selmi, Gautier und Brieger begründete Ptomainforschung war durch praktische Forderungen der gerichtlichen Medizin eingeleitet worden. Es war eine verlockende Aufgabe für die Bakteriologie und Mykologie die gewonnenen chemischen Erkenntnisse auch in anderen Forschungsgebieten anzuwenden. Vor allem lag es nahe, die akuten Vergiftungserscheinungen bei den Infektionskrankheiten auf die Bildung toxischer Stoffwechselprodukte unter der Einwirkung spezifischer Bakterien zurückzuführen. Lassen sich bestimmte alkaloidartige Produkte als spezifische Bakterientoxine definieren? Diese Frage hat eine Reihe von Forschern beschäftigt. Allerdings zunächst ohne den gewünschten Erfolg. Es war natürlich kaum möglich, bei dem damaligen Stand der Chemie an ein Problem zu gehen, welches eine gründliche Kenntnis der biochemischen Dynamik und der Eiweißchemie voraussetzt und gänzlich aussichtslos war es, durch Ermittlung eines die Harntoxizität ausdrückenden urotoxischen Koeffizienten (Bouchard) oder durch die Isolierung mangelhaft definierter Verbindungen aus Harn und anderen Körperflüssigkeiten (Pouchet, Griffith) eine eindeutige Antwort auf die gestellte Frage zu erhalten.

Es mag auch heute noch zweifelhaft erscheinen, ob es möglich sein wird, die durch bakterielle Infektionen ausgelösten pathologischen Symptome ganz oder teilweise auf eine chemische Grundlage zurückzuführen. Immerhin haben die diesbezüglichen Arbeiten der letzten Jahre manche Resultate gebracht, die uns diesem Ziele erheblich näher rücken. Das Auftreten von Diaminen im Harn und Kot bei Cystinurie (Baumann und Udrántzki) mag zwar nur in entfernterem Zusammenhang mit dieser Erkrankung stehen, ebenso wie die reichliche Bildung von Tetramethylendiamin im Cholerastuhl und in den Reinkulturen von Cholerabazillen. Wenn es aber gelingt, durch bestimmte biogene Amine eine gleiche Veränderung des Blutbildes zu erzeugen, wie bei gewissen Formen von anämischen Erkrankungen (Heß und Müller), wenn bei diesen Anämien andererseits im Darm eine pathologische Bakterienflora festgestellt werden kann (Rettger, Herter), wenn es ferner gelingt, aus dem Darm bei gewissen Enteritiden das toxische Imidazolyläthylamin zu isolieren und im Kot derselben Patienten ein Bacterium aufzufinden, das in außerordentlichem Maße begabt ist, die an sich völlig ungiftige Aminosäure, Histidin, in dieses Gift zu verwandeln (Berthelot und Bertrand, Bertrand und Berthelot, Mellanby und Twort), so kann eine engere kausale Beziehung zwischen biogenen Aminen und infektiösen Erkrankungen nicht mehr bestritten werden, und die von Metschnikoff vertretene Lehre von der intestinalen Autointoxikation braucht nicht mehr allein an die Indol- und Phenolbildung zu appellieren.

Nicht immer wird es möglich sein, die von der Darmwand aus resorbierten basischen Abbauprodukte im Organismus nachzuweisen, da sich der Körper bemüht, die auf die glatte Muskulatur und auf das Nervensystem äußerst wirksamen Stoffe, sei es durch Oxydation, sei es durch Paarung, möglichst rasch unschädlich zu machen. Nur in ganz besonderen Fällen, wenn die entgiftenden Funktionen der Organe nicht mehr ausreichen, wird es zu eigentlichen Toxämien und Toxurien kommen. In den meisten Fällen aber wird die Aufgabe darin bestehen, die durch Oxydation oder Kuppelung harnfähig und unwirksam gewordenen Substanzen nachzuweisen. Wenn in Zukunft auch diese Produkte neben der Indoxyl- und den Phenolschwefelsäuren die gebührende Beachtung der klinischen Medizin finden werden, so darf man mit Recht erwarten, daß manche pathologischen Erscheinungen als Folge einer akuten oder chronischen Zufuhr von Fäulnisbasen erkannt werden.

Biogene Amine in der Physiologie der Pflanzen und Tiere. Bei den höheren Pflanzen und Tieren bilden sich die biogenen Amine, soweit sie nicht auf synthetischem Wege entstehen, meistens

durch hydrolytische Vorgänge oder aber, es vollzieht sich an den
Aminosäuren ein Methylierungsprozeß. Die Entstehung biogener
Amine durch Decarboxylierung der Aminosäuren, welche bei der
oben besprochenen durch Bakterien veranlaßten Bildung der Fäulnis-
amine eine so große Rolle spielt, tritt hier in den Hintergrund.
Im Eiweißmolekül liegen die Möglichkeiten zur Entstehung biogener Amine in der Protamingruppe, deren Bausteine, die Hexonbasen (Histidin, Arginin und Lysin) ausgesprochen basische Eigenschaften besitzen. Daß Änderungen in der Menge oder im Verhältnis dieser basischen Aminosäuren bei physiologischen und pathologischen Prozessen eine große Bedeutung besitzen, ist schon in
den Arbeiten von Kossel und Schulze deutlich zutage getreten.
Auf ihren Einfluß in der Ernährungsphysiologie ist in neuerer
Zeit namentlich durch die Arbeiten von Hopkins, Osborne und
Abderhalden aufmerksam gemacht worden. Der hydrolytische
Abbau der Nucleinsäuren führt zu den Purin- und Pyrimidinbasen,
Substanzen, die zusammen mit gewissen lebenswichtigen Aminosäuren, vielleicht jenen, in neuerer Zeit mehr beachteten akzessori-
schen Ernährungsfaktoren zugrunde liegen, welche vorläufig noch
durch den unklaren Begriff „Vitamine" umkleidet werden. Die
Phosphatide liefern bei ihrer Zerlegung das stark basische Cholin
und den Aminoäthylalkohol. Die Methylierung der Aminosäuren
ist namentlich in der Pflanzenwelt häufig und führt dort zu der
mannigfaltigen Reihe der Betaine. Ob das Auftreten primärer,
sekundärer und tertiärer Amine, das in der letzten Zeit sowohl in
der Pflanzen- wie in der Tierwelt vereinzelt beobachtet worden ist,
an das Vorhandensein decarboxylierender, an den Aminosäuren
sich betätigender Fermente geknüpft ist, ist unentschieden. Doch
legt das Vorkommen von Oxyphenyläthylamin im Sekret des
Tintenfisches und in der Mistel, die Bildung von Adrenalin
in der Nebenniere, von Hordenin in der keimenden Gerste diesen
Gedanken sehr nahe. Auf jeden Fall ist es einleuchtend, daß
der Organismus die Möglichkeit, aus dem pharmakologisch
indifferenten Eiweißmaterial nach Bedarf wirksame, mit der
Säftebahn leicht transportierbare Stoffe zu bilden, nicht un-
genützt läßt. Vielleicht sind die Organe innerer Sekretion Prädi-
lektionsstellen für solche Vorgänge. Zum mindesten würde alles,
was wir über das einzige bis jetzt chemisch bekannte Hormon,
das Adrenalin, wissen, dieser Ansicht nicht entgegenstehen und das
chemisch einigermaßen erforschte Prinzip der Hypophyse würde

die Anschauung nur stützen. Die Isolierung und Reindarstellung definierter Produkte ist in allen Fällen, wo sich auf Grund dieser Annahme die Bildung biogener Amine vermuten läßt, der sicherste Weg, die Forschung weiterzuführen. Bedenkt man aber die geringe Stoffmenge, die hier voraussichtlich in Betracht kommt, ihre chemische Labilität und vielleicht ihr eigenartiges physikalisches Verhalten, so wird man erkennen, daß dieser Weg ein sehr mühevoller und langwieriger sein wird.

Da das vorliegende Buch nicht die gesamten basischen Produkte des Pflanzen- und Tierreichs behandeln will, ist es nötig, den im vorstehenden umfassend geschilderten Begriff der biogenen Amine etwas einzuengen. Von vornherein müssen natürlich die Alkaloide abgetrennt werden. Die Grenze ist nicht immer eine scharfe, läßt sich aber dadurch finden, daß man die komplizierteren, speziell aber die mehrkernigen Stickstoffderivate ausschließt. In gleicher Weise soll den Purinkörpern und den davon abstammenden Pyrimidinbasen keine eingehendere Behandlung zuteil werden. Auch die amidartigen Verbindungen, Harnstoff, Amide der Aminosäuren (Asparagin, Glutamin), Hydantoinderivate, die als Produkte der regressiven Stickstoffmetamorphose eigentlich in den Kreis dieser Betrachtungen gehören, können hiervon leicht ausgeschlossen werden, da bei ihnen ein Hauptmerkmal der biogenen Amine, die basische Natur, kaum ausgeprägt erscheint.

Für die **Einteilung** der übrigen biogenen Amine ist nach Möglichkeit eine chemische Grundlage gewählt worden. Die allgemeine biologische Bedeutung ließ sich dabei ohne jeden Zwang vollauf berücksichtigen. Wir gelangten dabei zur folgenden Einteilung:

I. Die Alkylamine (Methyl-, Dimethyl-, Trimethyl-, Äthyl-, Butyl-, Amylamin).

II. Die Alkanolamine (Aminoäthylalkohol, Cholin, Muscarin und Glucosamin).

III. Die Neuringruppe.

IV. Die Diamine (Putrescin, Cadaverin, Ornithin und Lysin).

V. Die Guanidinverbindungen (Guanidin, Methylguanidin, Agmatin, Arginin, Kreatin und Kreatinin).

VI. Die Imidazolverbindungen (β-Imidazolyläthylamin, Histidin und Carnosin).

VII. Die Betaine und ω-Aminosäuren.

VIII. Die Phenylalkyl- und Phenylalkanolamine
(Phenyläthylamin, Oxyphenyläthylamin, Adrenalin).
IX. Indoläthylamin.

Die vorstehende chemische Einteilung war einer biologischen
Gruppierung vorzuziehen. Eine solche hätto entweder die Muttersubstanzen oder die biologische Bedeutung der biogenen Amine ins
Auge zu fassen. Ersteres ist deshalb schwierig, weil es von vielen
Aminen nicht feststeht, ob sie von Phosphatiden oder von Eiweißsubstanzen abzuleiten sind, oder ob sie einem synthetischen Prozeß
ihre Entstehung verdanken. Je nach dem Ort oder der Art des
Auftretens ist die eine oder die andere Möglichkeit in Erwägung
zu ziehen. Noch schwieriger und unsicherer erscheint eine auf
die biologische Bedeutung gestützte Klassifikation. Die Frage,
ob ein Amin als Stoffwechselendprodukt (Aporrhegma), als Baustein oder Energiequelle, als Reizstoff (Hormon, Vitamin) oder
als Toxin (Ptomain) aufzufassen ist, kann oft kaum entschieden
werden und die Antwort wird eine grundverschiedene, je nachdem
man den Stoffwechsel der Bakterien, der Pflanzen oder der Tiere
berücksichtigt.

Da die einzelnen Amine in buntem Gemisch nebeneinander
auftreten, würde auch das Vorkommen in Fäulnisprodukten,
pflanzlichen und tierischen Extrakten, in Blut, Harn, Gewebs-
säften kein übersichtliches Einteilungsprinzip darstellen. Dagegen
schafft die chemische Einteilung nicht nur einen systematischen
Bearbeitungsplan, sondern sie berücksichtigt auch die hauptsächlichsten Methoden, welche bei der Erforschung dieser Körperklasse
angewendet worden sind. Diese Methoden beruhen im wesentlichen
auf der verschiedenen Fällbarkeit der einzelnen Amine in Form
ihrer Salze oder Doppelsalze. Durch Ausnützung der Löslichkeits-
unterschiede gelangte man zu einer systematischen Aufteilung der
Gemische in bestimmte Gruppen.

Als solche lassen sich vor allem folgende abgrenzen: Die flüchtigen
Amine, welche aus baryt- oder magnesiaalkalischer Lösung mit Wasserdampf flüchtig sind; die Histidingruppe (fällbar durch Quecksilbersalze
und Silbernitrat bei neutraler Reaktion); die Arginingruppe (fällbar
durch barytalkalische Silbernitratlösung); die Lysingruppe (nicht fällbar
durch barytalkalische Silbernitritlösung); die Betain- und Cholingruppe
(fällbar durch alkoholische Sublimatlösung und durch Kaliumwismutjodid).

Die gewählte Einteilung trägt nun im großen ganzen diesen
Verhältnissen Rechnung. Grundlegend für die vorliegende Dar-

stellung waren aber weder systematische noch methodische Rücksichtnahme, sondern vor allem das Bestreben, die einzelnen Substanzen, vom chemischen Gesichtspunkte aus, zu charakterisieren, ihre pharmakologischen Eigenschaften, soweit sie bekannt sind, wiederzugeben, die genetischen Beziehungen bestmöglichst aufzuklären und aus all diesen Tatsachen Anhaltspunkte für die physiologische Bedeutung der biogenen Amine zu gewinnen.

Allgemeines über biogene Amine.

Entstehung biogener Amine.

Die mehr oder minder ausgeprägte Basizität, welche die allen biogenen Aminen gemeinsame Eigenschaft darstellt, beruht auf der Anwesenheit einer primären, sekundären, tertiären oder quaternären Aminogruppe, welche an einen aliphatischen, fettaromatischen oder hetreocyclischen Kohlenwasserstoffrest gebunden ist. Die Bildung solcher Amine in der Natur erfolgt entweder durch Synthese oder durch Abbau.

Wir bezeichnen die Entstehung eines biogenen Amins als synthetisch, wenn Ammoniak in ein stickstofffreies oder nicht basisches Molekül eintritt, ihm so die Grundeigenschaft der biogenen Amine, die Basizität, verleihend. Im wesentlichen handelt es sich dabei um die Verbindung eines Alkyl- oder Phenylalkylrestes mit Ammoniak, das als Nährstoff oder als Produkt des regressiven Eiweißabbaues den synthetisierenden Zellen zur Verfügung steht. Wenn man die biochemischen Verhältnisse berücksichtigt, ist diese Vereinigung nach zwei verschiedenen chemischen Vorgängen möglich, je nachdem man in einem Alkohol oder Aldehyd die in Reaktion tretenden stickstofffreien Komponenten erblickt. Nach der ersteren Annahme vollzieht sich die Bildung des Amins nach der einfachen Gleichung:

$$\mathrm{ROH} + \mathrm{NH_3} = \mathrm{R \cdot NH_2} + \mathrm{H_2O}$$
$$\text{Alkohol} \qquad\qquad \text{Amin}$$

Die zweite Annahme setzt die Bildung eines intermediären Additionsproduktes, eines Aldehydammoniaks (Hydramins) voraus, aus welchem dann, durch einen reduktiven Vorgang das biogene Amin hervorgeht.

$$\mathrm{R \cdot C} \big\langle {}^{\mathrm{H}}_{\mathrm{O}} + \mathrm{NH_3} = \mathrm{R \cdot CH} \big\langle {}^{\mathrm{NH_2}}_{\mathrm{OH}} \xrightarrow{\mathrm{H_2}} \mathrm{R \cdot CH_2NH_2} + \mathrm{H_2O}$$
$$\text{Aldehyd} \qquad\qquad \text{Hydramin} \qquad\qquad\qquad \text{Amin}$$

Es ist noch unentschieden, welche der beiden synthetischen Bildungsweisen vom biologischen Gesichtspunkte aus die wahrscheinlichere ist, da sowohl Alkohole wie Aldehyde im Stoffwechsel der Pflanzen und Tiere intermediär auftreten. Chemische Analogien besitzen wir für beide Reaktionen. Daß sich Methylalkohol und Ammoniumchlorid bei höherer Temperatur (300^0) unter Bildung von Methylamin vereinigen können, ist schon von Berthelot beobachtet worden. Sabatier und Maihle haben in neuerer Zeit gezeigt, daß es gelingt, durch Überleiten eines Gemisches aus Ammoniak und einem Alkohol über erhitzte Thorerde oder Aluminiumoxyd die Vereinigung der beiden Komponenten zu dem entsprechenden Amin herbeizuführen; so entsteht aus Benzylalkohol und Ammoniak beim Überleiten über Thoroxyd bei $300\text{—}350^0$ Benzylamin:

$$C_6H_5CH_2OH + NH_3 = C_6H_5CH_2NH_2 + H_2O$$

Das anorganische Oxyd wirkt bei diesem Vorgang als Katalysator, vielleicht unter intermediärer Esterbildung. Es ist daher nicht ausgeschlossen, daß in der lebenden Zelle unter dem Einfluß katalytisch wirksamer Kräfte derselbe Vorgang schon bei niedriger Temperatur stattfindet.

Die zweite Möglichkeit, die Entstehung eines Amins aus Aldehyd und Ammoniak, illustriert sich an der Darstellung von Methylamin aus Formaldehyd und Ammoniak (Brochet und Cambier, Werner).

$$HCHO + NH_3 = HCH{<}^{NH_2}_{\ OH} \xrightarrow{H_2} CH_3NH_2 + H_2O$$

$$\text{Formaldehyd} \qquad \text{Aldehyd-} \qquad \text{Methylamin}$$
$$\text{ammoniak}$$

Die Reduktion des intermediär gebildeten Hydramins zum Methylamin erfolgt durch ein zweites Molekül Formaldehyd, welches sich dabei zu Ameisensäure oxydiert. Formaldehyd, der als Assimilationsprodukt in der Pflanze, als Oxydationsprodukt im Tierkörper auftritt, kann daher als methylierendes Agens sehr wohl in Betracht gezogen werden (Pictet, Löb, Thompson).

Das in der einen oder anderen Weise gebildete primäre biogene Amin kann nun durch Eintritt weiterer Alkylreste in ein sekundäres, tertiäres und quaternäres Amin verwandelt werden. In der Regel beschränkt sich diese fortschreitende Alkylierung auf eine Methylierung, d. h. auf den Eintritt des Methylrestes, der in der Form von Methylalkohol oder Formaldehyd zur Verfügung steht.

Die erschöpfende Methylierung veranschaulicht sich durch folgendes Schema:

$$R \cdot NH_2 \xrightarrow[CH_2O]{CH_3OH} R \cdot NH \cdot CH_3 \xrightarrow[CH_2O]{CH_3OH} R \cdot N{<}^{CH_3}_{CH_3} \xrightarrow{CH_3OH}$$

primäres　　　sekundäres　　　tertiäres

$$R \cdot N{\Big\langle}^{CH_3}_{CH_3}_{CH_3}$$
$$OH$$

quaternäres Amin

in welchem entweder der Methylalkohol oder der Formaldehyd als methylierendes Agens auftritt. In letzterem Falle ist jeweils ein unbeständiges Hydramin als Zwischenprodukt einzuschalten.

Die fortschreitende Methylierung zeigt sich in verschiedenen Gruppen der biogenen Amine. Ein typisches Beispiel für erschöpfende Methylierung bildet die Entstehung von Cholin

$$HO \cdot CH_2 \cdot CH_2OH \rightarrow H_2NCH_2 \cdot CH_2OH \rightarrow (CH_3)_3N - CH_2 - CH_2OH$$

Glykol　　　　　　Colamin　　　　　　　|　　　　Cholin
　　　　　　　　　　　　　　　　　　　　OH

auf die weiter unten noch näher eingegangen wird.

In anderen Fällen, wie beim Adrenalin oder Kreatinin bleibt die Methylierung schon beim sekundären Amin stehen, während beim Hordenin S. 256 und beim Trimethylamin die tertiäre Base das Endstadium des Methylierungsprozesses darstellt.

Ein Spezialfall der erschöpfenden Methylierung ist die Betainbildung. Hier fällt der Methylierung nicht ein primäres Amin, sondern eine Aminosäure anheim.

$$H_2N \cdot CH_2COOH \rightarrow (CH_3)_3N \cdot CH_2 \cdot COOH$$

Glykokoll　　　　　　　　|　　Betain
　　　　　　　　　　　　　OH

Durch den Übergang der primären Aminogruppe in ein quaternäres Ammoniumderivat wird die Basizität des Stickstoffs wesentlich erhöht. Der Einfluß der sauren Carboxylgruppe wird ausgeschaltet und die amphoter oder schwach sauer reagierende Aminosäure nimmt basischen Charakter an.

Während in den Betainen die basische Natur dadurch zum Ausdruck gelangt, daß das am selben Molekül befindliche Carboxyl durch innere Salzbildung gleichsam außer Funktion gesetzt wird, ergibt sich in anderen Fällen durch innere Anhydridbildung eine Zurückdrängung der sauren Eigenschaften und damit ein Vorwalten der basischen Natur. So wird das wenig basische Kreatin durch intramolekulare Wasserabspaltung und Ringschließung zum basischen Kreatinin:

$$H_2N \cdot C(= NH) \cdot N(CH_3)CH_2 \cdot COOH \rightarrow \overline{HN \cdot C(= NH)N(CH_3)CH_2CO} + H_2O$$

Kreatin $\qquad\qquad\qquad\qquad\qquad$ Kreatinin

Die Monoaminosäuren können auch durch Eintritt weiterer Ammoniak- oder Aminreste basische Natur erwerben. Es besteht zwar wenig Wahrscheinlichkeit, daß sich eine Monoaminosäure z. B. α-Aminovaleriansäure $CH_3CH_2CH_2CH(NH_2)CO_2H$ durch Eintritt von Ammoniak direkt in eine Diaminosäure, α—δ-Diaminovaleriansäure (Ornithin) verwandeln kann. Hingegen werden beim Aufbau und Umbau des Proteinmoleküls die sauren Carboxylgruppen der Monoaminosäuren oft durch Ammoniak oder Amin verankert.

$$R \cdot CH \cdot (NH_2)CO_2H \xrightarrow{NH_3} R \cdot CH \cdot NH_2 \cdot CONH_2$$

Aminosäure $\qquad\qquad\qquad$ Aminosäureamid

Solche Amidosäureamide sind das Asparagin und das Glutamin, ersteres das Amid der Asparaginsäure, letzteres das der Glutaminsäure. Auch die Polypeptide, Peptone und Albumosen sind bekanntlich amidartig verkettete Aminosäuren. Die Amidbildung erhöht jedoch die Basizität nur in geringem Maße.

Den im vorstehenden besprochenen Bildungsweisen biogener Amine liegen synthetische Prozesse zugrunde. Doch ist es der lebenden Zelle auch möglich, durch Abbau eines komplizierter gebauten stickstoffhaltigen Moleküls zu basischen Körpern zu gelangen. Am einfachsten geschieht dies durch eine Hydrolyse, die sich an esterartigen oder amidartig verknüpften Molekülen nach folgendem Schema betätigt:

$$-\overset{+}{R} \cdot CO \cdot \overline{R} \cdot CO - + HOH = -\overset{+}{R} \cdot H + HOOC \cdot \overline{R} \cdot CO -$$

wo $\overset{+}{R}$ eine mehr basische Komponente und $\overline{R}$ eine mehr saure Komponente bedeutet. In der nicht veränderten Substanz waren die sauren und basischen Eigenschaften einigermaßen im Gleichgewicht, d. h. die Substanz reagierte amphoter. Durch die hydrolytische Loslösung des sauren Restes werden die basischen Eigenschaften des anderen manifest. In dieser Weise entstehen biogene Amine, wenn unter dem Einfluß phosphatidspaltender Fermente Aminoäthylalkohol oder Cholin aus den Lecithinen frei wird, wenn durch proteolytische Fermente aus dem amphoteren Eiweißmolekül basische Aminosäuren, Arginin, Histidin, Lysin losgelöst werden.

Was sich bei der Hydrolyse von Proteinen und Phosphatiden an einem Molekularkomplex abspielt, nämlich die Abtrennung der basischen von neutralisierenden sauren Gruppen, vollzieht sich bei der Decarboxylierung der Aminosäuren am einzelnen Molekül.

$$R \cdot CH(NH_2)CO_2H \rightarrow R \cdot CH_2NH_2 + CO_2$$

Was bei der Amidierung und Methylierung nur in beschränktem Maße erreicht wird, die Entfaltung der im Aminosäuremolekül latenten basischen Eigenschaften, wird hier in weit wirksamerem Maße durch vollständige Eliminierung der Carboxylgruppe erzielt. Der Decarboxylierungsprozeß ist denn auch eine hervorragende Quelle biogener Amine. Namentlich die Mikroorganismen sind imstande, die Aminosäuren in dieser Weise zu verändern. Doch ist diese Fähigkeit keineswegs auf die Bakterienwelt beschränkt. Sie findet sich, wenn schon in minder hervortretendem Maße, auch in höheren Pflanzen und ist, wie dies in der Einleitung schon hervorgehoben wurde, auch den Tieren nicht abzusprechen. Ein strikter Beweis hierfür wäre die Isolierung von Fermenten, welche auch in vitro die Carboxylgruppen der Aminosäuren abzuspalten vermögen. Die Isolierung von außerhalb der Zelle wirksamen, die Aminosäuren decarboxylierenden Fermenten ist aber schließlich auch bei Bakterien, denen doch decarboxylierende Fähigkeiten unbedingt zugeschrieben werden müssen, bis jetzt nicht gelungen. Ob dies an methodischen Schwierigkeiten liegt, oder ob die Wirksamkeit dieser Decarboxylasen an eine feinere Struktur der Plasmabestandteile gebunden ist, welche bei jeder Aufarbeitung des Materials geschädigt werden, muß die weitere Forschung entscheiden.

Isolierung und Trennung der biogenen Amine.

Die basische Natur befähigt die biogenen Amine zur Bildung von Salzen mit anorganischen und organischen Säuren. Außerdem sind die Amine imstande, mit Schwermetallsalzen komplexe Verbindungen einzugehen, d. h. Doppelsalze zu bilden.

Hier sind namentlich die Doppelverbindungen mit Platinchlorid $PtCl_4$ und Goldchlorid $AuCl_3$ zu erwähnen. Erstere sind fast immer nach dem Typus $(Am \cdot HCl)_2PtCl_4$, letztere nach dem Typus $(Am \cdot HCl)AuCl_3$ aufgebaut; Am = Amin. Auch andere Schwermetallsalze (Zinkchlorid $ZnCl_2$, Quecksilberchlorid $HgCl_2$, Silbernitrat $AgNO_3$, Cadmiumchlorid $CdCl_2$ usw.) und Schwermetalldoppelsalze (Kaliumwismutjodid $KBiJ_3$, Kaliumquecksilberjodid $KHgJ_3$) addieren sich an die Amine. Die Zusammensetzung dieser Schwermetalldoppelsalze ist aber nicht so gleichmäßig wie die der Gold- und Platindoppelsalze. Sie variiert nicht nur bei verschiedenen Basen, sondern auch bei demselben Amin, je nach den Fällungs- und Konzentrationsverhältnissen, in welchen die Reagenzien angewendet werden.

Die verschiedene Löslichkeit der Salze und Doppelsalze bildet die Grundlage einer systematischen Aufteilung der in der Pflanzen- und Tierwelt vorkommenden Amine. Die Methoden zur Isolierung und Bestimmung der biogenen Amine sollen in den einzelnen Gruppen ausführlicher besprochen werden. Hier seien nur einige allgemeine, für sämtliche Amine geltende Tatsachen erwähnt.

Bei der Isolierung der biogenen Amine handelt es sich entweder um die Abtrennung aus Extraktivstoffen, Fäulnisgemischen oder Hydrolysaten pflanzlicher oder tierischer Herkunft. Das gewöhnlich in wäßerigen Auszügen zur Untersuchung gelangende Material wird zunächst durch die üblichen Enteiweißungsverfahren von den gelösten Proteinen befreit, falls dieselben nicht durch eine vorgängige Totalhydrolyse zerstört worden sind. Dies wird zum größten Teil durch Hitzekoagulation bei schwach saurer Reaktion gelingen. Die noch in Lösung verbleibenden komplexen Proteinsubstanzen (Albumosen, Peptone) können auf verschiedenen Wegen entfernt werden. Die Ausfällung mit kolloidalen Enteiweißungsmitteln — Mastix, kolloidales Eisenhydroxyd, kolloidales Aluminiumhydroxyd — ist wohl nur in Ausnahmefällen anzuwenden, da die hierbei entstehenden Niederschläge, infolge der stark entwickelten Oberfläche die Amine in beträchtlicher Menge festhalten. Die adsorbierten Amine können nur schwierig, bisweilen gar nicht mehr ausgewaschen werden. Verluste durch Adsorption treten auch sonst auf, wenn Aminlösungen mit fein verteilten, amorphen oder krystallinischen Niederschlägen (Talkum, Kaolin, Blutkohle, Bariumsulfat, Bleisulfid usw.) in Berührung kommen, ein Umstand, auf den bei der Aufarbeitung von Amingemischen stets zu achten ist.

Als Spezialfall einer kolloiden Ausflockung kann die, namentlich von Kutscher und von Ackermann häufig angewendete Tanninmethode betrachtet werden.

Man fällt die zu behandelnde Lösung bei schwach saurer Reaktion mit einer konzentrierten (5%) wäßerigen Tanninlösung so lange, als noch ein Niederschlag entsteht. Ein Überschuß ist zu vermeiden, da ein solcher auf die ausgeflockten Kolloide wieder lösend einzuwirken vermag. Das Filtrat der Tanninfällung wird von gelöster Gerbsäure durch Zugabe warmer Barytlösung befreit. Man fügt von letzterer so viel zu, bis die überstehende Flüssigkeit eine leichte Rotfärbung zeigt, filtriert und entfernt den Überschuß von Baryt mit Schwefelsäure. Die überschüssige Schwefelsäure wird gleichzeitig mit einer noch vorhandenen geringen Menge gelöstem Tannin dadurch entfernt, daß man frisch gefälltes Bleioxyd bis zur schwach alkalischen Reaktion zufügt.

Durch diese Behandlung befreit man die Lösung nicht bloß von Peptonen und Albumosen, sondern auch von Pigmenten und anderen Substanzen, deren Anwesenheit die Abtrennung und Reindarstellung der biogenen Amine wesentlich erschweren kann. Dagegen ist das Verfahren nicht frei von dem Nachteil der anderen kolloiden Enteiweißungsmittel. Die im Gerbsäureniederschlag durch Adsorption festgehaltene Aminmenge vergrößert sich noch bei Anwesenheit von basischen Substanzen, die mit Gerbsäure ziemlich schwer lösliche Salze bilden (Krimberg, Gulewitsch). Dieser Fehler soll jedoch nur gering sein, wenn die Tanninfällung bei schwach saurer Reaktion erfolgt.

Zur Reinigung der Extrakte wird häufig auch Bleiacetat verwendet, die Fällung wird gewöhnlich mit einer konzentrierten Lösung von Bleiacetat bei schwach essigsaurer Reaktion vorgenommen. Der Niederschlag — ein Gemisch der Bleiverbindungen von Zucker und anderen Kohlenhydraten, niedrigen und hochmolekularen Fettsäuren — reißt ebenfalls die zu entfernenden Kolloid- und Farbstoffe nieder. Die Abscheidung des überschüssigen Bleies als Bleisulfid oder als Sulfat, bisweilen auch als Oxalat, vermag dann im Filtrat noch eine weitere Reinigung zu bewirken.

Eine Trennung der krystalloiden, biogenen Amine von hochmolekularen wasserlöslichen Kolloiden wird sich in einzelnen Fällen auch durch Dialyse erzielen lassen. Man wird aber diese Methode weniger häufig benützen, da sie auf große Flüssigkeitsmengen im Laboratorium nicht gut anzuwenden ist und ziemlich viel Zeit in Anspruch nimmt. Letzterer Umstand bedingt auch sekundäre, fermentative oder bakterielle Prozesse, die aus anwesendem stickstoffhaltigem Material Amine zu bilden oder vorhandene Amine zu zerstören vermögen.

Der in der einen oder anderen Weise gereinigte Extrakt wird oft, ehe man an die Fraktionierung der Amine geht, von anorganischen Substanzen und gewissen Aminosäuren dadurch befreit, daß man die zum Sirup eingedickte, schwach essig-, salz- oder schwefelsaure Lösung mit 90%igem Weingeist extrahiert. Dieser nimmt fast alle biogenen Amine auf und läßt die anorganischen und nicht aminartigen organischen Verbindungen im Rückstand. Noch vollständiger wird die Extraktion bei Verwendung von Methylalkohol oder von Aceton als Extraktionsmittel. Man kann die zum Sirup eingedickten Extrakte auch durch ein feinkörniges, oder pulveriges Material — Gips, Sand — aufsaugen und dieses in einem Extraktionsapparat mit dem geeigneten organischen Lösungsmittel ausziehen (Barger und Walpole, Torquati, Fränkel).

Nach diesen mehr vorbereitenden Operationen beginnt die eigentliche Aminbestimmung bezw. -Isolierung in der Regel durch die Ausfällung der Amine vermittels der durch Drechsel in die Biochemie eingeführten Phosphorwolframsäure. Die Ausfällung erfolgt in neutraler, noch häufiger aber, in 3—5%iger salz- oder schwefelsaurer Lösung. Die meisten biogenen Amine bilden unter diesen Bedingungen schwer lösliche, sich leicht absetzende flockige oder krystallinische Phosphorwolframate, in der Regel von der Zusammensetzung $Am_3H_3PO_4$, $12\,WO_3$, XH_2O, wo Am ein einsäuriges Amin bedeutet (Drummond). Man fügt so viel von dem Reagens hinzu, daß in der Lösung ein geringer Überschuß — etwa 2—3% freie Phosphorwolframsäure vorhanden ist. Ein größerer Überschuß ist wegen dessen lösender Wirkung auf bereits gefällte Phosphorwolframate zu vermeiden. Da auch Ammoniak und Kalisalze mit der Phosphorwolframsäure schwer lösliche Salze geben, trennt man die Ammonium- und Kaliumsalze zweckmäßig vor der Ausfällung mit Phosphorwolframsäure so weit als möglich ab. Die Abtrennung des Ammoniaks erfolgt mit den andern flüchtigen Aminen — Methyl-, Dimethyl-, Trimethyl-, Butyl-, Amylamin — durch Destillation in schwach alkalischer Lösung (Baryt, Magnesia). Die Kaliumsalze bleiben größtenteils bei der vorerwähnten Extraktion mit Alkohol oder Aceton im unlöslichen Rückstand.

Die nach etwa 24 Stunden abfiltrierten, gut ausgewaschenen Phosphorwolframate werden durch fein gepulvertes oder gelöstes Barythydrat wieder zerlegt. Dabei bildet sich schwerlösliches Bariumphosphorwolframat, während die Basen mit überschüssigem Baryt in die wäßrige Lösung übergehen. Um die Zerlegung zu erleichtern, kann man die Phosphorwolframate vor dem Zusatz des Baryts mit Aceton oder Acetonwasser behandeln (4 Teile Aceton, 3 Teile Wasser). Die meisten sind darin leicht löslich (Wechsler) und setzen sich dann rascher und vollständiger mit dem Baryt um, als bei der bloßen Digestion oder beim Zerreiben. Auch eine

Zerlegung in saurer Lösung ist unter Umständen vorteilhaft. Zu diesem Zwecke fügt man zu den Phosphorwolframaten Salz- oder Schwefelsäure und extrahiert die freie Phosphorwolframsäure mit Äther oder einem Gemisch von Amylalkohol und Äther (Jacobs, van Slyke), in welchem sie leicht löslich ist.

Hat man die Zerlegung mit Baryt vorgenommen, so wird die resultierende barytalkalische Aminlösung durch Einleiten von Kohlensäure oder durch Schwefelsäure von Barium befreit. Nach Zerlegung durch Säuren neutralisiert man mittels Baryt. Die vom Bariumcarbonat oder -sulfat filtrierte Lösung enthält die Amine als Carbonate oder Sulfate.

Man fügt nun zur neutralisierten Basenlösung Silbernitrat. Hierbei erfolgt bei Anwesenheit von Chloriden Abscheidung von Silberchlorid. Bei Gegenwart von Purinbasen (Hypoxanthin, Adenin) werden diese als Silberverbindungen — Silberniederschlag I — ausgefällt.

Um die im Filtrat des Silberniederschlages I befindlichen biogenen Amine voneinander zu trennen, sind verschiedene Methoden ausgearbeitet worden. Grundlegend für alle ist das Verfahren von Kossel und Kutscher. Dieses teilt die Basen in drei Fraktionen, in die Histidinfraktion, fällbar durch eine neutrale oder sehr schwach alkalische Silbernitratlösung, in die Argininfraktion, fällbar durch eine stark barytalkalische Silbernitratlösung und in die Lysinfraktion, welche durch Silbernitrat nicht gefällt wird. Die Lysinfraktion läßt sich dann ihrerseits noch weiter aufteilen in Basen, welche schwer lösliche Pikrate geben (Diaminfraktion) und in die mit Sublimat abscheidbaren Ammoniumbasen der Cholin- und Betaingruppe.

Das ursprüngliche Kossel-Kutschersche Verfahren war hauptsächlich für Eiweißhydrolysate ausgearbeitet worden. Seine Anwendung auf die komplizierteren Gemische der Extraktivstoffe der Fäulnis und Harnbasen machten eine Reihe von Modifikationen notwendig (Kutscher, Ackermann), die namentlich darin bestehen, daß die drei Hauptfraktionen durch Quecksilber-, Platin-, Gold- und Cadmiumsalze, Pikrolon- und Pikrinsäure weiter aufgeteilt werden.

Gulewitsch und Krimberg fällen aus der Lysinfraktion die Ammoniumbasen (Betaine und Cholin) als schwerlösliche Wismutjodiddoppelsalze mit Hilfe des Krautschen oder Dragen-

dorffschen Reagens [1]), Kaliumwismutjodid. Die Wismutjodid-
verbindungen werden durch Bleioxyd zerlegt, die Basen von Blei-
oxydjodid abfiltriert und in alkoholische Lösung übergeführt und
mit Sublimat gefällt.

Nur in speziellen Fällen wird man darauf verzichten, die Gesamtheit der Basen aus den vorgereinigten Extrakten oder Hydrolysaten durch die Seite 16 erwähnte sog. erste Phosphorwolframsäurefällung niederzuschlagen. Immerhin sind einige ältere und
neuere Methoden beschrieben, die dieses Reagens umgehen und durch
andere Fällungsreagenzien eine Aufteilung des Basengemisches
erzielen.

Hier ist namentlich das Verfahren von Brieger zu nennen,
welches die biogenen Amine in Form ihrer Chloride in alkoholische
Lösung überführt. Mit alkoholischer Sublimatlösung erfolgt dann
eine Fraktionierung in schwer lösliche (fällbare) und leicht lösliche
(in Lösung verbleibende) Quecksilberdoppelverbindungen. Aus
diesen beiden Fraktionen werden die Chloride wieder regeneriert
und mit Hilfe ihrer verschieden löslichen Platin- und Golddoppelsalze weiter getrennt. Schulze und seine Mitarbeiter verwendeten
das Briegersche Verfahren speziell zur Isolierung von Cholin und
Betain (vgl. S. 86).

Auf einer Fällung der Quecksilberdoppelsalze beruht auch das
Verfahren von Engeland und Kutscher. Dieses verwertet die
Tatsache, daß die Abscheidung der Basen eine weit vollständigere
wird, wenn man gleichzeitig mit der Sublimatlösung Natriumacetat
zusetzt. Man fügt abwechselnd die gesättigten wäßrigen Lösungen
dieser beiden Reagenzien so lange zu, bis eine abfiltrierte Probe
der Flüssigkeit bei weiterer Zugabe eines großen Überschusses
von kalt gesättigter wäßriger Quecksilberchlorid- und Natriumacetatlösung, auch nach längerem Stehen keine Trübung mehr
absetzt. Der körnige Niederschlag wird mit einem Gemisch von
Sublimat· und Natriumacetatlösung gewaschen, in verdünnter
heißer Salzsäure gelöst, filtriert, das Filtrat von Quecksilber

---

[1]) Zur Herstellung von Krautschem Reagens löst man einerseits 80 g
basisches Wismutnitrat in 200 ccm reiner Salpetersäure 1,18 spez. Gew.,
andererseits 227 g Jodkalium in wenig Wasser und gießt die Wismutlösung
langsam und unter Umschütteln in die Jodkaliumlösung, wobei sich der
anfangs entstehende braune Niederschlag zur gelbroten Flüssigkeit löst.
Nachdem man durch starke Abkühlung den gebildeten Salpeter zur Krystallisation gebracht hat, trennt man die Flüssigkeit ab und verdünnt auf ein
Liter.

befreit, zum Sirup eingedampft und durch Methylalkohol von anorganischen Beimengungen getrennt. Der Rückstand des methylalkoholischen Extraktes enthält dann neben Ammoniumchlorid fast die Gesamtheit der biogenen Amine, welche durch Ausfällung mit alkoholischer Sublimat- und Cadmiumchloridlösung und durch Herstellung der Platin- und Golddoppelsalze voneinander getrennt werden.

Außer diesen allgemeinen Verfahren, nach denen es mehr oder weniger gut gelingt in einer Operation eine Trennung fast sämtlicher bekannter biogener Amine zu erzielen, existieren noch andere einfachere Methoden, welche weniger eine systematische Trennung, als die Isolierung bestimmter Amine oder Amingruppen bezwecken. Eine Erwähnung dieser Verfahren soll aber erst im speziellen Teil erfolgen.

Chemisches Verhalten der biogenen Amine.

Die typischen Reaktionen der Amine sind vor allem durch die Aminogruppe bedingt und verschieden, je nachdem diese primär, sekundär oder tertiär ist, d. h. je nachdem ein, zwei oder drei Wasserstoffatome des Ammoniaks durch Alkylradikale substituiert sind. Die wichtigsten dieser allgemeinen Aminreaktionen seien nachstehend kurz beschrieben:

Die Nitritreaktion. Primäre Amine reagieren mit Nitriten in saurer Lösung oder mit salpetriger Säure unter Abspaltung der Aminogruppe nach folgender Gleichung:

$$R \cdot CH_2N\overline{|H_2|} + N|\overline{O}|OH = R \cdot CH_2OH + N_2 + H_2O$$

Es wird also unter Stickstoffentwicklung das Amin in den entsprechenden primären Alkohol verwandelt. Diese Reaktion liegt einer äußerst bequemen und von van Slyke speziell für die Aminosäuren, die ja auch als primäre Amine aufgefaßt werden können, ausgearbeiteten quantitativen Methode zugrunde, welche den abgespaltenen Stickstoff volumetrisch bestimmt. Sie läßt sich in vielen Fällen auch für die Bestimmung der eigentlichen primären Amine anwenden.

Die sekundären Amine reagieren mit salpetriger Säure in folgender Weise unter Bildung von Nitrosaminen:

$$\begin{array}{l} R \cdot CH_2 \\ \end{array}\!\!\Big\rangle N|\overline{H}| + NO|\overline{OH}| = \begin{array}{l} R \cdot CH_2 \\ \end{array}\!\!\Big\rangle N \cdot NO + H_2O \quad \text{z. B.:}$$

$$\begin{array}{l} CH_3 \\ \\ CH_3 \end{array}\!\!\Big\rangle NH + NOOH = \begin{array}{l} CH_3 \\ \\ CH_3 \end{array}\!\!\Big\rangle N \cdot NO + H_2O$$

$$\text{Dimethylamin} \qquad\qquad\qquad \text{Nitrosodimethylamin}$$

Diese Nitrosamine sind ziemlich beständig, bei den niedern Gliedern mit Wasserdampf destillierbar. Mit Salzsäure bilden sie das entsprechende primäre Amin zurück. Erwärmt man die Nitrosamine mit Phenol und konzentrierter Schwefelsäure und übersättigt die mit Wasser verdünnte Probe mit Kali- oder Natronlauge, so treten intensiv blaue bis blauviolette Färbungen auf (Liebermannsche Reaktion).

Tertiäre Amine reagieren nicht, oder nur sehr schwierig mit salpetriger Säure.

Die Isonitrilreaktion. Erwärmt man ein primäres Amin in alkoholischer Lösung mit Ätzkali und einigen Tropfen Chloroform, so findet folgende Reaktion statt:

$$C_2H_5 \cdot NH_2 + CHCl_3 + 3\,KOH = C_2H_5 \cdot NC + 3\,KCl + 2\,H_2O$$

Es entsteht ein Isonitril, dessen intensiver und charakteristischer Geruch sich vortrefflich eignet, um die Anwesenheit eines primären Amins qualitativ nachzuweisen.

Bei der Verwendung alkoholischer Kalilauge ist es manchmal nicht ausgeschlossen, daß das primäre Amin erst unter der hydrolytischen Einwirkung dieses Reagenses gebildet wird. Man kann diesen Fehler dadurch vermeiden, daß man die auf das primäre Amin zu prüfende Flüssigkeit auf ein kleines Volumen bringt und die Isonitrilreaktion mit Hilfe von Kaliumcarbonat in wäßriger Lösung vornimmt (Folin).

Die Senfölreaktion. Sie dient ebenfalls vorzugsweise zur Erkennung der primären Amine. Schwefelkohlenstoff wirkt auf primäre und sekundäre Amine im Sinne der Gleichungen:

$$CS_2 + 2\,NH_2 \cdot C_2H_5 = CS \Big\langle {}^{NH \cdot C_2H_5}_{SH \cdot NH_2C_2H_5{}'}$$

Äthylamin   Äthyldithiocarbaminsaures
Äthylamin

$$CS_2 + 2\,NH(C_2H_5)_2 = CS \Big\langle {}^{N(C_2H_5)_2}_{SH \cdot NH(C_2H_5)_2}$$

Diäthylamin   Diäthyldithiocarbaminsaures
Diäthylamin

unter Bildung von Aminsalzen der Alkyldithiocarbamidsäuren. Von diesen spalten die aus den primären Aminen hervorgegangenen Additionsprodukte mit schwefelabspaltenden Reagenzien (alkoholische Quecksilberchlorid- oder Eisenchloridlösungen) Schwefelwasserstoff ab und es bilden sich die stechend riechenden Senföle nach der Gleichung:

$$CS \diagup \!\!\!\!\! \begin{array}{l} NH \cdot C_2H_5 \\ \\ SH \cdot NH_2 \cdot C_2H_5 \end{array} \qquad = S : C : N \cdot C_2H_5 + H_2S + NH_2 \cdot C_2H_5$$
$$\text{Äthylsenföl}$$

Die Senföle besitzen insofern Interesse, als sie in der Pflanzenwelt speziell bei den Kruziferen häufig vorkommen. Ihre Bildungsweise ist noch keineswegs aufgeklärt, doch läßt sich vermuten, daß sie aus Eiweiß evtl. unter intermediärer Bildung von primären Aminen entstehen. Die Senföle, welche durch Hydrolyse mit Wasser oder mit Säure wieder die Amine zurückbilden, z. B. das Isobutylsenföl das Isobutylamin nach der Gleichung:

$$\begin{array}{c} CH_3 \\ \diagdown \\ C_2H_5 \diagup \end{array}\!\!\!\! CH \cdot NC \cdot S + 2\,H_2O = \begin{array}{c} CH_3 \\ \diagdown \\ C_2H_5 \diagup \end{array}\!\!\!\! CH \cdot NH_2 + CO_2 + H_2S$$
$$\text{Isobutylsenföl} \qquad\qquad \text{Isobutylamin}$$

können andererseits auch als Bildungsmaterial für die in den Pflanzen aufgefundenen Amine in Betracht kommen.

Die Farbenreaktionen. Schließlich können auch die folgenden Farbenreaktionen zur Unterscheidung der verschiedenen Basentypen herbeigezogen werden:

Die Amine der Fettreihe geben mit einer Lösung von Nitroprussidnatrium, die mit Brenztraubensäure $CH_3 \cdot CO \cdot COOH$ versetzt ist, eine violette, auf Zusatz von Essigsäure nach blau umschlagende und dann rasch verschwindende Färbung. Mit Nitroprussidnatrium und Aceton $CH_3.CO.CH_3$ tritt, falls ein primäres Amin vorliegt, eine orangerote Färbung auf. Nitroprussidnatrium und Acetaldehyd CH_3CHO enthaltende Lösungen färben sich auf Zusatz eines sekundären Amins blau, während tertiäre Amine keine Färbung hervorrufen.

Die primäre Aminogruppe befähigt die Amine zur Addition von Cyansäure $HO.CN$, sowie deren Substitutionsprodukte, Phenyl- und Naphthylcyanat. Es bilden sich dann substituierte Harnstoffe z. B.:

$$CH_3CH_2NH_2 + HOCN = CH_3CH_2NH \cdot CO \cdot NH_2$$
$$\text{Cyansäure} \qquad \text{Monoäthylharnstoff}$$

$$CH_3NH_2 + C_6H_5N \cdot CO = CH_3 \cdot NH \cdot CO \cdot NH \cdot C_6H_5$$
$$\text{Phenylisocyanat} \qquad \text{Methylphenylharnstoff}$$

Auch das Amid der Cyansäure, das Cyanamid, $CN \cdot NH_2$, besitzt wie die Cyansäure die Fähigkeit, sich an primäre Amine anzulagern. Die entstandenen Additionsprodukte sind die in Gruppe V besprochenen Guanidinderivate

$$CH_3NH_2 + CN \cdot NH_2 = CH_3 \cdot NH \cdot C(:NH) \cdot NH_2$$
$$\text{Methylguanidin}$$

Mit Aldehyden reagieren die primären Amine unter Wasseraustritt und Bildung der sog. Schiffschen Basen

$$CH_3CH_2NH_2 + H \cdot CHO = CH_2 : N \cdot CH_2CH_3 + H_2O$$
$$\text{Methylenäthylamin}$$

Wahrscheinlich hat man als Zwischenprodukt bei der Schiffschen Reaktion die Bildung eines Aldehydammoniaks (Hydramins)

$$CH_3CH_2NH \cdot CH_2OH$$

anzunehmen, welches so entsteht, daß der doppelt gebundene Sauerstoffrest der Aldehydgruppe $C{\overset{\displaystyle H}{\underset{\displaystyle O}{\big<}}}$ unter Anlagerung des Aminrestes in eine Alkoholgruppe verwandelt wird. Ähnliche Schiffsche Basen entstehen bei Einwirkung anderer Aldehyde, z. B. aus Methylamin und Benzaldehyd das Benzalmethylamin $C_6H_5CH : N \cdot CH_3$. Die Schiffschen Basen sind in saurer Lösung unbeständig, indem sie das primäre Amin und den Aldehyd wieder regenerieren.

Primäre und sekundäre Amine können sich wie das Ammoniak mit anorganischen oder organischen Säuren unter Bildung von Amiden vereinigen. Trialkylamine, welche kein ersetzbares Wasserstoffatom mehr enthalten, sind zur Amidbildung nicht befähigt. Die entstehenden Amide entsprechen den Typen:

$$R \cdot N{\overset{\displaystyle H}{\underset{\displaystyle Ac}{\big<}}} \qquad R \cdot N{\overset{\displaystyle Ac}{\underset{\displaystyle Ac_1}{\big<}}} \qquad {\overset{\displaystyle R}{\underset{\displaystyle R'}{\big>}}}NAc$$

R und R' bedeuten beliebige Alkyl-, Ac und Ac_1 beliebige Acylreste. Die Entstehung dieser Verbindungen läßt sich allgemein so denken, daß die Hydroxylgruppen der anorganischen und organischen Säuren mit einem bezw. zwei Wasserstoffatomen des Amins unter Wasseraustritt reagieren, z. B.

$$CH_3NH_2 + HO \cdot Cl = CH_3NH \cdot Cl + H_2O$$
$$\text{unterchlorige} \qquad \text{Methylchloramin}$$
$$\text{Säure}$$

$$CH_3NH_2 + HO \cdot NO_2 = CH_3NH \cdot NO_2 + H_2O$$
$$\text{Salpetersäure} \qquad \text{Methylnitramin}$$

$$(CH_3)_2NH + HO \cdot OC \cdot CH_3 = (CH_3)_2N \cdot OC \cdot CH_3 + H_2O$$
$$\text{Essigsäure} \qquad \text{Acetyldimethylamid}$$

$$CH_3CH_2NH_2 + HO \cdot O_2S \cdot C_6H_4 \cdot CH_3 = CH_3 \cdot CH_2 \cdot NH \cdot O_2S \cdot C_6H_4 \cdot CH_3 + H_2O$$
$$\text{Toluolsulfosäure} \qquad \text{Toluolsulfäthylamid}$$

Die S. 19 erwähnten Nitrosamine können von diesem Gesichtspunkte aus als Amide der salpetrigen Säure betrachtet werden. Die leicht zersetzlichen Chlor-, Brom- und Jodalkylamine erscheinen als Derivate der unterchlorigen, unterbromigen oder unterjodigen

Säure. Auch die tertiären Amine sind imstande, mit Brom und Jod Additionsprodukte zu bilden, welche der Formel

$$(Alkyl)_3NBr_2 \text{ und } (Alkyl)_3N \cdot J_2$$

bezw. deren Salzen

$$(Alkyl)_3NBr_2 \cdot HBr \text{ und } (Alkyl)_3N \cdot J_2HJ$$

entsprechen.

Bei der Oxydation der Amine mit Kaliumpermanganat wird der Alkylrest vom Stickstoff getrennt und gleichzeitig zum entsprechenden Aldehyd oder zur entsprechenden Säure oxydiert, z. B. entsteht Acetaldehyd aus Äthylamin, Ameisensäure aus Trimethylamin

$$CH_3 \cdot CH_2 \cdot NH_2 + O = CH_3CHO + NH_3$$
$$(CH_3)_3N + 3\,O_2 = 3\,HCOOH + NH_3$$

Während durch Kaliumpermanganat eine Loslösung des Stickstoffs vom Kohlenstoffrest erfolgt, bleibt bei Verwendung anderer Oxydationsmittel z. B. Sulfomonopersäure (Carosche Säure) und von Wasserstoffsuperoxyd die Bindung C—N bestehen. Es resultieren je nachdem verschiedenartige stickstoffhaltige Säurederivate.

Beim Erhitzen mit konzentrierter Schwefelsäure unter den Bedingungen der Kjeldahlschen Stickstoffbestimmungsmethode geben die biogenen Amine ihren gesamten Stickstoff als Ammoniak ab. Zur quantitativen Desamidierung muß bei den einzelnen Aminen die Kjeldahl-Verbrennung verschiedentlich modifiziert werden (Folin, Erdmann, Sörensen).

Eine Abtrennung der Alkylreste von der Amingruppe, eine Entalkylierung, läßt sich nicht bloß auf oxydativem Wege, sondern auch durch Anwendung höherer Temperaturen auf die Haloidsalze der Amine erzielen; hierbei treten die Alkylreste mit dem Halogenatom der Alkylhalogenide aus:

$$N(C_2H_5)_3 \cdot HCl = NH(C_2H_5)_2 + C_2H_5 \cdot Cl$$
$$NH:(C_2H_5)_2 \cdot HCl = NH_2(C_2H_5) + C_2H_5Cl$$
$$NH_2(C_2H_5)HCl = NH_3 + C_2H_5Cl$$

Auf diesem Vorgang beruht im Prinzip die Methode von Herzig und Meyer zur Bestimmung von Stickstoffalkylgruppen. Die in die Jodhydrate übergeführten Alkylamine werden auf hohe Temperatur erhitzt. Das sich abspaltende und sich verflüchtigende Alkyljodid wird in Silbernitratlösung aufgefangen, mit welchem es unter Bildung von Silberjodid reagiert. Die Menge des gebildeten Silberjodids erlaubt dann einen Rückschluß auf die Anwesenheit von Stickstoffalkylresten.

Eine Entmethylierung der Amine läßt sich auch bequem nach der von v. Braun ausgearbeiteten Bromcyanmethode erzielen.

Ein der Entalkylierung entgegengesetzter Prozeß ist die erschöpfende Alkylierung. Diese beruht auf der Tatsache, daß in ein primäres Amin mittels Jodalkyl oder Alkylsulfat in alkalischer Lösung weitere Alkylreste eingeführt werden können, so daß das primäre Amin in ein sekundäres und tertiäres Amin und schließlich in die quaternäre Ammoniumbase übergeht. Der Vorgang ist also völlig analog der S. 10 erwähnten erschöpfenden Methylierung.

Die erschöpfende Methylierung des Methylamins verläuft z. B. in nachstehender Reaktionsfolge:

$$CH_3 \cdot NH_2 + CH_3J + KOH = (CH_3)_2 : NH + KJ + H_2O$$
$$(CH_3)_2 : NH + CH_3J + KOH = (CH_3)_3N + KJ + H_2O$$
$$(CH_3)_3N + CH_3J = (CH_3)_4NJ$$

Durch Analyse der als Endprodukt resultierenden quaternären Ammoniumbase läßt sich ermitteln, wie manche Alkylgruppen in das der erschöpfenden Alkylierung unterworfene Amin eingetreten sind, wodurch sich ein Rückschluß auf dessen Konstitution ergibt.

Biochemisches Verhalten der biogenen Amine.

Auch unter dem Einfluß der chemischen Kräfte des lebenden Protoplasmas können die biogenen Amine in mannigfaltiger Weise verändert werden. Gewisse Amine, die als unentbehrliche Bausteine des Zelleibes betrachtet werden müssen, vereinigen sich unter Wasseraustritt zu höheren molekularen Komplexen. So fügen sich die Hexonbasen amidartig zusammen und bilden die Protamine oder den basischen Kern der komplizierten Proteine. Die Alkanolamine, Cholin und Aminoäthylalkohol, verknüpfen sich esterartig mit Glycerinphosphorsäure zu den Phosphatiden. Werden die Amine nicht als Bausteine verwertet, so unterliegen sie synthetischen Umwandlungen oder einem oxydativen Abbau. Erstere vollziehen sich namentlich im pflanzlichen Organismus. Sie bestehen meistens in einer Methylierung der Aminogruppe oder in der Bildung heterocyclischer Ringsysteme (Pyrrol- und Pyrrolidin-, Pyridin- und Piperidinderivate), die mit den Betainen als einfachste Alkaloide — Protoalkaloide — aufgefaßt werden können.

Auch die im Tierkörper entstehenden oder ihm zugeführten biogenen Amine können der Methylierung anheimfallen. Im allgemeinen betätigen sich hier aber mehr die oxydativen Fähigkeiten, und zwar, entsprechend der Lebhaftigkeit des Stoffwechsels, beim Warmblüter mehr als beim Kaltblüter, beim Karnivoren mehr als beim Pflanzenfresser. Am weitesten und raschesten verlaufen die oxydativen Veränderungen unter der Einwirkung von Mikroorganismen speziell der Bakterien.

Beim Abbau der biogenen Amine vollziehen sich die reziproken Vorgänge wie bei der S. 9 und 10 geschilderten Synthese. Er besteht also im wesentlichen in einer Loslösung des Ammoniaks von den substituierenden Alkylresten. Am leichtesten erfolgt diese Trennung bei den primären Aminen, schwieriger bei den sekundären, am schwierigsten bei den tertiären. Den Mechanismus der Reaktion kann man sich auch hier in zweierlei Weise erklären, entweder vollzieht sich eine oxydative Hydrolyse, welche das Amin in Ammoniak und Alkohol zerlegt $R \cdot NH_2 + H_2O = ROH + NH_3$ oder es entsteht unter Eintritt von Sauerstoff zunächst ein Hydramin als intermediäres Zwischenprodukt, das dann in Ammoniak und Aldehyd zerfällt.

$$R \cdot CH_2NH_2 \xrightarrow{O} R \cdot CHOH \cdot NH_2 \rightarrow R \cdot CHO + NH_3$$

Die Entmethylierung des Trimethylamins verläuft nach letzterer Annahme in folgenden Phasen:

$$N(CH_3)_3 \xrightarrow{O} (CH_3)_2N \cdot CH_2 : OH \rightarrow (CH_3)_2NH + HCHO$$
$$NH(CH_3)_2 \xrightarrow{O} CH_3NH \cdot CH_2OH \rightarrow CH_3NH_2 + HCHO$$
$$CH_3NH_2 \xrightarrow{O} CH_2OH \cdot NH_2 \rightarrow HCHO + NH_3$$

Die bei der Oxydation gebildeten stickstofffreien Spaltstücke (Alkohole oder Aldehyde) können verbrannt werden oder sie dienen ebenso wie das freigewordene Ammoniak als Material für neue Synthesen.

I. Gruppe.

Die Alkylamine.

Die in diese Gruppe gehörenden biogenen Amine lassen sich in einfacher Weise von den Aminosäuren der Fettreihe ableiten. Sie entstehen aus ihnen durch Abspaltung der endständigen Carboxylgruppe (vgl. S. 13). Von den bisher bekannten Monoaminofettsäuren liefert Glykokoll das Methylamin; Alanin das Äthylamin, Valin das Isobutylamin, die Leucine die Isoamylamine. Diese Umwandlung der Aminosäuren, die sich chemisch nur durch hohe Temperaturen, durch Erhitzen mit starken Säuren oder Alkalien erzwingen läßt, ist ein in die Stoffwechselvorgänge der Bakterien eingeschalteter Prozeß, der je nach den äußeren Bedingungen oder den spezifischen Eigenschaften der Mikroorganismen mit größerer oder minderer Intensität verläuft. Man hat diese Amine demgemäß hauptsächlich bei Fäulnisprozessen beobachtet, wo sie sich, je nach der Zusammensetzung des zerfallenden Eiweißmaterials in wechselndem Verhältnis aus den entsprechenden Aminosäuren bilden. Da der bakterielle Abbau der Aminosäuren bei der Aminstufe nicht stille steht, sondern voraussichtlich unter Desamidierung und Oxydation über die Alkohole zunächst zu den entsprechenden Fettsäuren — Ameisen-, Essig-, Butter-, Propion-, Valerian- und Capronsäure — fortschreitet, ist es begreiflich, daß die Decarboxylierungsprodukte der weniger verbreiteten Aminosäuren nur in Ausnahmefällen aufgefunden werden konnten. Dazu kam noch der Umstand, daß keine einfachen Methoden bekannt waren, um die verschiedenen unter sich sehr ähnlichen Alkylamine voneinander zu trennen. Wenn etwa mit Hilfe der verschieden löslichen Platin- und Goldsalze eine Aufteilung der pflanzlichen Basen erstrebt wurde (Brieger), so war es keineswegs ausgeschlossen, daß bei der fraktionierten Krystallisation die in geringerer Menge vorhandenen Alkylamine übersehen wurden.

Neben der Decarboxylierung kann auch ein hydrolytischer Vorgang in der Natur zur Bildung aliphatischer Amine führen. In allen Stickstoffverbindungen, in denen nicht bloß eine primäre Aminogruppe wie in den gewöhnlichen α-Aminosäuren, sondern eine sekundäre oder tertiäre Aminogruppe oder eine quaternäre Ammoniumbase vorliegt, können die substituierten Aminreste auf hydrolytischem Wege losgelöst werden. Dieser Vorgang sei durch folgende Beispiele illustriert:

$$CH_3NH \cdot CH_2COOH + H_2O = CH_3NH_2 + OH \cdot CH_2COOH$$

Sarkosin   Methyl-   Glykolsäure
amin

$$CH_2 \cdot CH_2N(CH_3)_2 + H_2O \longrightarrow CH_2CH_2OH + NH(CH_3)_2$$

Hordenin   Tyrosol   Dimethylamin

$$\overset{\displaystyle OH}{\underset{|}{(CH_3)_3N}} \cdot CH_2CH_2OH = (CH_3)_3N + CH_2OH \cdot CH_2OH$$

Cholin   Trimethyl-   Glykol
amin

Die hydrolytischen Vorgänge, die sich ebensowohl bei Bakterien, wie in höheren Organismen abspielen, kommen nur für die Bildung von Methylamin, Dimethylamin und Trimethylamin in Betracht.

Die niedrigen Alkylamine sind unter gewöhnlichen Verhältnissen Gase oder Flüssigkeiten, die höheren, von C_{10} an fest; bis zur Kohlenstoffzahl 7 sind sie in Wasser leicht oder ziemlich leicht löslich. Die wäßrigen Lösungen reagieren stark alkalisch, indem sich die Amine analog wie das Ammoniak unter Bildung entsprechender Ammoniumbasen mit den Bestandteilen des Wassers vereinigen, z. B.

$$CH_3NH_2 + HOH = CH_3NH_3 \cdot OH$$

Methylamin   Methylammoniumhydroxyd

Durch den Eintritt der Alkylradikale in den Ammoniakrest wird die Basizität, d. h. das elektrolytische Leitvermögen wenigstens in den Anfangsgliedern noch erhöht, indem hier offenbar die Alkylradikale einen elektropositiven Charakter besitzen. Entsprechend der basischen Natur fällen die wäßrigen Lösungen der Amine aus verschiedenen Schwermetallsalzen die Metalle in Form ihrer Hydroxyde aus; mit einigen Oxyden und Salzen, z. B. des Silbers, Zinks, Cadmiums u. a., vereinigen sie sich zu komplexen Basen. Mit organischen und anorganischen Säuren treten die Amine zu Salzen zusammen, die in Wasser und zum Teil auch in Alkohol leicht löslich sind. Schwerer löslich sind die Phosphorwolframsäureverbindungen, die Pikrate, Pikrolonate und die Gold- und Quecksilberdoppelsalze. Sie werden deshalb auch zur Isolierung und Trennung verwendet (vgl. S. 13 und 16).

Methylamin $CH_3 \cdot NH_2$. In vielen Fällen, wo eiweißhaltiges Material der bakteriellen Zersetzung unterlag, ließ sich Methylamin unter den flüchtigen Stoffwechselprodukten nachweisen. So entstand es bei der Einwirkung von Streptococcus longus auf Fibrin (Emmerling), von Bac. fluorescens liquefaciens auf Handelsgelatine (Emmerling und Reiser), in Tetanuskulturen (Brieger) bei der Fäulnis des Leims durch Proteus und gewissen Sarcinaarten (Ssadikow), in der Heringslake (Bocklisch), in autolysierter Hefe (Iwanoff), in gewissen Konserven (Bigelow und Bacon). Obwohl das so gebildete Methylamin voraussichtlich dem Glyko-

koll entstammt, fehlt ein strikter Beweis, daß Fäulnisbakterien
imstande sind, Glykokoll zu decarboxylieren; denn Glykokoll hat,
wenn es für sich ohne andere Stickstoffquellen der Zersetzung
durch Misch- oder Reinkulturen unterworfen worden ist, kein
Methylamin geliefert. Ackermann, der 20 g Glykokoll in sodaalkalischer Lösung 33 Tage der Fäulnis überließ, fand 18 g der Aminosäure unverändert wieder. Methylamin war nicht anwesend. Das
bei der Fäulnis von Proteinen gebildete Methylamin kann auch
anderen Stickstoffprodukten entstammen, welche unter der Einwirkung von Bakterien eine vorgebildete Methylaminogruppe ab-
spalten. Wiewohl methylierte Aminosäuren wie Sarkosin (Methyl-
aminoessigsäure) $CH_3NH \cdot CH_2 \cdot COOH$ als Eiweißbausteine noch
nicht isoliert worden sind, so ist ihre Anwesenheit doch nicht ausgeschlossen (Burn). Ebenso kann sich aus dem im Muskel enthaltenen Kreatin $NH_2 \cdot C(: NH)\dot{N} \cdot (CH_3)CH_2COOH$ und aus dem
Methylguanidin $CH_3NH \cdot C(:NH)NH_2$ Methylamin entwickeln.
Auch das Adrenalin spaltet unter der Einwirkung von Mikroorganismen (Kamhefe, Oidium lactis) Methylamin ab (F. Ehrlich).
Außerdem kann sich aus, dem Cholin oder Betain entstammenden Trimethylamin durch sukzessive Entmethylierung Methylamin bilden. Aus einer solchen Quelle scheint das von Ackermann
und Schütze in Prodigiosuskulturen nachgewiesene Methylamin
herzurühren.

Ferner können auch N-alkylierte Alkaloide als Muttersubstanzen
in Betracht kommen. Nicotin z. B. spaltet sich schon bei der Einwirkung des Sonnenlichtes unter Bildung von Methylamin (Ciamician). Schittenhelm hat beim Studium der bakteriellen Zersetzung der Nucleinsubstanzen ein flüchtiges primäres Amin nachgewiesen. Wahrscheinlich wurde Methylamin aus methylierten
Purinen abgespalten, eine Möglichkeit, die aus der Betrachtung
der Konstitutionsformeln methylierter Purine — Theobromin,
Coffein —

$$
\begin{array}{cc}
\mathrm{NH-CO} & \mathrm{CH_3 \cdot N-CO} \\
\mathrm{CO\quad C-N \cdot CH_3} & \mathrm{CO\quad C-N \cdot CH_3} \\
\mathrm{CH_3 \cdot N-C-N}{>}\mathrm{CH} & \mathrm{CH_3 \cdot N-C-N}{>}\mathrm{CH} \\
\text{Theobromin} & \text{Coffein}
\end{array}
$$

ohne weiteres hervorgeht.

In einigen Pflanzen (Mercurialis annua, Mercurialis perennis),
sowie in der Calamuswurzel findet sich freies Methylamin (Trier).

Ob es hier aus Glykokoll durch Decarboxylierung oder durch Synthese aus Methylalkohol bezw. Formaldehyd und Ammoniak entsteht, ist unentschieden.

Als tierisches Stoffwechselprodukt hat zuerst Schiffer das Methylamin im Harn kreatiningefütterter Kaninchen und Hunde aufgefunden. Während der Hundeharn schon normalerweise neben Ammoniak eine mit Kalkwasser austreibbare, die Isonitrilreaktion gebende flüchtige Base enthält, tritt dieselbe im Kaninchenharn erst nach Kreatininfütterung auf. Darin erblickte Schiffer einen Beweis, daß das nachgewiesene primäre Amin, aus dem Kreatinin im Organismus gebildetes Methylamin sei. Diese Befunde wurden aber durch die Beobachtungen Folins, daß sich Kreatinin unter den von Schiffer für die Ausführung der Isonitrilreaktion eingehaltenen Bedingungen (Destillation mit Natronlauge) unter Abspaltung von Methylamin zersetzt, hinfällig. Das Schiffersche Methylamin entsteht also entweder aus dem normalen oder dem verfütterten Harnkreatinin bei der Destillation mit Lauge. Doch kann man auch unter Bedingungen, die eine solche sekundäre Bildung ausschließen, Methylamin im Harn nachweisen. Es findet sich in jedem normalen Harn in einer Menge, die schätzungsweise $3—4^0/_0$ des Harnstickstoffs beträgt (Folin). Von der Kreatininfütterung scheint das Auftreten dieses Amins im Harn unabhängig zu sein. Es stammt nach Folin überhaupt nicht aus den in der Nahrung vorgebildeten Aminogruppen. Nach ihm erfolgt bei der hydrolytischen Spaltung und Desamidierung der Eiweißkörper neben dem normalen, ammoniakliefernden Desamidierungsvorgang

$$\equiv C—CH_2 \ \big|\ NH_2$$
$$OH \ \big|\ H$$

ein methylaminliefernder hydrolytischer Prozeß nach dem Schema

$$\equiv C— \ \big|\ CH_2 \cdot NH_2$$
$$OH \ \big|\ H$$

d. h. statt der normalerweise zwischen Kohlenstoff- und Stickstoffatom verlaufenden oxydativen Hydrolyse tritt die Spaltung zwischen dem die Aminogruppe tragenden und dem benachbarten C-Atom auf. Auch eine intensive hydrolytische Spaltung von Eiweißkörpern oder deren Bausteinen (Witte-Pepton, Asparaginsäure, Kreatin, Glykokoll, Hippursäure) wie sie z. B. bei der Verbrennungsmethode nach Kjeldahl erfolgt, vermag neben Ammoniak ebenfalls geringe Mengen primärer Amine zu liefern. Wiewohl Erdmann die Befunde **Folins** nicht durchwegs bestätigen konnte, ist der Gedanke, daß im Tierkörper normalerweise ein geringer Teil der Eiweißsubstanzen dieser Spaltung anheimfällt, und daß dieser Anteil sich bei gesteigerten Verbrennungsprozessen vergrößert, nicht von der Hand zu weisen. Schließlich ist ja auch die Decarboxylierung der Aminosäuren nur ein Spezialfall dieser allgemeinen Reaktion.

Das Methylamin ist bei gewöhnlichem Druck und bei normaler Temperatur ein farbloses Gas, welches ammoniakalisch riecht. Der Siedepunkt des verflüssigten Gases ist $6{,}7^0$ bei 755 mm Druck, das Gas ist leicht entzündlich und brennt mit gelber Flamme. 1 Volumen Wasser löst bei $12{,}5^0$ 1150 Volumen und bei 25^0 959 Volumen Methylamin. In Äthyl- und Methylalkohol ist das Methylamin leicht löslich.

Dimethylamin $(CH_3)_2 \cdot NH$. Als Muttersubstanzen für dieses Amin kommen hauptsächlich das Cholin und das Betain in Betracht. Auf einer Zersetzung des Cholins beruht wahrscheinlich das Vorkommen in gefaultem Fleisch (**Ehrenberg**), in der Heringslake (**Bocklisch**), in zersetztem Fischfleisch (**Mörner**). Es ist zwar möglich, daß methylierte Aminosäuren wie das Sarkosin durch bakterielle Decarboxylierung Dimethylamin liefern. Doch ist ein solcher Vorgang ebensowenig wie eine Entstehung aus der in der Natur noch nicht nachgewiesenen Dimethylaminoessigsäure beobachtet worden. Hingegen vermag das in den Malzkeimen vorkommende Hordenin unter der Einwirkung von Kamhefe (Willia anomale) und von Oidium lactis die in ihm vorgebildete Dimethylaminogruppe hydrolytisch abzuspalten (**F. Ehrlich**). Im Kaninchenharn findet sich Dimethylamin nach Verfütterung von Trimethylaminoxyd $(CH_3)_3NO$ (vgl. S. 32 und 40).

Reines Dimethylamin siedet bei $7{,}2—7{,}3^0$, sein spez. Gew. beträgt 0,6865 bei $—5{,}8^0$.

Trimethylamin $(CH_3)_3N$. Betain und Cholin spalten unter der Einwirkung hydrolytischer und oxydativer Agenzien leicht Trimethylamin ab. Auch hier ist es die bakterielle Lebenstätigkeit, welche diese Veränderung vorzugsweise hervorruft. Da Lecithin und Cholin in jeder lebenden Zelle, Betain in den Pflanzen sehr verbreitet sind, erklärt sich ohne weiteres die häufig beobachtete Bildung von Trimethylamin bei der Verarbeitung von organischem Material. Zum Beispiel ist auf bakterielle Zersetzung zurückzuführen: das Vorkommen von Trimethylamin in der faulenden oder autolysierten Hefe (Müller), im gefaulten Weizenmehl (Emmerling), im faulen Fleisch (Gautier und Etard), im Mutterkorn (Brieger), in Flechten (Zopf), in der Heringslake (Bocklisch), bei der Fäulnis von Fischfleisch (Mörner), im Fischrogen (Yoshimura), im Lebertran (Gautier und Mourgues), bei der Zersetzung von Fibrin durch Streptococcus longus (Emmerling), bei Einwirkung von Bacillus liquefaciens auf Handelsgelatine (Emmerling und Reiser), in Kulturen von Proteus vulgaris auf Fleisch (Carbone), im Gorgonzolakäse (Malenchini). Einen eindeutigeren Zusammenhang mit dem Bildungsmaterial ergeben die Versuche von Ackermann und Schütze, welche in Kartoffelkulturen von Bacillus prodigiosus nach Zugabe von Lecithin und Cholin eine Bildung von Trimethylamin beobachteten, während eine solche bei Wegfall dieses Zusatzes ausblieb. Glykokollbetain liefert unter diesen Bedingungen kein Trimethylamin, wohl aber vermögen andere Bakterienarten aus Betain Trimethylamin abzuspalten (Ackermann). Auch die Untersuchungen von F. Ehrlich und Lange zeigen, daß Betain unter der Einwirkung von Mikroorganismen (Willia anomala, Oidium lactis) in Trimethylamin und Glykolsäure zerfällt.

Die Bildung von Trimethylamin aus trimethylierten, quaternären Vorstufen erfolgt aber nicht bloß unter der Einwirkung von Bakterien- und Pilzfermenten, sondern vollzieht sich auch in den Zellen höherer Pflanzen und Tiere. Während bei ersteren sowohl Cholin wie Betain als Muttersubstanz in Betracht kommt, ist die Entstehung des Trimethylamins im Tierkörper hauptsächlich auf die Zerlegung von Cholin zurückzuführen. Hingegen kann Glykokollbetain auch im Organismus von Säugetieren (Hunden, Kaninchen) unter Abspaltung von Trimethylamin teilweise zerlegt werden (Kohlrausch). Andere Betaine, wie das Trimethylserin, Trimethylaminoglutarsäure, Hexamethylornithin und Stachydrin, spalten im Tierkörper kein Trimethylamin ab.

Im Pflanzenreich findet sich das Trimethylamin in den Blättern von Chenopodium vulvaria (Dessaignes), in den Blüten von Crataegus oxyacantha (Wicke), in der Arnica montana.

Aus Blut und Harn konnte Dessaignes mittels Kalkmilch Trimethylamin austreiben. Filippo de Filippi fand mit Hilfe einer quantitativen Methode im normalen Tagesharn bei gemischter Kost 18—26 mg. Ähnliche Werte erhielten Dorée und Golla nach einer modifizierten Methode. Bei gewissen Nervenkrankheiten ist diese Menge nach Bauer infolge des vermehrten Cholin- und Lecithinzerfalles erhöht, bei Tabes 51 mg, bei Myelitis 59 und bei Paralysis 37 mg.

Der Trimethylamingehalt des normalen Blutes beträgt 0,001 bis 0,0018 %. Bei Urämie sind die Werte etwas höher. Auch in der Cerebrospinalflüssigkeit konnte Trimethylamin festgestellt werden.

Ein großer Teil des nach Filippi bestimmbaren Trimethylamins ist nach Takeda nicht als solches im Harn enthalten, sondern bildet sich erst im Verlaufe der Verarbeitung aus cholin- oder betainartigen Muttersubstanzen als Produkt chemischer oder bakterieller Zersetzungen. Auch Kinoshita sowie Erdmann sind zu ähnlichen Feststellungen gelangt. Vielleicht können das von Guggenheim und Löffler, sowie von Reid Hunt im Harn nachgewiesene Cholin und das Carnithin (vgl. S. 67 und 234) als solche Vorstufen in Betracht gezogen werden.

Das Trimethylamin ist eine fischartig riechende Flüssigkeit, welche schon bei 3,2—3,8⁰ siedet, spezifisches Gewicht 0,602 bei —5,2⁰. In Wasser sehr leicht löslich. Mit dem Geruchsinn läßt sich noch $^1/_{500}$ mg Trimethylamin nachweisen. Das Trimethylamin übt auf die Geruchsnerven eine eigentümliche Wirkung aus, welche von Kauffmann und Vorländer als Geruchsumschlag bezeichnet wird. Eine Lösung dieser Base zeigt zwar bei den ersten Riechproben den charakteristischen Geruch, dann erhält man den Eindruck von Monoalkylamin und schließlich einen Ammoniakgeruch.

Einen Geruchsumschlag zeigen noch viele übelriechende Körper wie Mercaptane, Thioäther, Acrylsäureester und Isonitrile. Die in der Literatur sich vorfindenden Angaben, daß diese Verbindungen, z. B. Methylisonitril und Äthylsulfid nur in unreinem Zustande unangenehm riechen, in reinem Zustande aber einen angenehm ätherischen Geruch besitzen sind irrtümlich und beruhen auf einer durch „Geruchsumschlag" verursachten Sinnestäuschung.

Trimethylaminoxyd $(CH_3)_3N = O$. Suwa fand diese Base in beträchtlichen Mengen neben Betain in den Muskelextrakten des Dornhaies. Henze entdeckte sie ebenfalls neben Betain in den Muskelextrakten von Cephalopoden. Das Trimethylaminoxyd ist voraussichtlich ein regelmäßiger Bestandteil der Extraktivstoffe dieser Tiere, da es auch in ganz frischen Muskelextrakten nachgewiesen werden konnte. Möglicherweise entsteht es durch Oxydation aus Trimethylamin, welches sich auch in vitro mit Wasserstoff-superoxyd in Trimethylaminoxyd verwandelt.

Die Isolierung erfolgte über die Phosphorwolframsäureverbindung. Dem nach Entfernung der mit Silbernitrat und Baryt fällbaren Amine verbleibenden Basengemisch wurde das Trimethylaminoxyd in Form seines Carbonats mittels Alkohol entzogen und aus der alkoholischen Lösung mittels Pikrinsäure ausgefällt.

Trimethylamin-N-oxyd ist wie das Tetramethylammoniumhydroxyd eine starke Base, die aus ihren Salzen durch Silberoxyd in Freiheit gesetzt wird. Sie bildet ein wohl charakterisiertes Hydrat $(CH_3)_3N : O + 2 H_2O$ vom Schmelzpunkt 96^0. Durch Reduktion in alkalischer Lösung mit Zinkstaub verwandelt sich das Oxyd in Trimethylamin.

Äthylamin $C_2H_5NH_2$. Ebensowenig wie beim Methylamin ist die biogene Entstehung von Äthylamin aus der entsprechenden α-Aminopropionsäure einwandfrei bewiesen. Aus Alanin, das 35 Tage der Einwirkung eines Gemisches von Fäulniserregern (faule Pankreasflocke) überlassen wurde, bildete sich kein Äthylamin (Ackermann). Da aber äthylierte Amine vom Typus

$$CH_3CH_2 \cdot NHR$$

wo R ein beliebiges Radikal bedeutet, in der Natur nur selten oder gar nicht vorkommen, so kann die beim Methylamin diskutierte hydrolytische Bildung nach dem Schema

$$CH_3CH_2NHR + HOH = ROH + CH_3CH_2NH_2$$

eher ausgeschlossen werden und man darf das von Müller und Hesse aus faulender Hefe, von Sullivan aus zersetztem Weizenmehl isolierte Äthylamin auf eine Decarboxylierung des α-Alanins zurückführen, sofern man nicht annehmen will, daß eine Verwechslung mit anderen Aminen oder Amingemischen von elementar gleicher Zusammensetzung das Auftreten von Äthylamin vorgetäuscht hat. Allerdings vermöchte auch β-Alanin $NH_2 \cdot CH_2 \cdot CH_2 \cdot CO_2H$ durch Decarboxylierung in Äthylamin überzugehen. Eine solche Umwandlung scheint in der Regel nicht stattzufinden (vgl. S. 234).

Das Äthylamin ist eine stark ammoniakalisch riechende Flüssigkeit vom Siedepunkt 19—20^0, spezifisches Gewicht $= 0,6892$ bei 15^0. Es mischt sich mit Wasser in jedem Verhältnis, wird aber aus der Lösung durch festes Kali ölig abgeschieden.

Diäthylamin $(C_2H_5)_2NH$ ist angeblich von Ehrenberg in den Nährflüssigkeiten von Bazillenkulturen und in giftigen Würsten aufgefunden worden. Es ist eine farblose, in Wasser lösliche Flüssigkeit vom Siedepunkt $55,5^0$.

Triäthylamin $(C_2H_5)_3N$ fand Brieger als bakterielles Zersetzungsprodukt des Fischfleisches (Stockfisch). Ehrenberg wies die Base unter den Fäulnisgiften nach, welche der von ihm isolierte Wurstgiftbacillus aus Eingeweide und Fleischpepton zu bilden vermag. Die freie Base ist ein in Wasser wenig lösliches Öl, vom Siedepunkt $89-89,5^0$ bei $736,5$ mm Druck.

Propylamine C_3H_9N. Von den beiden Propylaminen der Formel C_3H_9N hat Brieger das n-Propylamin $CH_3 \cdot CH_2 \cdot CH_2NH_2$ in den Gelatinekulturen von menschlichen Faecesbakterien nachgewiesen. Als Muttersubstanz hierfür könnte man n-α-Aminobuttersäure $CH_3CH_2CH(NH_2)CO_2H$ annehmen, die allerdings bis jetzt als Eiweißbaustein noch nicht nachgewiesen worden ist. Eventuell darf man auch an eine Decarboxylierung der γ-Aminobuttersäure $H_2N \cdot CH_2 \cdot CH_2CH_2CO_2H$ denken (vgl. S. 237).

Für die Entstehung von Isopropylamin $\begin{matrix} CH_3 \\ \diagdown \\ CH_3 \diagup \end{matrix} CH \cdot NH_2$ käme die α-Aminoisobuttersäure $(CH_3)_2C \cdot (NH_2)COOH$ (Mörner) in Betracht.

Das n-Propylamin ist eine farblose, bei 49^0 siedende und stark ammoniakalisch riechende Flüssigkeit, das Isopropylamin siedet bei $31,5^0$. Beide Propylamine sind in Wasser leicht löslich.

Butylamine $C_4H_{11}N$. Das von Gautier und Mourgues im Lebertran aufgefundene n-Butylamin $CH_3CH_2CH_2CH_2NH_2$ läßt sich von einer in der Natur noch nicht nachgewiesenen n-α-Aminovaleriansäure $CH_3CH_2CH_2CH \cdot (NH_2)COOH$ ableiten. Als weitere Muttersubstanz für das n-Butylamin kommt das Arginin in Betracht. Dieses liefert beim bakteriellen Abbau δ-Aminovaleriansäure $H_2NCH_2CH_2CH_2CH_2COOH$, aus welcher bei Decarboxylierung das n-Butylamin entstehen kann.

$$
\begin{matrix}
& H_2C\!\!-\!\!-\!\!-\!\!CH_2 & \\
& | \qquad\quad | & \\
\text{Auch das Pyrrolidin} & H_2C\diagdown \quad \diagup CH_2 & \text{und seine Derivate wie} \\
& NH &
\end{matrix}
$$

$$
\begin{matrix}
& H_2C\!\!-\!\!-\!\!-\!\!CH_2 & \\
& | \qquad\quad | & \\
\text{das Prolin} & H_2C\diagdown \quad \diagup CH\!\!-\!\!COOH & \text{vermögen bei reduktiver Auf-} \\
& NH &
\end{matrix}
$$

spaltung in n-Butylamin überzugehen. Daß eine solche reduktive Aufspaltung des Prolins durch bakterielle Einwirkung tatsächlich vorkommt, haben Ackermann, sowie Neuberg dargetan. Nach ersterem entsteht hierbei α-Amino-n-valeriansäure, nach letzterem δ-Amino-n-valeriansäure. Ob die Reduktion sofort am unversehrten Molekül der Pyrrolidincarbonsäure einsetzt, oder ob durch Aufnahme von H_2O zuerst α-Oxy-δ-aminovaleriansäure $H_2N \cdot CH_2CH_2CH_2CH(OH)COOH$ bezw. δ-Oxy-α-aminovaleriansäure $HO \cdot CH_2CH_2CH_2CH(NH_2)COOH$ als Zwischenprodukt auftritt, konnte noch nicht entschieden werden. Das n-Butylamin siedet bei $75{,}5^0$ bei 770 mm Druck.

Isobutylamin $\dfrac{CH_3}{CH_3}\!\!>\!\!CH \cdot CH_2NH_2$ entsteht bei der Fäulnis von α-Amino-isovaleriansäure (Neuberg und Karczag). Diese wurde bei schwach sodaalkalischer Reaktion und Gegenwart von etwas Magnesiumsulfat und Natriumphosphat 4 Wochen lang der Einwirkung eines Gemisches von Fäulniserregern unterworfen. Nachdem die gebildeten flüchtigen Fettsäuren in schwefelsaurer Lösung mit Wasserdämpfen abgetrieben waren, wurde das Amin aus dem alkalinisierten Destillationsrückstand mit Äther ausgezogen. Das Isobutylamin ist mit Wasser in allen Verhältnissen mischbar. Siedepunkt $68\text{—}69^0$.

Auf eine intermediäre Bildung von Isobutylamin weist ferner das in Fagara xanthoxyloides Lam. vorkommende Fagaramid hin, welches nach Thoms und Thümen das Isobutylamid der Piperonylacrylsäure ist.

Das Fagaramid $C_{14}H_{17}O_3N =$

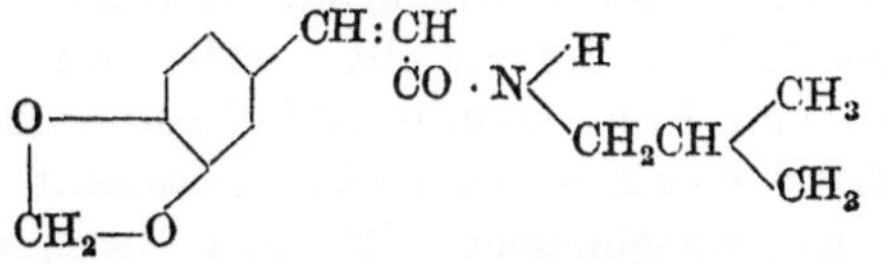

$$\underset{\underset{\displaystyle CH_2-O}{|}}{O}\!\!-\!\!\overset{\displaystyle CH:CH}{\underset{\displaystyle}{\bigcirc}}\quad \overset{CH:CH}{CO \cdot N}\!\!<\!\!\overset{H}{\underset{CH_2CH}{}}\!\!<\!\!\overset{CH_3}{\underset{CH_3}{}}$$

wird aus der Droge Fagara xanthoxyloides durch Extraktion mit Benzol isoliert. Aus dem konzentrierten Extrakt scheidet sich das Produkt auf Zusatz von Petroläther krystallisiert ab. Ausbeute 30 g aus 40 kg Droge. Das Fagaramid krystallisiert aus Alkohol und schmilzt bei $119\text{—}120^0$. Weder verdünnte Säure noch wäßriges Alkali vermögen das Fagaramid in merklicher Weise zu zersetzen. Erst beim Kochen mit $5^0/_0$iger alkoholischer Kalilauge erfolgt eine Zerlegung in Piperonylacrylsäure $CH_2\!\!<^O_O\!\!>\!C_6H_3\cdot CH$ $= CH\cdot COOH$ und Isobutylamin.

Vom sekundären Butylamin $C_2H_5\cdot CH(NH_2)CH_3$ kommt ein Derivat, das Butylsenföl $\overset{CH_3}{\underset{H}{>}}C\overset{C_2H_5}{\underset{N\cdot CS}{<}}$ in Cochlearia officinalis (Gadamer, Thomé) vor. Dieses ist ein bei $159{,}5^0$ siedendes Öl vom spezifischen Gewicht 0,943 bei 20^0. Beim Erhitzen mit verdünnter Schwefelsäure wird aus dem Löffelkrautöl optisch aktives sekundäres Butylamin abgespalten. Dieses ist rechtsdrehend $[\alpha]_D^{20} = +7{,}44^0$ (Thomé), $+6{,}42^0$ (Gadamer) und siedet bei 63^0. Das synthetisch dargestellte, racemische sekundäre Butylamin ließ sich durch fraktionierte Krystallisation der weinsauren Salze in die optisch aktiven Komponenten zerlegen (Thomé). Die Salze des d-Isobutylamins sind linksdrehend.

Das tertiäre Butylamin $(CH_3)_3C\cdot NH_2$ ist in der Natur nicht nachgewiesen worden, es siedet bei $45{,}2^0$.

Amylamine $C_5H_{13}N$. Von den acht bekannten Amylaminen ist nur das Isoamylamin $\overset{CH_3}{\underset{CH_3}{>}}CH\cdot CH_2CH_2NH_2$ in der Natur aufgefunden worden. Es verdankt seine Entstehung vorzugsweise der Einwirkung von Mikroorganismen auf Leucin $\overset{CH_3}{\underset{CH_3}{>}}CH\cdot CH_2CH(NH_2)COOH$. Müller und Hesse isolierten das Isoamylamin aus gefaulter Hefe; Gautier fand die Base im faulen Fleisch, ebenso Barger und Walpole. Rosenheim wies nach, daß die blutdrucksteigernde Wirkung, welche an gewissen Plazentaextrakten festgestellt worden war, zum Teil auf das Vorkommen von Isoamylamin zurückzuführen ist, und daß diese Base in frischen Plazenten nicht vorkommt. Bain konnte Isoamylamin aus verschiedenen Harnen isolieren. Ein bestimmter Zusammenhang mit pathologischen Erscheinungen ergab sich jedoch nicht. Nach den Versuchen von Guggenheim und Löffler ist es zweifelhaft, ob das von Bain aufgefundene Isoamylamin im frischen Harn präformiert war (vgl. S. 40). Nach F. Ehrlich und Lange sind es nicht immer spezifische Fäulnisbakterien, welche die Decarboxylierung der α-Aminosäuren veranlassen. Auch ubiquitäre Gärungserreger, wie der Bacillus casei können diese Umwandlung herbeiführen. Auf dessen Lebenstätigkeit ist wahrscheinlich auch das von Nencki beobachtete Vorkommen von Isoamylamin im Roquefortkäse zurückzuführen. Daß auch Pilze Leucin in Isoamylamin verwandeln können, beweist das Auftreten von Isoamylamin im Mutterkorn (Barger und Dale), und in Boletus edulis (Reuter), sowie die Fuselölbildung, die mit großer Wahrscheinlichkeit das Isoamylamin als intermediäre Stufe passiert (F. Ehrlich und Pistschimuka). Schließlich ist das Isoamylamin auch in den grünen Tabakblättern neben flüchtigen Pyrrolidinbasen nachgewiesen worden (Ciamican und Ravenna).

Nimmt man mit F. Ehrlich an, daß bei der Bildung des Gärungsamylalkohols unter der Einwirkung von Hefen- und Schimmelpilzen auf leucinhaltiges Eiweißmaterial Amylamin als Zwischenprodukt entsteht, so muß als Übergangsstufe für den optisch aktiven Amylalkohol $\begin{matrix} CH_3 \\ C_2H_5 \end{matrix}\rangle CH \cdot CH_2OH$ das aktive Amylamin, Dimethylpropylamin $\begin{matrix} CH_3 \\ C_2H_5 \end{matrix}\rangle CH \cdot CH_2NH_2$ postuliert werden. Dieses würde sich von dem ebenfalls von F. Ehrlich entdeckten Isoleucin $\begin{matrix} CH_3 \\ C_2H_5 \end{matrix}\rangle CH \cdot CH(NH_2)COOH$ ableiten, aus dem es tatsächlich bei der trocknen Destillation entsteht.

Ferner ist die Möglichkeit für die biogene Entstehung eines n-Amylamins $CH_3CH_2CH_2CH_2CH_2NH_2$ durch die Beobachtungen von Abderhalden und Weil, welche das Vorkommen eines n-Leucins $CH_3CH_2CH_2CH_2CH(NH_2)COOH$ wahrscheinlich gemacht haben, gegeben. Es erscheint auch nicht ausgeschlossen, daß die Fäulnis des Lysins über die ε-Aminocapronsäure

$$H_2NCH_2CH_2CH_2CH_2CH_2COOH$$

(Ackermann) n-Amylamin zu liefern vermag. Auch Pyridin kann durch reduktive Aufspaltung in n-Amylamin übergehen. In vitro gelang es Sabatier und Mailhe eine solche Aufspaltung durch Überleiten von Pyridindämpfen und Wasserstoff über feinverteiltes Nickel durchzuführen

$$\underset{\text{Pyridin}}{\underset{N}{\overset{CH}{\underset{CH}{\overset{CH}{\bigcirc}}}}} \xrightarrow{\ Ni + H_2\ } CH_3CH_2CH_2CH_2CH_2NH_2$$

Für die übrigen Amylamine: das Tertiärbutyl-methylamin

$$\begin{matrix} CH_3 \\ CH_3 \\ CH_3 \end{matrix}\!\!\!>\!C \cdot CH_2 \cdot NH_2,\ \text{das sekundäre n-Amylamin}$$

$$\begin{matrix} CH_3 \\ CH_3CH_2CH_2 \end{matrix}\!\!\!>\!CH \cdot NH_2,\ \text{das Diäthylcarbinamin } (C_2H_5)_2CH \cdot (NH_2),$$

$$\text{das sekundäre Isoamylamin}\quad \begin{matrix} CH_3 \\ (CH_3)_2CH \end{matrix}\!\!\!>\!CH \cdot NH_2\ \text{und das tertiäre}$$

$$\text{Amylamin}\quad \begin{matrix} (CH_3)_2 \\ C_2H_5 \end{matrix}\!\!\!>\!C \cdot NH_2\ \text{ist, wenigstens nach den bisherigen}$$

Feststellungen kaum die Möglichkeit für das natürliche Vorkommen gegeben.

Die Amylamine sind Flüssigkeiten von unangenehm fischartigem Geruch. Das Isoamylamin siedet bei 96—98°, das n-Amylamin bei 104°. Der Siedepunkt des aktiven Isoamylamins liegt bei 96—97°, sein spezifisches Gewicht ist bei 18° 0,7550, sein spezifisches Drehungsvermögen —5,16° (F. Ehrlich).

Hexylamine $C_6H_{15}N$. Ein Amin von der Zusammensetzung des Hexylamins ist von Müller und Hesse in gefaulter Bierhefe und von Gautier und Mourgues unter den Basen des Lebertrans aufgefunden worden. Die Abtrennung von den übrigen Basen geschah durch fraktionierte Destillation. Siedepunkt 101°.

Biochemisches Verhalten der Alkylamine.

Die Alkylamine sind intermediäre Stoffwechselprodukte, d. h. sie unterliegen im Organismus, in dem sie auftreten, einer weiteren Veränderung. Sie fallen dabei vorzugsweise einer oxydativen Hydrolyse anheim, der Stickstoff wird aus dem Molekül als Ammoniak abgespalten und der Alkylrest zur entsprechenden oder ziui mledrigeren homologen Säure oxydiert. Am genauesten sind die lsverschiedenen Phasen dieser Umwandlung bei den Mikroorganismen studiert. Diese haben es vorzugsweise auf den Stickstoff abgesehen, welchen sie nach Loslösung aus dem Molekül des Alkylamins zum Aufbau ihrer Körpersubstanz verwerten. Der stickstoffreie Rest dient nur dann als Energiequelle, wenn keine Kohlenhydrate zur Verfügung stehen.

Bei der Zuchtung von Aspergillus niger auf einer mit verschiedenen Alkylaminen versetzten Nährlösung, zeigte sich eine

Verwertbarkeit der verschiedenen Alkylamine für den Aufbau der Pilzsubstanz (Czapek). Je 50 ccm einer Lösung, die in 1 Liter Wasser 0,5 g Magnesiumsulfat, 1,0 g Monokaliumphosphat, 0,5 g Chlorkalium und 0,01 g Ferrosulfat enthielt, wurde entweder zu 4% mit der zu prüfenden Stickstoffverbindung oder aber zu 3% mit Rohrzucker und zu 1% mit der betr. Stickstoffverbindung versetzt und dann mit der annähernd gleichen Menge von Konidien von Aspergillus niger geimpft. Die Pilzernte und deren Stickstoffgehalt erhöhte sich mit der Länge der Kohlenstoffkette der verwendeten Alkylamine, jedoch vermochten auch die niedrigen im Verein mit Zucker eine gute Pilzvegetation hervorzurufen. Quaternäre Ammoniumbasen erwiesen sich als giftig und erzielten kein normales Wachstum. In gleicher Weise vermögen Preßhefereinkulturen Lösungen von Methyl- und Äthylamin als Stickstoffquelle auszunützen, wenn diese zu etwa $0,1\%$ der Nährlösung (Leitungswasser, 2% Glucose, $0,2\%$ KH_2PO_4, $0,1\%$ $MgSO_4$) zugesetzt wurden (Watermann).

Intermediär abgespaltenes Methyl-, Dimethyl- und Trimethylamin scheint von Pilzen restlos verwertet zu werden (F. Ehrlich). Wird z. B. Betain unter der Einwirkung von Kamhefe, Willia anomala oder Oidium lactis, zersetzt, so bildet sich neben Glykolsäure Trimethylamin. Dieses läßt sich aber in der Kulturflüssigkeit nicht nachweisen, da es sofort nach seiner Abspaltung assimiliert wird. Das gleiche Schicksal erleidet das aus Adrenalin abgespaltene Methylamin und das Dimethylamin aus Hordenin. Nicht so rasch verläuft die Assimilation der Alkylamine bei den Bakterien. Die aus den Muttersubstanzen abgespaltenen Alkylamine werden nur zum Teil weiter oxydiert. Am unvollständigsten ist der Abbau bei den mehrfach alkylierten Aminen. Trimethylaminoxyd wird durch Fäulnisbakterien zu Trimethylamin reduziert (Suwa). Das aus Cholin und Betain abgespaltene Trimethylamin wird nur zum Teil entmethyliert, so daß sich in den Fäulnisflüssigkeiten neben Ammoniak noch Methyl-, Dimethyl- und Trimethylamin vorfinden (Hasebröck, Bocklisch). Daß auch primäre Amine gegenüber den Bakterien eine gewisse Resistenz darbieten, beweist deren häufiges Vorkommen bei verschiedenen, oft über lange Zeit ausgedehenten Fäulnisprozessen.

Für höhere Pflanzen scheinen die Alkylamine keine geeignete Stickstoffquelle darzubieten. In Lösungen, die neben Mineralsubstanzen noch Glucose enthielten, bedingte Zusatz von 0,01, 0,1

und 1% Methyl-, Dimethyl- und Trimethylamin, Äthyl- und
Propylamin keine Zunahme der Trockensubstanz keimender Ra-
dieschensamen (Molliard). Der Tierkörper dagegen bemüht sich,
die Alkylamine, die von gewisser Konzentration an, Giftwirkungen
auslösen, möglichst rasch zu desamidieren und so unschädlich zu
machen. Dies gelingt ihm in weitgehendem Maße bei den primären
Aminen. Deshalb werden auch große Dosen primärer Amine ohne
hervorragende Giftwirkung vertragen. Nach Verfütterung von
1—2 g Amylaminchlorhydrat pro kg Kaninchen, oder nach intravenöser Infusion von 1,5 g, läßt sich im Harn der Versuchstiere
keine unveränderte Base mehr nachweisen (Guggenheim und
Löffler).) Die Desamidierung erfolgt vorzugsweise in der Leber,
wo auch das abgespaltene Ammoniak in Harnstoff umgewandelt
wird. Sie findet auch im isolierten künstlich durchströmten
Organ statt.

Die rasche Oxydation, welche die primären Amine im Tierkörper erleiden, läßt es als zweifelhaft erscheinen, ob das von Bain
in verschiedenen pathologischen Harnen beobachtete Amylamin
(vgl. S. 36) in denselben präformiert war. Auch große Mengen
enteral oder parenteral gebildetes Amin würden die Nieren kaum
unzersetzt passieren und es erscheint wahrscheinlicher, daß gelegentliche Befunde im Harn auf sekundäre Prozesse zurückzuführen sind.

Dimethyl- und Trimethylamin verursachen in der überlebenden Leber ebenfalls eine gesteigerte Harnstoffbildung (Löffler).
Dies deutet darauf hin, daß zum mindesten ein Teil dieser Basen
desamidiert wird. Trimethylaminoxyd passiert den Körper des
Kaninchens zum Teil unverändert, zum Teil wird es zerstört unter
Bildung von Dimethyl- und Trimethylamin (Suwa). Der bei der
Desamidierung der Alkylamine abgespaltene Alkylrest unterliegt
je nach den Bedingungen einem verschiedenen Schicksal. Im Tierkörper verbrennt er bei ungehemmter Oxydationskraft zunächst
zur entsprechenden Carbonsäure, die dann in der Regel bis zur
Kohlensäure oxydiert wird. In der überlebenden Leber von Hunden
und Kaninchen, wo die Oxydationsbedingungen nicht so günstig
sind, kann man den größten Teil der gebildeten Carbonsäure nachweisen. Nach der Perfusion mit Amylamin z. B. finden sich in
der Durchströmungsflüssigkeit reichliche Mengen von Isovaleriansäure. Am intakten Tier werden auch noch relativ große Mengen
von Amylamin, so vollständig verbrannt, daß Valeriansäure im

Harn nicht mehr nachweisbar ist. Immerhin können in gewissen Fällen die im Harn von Pflanzenfressern aufgefundenen Fettsäuren den Alkylresten der Amine entstammen (Schotten); denn wiewohl sich ein Teil der Fettsäuren durch reduktive oder oxydative Desamidierung aus den Aminosäuren direkt bildet (Neuberg und Brasch), z. B. die Isovaleriansäure aus der α-Aminoisovaleriansäure oder dem Leucin, so erscheint es andererseits als möglich, daß der Bildung der Fettsäuren in gewissen Fällen die Entstehung von Aminen vorausgeht. Eine direkte Beziehung der im Harn auftretenden Ameisensäure zu verfüttertem Methylamin hat Pohl nachgewiesen, während die nach Verfütterung von Cholin auftretende Ameisensäure offenbar dem Trimethylamin entstammt.

Bei Pilzen und Hefen findet sich der aus dem Amin abgespaltene Alkylrest häufig als Alkohol (F. Ehrlich und Pistschimuka). Ob die Bildung von Gärungsamylalkohol (Fuselöl) aus den entsprechenden Leucinen über die Amylamine erfolgt, oder ob er aus den Oxycapronsäuren durch Decarboxylierung hervorgeht, oder ob Decarboxylierungs- und Desamidierungsprozesse sich gleichzeitig abspielen, ist unentschieden.

Die Verwertung der Alkylamine zu Synthesen tritt neben der oxydativen Entalkylierung nur wenig in den Vordergrund. Im Tierkörper vollzieht sich z. B. nach Verabreichung von primären Aminen in geringem Maße die Bildung substituierter Harnstoffe nach folgenden Gleichungen:

$$CH_3CH_2NH_2 + CO_2 + NH_3 = CO\!\!\begin{array}{c} \nearrow NH_2 \\ \searrow NH \cdot C_2H_5 \end{array} + H_2O \text{ oder}$$

Monoäthylharnstoff

$$2\,C_2H_5NH_2 + CO_2 = CO\!\!\begin{array}{c} \nearrow NH \cdot C_2H_5 \\ \searrow NH \cdot C_2H_5 \end{array} + H_2O$$

Diäthylharnstoff

So beobachtete Folin in normalen und pathologischen Harnen geringe Mengen von Methylharnstoff, der wahrscheinlich aus intermediär gebildetem Methylamin herstammt (vgl. S. 29). Salkowski dagegen konnte nach Eingabe von 0,1—0,15 g Methylamin die Bildung von Methylharnstoff nicht feststellen. Die Isolierung von Monoäthylharnstoff nach Verabreichung von 0,1—0,15 g Äthylamincarbonat gelang Schmiedeberg. Salkowski fand unter gleichen Bedingungen nur Äthylamin. Auch Amylamin scheint unter gewissen Umständen zur Bildung geringer Mengen von Amylharnstoff zu führen (Schmiedeberg).

Auf die Verwendung der Alkylamine zu synthetischen Prozessen in den Pflanzen deutet das Vorkommen von Fagaramid (vgl. S. 35). Auch das Auftreten von Senfölen (sec. Butylsenföl vgl. S. 36) kann auf eine sekundäre Umwandlung primärer Amine zurückgeführt werden. Schließlich ist es möglich, daß n-Butylamin unter Ringschließung in Pyrrolidinderivate überzugehen vermag, ein Vorgang, für welchen wir z. B. in der Umwandlung des n-Butyl-methyl-amins in Methylpyrrolidin ein chemisches Analogon besitzen (Löffler u. Freytag). In gleicher Weise können sich n-Amylamin oder seine Substitutionsprodukte in Piperidin und dessen Derivate verwandeln (vgl. S. 37).

Pharmakologisches Verhalten der Alkylamine.

Die primären, sekundären und tertiären Alkylamine besitzen wie die Ammoniumsalze hauptsächlich eine zentrale Wirkung, die sich in narkotischen Symptomen und Lähmungserscheinungen äußert. In großen Dosen treten auch periphere curareartige Lähmungen auf, doch sind diese wenig ausgeprägt und lassen sich selten von einer gleichzeitig bestehenden Muskelvergiftung trennen (Brown und Fraser). Nach Desgrez und Dorléans erzeugt intravenöse Injektion von 0,005—0,01 g Methylamin pro kg Kaninchen eine Blutdrucksenkung zwischen 14 und 16 mm Hg. Am überlebenden Meerschweinchendarm wirkt das Methylaminchlorhydrat erst in höheren Konzentrationen. Nach Einführung von 3—4 g Dimethylaminchlorhydrat per os und nach 1,6 g Dimethylamin intravenös wurde am Kaninchen Steigerung der Respirationsfrequenz und ein gewisser Erregungszustand beobachtet (Nebelthau). Sodann stellten sich vorübergehend abnorme Blässe der Ohren, leichte Reflexsteigerung, späterhin eine ausgesprochene Erschlaffung ein, 4 g per os erwiesen sich als tödlich. Bei Fröschen zeigte sich nach Injektion in den Lymphsack allgemeine, dauernd zunehmende Erschlaffung, die anfangs ab und zu von einer einzelnen leichten Zuckung unterbrochen wurde. Die Herzaktion wurde sehr verlangsamt und äußerst schlaff. Die Erregbarkeit der Muskulatur für den faradischen Strom erwies sich als sehr herabgesetzt. Ähnlich wie Dimethyl- und Diäthylamin wirken die höheren sekundären Alkylamine: Dipropylamin, Diisobutyl- und Diisoamylamin (Hildebrandt).

Die acylierten Alkylamine — Methylbenzamid, Äthylbenzamid, Dimethylbenzamid, Diäthylbenzamid, Dimethylsalicylamid —

besitzen die narkotischen Wirkungen der Säureamide, durchkreuzt von Krampfwirkungen, die aber erst in den späteren Stadien der Vergiftung auftreten und den narkotischen Effekt erheblich abschwächen (Nebelthau). Auch bei gesonderter Verabreichung erweisen sich Dimethylamin und Diäthylamin gegenüber narkotisierenden Substanzen wirksam. So rief eine sicher narkotisierende Dosis von Chloralhydrat (2 g) bei gleichzeitiger Verabreichung von 0,66 g Dimethylamin an einem Kaninchen keinen Schlaf hervor.

2 g Trimethylaminchlorhydrat einem Hund intravenös gegeben, bewirkten eine geringe Verlangsamung und Temperatursenkung (Rabuteau). Um am Hund eine minimale Blutdrucksteigerung zu erzielen, muß man 0,05 g pro kg injizieren; die letale Dosis für den Frosch beträgt 0,15—0,2 g. Abelouse und Bardier geben an, daß die Wirkung des Trimethylamins auf den Blutdruck, auf die Respiration und auf die Speichelsekrete qualitativ gleich ist wie die Wirkung der im Harn enthaltenen unbekannten Base, Urohypertensin.

Bei den höheren Alkylaminen treten Wirkungen auf, die von Barger und Dale als sympathomimetische bezeichnet werden. Es ist dies die Fähigkeit, am Säugetier gewisse Reaktionen hervorzurufen, welche auch durch Sympathikusreizung oder durch Verabreichung von Adrenalin ausgelöst werden. Als Kennzeichen einer sympathomimetischen Wirkung gilt vor allem eine durch periphere Gefäßkontraktion bedingte Steigerung des Blutdruckes und eine Reizung der sympathischen Innervation des Katzenuterus. Dieser ist im nichtgraviden Zustand mit motorisch hemmenden sympathischen Fasern innerviert, wird also durch ein sympathomimetisches Gift entspannt. Im graviden Zustand prävalieren die motorisch fördernden sympathischen Fasern und das sympathomimetische Amin wirkt kontraktionsfördernd. Neben diesen hauptsächlich zutage tretenden Wirkungen äußern sich die sympathomimetischen Eigenschaften auch noch in einer Reizung des Pupillendilatators, in einer Kontraktion des Orbitalmuskels, in einer durch Atropin nicht verhinderten Förderung der Speichel- und Tränensekretion, in einer Erschlaffung des Darmtonus usw.

Wenn man die Wirksamkeit auf den Blutdruck und auf den Katzenuterus als Maßstab wählt, zeigen sich die primären Amine wirksamer als die sekundären und tertiären. Die niedrigen Glieder, bis zum n-Butylamin, wirken erst in größeren Dosen. Die Amine mit verzweigten Kohlenstoffketten sind weniger aktiv als die mit gerader, z. B. ist das Isobutylamin deutlich weniger wirksam als das n-Butylamin. Die sympathomimetische Wirksamkeit steigt an bis zum n-Hexylamin. Dieses ist die aktivste Verbindung der Reihe. Bei den höheren Alkylaminen treten neben den sympathomimetischen Eigenschaften noch andere mehr toxische Wirkungen (depressive Wirkung auf das Herz und das Zentralnervensystem) in den Vordergrund, die einen Vergleich der Wirksamkeit erschweren. Immerhin läßt sich noch beim Tridecylamin eine Blutdruckwirkung deutlich erkennen. Die Wirkung des Cyclo-

$$\text{hexylamins} \quad CH_2\underset{\underset{\displaystyle CH_2 \quad CH_2}{}}{\overset{\overset{\displaystyle CH_2 \quad CH_2}{}}{\diagup \diagdown}} CH \cdot NH_2 \quad \text{ist ähnlich wie die des}$$

n-Hexylamins, etwas langsamer, dafür etwas andauernder.

Die pharmakologische Wirkung des Isoamylamins ist eingehend von Dale und Dixon studiert worden. Seine sympathomimetische Wirkung ist im Gegensatz zu den niedrigeren Alkylaminen bereits deutlich ausgeprägt. Es wirkt aber immerhin noch etwa viermal weniger als p-Oxyphenyläthylamin und somit etwa 100 mal schwächer als Adrenalin. Der blutdrucksteigernden Wirkung geht eine geringe Senkung voraus. Der Anstieg ist nicht sehr rapide. Die Blutdrucksteigerung ist zum Teil auf ein vermehrtes Schlagvolumen des Herzens zurückzuführen. Isoamylamin bewirkt zuerst eine ausgesprochene Verminderung im Tempo und der Stärke des Herzschlages und kann bei genügend großer Dose sogar Stillstand hervorrufen. Diese Hemmung kommt bei der Messung des Karotisblutdruckes als primäre Senkung zum Ausdruck und ist wahrscheinlich auf eine direkte Muskelwirkung und nicht auf eine Vaguswirkung zurückzuführen, da Atropin keinen Einfluß hat. Der Koronarkreislauf ist primär stark verlangsamt. Durch plethysmographische Messungen an Lunge, Hinterbeine und Darm und durch Bestimmung der Ausflußgeschwindigkeit an überlebenden Gefäßen läßt sich die peripher kontrahierende Wirkung des Isoamylamins deutlich dartun. Die Vasokonstriktion ist bei kleineren Dosen (1 ccm $^1/_{10}$ normal) von einer Dilatation gefolgt, bei größeren Dosen ist die Kontraktion länger andauernd. Am überlebenden Meerschweinchendarm bewirkt Isoamylamin in einer Konzentration von etwa 1 : 100 000 eine Tonussteigerung (Guggenheim, Löffler), am Kaninchendarm eine Tonussenkung (Dale und Dixon), ebenso an der Blase. Auf den Katzenuterus wirkt Isoamylamin kontrahierend. Die Wirkung auf die hemmenden sympathischen Fasern ist nur schwach, weshalb die für das Adrenalin charakteristische hemmende Wirkung am virginellen Katzenuterus hier weniger ausgeprägt ist.

Die quaternären Derivate der Alkylamine, vor allem das Tetramethylammoniumhydroxyd sind typische Vertreter synthetischer, curareartig wirkender Substanzen. Diese curareartige Wirkung wird sich späterhin auch in den anderen Gruppen biogener Amine wiederfinden, wenn das in ihnen enthaltene Stickstoffatom durch Alkylierung in den fünfwertigen Zustand übergeht. Da bei den quaternären Derivaten dieser Gruppe, in der die Alkylreste selber keine anderen Substituenten tragen, die Verhältnisse vom chemischen Gesichtspunkte aus am einfachsten liegen, sollen die pharmakologischen Wirkungen dieser Basen, soweit sie studiert sind, ausführlicher erwähnt werden. Dasselbe Wirkungsbild wird sich dann nach der einen oder anderen Richtung variiert, verstärkt oder abgeschwächt bei den Ammoniumbasen der anderen Gruppen (vgl. S. 76, 81 und 112) wiederfinden.

Neben der spezifischen Lähmungswirkung auf die intramuskulären Nervenendigungsapparate besitzen die quaternären Ammoniumverbindungen auch muscarinähnliche Eigenschaften, vor allem die Fähigkeit, die intrakardialen hemmenden Vagusendigungen zu reizen, und dadurch einen Herzstillstand herbeizuführen. Schaltet man die Herzwirkung durch Atropin aus, so kommen die Curarewirkungen rein zum Ausdruck und lassen sich bei den verschiedenen Basen einigermaßen quantitativ vergleichen.

Am stärksten wirkt die Tetramethylammoniumverbindung. 1 mg genügt, um die motorischen Nervenendigungen des Frosches zu lähmen. Die Lähmung greift zuerst die Nackenmuskeln, dann die Vorder- und zuletzt die Hinterbeine an. Wenige Minuten vor völliger Lähmung treten heftige fibrilläre Zuckungen und dyspnoische Atmung auf. Bei ganz großen Dosen zeigte sich auch eine zentrale Wirkung (Santesson und Koraen). Am Hunde bewirkten 0,5 g von Tetramethyliumjodid Respirationslähmung und fibrilläre Zuckungen, darauf Herzverlangsamung und Stillstand, 0,25 g bewirkten Sekretion, Pupillenerweiterung, starke und mühselige Atmung, Lähmung, speziell der Hinterbeine, Wiederherstellung nach etwa $^1/_2$ Stunde. Erst bei hohen Dosen werden neben Nervenendigungen auch die Muskelfasern gelähmt (Rabuteau).

Viel schwächer wirkt die Tetraäthylammoniumbase. Hier ist auch die direkte Muskelwirkung stärker ausgeprägt. 0,2 g Tetraäthylammoniumhydrochlorid auf 50 g Frosch machen sowohl die Nervenendigungen wie die Muskelsubstanz völlig unreizbar. Im Gegensatz zum Verhalten des Tetramethylammoniumchlorids scheinen die von der Äthylverbindung affizierten Präparate sich nicht schnell zu erholen (Santesson und Koraen).

In bezug auf seine Herzwirkung verhält sich das Tetramethylammoniumchlorid am intakten Frosch anders als am überlebenden Herzen. An ersteren bewirken schon 0,3 mg Herzstillstand, am isolierten Herzen bedarf es hierzu größerer Mengen. Offenbar findet am unversehrten Tier neben der Reizung der intrakardialen Hemmungsapparate auch eine Reizung der Vaguszentren statt.

Nachweis und Isolierung der Alkylamine.

Methyl-, Dimethyl- und Trimethylamin, sowie auch die höheren aliphatischen Amine Äthyl-, Propyl-, Butyl-, Amylamin, sind in alkalischer Lösung mit Wasserdampf flüchtig. Sie lassen sich daher aus einem Gemisch von Extraktivstoffen, das durch Natron- oder Kalilauge, Kalk, Baryt, Magnesia oder Soda alkalisch gemacht worden ist, abdestillieren. Um sekundäre Reaktionen zu vermeiden, erfolgt die Alkalinisierung besser mit einem milden Alkali, Magnesia oder Soda und die Destillation unter vermindertem Druck und bei niedrigerer Temperatur. Das unter diesen Bedingungen im Destillat erhaltene flüchtige Amin läßt sich auf Grund der verschiedenen Eigenschaften der primären, sekundären und tertiären Amine, sowie deren Salze voneinander trennen.

Qualitativer Nachweis. Wäßrige Lösungen der Aminchlorhydrate, die mit verdünnter Kalilauge versetzt sind, geben mit dem Neßlerschen Reagens (eine alkalische Lösung von Mercurikaliumjodid: $[HgJ_4]K_2$) charakteristische Niederschläge, die zur Erkennung der einzelnen Amine dienen können (Charitschkow, Dorée und Golla). Größere Mengen von Ammoniak erzeugen eine braune Fällung

$$2\,(HgJ_4)K_2 + 3\,KOH + NH_4OH = O{\Large\langle}^{Hg}_{Hg}{\Large\rangle}NH_2 - J + 3\,H_2O + 7\,KJ.$$

Geringe Spuren von Ammoniak bewirken eine Gelbfärbung. Mit Methylamin entsteht eine in Wasser unlösliche gelbe oder orangefarbene Fällung (erstere besitzt die Zusammensetzung $NJ_2Hg_2C_2H_{10}$,

letztere $Hg\Big\langle{}^{NH(CH_3)}_{J}\Big)$. Dimethylamin erzeugt einen rot-

braunen Niederschlag, Trimethylamin einen weißen, der in mehr Wasser löslich ist. Mit Äthylamin entsteht ebenfalls ein weißer

Niederschlag $HgJ_2Hg\Big\langle{}^{NH(C_2H_5)}_{Hg \cdot NH(C_2H_5)}$, mit Propylamin ein schoko-

ladefarbiger $NJ\Big\langle{}^{NH(C_3H_7)}_{Hg \cdot Hg - Hg \cdot J \cdot 2\,H_2O}$.

Zur Herstellung des Neßlerschen Reagenses löst man 6 g Merkurichlorid in 50 ccm ammoniakfreiem Wasser, fügt 7,4 g Jodkalium, in 50 ccm Wasser gelöst, hinzu, läßt erkalten, gießt die überstehende Flüssigkeit ab und wäscht 3 mal durch Dekantation mit je 20 ccm kaltem Wasser. Durch Zugabe von weiteren 5 g Kaliumjodid und etwas Wasser bringt man das Mercurijodid in Lösung. Man fügt zur Lösung 20 g Natronlauge und verdünnt nach dem Erkalten auf 100 ccm.

Der Nachweis von Ammonniak neben Methylamin gelingt am besten nach Francois mit Hilfe einer eigens hergestellten Quecksilberjodidjodkaliumlösung. Eine solche Lösung, welche ziemlich arm an Alkalilauge und ziemlich reich an Jodkalium ist, fällt in der Kälte weder Methylamin, noch Ammoniak, in der Hitze jedoch Ammoniak ohne Methylamin.

Das Reagens von François enthält im Liter genau 22,7 g Quecksilberjodid, 33 g KJ und 35 g Natronlauge. Man löst 0,1 g des fraglichen Methylaminchlorhydrates in 15 ccm Wasser, setzt 5 ccm Reagens hinzu und erhitzt langsam bis zum Auftreten kleiner Gasblasen. Bei Gegenwart von $0,1\%$ NH_4Cl bleibt die Flüssigkeit in der Hitze noch klar, bei Gegenwart von $0,2\%$ NH_4Cl entsteht in der Hitze, bei Gegenwart von größeren Mengen NH_4Cl bereits in der Kälte ein braunroter Niederschlag.

Eine andere Reaktion zur Prüfung des Methylamins beschreibt Tsalaptani. Neutralisiert man eine Lösung von Mono-, Di- oder Trimethylamin mit HCl, dampft zur Trockne, löst in 95%igem Alkohol und erwärmt 5 ccm dieser Lösung mit einigen Milligramm Tetrachlorchinon auf $70-75^0$, so tritt Violettfärbung ein. Mit Ammoniak bezw. NH_4Cl erhält man unter diesen Bedingungen keine Farbreaktion.

Quantitative Bestimmung und Trennung. Zur Trennung der Alkylamine von Ammoniak benützt man am besten das Verfahren von François. Es beruht auf der Beobachtung, daß gelbes HgO sich mit Ammoniak zu Ammoniummmercurioxyd verbindet, während es mit den primären, sekundären und tertiären Methyl- und Äthylamin dagegen nicht reagiert.

Zur Reinigung auf trocknem Wege leitet man das Gasgemisch über eine lange Schicht von gekörntem, gelben HgO; zur Reinigung auf nassem Wege schüttelt man die wäßrige Aminlösung mit überschüssigem gelbem HgO ununterbrochen eine Stunde lang. 430 g HgO absorbieren 16 g Ammoniak. Man dekantiert die Flüssigkeit durch ein Filter, wäscht das HgO mit etwas Wasser, versetzt das Filtrat mit etwas Natronlauge und gesättigter Sodalösung, schüttelt es nochmals eine Stunde mit HgO und filtriert, ohne das HgO auszuwaschen. Das Reinigungsverfahren auf trocknem Wege liefert völlig ammoniakfreie Amine, ist aber etwas langwierig, da auf diese Weise höchstens 150 g Chlorhydrat pro Tag gereinigt werden können. Das Reinigungsverfahren auf nassem Wege arbeitet weit schneller und liefert ein Amin mit höchstens 0,2 % Ammoniak.

Bis zu einem gewissen Grade lassen sich Chloride der Alkylamine auch durch Extraktion mit Alkohol von Ammonchlorid trennen. Die Trennung ist jedoch keine genaue und führt z. B. bei Gemischen von Salmiak und Methylaminchlorhydrat stets zu salmiakhaltigem Methylamin (Bertheaume). Besser sollen die Resultate sein, wenn man statt der Chloride die Sulfate mit Alkohol extrahiert, da die Löslichkeit des Ammonsulfats in Alkohol geringer ist als die des Ammonchlorids (Fleck).

Zur Bestimmung von Ammoniak neben Methyl-, Dimethyl- und Trimethylamin hat man in den älteren Arbeiten (Brieger, Bocklisch und Emmerling) oft die verschiedene Löslichkeit der Platin- und Goldsalze verwertet. Nach dem Sublimatverfahren von Brieger (vgl. S. 18) fanden sich diese Basen je nach den Fällungsverhältnissen bald unter den in Alkohol schwer löslichen Sublimatverbindungen, bald im löslichen Anteil. Die in die Chloride übergeführten Basen, wurden dann mit alkoholischer Platinchloridlösung oder mit Goldchloridlösung versetzt und fraktioniert krystallisiert.

Das Platinchloriddoppelsalz des Methylamins $(CH_3NH_2 \cdot HCl)_2$ $PtCl_4$ bildet goldgelbe hexagonale Tafeln, unlöslich in absolutem Alkohol. 100 Teile Wasser lösen bei 13,5° 1,97—2,14 Teile. Das Golddoppelsalz $CH_3NH_2 \cdot HCl \cdot AuCl_3 + H_2O$ bildet Tetraeder. Wasserfrei ist es monoklin, es ist sehr leicht löslich in Wasser.

Das Platinsalz des Dimethylamins $[(CH_3)_2NH \cdot HCl]_2PtCl_4$ ist dimorph rhombisch. Schmelzpunkt 206°. In heißem Wasser ist es leicht, in kaltem weniger leicht löslich. In Alkohol ist es löslicher als das Salz des Methylamins. Das Golddoppelsalz $(CH_3)_2NH \cdot HCl \cdot AuCl_3$ monokline Tafeln, Schmelzpunkt 202°.

Das Platinsalz des Trimethylamins $[N(CH_3)_3 \cdot HCl]_2PtCl_4$ reguläre, orangefarbene Krystalle. Schmilzt bei 190° und zersetzt sich bei 240—245°. Es ist in absolutem Alkohol löslicher als die Platinverbindung des Dimethylamins. 180 ccm kochenden absoluten Alkohols lösen 0,0293 g Salz. Das

Goldsalz $N(CH_3)_3 \cdot HCl \cdot AuCl_3$ gelbe monokline Krystalle. Es schmilzt nach den verschiedenen Angaben bei 228, 253 oder 270°. In Wasser ist es wenig löslich, leichter in Alkohol.

Das Platinsalz des Äthylamins $(C_2H_5NH_2 \cdot HCl)_2PtCl_4$ orange-gelbe flache Rhomboeder, hexagonal rhomboedrische Krystalle. Schmelz-punkt 218° (ohne Zersetzung). Das Goldsalz $C_2H_5NH_2 \cdot HCl \cdot AuCl_3$ gold-gelbe monokline Prismen, in Wasser leicht löslich, Schmelzpunkt 194—196°.

Um die vier Basen voneinander zu trennen, kann man auch das Verfahren von Bertheaume anwenden, man zerlegt das in Form der Chlorhydrate vorliegende Basengemisch zunächst in zwei Gruppen a) Ammoniak und Methylamin, b) Dimethylamin und Trimethylamin. Sodann läßt sich eine weitere Zerlegung der in Chloroform unlöslichen Aminchlorhydrate (Ammoniak und Methylamin) nach dem Verfahren von François (vgl. S. 47) erzielen. Die chloroformlöslichen Aminchlorhydrate (das Dimethyl-amin- und das Trimethylaminchlorhydrat) trennt man auf Grund der verschiedenen Löslichkeit ihrer Perjodide in Wasser.

Das Dimethylaminperjodid $(CH_3)_2NH \cdot HJ \cdot J_3$ bildet hexagonale, an trockener Luft beständige Tafeln. Schmelzpunkt 83—85°. Das Tri-methylaminperjodid $(CH_3)_3N \cdot HJ \cdot J_4$ hexagonale Tafeln. Schmelz-punkt 65°. Die Fällbarkeitsgrenze einer wäßrigen Trimethylaminchlor-hydratlösung durch Jodjodkali liegt bei 1:50000. Bei Gegenwart von NH_4Cl wird die Fällbarkeit noch erhöht, so daß die Grenze bei 1:1 000 000 liegt.

Das abgeschiedene schwerer lösliche Trimethylaminperjodid löst man in Natriumbisulfit und destilliert das durch Natronlauge in Freiheit gesetzte Trimethylamin ab. Aus der Mutterlauge des Trimethylaminperjodids kann man das Dimethylamin in gleicher Weise isolieren. Das Verfahren von François ist in Gegenwart eines sehr großen Ammoniaküberschusses nicht anwendbar. Um den Ammoniaküberschuß zu entfernen, hat Bertheaume das Verfahren in geeigneter Weise modifiziert.

Will man ohne Rücksicht auf andere noch vorhandene Amine das Trimethylamin bestimmen, so läßt sich mit Erfolg das Ver-fahren von Filippi anwenden. Dieses beruht darauf, daß Natrium-hypobromit (dargestellt durch Eintropfen von 25 ccm Brom in 500 ccm einer 20%igen NaOH-Lösung) bei gewöhnlicher Tem-peratur das Chlorammonium, Methylamin- und Dimethylamin-, Äthylamin- und Diäthylaminhydrochlorid usw. sofort und voll-ständig zerstört, während das Trimethylamin zunächst unange-griffen bleibt. Wird der Überschuß an Hypobromit, sobald die durch die Reaktion des Hypobromits auf das Ammoniak und die primären und sekundären Amine bedingte Entwicklung von Stickstoff aufgehört hat, durch HCl zerstört, so kann die schädliche Wirkung des Hypobromits auf das Trimethylamin aufgehoben werden. Man macht die Lösung dann alkalisch und destilliert das Trimethylamin in titrierte Säure.

Dorée und Golla verbesserten das Filippische Verfahren, indem sie die Destillation der Harnbasen in barytalkalischer Lösung und bei gelinder Temperatur vornahmen. Nach der Oxydation des Ammoniaks, der primären und sekundären Amine mit Natriumhypobromit entfernen sie das überschüssige NaOBr durch Zugabe von Natriumarsenit.

Zur Trennung von Trimethylamin und Ammoniak benützt Bauer die Fähigkeit der Ammonsalze mit Formaldehyd unter Freiwerden formoltitrierbarer Säure zu reagieren, während die Salze des Trimethylamins unverändert bleiben. Er bestimmt zunächst die Menge des formoltitrierbaren Stickstoffs, zerlegt sodann die gebildeten Methylenaminoverbindungen mit Salzsäure, konzentriert die Lösung, macht alkalisch und destilliert das Ammoniak gemeinsam mit dem Trimethylamin in titrierte Säure. Durch Subtraktion des durch Formoltitration ermittelten Ammoniakgehaltes von der Summe des Ammoniaks und Trimethylamins berechnet man die Menge des Trimethylamins.

Auf der Reaktion mit Formaldehyd beruht auch ein Verfahren, das von Délépine zur Trennung von Methyl-, Diund Trimethylamin ausgearbeitet worden ist. Löst man das Gemisch der Aminsalze in 40 %iger Formaldehydlösung und versetzt mit dem gleichen Volumen Kalilauge, so reagieren nur Methyl- und Dimethylamin mit dem Formaldehyd. Letzteres bildet Tetramethylmethylendiamin und Dimethylaminomethanol, ersteres Trimethyltrimethylendiamin $(CH_2 : NCH_3)_3$. Bei der Destillation geht zuerst das unveränderte Trimethylamin über; bei 80—85° siedet das Tetramethylmethylendiamin, während das Trimethyltrimethylendiamin bei 166° überdestilliert. Über die Reaktion von Ammoniak und Formaldehyd vgl. auch Brochet und Cambier, Eschweiler, Knudsen, Werner.

Außer diesen speziell für Methyl-, Dimethyl- und Trimethylamin ausgearbeiteten Bestimmungs- und Trennungsverfahren existieren mehrere allgemeine Methoden, die es ermöglichen ein Gemisch primärer, sekundärer und tertiärer Basen quantitativ voneinander zu scheiden. Diese Verfahren gründen sich auf das verschiedenartige Verhalten der primären, sekundären und tertiären Amine gegenüber salpetriger Säure (vgl. S. 19), Benzolsulfochlorid (Hinsberg), Oxalsäureester, Grignardschem Reagens (Hibbert, Wise, Sudborough). Da sie in ausführlicheren Lehrbüchern der organischen Chemie (vgl. z. B. Meyer und Jacobson „Lehrbuch der organischen Chemie" II. Auflage, Leipzig, Veit & Co. 1907, 359 u. ff.) beschrieben sind und zur Trennung der biogenen Alkylamine bis jetzt kaum Anwendung gefunden haben, seien sie hier bloß der Vollständigkeit halber erwähnt.

Die höheren biogenen Alkylamine: Butyl-, Amyl- und Hexylamin kann man dem Untersuchungsmaterial statt durch Wasserdampfdestillation auch durch Extraktion mit einem organischen Lösungsmittel (Äther, Amylalkohol) entziehen. Man wird zu diesem Zweck das zu verarbeitende Material zuerst von Proteinen, Fetten und Lipoiden befreien (vgl. S. 14) und die gereinigten Produkte der Extraktion unterwerfen. Die in den organischen Lösungsmitteln gefundenen Basen isoliert man entweder durch fraktionierte Destillation (Gautier) oder durch Überführung in charakteristische Salze und Derivate (Oxalate, Benzoyl- und Benzolsulfoverbindungen).

Das Oxalat des n-Butylamins $(C_4H_{11}N)_2 \cdot C_2O_4H_2$ bildet in Wasser leicht lösliche Krystallkrusten, das des Isobutylamins große Tafeln. — Das Benzolsulfo-n-Butylamid $C_6H_5SO_2 \cdot NH \cdot C_4H_9$ ist ein Öl, in Wasser unlöslich, in Alkalien, Alkohol und Benzol leicht löslich. Das Dibenzolsulfonbutylamid $(C_6H_5SO_2)_2NC_4H_9$ bildet Täfelchen, Schmelzpunkt 89 bis 90°, in Wasser und Alkalien unlöslich, in heißem Alkohol schwer löslich. — Isobutylbenzamid $C_6H_5CO \cdot NH \cdot CH_2CH(CH_3)_2$ Nadeln aus Benzol, Chloroform oder Alkohol. Schmelzpunkt 57°, Kochpunkt $_{760}$ 295—296° unter geringer Zersetzung. — Benzolsulfo-Isobutylamid $C_6H_5SO_2 \cdot NH \cdot CH_2CH(CH_3)_2$ Krystalle, Schmelzpunkt 53°, leicht löslich in Alkali, Alkohol, Äther und Benzol. — Das Hydrochlorid des Isoamylamins zerfließliche, bitter schmeckende Kristalle. Das Hydrobromid glänzende Blättchen, Schmelzpunkt 225°. Das Chloroplatinat Blättchen, in siedendem Wasser leicht löslich. Das Chloraurat breite dünne Blättchen aus Wasser. Schmelzpunkt 145°. Das saure Oxalat des Isoamylamins krystallisiert aus Alkohol + Äther und schmilzt bei 166°. Das neutrale Oxalat schmilzt bei 200—207°. — Das Benzolsulfoisoamylamid $C_6H_5SO_2 \cdot NH \cdot CH_2CH_2CH(CH_3)_2$ dickes farbloses Öl, leicht löslich in Benzol, Alkohol und Äther. — Dibenzolsulfonisoamylamid $(C_6H_5SO_2)_2N \cdot C_5H_{11}$ weiße Krystalle. Schmelzpunkt 71,5°, unlöslich in Wasser und Alkali, leicht löslich in Alkohol und Äther.

Da die Siedepunkte der höheren Alkylamine nicht sehr weit auseinanderliegen — das n-Butylamin siedet bei 75,5°, das Iso-

butylamin bei 68—69°, das n-Amylamin bei 104°, das Isoamylamin
bei 96—97°, das n-Hexylamin bei 101° — wird eine fraktionierte
Destillation nur dann zum Ziele führen, wenn größere Mengen der
Basen zur Verfügung stehen. Über die Trennung des Amylamins
von Phenyläthylamin und Oxyphenyläthylamin (Barger und
Walpole) vgl. S. 285.

II. Gruppe.

Die Alkanolamine (Alkamine).

Die Alkanolamine unterscheiden sich von der Gruppe der
Alkylamine durch das Vorhandensein eines alkoholischen Hydroxyls. Zu den Alkanolaminen gehören demnach die bereits S. 10
erwähnten Hydramine, welche durch Addition von Ammoniak
bezw. Aminen an Aldehyde entstehen und die gewöhnlich auch als
Aldehydammoniake bezeichnet werden, z. B.

$$CH_3 \cdot C\!\!\diagdown_{\displaystyle O}^{\displaystyle H} + NH_3 = CH_3 \cdot C\!\!\diagup_{\displaystyle NH_2}^{\displaystyle OH}\!\!-H$$

Acetaldehyd   Acetaldehydammoniak

$$H \cdot C\!\!\diagdown_{\displaystyle O}^{\displaystyle H} + NH(CH_3)_2 = H \cdot C\!\!\diagup_{\displaystyle N(CH_3)_2}^{\displaystyle OH}\!\!-H$$

Form-   Dimethyl-   Methylol-Dimethylamin oder
aldehyd   amin   Carbinol-Dimethylamin

Diese Hydramine, welche Oxygruppen und Aminogruppen an
demselben Kohlenstoffatom tragen, sind als Zwischenstufen bei
dem oxydativen Abbau bezw. reduktiven Aufbau der Alkylamine
aufgefaßt worden. In der Natur spielen sie höchstens als intermediäre Produkte eine Rolle, da sie infolge ihrer Labilität — eine
Anzahl Verbindungen sind im Laboratorium synthetisch hergestellt
und studiert worden — kaum in nachweisbarer Menge auftreten.

Auch die beständigen Alkanolamine, welche Aminogruppe
und Oxygruppe nicht an demselben Kohlenstoffatom tragen,
finden sich in der Natur gewöhnlich nicht in freiem Zustande,
sondern als Ester, in welchen das alkoholische Hydroxyl mit
sauren Gruppen verankert ist. Dies gilt vor allem für das einfachste Alkanolamin, den Aminoäthylalkohol $HO \cdot CH_2 \cdot CH_2 \cdot NH_2$
und dessen Methylierungsprodukt, das Cholin $HO \cdot CH_2 \cdot CH_2 \cdot N(CH_3)_3$.
$$\qquad\qquad\qquad\qquad\qquad\qquad\qquad\qquad\qquad |$$
$$\qquad\qquad\qquad\qquad\qquad\qquad\qquad\qquad\qquad OH$$

Aus ihnen entstehen durch esterartige Verkupplung mit der Glycerin-phosphorsäure: $HO \cdot CH_2 \cdot CH \cdot O \cdot [PO(OH)_2]CH_2OH$ bezw. mit deren Fettsäurederivaten die Lecithine oder Phosphatide vgl. S. 55; als solche sind sie im Tier- und Pflanzenreich allgemein verbreitet und werden daraus durch hydrolytische Prozesse in Freiheit gesetzt. Neben der vorzugsweise phosphatidogenen Entstehung der Alkanolamine darf aber auch eine proteinogene Bildung in Betracht gezogen werden. Wenigstens ist es nicht ausgeschlossen, daß die als Eiweißbausteine nachgewiesenen Oxyaminosäuren, wie das Serin, durch Decarboxylierung in Alkanolamine übergehen können

$$HO \cdot CH_2 \cdot CH(NH_2)COOH \rightarrow HO \cdot CH_2 \cdot CH_2 \cdot NH_2 + CO_2$$
$$\text{Serin} \qquad\qquad\qquad \text{Colamin}$$

Das Trimethylserin $HO \cdot CH_2 \cdot CH \cdot [\overset{\displaystyle OH}{\overset{|}{N}}(CH_3)_3]COOH$ würde sich in analoger Weise in Cholin verwandeln, ebenso das Carnitin, die α-Oxy-γ-trimethylaminobuttersäure $HO \cdot N(CH_3)_3CH_2 \cdot CH_2 \cdot CHOH \cdot COOH$ in das Homocholin $HO \cdot N(CH_3)_3CH_2 \cdot CH_2 \cdot CH_2OH$ und das Oxyprolin

$$\begin{array}{c} HOHC\!-\!\!-\!CH_2 \\ |\qquad\quad | \\ H_2C\diagdown\quad\diagup CHCOOH, \\ NH \end{array}$$

welches bei der Aufspaltung des Pyrrolidin-ringes in δ-Amino-γ-Oxyvaleriansäure oder in α-Amino-γ-Oxy-valeriansäure $H_2N \cdot CH_2 \cdot CH(OH) \cdot CH_2 \cdot CH_2 \cdot COOH$ bezw. $CH_3 \cdot CH(OH) \cdot CH_2 \cdot CH(NH_2) \cdot COOH$ übergeht, würde sich als Muttersubstanz für einen Aminobutylalkohol erweisen.

Decarboxylierungen von Oxyaminosäuren sind bis jetzt nicht beobachtet worden. Wenn aber diese Vorgänge doch ins Auge gefaßt worden sind, so geschah dies namentlich deshalb, weil wir glauben, daß die im tierischen Organismus sich vollziehende Bildung von Taurin $HO_3S \cdot CH_2 \cdot CH_2 \cdot NH_2$ aus Cystein $HS \cdot CH_2 \cdot CH(NH_2)COOH$ einen völlig analogen Fall darstellt. Der Übergang des Cysteins in Taurin, der als erwiesen gelten darf (v. Bergmann, Wohlgemuth, Friedmann, Neuberg und Ascher), setzt aber für das Cystein (Thioserin) denselben Decarboxylierungsvorgang voraus, den wir für die Oxyaminosäuren für möglich erachten.

Das Cholin übt auf den tierischen Organismus eine alkaloidartige Wirkung aus und ist deshalb eingehend pharmakologisch studiert worden. Die treibende Ursache hierzu lag nicht bloß in der allgemeinen Verbreitung und in der leichten Entstehungsmöglichkeit dieser Base, sondern auch in dem Umstand, daß das Muscarin, ein aus Fliegenpilz dargestelltes Toxin, pharmakologisch und auch chemisch sich dem Cholin als sehr ähnlich erwies.

Wiewohl nach den obigen Darlegungen die Oxyaminosäuren die Möglichkeit zur Entstehung von höheren Alkanolaminen geben, so sind die nächsten Homologen des Cholins und Colamins mit Sicherheit in der Natur bis jetzt nicht nachgewiesen worden. Das von Ackermann und Kutscher im Fleischextrakt aufgefundene Neosin, welches nach seiner elementaren Zusammensetzung und seinem chemischen Verhalten dem nächst höheren Homologen des Cholins entspricht, konnte mit den verschiedenen synthetisch dargestellten Homocholinen nicht identifiziert werden.

Neosin $C_6H_{17}NO_2$ findet sich in wechselnden Mengen im Muskelextrakt (Kutscher) und im Krabbenextrakt (Ackermann und Kutscher). Bei der Verarbeitung nach der Methode von Kossel und Kutscher (vgl. S. 17) gelangt es in die sogenannte Lysin-Betain-Fraktion, aus der es mit alkoholischer Sublimatlösung ausgefällt wird. Von anderen in diese Fällung eingehenden Basen, trennt man es durch fraktionierte Kristallisation der Platin- und Golddoppelsalze. Das Chloroplatinat ist in Alkohol wenig löslich, das Chloraurat wenig löslich in kaltem, leicht löslich in heißem Wasser, leicht löslich in absolutem Alkohol, Schmelzpunkt $202-203^0$ ohne Zersetzung.

Das Sphingosin $C_{17}H_{35}NO_2$, ein Spaltprodukt des Cerebrons (vgl. S. 101) darf man als höheren Aminoalkohol auffassen, doch ist seine Konstitution ebenfalls noch nicht aufgeklärt. Die höheren Alkanolamine besitzen aber dennoch ein erhebliches Interesse, weil sie einen Übergang darstellen, der von den einfachen natürlichen Aminen zu den kompliziert gebauten Coca- und Tropaalkaloiden führt. Cocain und Atropin sind, wie nachstehende Formeln erkennen lassen, Säurederivate eines höheren cyclischen Alkanolamins, des Tropins, in welchen das alkoholische Hydroxyl durch einen Säurerest verestert ist, und zwar beim Cocain durch den Benzoesäurerest, beim Atropin durch den Tropasäurerest.

$$
\begin{array}{llll}
CH_2\!-\!CH & \!-\!-\!-\!- & CH\cdot COO\cdot CH_3 & \qquad CH_2\!-\!CH & \!-\!-\!-\!- & CH_2 \\
\quad|\qquad\ | & & | & \qquad\quad|\qquad\ | & & | \\
\quad|\quad N(CH_3) & & CHO\cdot\text{Benzoesäure} & \qquad\quad|\quad N(CH_3) & & CHO\cdot\text{Tropasäure} \\
\quad|\qquad\ | & & | & \qquad\quad|\qquad\ | & & | \\
CH_2\!-\!CH & \!-\!-\!-\!- & CH_2 & \qquad CH_2\!-\!CH & \!-\!-\!-\!- & CH_2 \\
\multicolumn{3}{c}{\text{Cocain}} & \multicolumn{3}{c}{\text{Atropin}}
\end{array}
$$

Wenn man den chemischen Aufbau dieser Alkaloide mit demjenigen höherer Alkanolaminderivate, z. B. des Novocains und des Stovains vergleicht, so ist die chemische Verwandtschaft dieser Verbindungen ohne weiteres erkennbar.

$$\underbrace{H_2N - \langle \bigcirc \rangle - CO \cdot O \cdot CH_2 \cdot CH_2 N}_{\text{Aminobenzoyl}} \underbrace{ N}_{\text{Diäthylaminoäthanol}} \begin{smallmatrix} C_2H_5 \\ \diagdown \\ C_2H_5 \end{smallmatrix} \quad \text{Novocain}$$

$$C_6H_5 \cdot CO - O - \underset{\underset{CH_3 \; C_2H_5}{\diagdown}}{C} - CH_2 - N \begin{smallmatrix} CH_3 \\ \diagdown \\ CH_3 \end{smallmatrix} \quad \text{Stovain}$$

Der chemischen Analogie entspricht auch eine Ähnlichkeit des pharmakologischen Verhaltens, die so weitgehend ist, daß diese synthetischen Körper in der Therapie mit vollem Erfolg statt der Naturprodukte angewandt werden.

Bei Verlängerung der Kohlenstoffkette des Alkamins können natürlich weitere Amino- und Oxygruppen eintreten. In ersterem Falle resultieren Polyoxyalkylamine. Zu diesen gehört das physiologisch wichtige Glucosamin $\underset{H}{\overset{O}{\diagdown}} C \cdot CH \cdot (NH_2) CHOH \cdot CHOH \cdot$

$CHOH \cdot CH_2OH$. Das Glucosamin, gleich wie seine Stereoisomeren das Chondrosamin und das Galaktosamin, enthält neben der Aminogruppe und den Alkoholhydroxylen noch eine Aldehydgruppe und steht in naher Beziehung zu den Zuckerarten. Es tritt in der Natur wie die anderen Alkanolamine als Bausteine höherer Komplexe auf, indem es sich durch Polymerisation und durch Eintritt von Säureresten zu größeren Molekülen vereinigt. Über den Aufbau dieser komplizierten Derivate, die als Chitin, Mucine und Mucoide, Chondroitin und Mykosin eine große biologische Bedeutung besitzen, soll weiter unten berichtet werden.

Cholin und Aminoäthylalkohol (Colamin).

Aminoäthylalkohol und Cholin sind die hauptsächlichsten basischen Bausteine der Lecithine. Den chemischen Aufbau der Lecithine pflegt man im allgemeinen durch folgendes Formelbild zu veranschaulichen

$$\begin{array}{l} CH_2 - O - \text{Fettsäurerest} \\ | \qquad\qquad\qquad\qquad\quad OH \\ | \qquad\qquad \diagup O - CH_2 - CH_2 - \overset{|}{N}(CH_3)_3 \\ CH - O - P \diagdown\!\!=O \qquad \text{Cholin} \\ | \qquad\qquad \diagdown OH \\ CH_2 - O - \text{Fettsäurerest} \end{array}$$

Doch kann diese Formulierung nur als eine schematische betrachtet werden. Tatsächlich unterscheiden sich die aus verschiedenen pflanzlichen und tierischen Geweben isolierten Phosphatide in mannigfacher Weise. Entweder variieren die substituierenden Fettsäureradikale, die bald gesättigt, bald ungesättigt sein können; oder an die Stelle von Glycerin tritt ein anderer Polyalkohol (Galaktosamin). Schließlich vermag auch ein anderer Aminoalkohol (Colamin, Sphingosin) die Stelle des an die Phosphorsäure gekuppelten Cholins einzunehmen.

Diese Mannigfaltigkeiten richtig zu erkennen, war äußerst schwierig, da die verschiedenen Phosphatide nicht nur sehr leicht veränderliche Substanzen sind, sondern in den Pflanzen- und Tiergeweben in wechselnden Verhältnissen nebeneinander vorkommen und im großen ganzen gemäß ihrem analogen Aufbau ein ähnliches chemisches Verhalten zeigen. Erlandsen hat auf Grund der wechselnden Proportion von Phosphor und Stickstoff eine Klassifikation auf chemischer Basis versucht und die Phosphatide eingeteilt in Monoamido-Monophosphatide (P:N wie 1:1), Monoamido-Diphosphatide (P:N wie 2:1), Diamido-Monophosphatide (P:N wie 1:2).

Eine Trennung der verschiedenen Phosphatide war bisher nur dadurch möglich, daß man die Unterschiede der Löslichkeit in organischen Lösungsmitteln, speziell Alkohol, Äther und Aceton zu Hilfe nahm. Die durch diese Extraktionsmittel voneinander getrennten Phosphatide sind nicht immer wohl charakterisierte Substanzen. Da die Löslichkeit der Phosphatide sich unter dem Einfluß des Luftsauerstoffs und der Wärme dauernd ändert, da ferner gewisse Verunreinigungen (Kohlenhydrate, Purinkörper) nur schwierig aus dem Phosphatidgemisch entfernbar sind, hat man oft oxydierte oder unreine Lecithine als neue Phosphatide beschrieben und mit besonderen Namen belegt. Zur Zeit kann man unter Berücksichtigung dieser Umstände etwa folgende Typen organischer lipoidlöslicher Phosphorstickstoffverbindungen unterscheiden: das eigentliche Lecithin, das Kephalin, das Cuorin und das Carnaubon.

Das eigentliche Lecithin ist im Pflanzen- und Tierreich allgemein verbreitet. Es ist ein Monoaminophosphatid und ist löslich in Alkohol, Äther, Petroläther, unlöslich in Aceton. Aus den Geweben und Organen ist es nur zum geringen Teil mit Äther extrahierbar; zum größeren Teil findet es sich in einer mehr oder weniger festen Bindung mit Eiweißsubstanzen in der Form von Lecithalbumin (Schulze und Likiernik). Diese Komplexe werden jedoch beim Erwärmen mit Alkohol oder anderen organischen Lösungsmitteln gespalten, so daß das gesamte Lecithin nach einer solchen Behandlung mit Äther extrahierbar wird.

Das direkt oder nach Behandlung mit Alkohol extrahierte und aus der konzentrierten Lösung mit Aceton gefällte Lecithin enthält eine Menge von Verunreinigungen, die sich nach Mac Lean dadurch entfernen lassen, daß man eine wäßrige Emulsion der Lecithine mit Aceton fällt, wobei die mit Wasser sonst schwer extrahierbaren Beimengungen im acetonhaltigen Wasser gelöst bleiben.

Das Lecithin erwies sich nach den Arbeiten von Trier, Baumann und Mac Lean als ein wechselndes Gemisch von Aminoäthylalkohollecithin und Cholinlecithin.

Eine Trennung dieser beiden Lecithine ließ sich bis zu einem gewissen Grade auf Grund der verschiedenen Löslichkeit der Cadmiumsalze erzielen. Das aus der alkoholischen Lösung der Lecithine mittels alkoholischer Cadmiumchloridlösung ausgefällte Gemisch der Cadmiumchloridverbindungen der Lecithine läßt sich mit Äther fraktionieren. Die Cadmiumchloridlösung des Cholinlecithins bleibt ungelöst, während in den Alkohol vorzugsweise die Cadmiumverbindung des Aminoäthylalkohollecithins geht. Die in Äther ungelöste Cadmiumverbindung des Cholinlecithins wurde aus zwei Teilen Essigäther + 1 Teil Alkohol umkrystallisiert und bildete unter dem Mikroskop sternförmig angeordnete Nadeln (Levene und West). Der in Äther lösliche Teil des Cadmiumsalzes enthielt noch ca. 30% Cholinlecithin. Eine weitere Reinigung war erfolglos.

Mittels einer S. 89 beschriebenen einfachen Methode läßt sich in einem Gemisch von Colamin- und Cholinlecithin leicht die Verteilung des Stickstoffs auf Cholin und Colamin bestimmen. Der Cholinanteil beträgt im Leberlecithin 25% (Heffter), 42% (Erlandsen), 42—75% (Mac Lean), im Eigelblecithin 77% (Moruzzi), 65% (Mac Lean), im Herzlecithin 42—74% (Mac Lean), in anderen Arten von Eigelblecithin 77%, im Handelslecithin Riedel 80%, im Handelslecithin Kahlbaum 90%, im Milchlecithin 39,5% (Osborne und Wakemann). Sowohl im Rinder- wie im Schafhirnlecithin ist der Gehalt an Cholinstickstoff dem an Aminoäthylalkoholstickstoff ungefähr gleich, zusammen gleich etwa 85% des gesamten Stickstoffs des Lecithins. Die übrigen 15% sind in Form eines nicht hydrolysierbaren Rückstandes vorhanden (Darrah und Mac Arthur).

Das Kephalin ist ebenfalls ein Monoaminomonophosphatid. Es ist löslich in Äther und Petroläther, unlöslich in Alkohol und Aceton. Es findet sich unter den Lipoiden des Gehirns (Koch, Wagner, Fränkel), aus deren alkoholischen Lösungen es sich beim Stehen langsam abscheidet; es läßt sich auch aus den Äther- und Petrolätherauszügen mittels Alkohol niederschlagen. Einige Forscher haben die basische Komponente des Kephalins von Cholin verschieden erachtet. Nach Koch soll Äthanolmethylamin $CH_3 \cdot NH \cdot CH_2 \cdot CH_2OH$ vorliegen. Nach Cousin enthält jedoch das Kephalin ausschließlich Cholin, nach Baumann Aminoäthylalkohol. Wahrscheinlich liegt auch hier ein Gemisch beider Lecithine vor (Levene und West).

Das **Cuorin,** ein Monoamido-Diphosphatid wurde von Erlandsen aus Herzmuskel isoliert und findet sich nach Mac Lean auch in anderen Geweben vor.

Es ist löslich in Äther, unlöslich in Alkohol und Aceton. Für seine Zusammensetzung ist die Formel $C_{71}H_{125}NP_2O_{21}$ aufgestellt worden. Das in ihm enthaltene basische Radikal scheint mit Cholin nicht identisch zu sein. Das Platindoppelsalz derselben bildet aus alkoholischer Lösung orangegelbe Oktaeder, kleine Konglomerate oder hexagonale Platten, wie beim Cholinplatinchlorid (Pt-Gehalt 37,26%).

Das **Carnaubon** aus den Nieren von Rindern (Dunham und Jacobson) und aus den Nieren von Pferden (Mac Lean) ist ein Diaminomonophosphatid, wenig löslich in heißem Alkohol, Benzol und Amylalkohol. Beim Erkalten scheidet es sich daraus ab. Es ist unlöslich in Äther. In diesem Produkt sind das Glycerin anscheinend durch Galaktose oder Galaktosamin, die Fettsäuren durch Carnaubinsäure und Stearinsäure vertreten. Ferner ist ein Molekül Phosphorsäure, welches zwei Moleküle Cholin trägt, vorhanden. Die Verbindung entspricht mutmaßlich folgender Formel:

$$C_6H_9NO \cdot C_{24}H_{47}O_2 \cdot C_{18}H_{35}O_2 \cdot C_{16}H_{31}O_2 \cdot PO_4(C_5H_{14}NO)_2$$

Neben diesen mehr oder weniger charakterisierten Phosphatiden sind noch andere lipoidlösliche phosphor- und stickstoffhaltige Verbindungen beschrieben worden. Wir erwähnen hier das Triaminodiphosphatid, Sahidin, aus Menschenhirn (Fränkel), das aus Pankreas isolierte Vesalthin (Fränkel und Pari), gewisse kohlenhydrathaltige Phosphatide aus Pflanzensamen (Winterstein und Hiestand, Winterstein und Stegemann). Diese zum Teil mangelhaft charakterisierten Verbindungen stellen wahrscheinlich Gemische dar, die sich im Lichte der durch die Entdeckung des Aminoäthylalkohols gegebenen neueren Anschauung über den Aufbau der Lecithine, sowie mit Hilfe der verbesserten Methoden zur Aufarbeitung von Lecithingemischen vielleicht bald entwirren lassen.

Die biologische Bedeutung der Lecithine ist eine sehr weitgehende. Die eigentümlichen Löslichkeitsverhältnisse, auf die hier nicht näher eingegangen werden kann, spielen sicher eine wichtige Rolle in den chemischen und den physikalisch-chemischen Vorgängen des Protoplasmas. Die Variationsfähigkeit der Komponenten des zugrunde liegenden Polyalkohols (Glycerin, Galaktose, Galaktosamin), der Fettsäureradikale (Öl-, Palmitin-, Stearin-, Carnaubinsäure), der an der Phosphorsäure gebundenen basischen Reste (Cholin, Colamin) läßt eine große Mannigfaltigkeit möglich erscheinen. Ihre Verteilung und ihre spezifische Zusammensetzung in den einzelnen Geweben und Organen mag zum erheblichen Teil deren spezifische Leistungsfähigkeit bedingen.

Lecithin findet sich im Pflanzen- und Tierreich allgemein verbreitet. Im Eigelb wurde es 1846 von Gobley nachgewiesen. Die Erforschung der Pflanzenlecithine verdanken wir Schulze und seinen Mitarbeitern. Speziell die zur Entwicklung und Fortpflanzung bestimmten Organe sind lecithinreich. Frisches Eigelb enthält 9,4 % Lecithin. Der Lecithingehalt von Pflanzensamen ist ziemlich hoch: 1,55 % bei gelben Lupinen, 1,64 % bei Sojabohnen, 1,22 % bei Wicken, 0,81 % bei Bohnen, 0,65 % bei Weizen, 0,57 % bei Roggen, 0,74 % bei Gerste, 0,88 % bei Lein.

Der Lecithingehalt gekeimter Samen ist erheblich geringer als derjenige ungekeimter (Schulze und Steiger). Besonders in etiolierten Keimpflanzen findet eine Lecithinverarmung statt. In 4 wöchigen etiolierten Keimpflanzen von Vicia sativa fanden sich nur noch 0,19 % Lecithin, während die ungekeimten Samen 0,74 % dieser Substanz enthielten (Schulze und Winterstein).

Bei der Entwicklung am Licht erfolgt namentlich in den chlorophyllhaltigen Organen eine Zunahme des Lecithingehaltes der Keimpflanzen (Maxwell). Es besteht offenbar ein gewisser Antagonismus zwischen Fett und Lecithinstoffwechsel derart, daß fettreiche Gewebe lecithinarm sind und umgekehrt. Auf diese Wechselbeziehungen hat u. a. Trier hingewiesen, der sie mit seiner Theorie über die Entstehung des Aminoäthylalkohols und Cholins und den Aufbau des Lecithins, die weiter unten noch eingehender erwähnt werden soll, in Einklang brachte. Auch im Tierreich sprechen manche Beobachtungen für einen derartigen engen Konnex. Erzeugt man an Säugetieren durch Verabreichung von gelbem Phosphor eine Vergiftung, so tritt als regelmäßiges Symptom Leberverfettung auf. Diese Phosphorfettlebern sind lecithinarm. Offenbar hat der lipoidlösliche Phosphor irgendwie störend in die Bildung der Leberlecithine eingegriffen, und die zu deren Synthese nicht mehr verwendbaren Fettsäuren sind als Fett abgelagert worden. Es ist nach Isaak möglich, daß das gleichzeitig gehemmte Oxydationsvermögen der Leberzelle mit diesen Störungen des Lecithin- und Fettstoffwechsels im Zusammenhang steht. Auch die bei chronischer Verabreichung von Schlafmitteln (Chlorhydrat) an Hunden beobachtete Verarmung des Blutes und Gehirns an Phosphatiden (Waser) läßt sich in ähnlichem Sinne deuten.

Das Lecithin ist sowohl durch oxydative wie hydrolytische Agenzien leicht angreifbar. Unter dem Einfluß des Lichts und des Sauerstoffs der Luft färbt es sich gelb bis braun, und verändert seine Löslichkeit. Diese Unbeständigkeit beruht offenbar auf der Anwesenheit von leicht oxydierbaren ungesättigten Fettsäureradikalen, wenigstens ist das Lecithin, welches diese Doppelbindungen durch katalytische Hydrierung verloren hat, das Hydrolecithin von Riedel, weit beständiger. Durch saure und alkalische Hydrolyse wird das Lecithin in seine Bestandteile zerlegt. Das Cholin und die Fettsäuren werden rascher aus dem Verband losgelöst als die Phosphorsäure. Während man früher die Hydrolyse des Lecithins meistens mit heißer Barytlauge bewerkstelligte, hat sich später herausgestellt, daß die Spaltung ebensogut in saurer Lösung verläuft.

Moruzzi und MacLean haben hierzu noch konzentriertere Schwefelsäure verwendet. Malengreau und Prigent haben gezeigt, daß sich die Hydrolyse des Lecithins in der Wärme mit den sehr verdünnten Lösungen von $^1/_{10}$ n-H_2SO_4 und $^1/_{10}$ n-HCl quantitativ durchführen läßt. Die Abspaltung der Fettsäuren und des Cholins braucht dabei allerdings etwas längere Zeit (5—8 Stunden), als dies bei der Anwendung stärkerer Säuren der Fall wäre. Bei achtstündigem Kochen des Lecithins mit $^1/_{10}$ n-HCl ist die Hydrolyse der Fettsäuren und des Cholins fast ganz erreicht, die der Glycerinphosphorsäure beträgt nur 12,8% der Gesamtmenge. Bei 72-stündigem Kochen mit $^1/_{10}$ n-Essigsäure ist die Abspaltung der Fettsäuren und des Cholins vollständig. Die Hydrolyse des Glycerinphosphorsäureesters beträgt nur 23,9% der Gesamtmenge statt 72,7%, wie sie durch Behandlung mit Schwefelsäure erreicht wird.

Der Abbau und Umbau der Lecithine vollzieht sich in der Pflanzen- und Tierzelle zunächst unter der Einwirkung hydrolytischer Fermente. Ob sich hierbei spezifische Lecithinasen betätigen, ist kaum entschieden. Ein eigentümliches lecithinspaltendes Ferment ist im Cobragift enthalten. Dieses bewirkt unter Abspaltung von Fettsäuren eine partielle Hydrolyse des Lecithins (Delezenne und Fourneau). Es resultieren dabei stark hämolytische Gifte, Lysocithine genannt. Auf diesen Vorgang ist die von P. Ehrlich und Keyes entdeckte aktivierende Wirkung des Lecithins auf die Cobragifthämolyse zurückzuführen. Die Aktivatorrolle des Lecithins ist demnach so aufzufassen, daß das Lecithin das Substrat für die im Cobragift enthaltenen speziellen Lecithinasen abgibt. Von Interesse ist, daß gewisse esterartige Verbindungen des Cholins (Stearin-, Palmitin- und Ölsäurecholinester) ebenfalls ein ausgesprochenes Hämolysevermögen besitzen (vgl. S. 98).

Nach den Theorien von Werner und Szecsi soll die Lecithinhydrolyse unter dem Einfluß von kurzwelligen Strahlen (Röntgen, Radium), gefördert werden und zum Teil die intensive Wirkung dieser Energiequellen erklären. Nach Guggenheim und Löffler ist aber eine direkte Wirkung von Röntgen- und Radiumstrahlen auf Lecithin nicht vorhanden und eine Aktivierung von Lecithinasen im Organismus unwahrscheinlich.

Pepsin, sowie die autolysierenden Fermente des Gehirns haben nur ein geringes Lecithinspaltungsvermögen (Kutscher und Lohmann).

Die Fermente des Darmtraktus sind dagegen imstande, das Lecithin in Phosphorsäure, Glycerin und Fettsäuren zu zerlegen (Bokay, Brugsch und Masuda). Auch die im Magen- und Pankreassaft enthaltenen Lipasen, sowie die fettspaltenden Fermente verschiedener Pflanzen zerlegen das Lecithin in seine Bausteine (Schumoff, Simanowski und Sieber). Das als solches oder in Spaltstücken resorbierte Lecithin bewirkt eine Steigerung der Stickstoffretention und eine Phosphoraufspeicherung (Yoshimoto).

Selbstverständlich hat die Darmflora beim Abbau des Lecithins einen großen Einfluß, da die Zertrümmerung des Lecithins, speziell des stickstoffhaltigen Anteils unter dem Einfluß der Darmbakterien anders verläuft oder erheblich weiter geht. Auf die möglichen Veränderungen des Cholinanteiles soll jedoch erst beim Cholin näher eingegangen werden.

Nach Slowtzoff wird wenigstens ein Teil des in den Darm einverleibten Eigelblecithins als solches resorbiert. Auch die in neuerer Zeit häufiger angewandte Lecithintherapie scheint dafür zu sprechen, daß oral verabreichtes Lecithin im tierischen Organismus verwertet werden kann. Vielleicht läßt sich diese Therapie unter Berücksichtigung der im vorstehenden ausgeführten chemischen Ergebnisse weiter ausbauen und kritischer verwerten.

Noch weniger als über den Abbau sind wir über den Aufbau des Lecithins unterrichtet. E ne interessante Theorie hat Trier entwickelt. Nach ihm kondensiert sich der bei der Assimilation gebildete Formaldehyd zunächst zum Glykolaldehyd $CH_2OH \cdot CHO$ (Aldolkondensation). An diesem vollzieht sich unter dem Einfluß einer Aldehydmutase (Parnas, Batelli und Stern) die Canizzarosche Reaktion unter Bildung von Glykol $HO \cdot CH_2 \cdot CH_2OH$ und Glykolsäure $HO \cdot CH_2 \cdot COOH$. Die Glykolsäure liefert mit Ammoniak Glykokoll. Das Glykol lagert sich an Glycerinphosphorsäure oder deren Fettsäureester an, es entsteht ein Glykollecithin (stickstoffreies Lecithin). Dieses unterliegt der Amidierung, liefert dabei das Colaminlecithin, welches durch Methylierung in Cholinlecithin überzugehen vermag. Diese Vorgänge, die sich speziell in den assimilierenden Organen unter dem Einfluß des Lichtes vollziehen sollen, lassen sich durch folgende Gleichungen veranschaulichen:

$$CO_2 + H_2O + \text{Sonnenenergie} = \underset{\text{Formaldehyd}}{HCHO} + O_2$$

$$\underset{\text{Formaldehyd}}{CH_2O} + HCHO = \underset{\text{Glykolaldehyd}}{HOCH_2 \cdot CHO}$$

$$2\,\underset{\text{Glykolaldehyd}}{HO \cdot CH_2 \cdot CHO} \rightarrow \underset{\text{Glykolsäure}}{HOCH_2 \cdot COOH} + \underset{\text{Glykol}}{HOCH_2 \cdot CH_2OH}$$

$$\underset{\text{Glykol}}{HOCH_2 \cdot CH_2OH} + \underset{\substack{PO(OH)_2 \\ \text{Glycerinphosphorsäureester}}}{R \cdot OOCH_2 \cdot CHO \cdot CH_2OOR} = \underset{\substack{PO(OH) \\ O \cdot CH_2CH_2OH \\ \text{stickstoffreies Glykollecithin}}}{R \cdot OOCH_2 \cdot CHO \cdot CH_2OOR} + H_2O$$

$$\underset{\substack{PO(OH) \\ O \cdot CH_2CH_2OH \\ \text{Glykollecithin}}}{ROOCH_2 \cdot CHO \cdot CH_2OOR} + NH_3 = \underset{\substack{PO(OH) \\ O \cdot CH_2CH_2NH_2 \\ \text{Colaminlecithin}}}{ROOCH_2 \cdot CHO \cdot CH_2OOR} + H_2O$$

$$\underset{\substack{PO(OH) \\ O \cdot CH_2CH_2NH_2 \\ \text{Colaminlecithin}}}{ROOCH_2CHO \cdot CH_2OOR} + 3\,CH_3OH = \underset{\substack{PO(OH) \\ O \cdot CH_2CH_2N(CH_3)_3 \overset{OH}{} \\ \text{Cholinlecithin}}}{ROOCH_2 \cdot CHO \cdot CH_2OOR} + 2\,H_2O$$

Nach obigem Schema, welches sowohl eine Erklärung für die Entstehung des Glykokolls, wie auch für die Synthese der einfachen Lecithine gibt, würden die Alkanolamine in freiem Zustande nicht gebildet werden. Sie entstehen erst sekundär bei der Zerlegung und beim Umbau der Lecithine.

Vor allem scheint das Cholinlecithin den sekundären hydrolytischen Prozessen unterworfen zu sein, während das Colaminlecithin in der lebenden Zelle nicht zerlegt wird. Wenigstens konnte Aminoäthylalkohol in freiem Zustande nicht nachgewiesen werden. Freilich besitzen wir für den Nachweis des Aminoäthylalkohols keine so empfindlichen Methoden wie für das Cholin.

Zur Abtrennung des **Aminoäthylalkohols** von den anderen Spaltprodukten des Lecithins verfährt man am besten nach Trier, welcher zur Trennung des Cholins und Colamins die verschiedenen Eigenschaften der Quecksilber- und Platinsalze (die des ersteren sind in Alkohol wenig löslich, die des letzteren leicht löslich) benützt. Andere Methoden zur Trennung und Bestimmung von Aminoäthylalkohol siehe S. 88. Zur synthetischen Darstellung eignet sich das Verfahren von Knorr. Dieses beruht auf der Anlagerung von Ammoniak an Äthylenoxyd nach der Gleichung:

$$CH_2\text{---}CH_2 + NH_3 = CH_2OH \cdot CH_2 \cdot NH_2$$

O
Äthylenoxyd   Aminoäthylalkohol

Daneben verlaufen nachfolgende Reaktionen:

$$2\,CH_2\text{---}CH_2 + NH_3 = NH \cdot (CH_2CH_2OH)_2$$

O
Diäthylolamin

$$3\,CH_2\text{---}CH_2 + NH_3 = N \cdot (CH_2CH_2OH)_3$$

O
Triäthylolamin

Man hat zur Vermeidung dieser Nebenreaktionen einen großen Überschuß von konzentriertem wäßrigem Ammoniak und starke Kühlung anzuwenden.

Der Aminoäthylalkohol ist ein farbloses, dickflüssiges, stark basisches Öl von schwachem Geruch. Er zieht Wasser und CO_2 aus der Luft an. Mit Wasser und Alkohol ist er in jedem Verhältnis mischbar. Wenig löslich in Ligroin, Benzol und Äther, löslich in Chloroform, flüchtiger mit Äther-, als mit Wasserdämpfen. Aus der konzentrierten wäßrigen Lösung wird er durch Kalilauge nicht abgeschieden. Die wäßrige Lösung bläut Lackmus und zerstört die Epidermis ähnlich wie Kalilauge.

Salpetrige Säure und Nitrit in saurer Lösung spalten den Stickstoff des Aminoäthylalkohols quantitativ ab. Hierauf gründet sich eine Bestimmungsmethode des Colamins, sowie des Colaminlecithins (vgl. S. 88). Mit Wasserstoffsuperoxyd und Eisensulfat wird der Aminoäthylalkohol entweder zu Acetaldehyd oder zu Glyoxylaldehyd oxydiert (Suto). Die Liebensche Jodoformreaktion ist noch in sehr verdünnter wässeriger Lösung positiv (Fränkel und Cornelius).

Im Tierkörper erleidet der Aminoäthylalkohol einen Abbau, der wahrscheinlich ähnlich verläuft wie die Oxydation durch Wasserstoffsuperoxyd. Setzt man zu der, eine überlebende Leber speisenden Perfusionsflüssigkeit Aminoäthylalkohol, so ist nach zweistündiger Durchströmung in der Perfusionsflüssigkeit kein Aminoäthylalkohol mehr aufzufinden, da er offenbar in der oben angedeuteten Weise oxydiert worden ist (Guggenheim und Löffler). Nach den von Cremer und Seuffert an Phlorrhizintieren ausgeführten Versuchen ist der Aminoäthylalkohol nur in beschränktem Maße zur Zuckerbildung befähigt. Die per os verabreichte Substanz entfaltete deutlich Narkosewirkungen.

Das am Stickstoff monomethylierte Derivat des Aminoäthylalkohols, der Monomethylaminoäthylalkohol $CH_3NH \cdot CH_2CH_2OH$, ist, wie schon S. 58 erwähnt, von einigen Forschern als Baustein des Kephalins vermutet worden. Als Spaltprodukt gewisser Alkaloide der Morphinreihe, wurde er ebenso wie der Dimethylaminoäthylalkohol $(CH_3)_2N \cdot CH_2CH_2OH$ von Knorr isoliert und auch synthetisch dargestellt. Der Methylaminoäthylalkohol ist ein Öl vom Siedepunkt 159°, bei 744 mm Druck der Dimethylaminoäthylalkohol siedet bei 128—130°. Sie sind wie der Aminoäthylalkohol starke Alkalien.

Das Thioäthylamin $HS \cdot CH_2CH_2NH_2$, das schwefelhaltige Analogon des Colamins, würde durch Abspaltung von Kohlensäure aus der entsprechenden Aminosäure, dem Cystein $HS \cdot CH_2CH$ $(NH_2)CO_2H$ hervorgehen. Seine Darstellung gelang Gabriel auf synthetischem Wege. Das salzsaure Salz ist hygroskopisch und schmilzt bei 70—72°. Es schmeckt süßlich bitter nach Schwefelwasserstoff und ist leicht löslich in Wasser und Alkohol. Das Diaminodiäthyldisulfid $H_2N \cdot CH_2CH_2 \cdot S \cdot S \cdot CH_2CH_2 \cdot NH_2$ entsteht aus Cystin bei der trocknen Destillation (Neuberg und Ascher); es ist ohne ausgesprochene physiologische Wirkung.

Cholin wurde zuerst von Babo und Hirschbrunn im Sinalbin, einem in Senfsamen enthaltenen Glucosid nachgewiesen. Es findet sich dort im basischen Anteil, dem Sinapin $C_{16}H_{24}NO_5$, in der Form eines Esters der Sinapinsäure (Gadamer).

$$C_{16}H_{25}NO_6 =$$

Sinapin

$$\underbrace{\begin{array}{c}(OCH_3)_2\\ \\ OH\end{array}\hspace{-0.5em}\diagdown\hspace{-0.5em}C_6H_2 \cdot CH : CH \cdot CO}_{\text{Sinapinsäure}} - O - \underbrace{CH_2 - CH_2 \cdot N(CH_3)_3OH}_{\text{Cholin}}$$

Im Sinalbin selbst ist das Sinapin neben Traubenzucker mit Schwefelsäure an p-Oxybenzylsenföl gekettet

$$C_6H_4(OH) \cdot CH_2N : C \diagup\diagdown\begin{array}{c}O \cdot SO_3 \cdot C_{16}H_{24}NO_5\\ \text{Sinapin}\\ S \cdot C_6H_{11}O_5\\ \text{Traubenzucker}\end{array}$$

Durch das im Senfsamen enthaltene Ferment (Myrosin) wird das Sinapin und der Traubenzucker aus dem Sinalbin losgelöst

$$C_{30}H_{42}N_2S_2O_{15} + 2H_2O = C_6H_{12}O_6 + C_7H_7O \cdot N : CS + C_{16}H_{24}NO_5HSO_4$$

Diesem eigenartigen Vorkommen verdankt das Cholin den obsolet gewordenen Namen Sinkalin. Als eigentlicher Entdecker des Cholins kann jedoch Strecker gelten, welcher bei der Verarbeitung von Galle wahrscheinlich infolge Hydrolyse der darin enthaltenen Phosphatide die Base als Platindoppelsalz isolieren konnte. Seither ist das Cholin in den verschiedensten pflanzlichen und tierischen Produkten aufgefunden worden.

Vorkommen von Cholin in Pflanzen.

Material	Cholin in %	Autor
Steinpilz	0,0056	Polstorff
Pfifferling	0,01	Polstorff
Junge Rüben (45 Tage alte Pflänzchen)	0,015	Stanek
Rüben (Samen)	0,015	Stanek
Champignon	0,015	Polstorff
Chrysanthemum sinense (Blüten und Blätter)	0,017	Yoshimura
Korn	0,019	Stanek
Cortinellus (lufttrockene Pilze)	0,02	Yoshimura u. Kanai
Malzkeime (lufttrocken)	0,02	Yoshimura
Hopfen (Blüten)	0,02	Grieß u. Harrow
Rüben (Blätter)	0,029	Stanek
Gerste	0,035	Stanek
Rüben (Blätter)	0,040	Stanek
Vicia sativa (Samen)	0,045	Schulze
Weizen	0,048	Stanek

Material	Cholin in %	Autor
Trigonella (Samen)	0,05	Jahns
Hafer	0,053	Stanek
Erbsen	0,074	Stanek
Kürbis und Lupinen (Samen)	ca. 0,075	Schulze
Linsen	0,091	Stanek
Pferdebohnen	0,096	Stanek
Boletus luridus	0,1	Böhm
Pisum sativum (Samen)	0,1	Schulze
Artemisia gallica (Samen)	0,1	Jahns
Extr. Hyoscyami (Wurzeln u. Blätter)	0,26	Kunz
Extr. Belladonnae	0,7—1,3	Kunz

Außerdem wurde Cholin nachgewiesen im Mutterkorn (Kraft), im Fliegenpilz (Schmiedeberg und Harnack), in Amanita pantherina (Böhm), in Helvella esculenta (Brieger), in Russula emetica (Kobert), in Boletus satanas (Utz), im Samen von Sinapis alba (Babo und Hirschbrunn, Gadamer), im Saft und in der Melasse von Rüben (Lippmann), in den Keimlingen von Soja hispidus (Schulze), in den Arecanüssen (Jahns), in den Keimen von Malz und Weizen (Schulze und Frankfurt), in Samen von Strophantus (Thoms), in den Schößlingen von Bambus (Totani), in Flores helianthi (Buschmann), in den Kohlrüben (Schulze und Trier), in den Knollen und oberirdischen Teilen von Topinambur (Schulze und Trier), in den Knollen von Dahlia variabilis (Schulze und Trier), in Daucus carota (Schulze und Trier), in den Knollen von Apius graveolens (Schulze und Trier), in den oberirdischen Teilen von Salvia pratensis (Schulze und Trier), in den oberirdischen Teilen von Stachys silvatica (Schulze und Trier), in Preßkuchen von Sesam indicum (Schulze und Trier), in Chrysanthemum coronaria L. (Yoshimura), in Artemisia vulgaris L. (Yoshimura), in Oryza sativa (Yoshimura), in den jungen Blättern von Morus alba (Yoshimura), in der Reiskleie (Funck), in Caltha palustris (Poulson), im Wein, Weinstein, Weinstock (Struve).

In tierischen Organen und Extrakten wurde Cholin in folgenden Mengen ermittelt: im Harn 0,0002 bis 0,001%, im Serum 0,0002 bis 0,002%, in der Milz 0,012% (Kinoshita), im Pankreas 0,015% (Kinoshita), in der Lunge 0,016% (Kinoshita), im

Muskel 0,022% (Kinoshita), in der Niere 0,027% (Kinoshita), im Dünndarm 0,03% (Kinoshita), im getrockneten Fischrogen 0,07% (Yoshimura), in der frischen Leber 0,07% (Smorodin-zew), 0,01% (Kinoshita).

Außerdem wurde Cholin nachgewiesen im Blut (Letsche), im Serum (Gautrelet und Thomas), im Speichel (Houdas), in der Cerebrospinalflüssigkeit (Rosenheim), in der Lumbalflüssigkeit (Kauffmann), in der Galle (Strecker), im Darmextrakt und Sekretin (v. Fürth und Schwarz), in der Thymus-, Milz- und Lymphdrüse (Schwarz und Lederer), im Pankreas, Milz, Ovarium, Niere, Thyreoidea, Speicheldrüse, Knochenmark, Magen- und Darmschleimhaut (Gautrelet), in den Stierhoden (Totani), im Gehirn (Gulewitsch, Halliburton, Kauffmann), im faulen Pferdefleisch (Gulewitsch). Auffallend hoch ist der Cholingehalt der Rindensubstanz der Nebenniere (Lohmann), während die Marksubstanz diese Base nur in geringer Menge enthält.

Das in Pflanzen und Tieren aufgefundene freie Cholin entsteht voraussichtlich durch hydrolytische Zerlegung der Phosphatide, über deren Cholingehalt schon früher (S. 57) berichtet worden ist. Diese Zerlegung kann sowohl durch bakterielle wie auch durch autolytische Fermente erfolgen (S. 61). Ob Cholin in den intakten pflanzlichen und tierischen Organen frei vorkommt, ist oft Gegenstand der Untersuchung gewesen. Großes Interesse bot vor allem die Frage, ob das Cholin in den Körperflüssigkeiten, Cerebrospinalflüssigkeit, Serum, Harn usw. vorkommt, zumal von gewisser Seite (Halliburton, Donath u. a. vgl. im Gegensatz hierzu Mansfeld, Kauffmann) diesem Vorkommen diagnostische Bedeutung für gewisse nervöse Erkrankungen zugeschrieben wurde. Auch nach experimentellen Eingriffen (Parathyreoidektomie) war das Auftreten von Cholin im Harn beobachtet worden (Koch). Eine Entscheidung der Frage war aber erst möglich, nachdem die Methode zum Nachweis und zur Isolierung des Cholins erheblich verfeinert war, und zwar ergaben die nach verschiedenen Methoden (Hunt, Guggenheim und Löffler) ausgeführten Bestimmungen einen Cholingehalt im Blut von etwa 0,002—0,02 g, im Harn von 0,002—0,01 g pro Liter. In ähnlichen Grenzen bewegte sich der Cholingehalt der Cerebrospinalflüssigkeit. Bei Nervenerkrankungen (progressiver Paralyse, Tabes) war der Cholingehalt des Serums und der Cerebrospinalflüssigkeit nicht deutlich erhöht. Wenn hier auch vermehrte Untersuchungen möglicherweise gewisse Unterschiede

ergeben können, so darf es andererseits als erwiesen gelten, daß
der von röntgenologischer Seite (Schwarz, Werner) postulierte
Lecithinzerfall und eine damit zusammenhängende Cholinmobili-
sierung unter dem Einfluß kurzwelliger Strahlen (Radium- und
Röntgenstrahlen) nicht stattfindet.

Zur Darstellung des Cholins verwendete man früher hauptsächlich das Eigelblecithin (Strecker, Liebreich), welches durch
alkalische oder saure Hydrolyse in seine Bestandteile zerlegt wurde.
Nach Entfernung des zur Hydrolyse gebrauchten Agens wird das
Cholin in alkoholische Lösung übergeführt und über eine Schwer-
metallverbindung, Quecksilber- oder Platindoppelsalz, oder über
das Phosphorwolframat isoliert und gereinigt. Zur Hydrolyse
des Lecithins verwendet man gesättigte Barytlauge (Diakonow),
$10^0/_0$ige Schwefelsäure (Moruzzi) oder $1^0/_0$ige Schwefelsäure
(Mac Lean).

Die synthetische Gewinnung von Cholin gelingt am einfachsten
nach der Methode von Wurtz. Die Bildung beruht auf der Anlagerung von Trimethylamin an Chloräthylalkohol

$$Cl \cdot CH_2 \cdot CH_2OH + N(CH_3)_3 = \underset{\overset{|}{Cl}}{N(CH_3)_3} \cdot CH_2 \cdot CH_2OH$$

Renshaw hat das ursprüngliche Verfahren von Wurtz etwas
verbessert. Andere Synthesen des Cholins sind von Bode, Krüger
und Bergell ausgeführt worden.

Das freie Cholin wird im allgemeinen als farbloser Sirup
beschrieben, welcher infolge seiner starken Basizität Kohlensäure anzieht und sich dabei in Carbonat verwandelt. Nur Grieß
und Harrow erhielten die Base in zerfließlichen Kristallen, doch
ist es zweifelhaft, ob bei ihnen nicht auch schon das Carbonat
vorgelegen hat. Die Base ist in Alkohol und Wasser sehr leicht
löslich, in Äther und Chloroform unlöslich. Sie läßt sich nicht
unzersetzt destillieren, sondern zerlegt sich in Glykol und Trimethylamin. Daneben scheint auch ein Zerfall in Äthylenoxyd
und Trimethylamin zu erfolgen. Dafür spricht einerseits die
Bildung von hochsiedendem Polyglykol neben Glykol, andererseits
die Tatsache, daß im Destillat Cholin nachweisbar ist. Dieses ist
jedoch nicht unzersetzt destilliert, sondern hat sich aus dem leicht
siedenden Äthylenoxyd und Trimethylamin wieder neu gebildet.
Die freie Cholinbase verhält sich wie ein starkes Alkali; sie löst
Fibrin und fällt die Metalle aus ihren Salzen als Hydroxyde.

Das nach Wurtz dargestellte Cholinchlorid enthält stets salzsaures Trimethylamin, da das Cholin sich sowohl in wäßrigen und alkoholischen Lösungen wie in salzsaurer Lösung in der Wärme etwas zersetzt. Trimethylaminfreies Cholin erhält man, wenn man die kalte Lösung von Cholin mit Barytwasser oder Ag_2O versetzt und einige Tage kohlensäurefreie Luft hindurchsaugt (Hofmann und Höbold).

Mit gewissen Metallsalzen und komplexen Verbindungen bildet das Cholin schwer lösliche Niederschläge, welche zu seiner Charakterisierung dienen. Hierüber vergleiche nachstehende Tabelle (Gulewitsch).

Reagenzien	Makroskopisches Aussehen des Niederschlages und Bedingungen seiner Bildung	Mikroskopische Eigenschaften der Niederschläge	Konzentration der Lösung in %, wobei Niederschlag oder Trübung	
			noch erhalten wird	nicht mehr erhalten wird
Phosphormolybdänsäure	Hellgelber, käsiger Niederschlag; bei schwachen Konzentrationen pulverig oder deutlich krystallinisch	Teils amorph, teils in kurzen Nadeln; aus verd. Lösungen kurze polyedrische Prismen, kurze Nadeln, verschiedenartige Täfelchen	$^1/_{200}$ bis $^1/_{100}$ (bei langem Stehen)	$^1/_{400}$ bis $^1/_{200}$
Phosphorwolframsäure	Weißer pulvriger Niederschlag; aus verd. Lösungen deutlich krystallinisch	Teils amorph, teils aus ziemlich langen Nadeln bestehend; aus verd. Lösungen schön ausgebildete Rhomben oder sechsseitige Täfelchen	$^1/_{200}$ (beim Stehen)	$^1/_{400}$
Kaliumwismutjodid	Pulvriger Niederschlag, dunkelbraun, fast schwarz; im Überschuß des Fällungsmittels etwas löslich, beim Ansäuern mit HCl löst er sich nicht	Amorph	$^1/_{50}$	$^1/_{100}$

Reagenzien	Makroskopisches Aussehen des Niederschlages und Bedingungen seiner Bildung	Mikroskopische Eigenschaften der Niederschläge	Konzentration der Lösung in %, wobei Niederschlag oder Trübung	
			noch erhalten wird	nicht mehr erhalten wird
Kaliumzink-jodid	Kein Niederschlag			
Kalium-cadmium-jodid	Weißer krystallinischer Niederschlag; beim Ansäuern mit HCl unlöslich, im Überschuß des Fällungsmittels löslich	Schön ausgebildete ziemlich lange Prismen	4	2
Kalium-quecksilber-jodid	Gelber krystallinischer Niederschlag. Bildet sich beim Überschuß des Fällungsmittels nicht, in HCl unlöslich		$^1/_2$—1	$^1/_3$—$^1/_2$
Jodjod-kalium	Dunkelbrauner fast schwarzer, pulvriger Niederschlag, aus verd. Lösung makroskopisch sichtbare Nädelchen	Schön ausgebildete, rhombische (fast quadratische Täfelchen und kurze oder lange Nadeln, aus konz. Lösung scheiden sich auch Tröpfchen aus	$^1/_{200}$ bei langem Stehen	$^1/_{400}$
Brom	Sehr geringer, orangebrauner Niederschlag, bildet sich nur beim Überschuß von Brom		1	$^1/_2$

Reagenzien	Makroskopisches Aussehen des Niederschlages und Bedingungen seiner Bildung	Mikroskopische Eigenschaften der Niederschläge	Konzentration der Lösung in %, wobei Niederschlag oder Trübung	
			noch erhalten wird	nicht mehr erhalten wird
Quecksilberchlorid (gesättigte wäßrige Lösung)	Weißer krystallinischer Niederschlag, bildet sich besser beim Überschuß von $HgCl_2$	Schön ausgebildete, meist dicke u. kurze Prismen	$^1/_{50}$—$^1/_{10}$	$^1/_{16}$—$^1/_{15}$
Quecksilbercyanid	Kein Niederschlag			
Platinchlorid (gepulv.)	Kein Niederschlag			
Goldchlorid (10%ige wäßrige Lösung)	Gelber käsiger, aus verdünnter Lösung krystallinischer Niederschlag	Schön ausgebildete schiefe Tafeln und Prismen, oft dendritisch oder sternförmig gruppiert	$^1/_3$	$^1/_4$
Gerbsäure	Schmutzig weißer, feinflockiger Niederschlag, leicht löslich im Überschuß des Fällungsmittels und in Säuren und Alkalien	Amorph		
Pikrinsäure (gesättigte wäßrige Lösung)	Kein Niederschlag beim Stehen und Reiben mit Stäbchen			

Die reinen Doppelverbindungen des Cholins mit den in der Tabelle erwähnten Schwermetallen sind etwas leichter löslich, weil der Überschuß des Fällungsmittels eine geringere Löslichkeit der Verbindungen bedingt. Die Tannate sind sowohl in überschüssigem Alkali, wie in Mineralsäure löslich.

Um einen Niederschlag zu erzielen, hat man für Neutralität zu sorgen. In unreinem Zustand, namentlich bei Gegenwart von Salzen organischer Säuren (Acetate) erhöht sich die Löslichkeit sonst sehr schwer löslicher Cholinverbindungen (Phosphorwolframat, Sublimat $KBiJ_3$-Verbindung) beträchtlich (Smorodinzew). Über den mikroskopischen Nachweis von Cholin mit $PtCl_4$, $AuCl_3$, $HgCl_2HgJ_2$ Mayers Reagens, $KBiJ_3$, Jodjodkali, Pikrinsäure und Pikrolonsäure vgl. Schoorl und S. 82.

Nachdem das Cholin fast in sämtlichen Körperflüssigkeiten einwandfrei nachgewiesen war, ist es eine Frage von großem Interesse geworden, welche Bedeutung wir diesem Cholin zuzuschreiben haben. Ist es ein Abbauprodukt der Körperlecithine oder eine Vorstufe oder entstammt es den mit der Nahrung aufgenommenen Phosphatiden? Die von Trier (vgl. S. 62) aufgestellte Hypothese haben wir oben ausführlich besprochen. Danach würde sich in den Pflanzen, aus Glycerinphosphorsäure und Glykol zunächst der Glykolester der Glycerinphosphorsäure bilden. In diesem wird die Alkoholgruppe durch die Amidogruppe ersetzt und nachträglich noch einer Methylierung unterworfen. Demgemäß erfolgt die Einführung des Stickstoffs in das Lecithinmolekül erst nachträglich und Cholin kann nur durch Hydrolyse der Phosphatide in den Organismus gelangen. Für diese Annahme sprechen die vielfach bei der Untersuchung von Pflanzen gemachten Beobachtungen, daß der Lecithingehalt sich beim Aufbewahren oder bei der Keimung verringert, indes der Cholingehalt zunimmt (Stanek, Schulze und Pfenninger, Kiesel), sowie die Beobachtung stickstoffarmer und phosphorreicher Lecithine unter den Phosphatiden verschiedener Pflanzensamen (Trier). Doch ist keineswegs einwandfrei bewiesen, daß das in den Körper eingeführte Cholin nicht zur Synthese von Lecithin verwendet werden kann. Man weiß vom Cholin nur, daß es, in den Kreislauf eingeführt, sehr rasch daraus verschwindet, ohne im Harn unverändert zur Ausscheidung zu gelangen. Ein Teil davon mag wohl auf oxydativem Wege einen Abbau erleiden. Es bleibt aber unentschieden, ob nicht die Hauptmenge eine andere Verwendung findet. Die gleichen Zweifel bestehen auch über das Schicksal von dem Körper einverleibten Phosphatiden. Wird das aus den Lecithinen abgespaltene Cholin zum Aufbau körpereigener Phosphatide verwendet, oder werden die Phosphatide als Ganzes resorbiert und assimiliert? (vgl. auch S. 60).

Sehr wenig gestützt ist die Vermutung von Stanek, das Betain sei die Vorstufe des Cholins in den Pflanzen. Er weist

wohl selbst auf die Stabilität des Betains gegenüber Reduktionsmitteln hin, die dieser Annahme widerspricht, glaubt aber, daß
die schwierige Reduzierbarkeit in vitro es nicht ausgeschlossen
erscheinen lasse, daß die Carboxylgruppe des Betains im lebenden
Organismus zur Alkoholgruppe reduziert werden könne. Auch der
gegenteilige Prozeß, der Übergang von Cholin in Betain, der in
vitro wohl stattfindet, ist weder im tierischen noch im pflanzlichen
Organismus beobachtet worden. Das häufige Vorkommen von
Cholin neben Betain kann ebensowohl im Sinne der Trierschen
Hypothese gedeutet werden.

Schon die ersten Untersucher (Böhm) hatten festgestellt,
daß das Cholin sehr rasch aus dem Kreislauf verschwindet.
Ellinger hat in neuerer Zeit diesen Befund analytisch bestätigen
können. Er verabreichte Kaninchen längere Zeit Cholin per os
oder intravenös und untersuchte die verschiedenen Organe auf
Cholin, indem er aus den Alkoholextrakten der Gewebe das Cholin
mit Platinchlorid ausfällte. Diese Methode darf aber kaum als
einwandfrei gelten. Somit müssen die Feststellungen Ellingers,
wonach subkutan verabreichtes Cholin bis zu 50% in der Haut
abgelagert wird, sowie auch seine sonstigen Angaben über die
Verteilung subkutan verabreichten Cholins in den verschiedenen
Organen skeptisch betrachtet werden. Die schnelle Auswande-
rung des Cholins aus dem Kreislauf wurde auch von Guggenheim und Löffler mittels der Acetylcholinmethode bewiesen.
Sie konnten nachweisen, daß intravenös und subkutan verabreichtes Cholin nur in ganz geringer Menge, wenn überhaupt,
unverändert im Harn ausgeschieden wird. In noch nicht veröffent-
lichten Versuchen wurde der Cholingehalt der verschiedenen
Organe von Kaninchen, welche längere Zeit Cholin injiziert erhalten hatten, mit dem Cholingehalt der Organe normaler Tiere
verglichen, ohne daß eine Anreicherung im Sinne Ellingers konstatiert werden konnte.

Erwägt man die Möglichkeit, nach welchem dem Körper ein-
verleibtes oder durch Lecithinzerfall entstehendes Cholin chemisch
verändert werden kann, so hat man entweder einen oxydativen
Abbau oder einen Aufbau zu Lecithin ins Auge zu fassen. Sasaki
suchte hierüber Aufschluß zu erhalten, indem er Cholin gleichzeitig
mit Phosphaten verabreichte. Er konnte jedoch keine Phosphat-
bindung feststellen. Schließt man daher die Lecithinbildung aus
Cholin aus, so können auf oxydativem Wege eine Reihe verschieden-

artiger Abbauprodukte resultieren. Am einfachsten erscheint die Annahme, die Carbinolgruppe des Cholins werde durch Oxydation in eine Carboxylgruppe verwandelt, wodurch sich Betain bilden würde. Diese Annahme, welche in dem häufigen Vorkommen von Betain neben Cholin eine Stütze hätte, fand jedoch im Tierversuch gar keine Bestätigung. Eine weitere Abbaumöglichkeit beruht auf der Tatsache, daß die Trimethylamingruppe des Cholins leicht abgespalten wird. Es resultiert dann ein stickstofffreier Rest, das Glykol, welches entweder zur Synthese verbraucht oder völlig verbrannt wird oder als Glyoxylsäure bezw. Oxalsäure zur Ausscheidung kommt. Das Trimethylamin seinerseits kann als solches in den Harn gelangen oder aber auf oxydativem Wege entmethyliert und schließlich in Harnstoff und Ameisensäure bezw. Kohlensäure verwandelt werden. Hößlin, welcher diese Art des Cholinabbaues zuerst in Frage zog, konnte nach oraler und subkutaner Verabreichung von Cholin an Kaninchen im Harn der Versuchstiere eine erhebliche Zunahme des Ameisensäuregehaltes nachweisen. Das Trimethylamin war im Harn nicht vermehrt. Glyoxylsäure und unverändertes Cholin ließen sich nicht nachweisen. Die Zunahme von Ameisensäure im Harn konnte auch von Franchini festgestellt werden, welcher Kaninchen Cholin in Form von Lecithin verabreicht hatte (vgl. hierzu auch Salkowski). Aus der Zunahme der Ameisensäure im Harn läßt sich wohl auf eine Abspaltung von Methylgruppen, d. h. auf eine Entmethylierung des Cholins schließen. Ob aber mit dieser Entmethylierung zugleich eine Desamidierung des Äthanolrestes verknüpft ist, bleibt unentschieden. Ebenso fehlt jeder Anhaltspunkt, ob die Entmethylierung des Trimethylaminkomplexes vollständig oder nur partiell vor sich gegangen ist.

Eine teilweise Entmethylierung des Cholins nimmt Rießer an. Nach ihm können sowohl Cholin wie Betain als Muttersubstanz für das Kreatin in Betracht kommen, indem sie im Organismus bei Gegenwart von Harnstoff partiell entmethyliert werden. Intermediär entsteht bei diesem Vorgang aus Cholin Methylaminoäthanol, aus Betain Sarcosin, aus Harnstoff Cyanamid. Methylaminoäthanol geht durch Oxydation ebenfalls in Sarcosin über. Als Endprodukt bildet sich durch Anlagerung des Cyanamids an das Sarcosin das Kreatin. Die Rießersche Hypothese wird durch folgende Gleichungen verständlich:

I.
$$CH_3 \backslash$$
$$CH_3 \text{—} N \cdot CH_2 \cdot CH_2 \cdot OH + CO \begin{smallmatrix} \nearrow NH_2 \\ \searrow NH_2 \end{smallmatrix} \longrightarrow CH_3 \cdot NH \cdot CH_2 \cdot CH_2 OH +$$
$$CH_3 \diagup \ |$$
$$\quad\quad OH$$
$$\quad\quad\quad \text{Methylaminoäthanol}$$
$$\text{Cholin}$$

$$\boxed{2\,CH_2OH} + CN \cdot NH_2 \xrightarrow{O_2} CH_3 \cdot NH \cdot CH_2 \cdot COOH + CN \cdot NH_2 \longrightarrow$$
$$\quad\quad\quad\quad \text{Cyanamid} \quad\quad\quad\quad\quad \text{Sarkosin}$$

$$\quad\quad\quad\quad\quad\quad\quad\quad NH_2$$
$$\quad\quad\quad\quad\quad\quad\quad\quad |$$
$$\longrightarrow NH\!:\!C \cdot N \cdot (CH_3)CH_2CO_2H$$

II.
$$CH_3 \backslash$$
$$CH_3 \text{—} N \cdot CH_2 \cdot COOH + CO(NH_2)_2 \longrightarrow CH_3 \cdot NH \cdot CH_2 \cdot COOH +$$
$$CH_3 \diagup \ |$$
$$\quad\quad OH$$
$$\quad\quad\quad\quad\quad\quad\quad\quad\quad \text{Sarkosin}$$
$$\text{Betain}$$

$$\boxed{2\,CH_3OH} + CN \cdot NH_2 \longrightarrow HN\!:\!C \cdot N \cdot (CH_3)CH_2CO_2H$$
$$\quad\quad\quad\quad\quad\quad\quad\quad\quad \text{Kreatin}$$

Den Beweis für diese Annahme erbringt Rießer durch Kreatinbestimmungen in den Muskeln von Kaninchen, welche Cholin subkutan verabreicht erhalten hatten. Der nahezu konstante Kreatingehalt der Kaninchenmuskeln von $0,521\,^0/_0$ erhöhte sich auf $0,56—0,6\,^0/_0$. Ferner konnte festgestellt werden, daß der Kreatiningehalt des Harns von Kaninchen, der längere Zeit hindurch verfolgt worden war, nach Verabreichung einer größeren Menge von Cholin (1,5 g in 24 Stunden) eine deutliche Steigerung erfuhr (vgl. auch S. 162).

Im Gegensatz zu Rießer konnte jedoch Satta nach Cholin-(Lecithin-)Fütterung keine Kreatininzunahme im Harn beobachten. Er verneint daher den Übergang von Cholin in Kreatin und nimmt an, daß die Entmethylierung des Cholins bis zum Aminoäthylalkohol vor sich gehe. Eine Desamidierung des Aminoäthylalkohols schließt Satta aus, weil das bei diesem Vorgang entstehende Glykol Oxalsäure liefern müßte, diese aber im Harn von Lecithintieren nicht auftritt.

Guggenheim und Löffler studierten den biologischen Abbau des Cholins an der isolierten überlebenden Leber. Diese erwies sich aber nicht imstande, das Cholin in nur einigermaßen in Betracht kommenden Mengen chemisch zu verändern.

Etwas eindeutiger sind die Resultate der Untersuchungen über die Veränderung des Cholins durch Mikroorganismen. Brieger hatte unter den Fäulnisprodukten von Fleisch Neurin nachweisen können und die Vermutung ausgesprochen, dieses möchte sich aus Cholin durch Wasserabspaltung gebildet haben. Experimentelles Material zur Stütze dieser Vermutung lieferte dann später E. Schmidt, welcher bei der Fäulnis von Cholin in wäßriger Lösung oder in gelatinehaltigen Nährböden durch Mischkulturen aus Heuinfus die Bildung von Neurin feststellen konnte. Er isolierte dasselbe als Platinsalz und stellte seine charakteristische Wirkung am Froschherzen fest. Reinkulturen von Bacillus subtilis waren jedoch nicht imstande, diese Umwandlung hervorzurufen. Bei der anaeroben Fäulnis von etwa 1 g Cholin durch Kloakenschlamm fand Hasebroek neben gasförmigen Zersetzungsprodukten (vorzugsweise) Methan, Ammoniak, und wenig Methylamin. Di- und Trimethylamin konnten nicht nachgewiesen werden. Das Methan entstammt offenbar der Trimethylamingruppe, die durch die Mikroorganismen vollständig, und zwar auf reduktivem Wege entmethyliert worden war

Ein ähnliches Resultat erzielte Ruckert, welcher Oidium lactis und Vibrio cholerae auf cholinhaltigen Nährböden züchtete und dabei als Spaltprodukte des Cholins Ammoniak und Kohlensäure fand, während Zwischenprodukte, wie Trimethylamin und Neurin nicht isolierbar waren. Ackermann und Schütze jedoch gelang es, durch Züchtung von Prodigiosus auf Kartoffel- oder Eiweißkulturen, denen er Cholin bezw. Lecithin zugesetzt hatte, die Bildung von Trimethylamin und Methylamin nachzuweisen.

Das Cholin wirkt als quaternäre Ammoniumbase auf die motorischen Nerven curareartig (vgl. S. 45), indem die Nervenendigungen, wie bei der Curarevergiftung gelähmt und somit die Leitung zwischen Nerven und Muskeln unterbrochen wird (Böhm, Cervello). Die curareartige Wirkung bedingt die Toxizität des Cholins, indem bei einer bestimmten Dosis eine Respirationslähmung resultiert, welche den Tod des Tieres herbeiführt. Die letale Dosis ist von den verschiedenen Autoren verschieden angegeben und hängt natürlich von der Art der Verabreichung des Cholins ab. Nach Böhm bewirkt das Cholin in Dosen von 0,025 bis 0,1 g an Fröschen im Verlauf von 10 Minuten bis 1 Stunde allgemeine Paralyse. Dieselbe erfolgt allmählich nach einer vorausgehenden Erregung, wie sie auch bei der Curarelähmung stattfindet. Gleichzeitig beobachtet man eigentümliche Veränderung der Respirationstätigkeit, fast unmittelbar nach der subkutanen Injektion sistieren der Atmung, im weiteren Verlauf krampfartiges Atmen, schließlich völliger Stillstand auf dem Höhe-

punkt der Paralyse. Der Nervus ischiadicus wird unter dem
Einfluß des Cholins, gegenüber den elektrischen Reizen wenig
empfindlich bis völlig gelähmt. Stärkere und größere Tiere erholen sich im Verlauf von 24 Stunden von der Wirkung auch
größerer Dosen bis zu 0,1 g vollständig. Kleinere Tiere gehen
hingegen meistens schon nach 0,05 g zugrunde und sind nach
24—48 Stunden totenstarr. Charakteristisch ist auch eine Pupillenverengerung bei Fröschen, die meistens erst nach Ablauf einer
Stunde ihr Maximum erreicht. Diastolischer Herzstillstand konnte
auch nach Dosen von 0,1 g nicht beobachtet werden. Auch eine
Beeinflussung der Vorhoftätigkeit wurde bei muscarinfreiem
Cholin nie festgestellt. Cholin bewirkt nur in großen Dosen
und auch dann nur vorübergehend Speichelfluß.

Kaninchen und Katzen reagieren verschieden. Während bei
Kaninchen auch nach großen subkutanen Dosen von 0,7 g keinerlei
Lähmungserscheinungen eintraten, wurde eine kräftige Katze schon
durch 0,3 g in kurzer Zeit vorübergehend gelähmt, eine andere
durch 0,5 g innerhalb 5 Minuten getötet. Dosen unter 0,3 g bewirken auch bei Katzen, abgesehen von unerheblicher Salivation
niemals deutliche Vergiftungserscheinungen. Charakteristisch für
die Cholinvergiftung ist der Umstand, daß sie in auffallend
kurzer Zeit entweder zum Tode oder zur völligen Erholung der
Tiere führt, was darauf hindeutet, daß das Gift entweder sehr
rasch ausgeschieden oder aber innerhalb des Organismus verändert
wird.

Böhm hat die Curarewirkung des Cholins mit der des Curarins
und anderer curareähnlich wirkenden Ammoniumbasen verglichen,
indem er feststellte, welche Konzentration von Cholin nötig ist,
um am Nerv- und Muskelpräparat des Frosches bei einem Auf-
enthalt von 1—30 Sekunden in der Giftlösung eine maximale
Giftwirkung hervorzurufen. Er fand dieselbe für Cholin bei 0,35%,
für Tetraäthylammonium bei 0,125%, für Trimethylamin bei
0,015%, für Neurin bei 0,012%, für Tetramethylammonium bei
0,005%, für Muscarin bei 0,0025%, für Trimethylvalerylammonium
bei 0,001%, für Curarin bei 0,00001%.

Während Böhm keine zentrale Wirkung des Cholins annimmt, schreibt Pal dem Cholin neben der lähmenden Wirkung
auf den Nervenendigungsapparat auch eine fördernde auf die
motorischen Zentren zu, infolge welcher es krampferregend wirkt
und vorübergehend die Curarewirkung aufzuheben vermag.

Die Wirkung auf den Blutdruck ist die Resultante einer Wirkung auf das Herz (vgl. unten) und auf die konstriktorischen bezw. dilatatorischen Elemente der Gefäßwand. Dies ist schon von Halliburton erwähnt und neuerdings durch die Untersuchungen von Pal, sowie Abderhalden und Müller konstatiert worden. Die dermaßen komplizierte Natur der Blutdruckwirkung des Cholins bedingte längere Zeit differente Anschauungen über den pressorischen Effekt von Cholininjektionen. Dazu kam noch der Umstand, daß je nach der Art der Narkose die eine oder andere Komponente mehr oder weniger stark hervortrat. Doch kann nach den Untersuchungen obiger Autoren sowie von Lohmann, Pal, Gautrelet, Desgrez und Chevalier, Lafayette Mendel und Frank Underhill, welche an Hunden, Katzen und Kaninchen ausgeführt worden waren, folgende Anschauung über die Blutdruckwirkung des Cholins als richtig betrachtet werden. Das Cholin bewirkt nach intravenöser oder subkutaner Injektion von 1—3 mg pro Kilogramm Versuchstier eine vorübergehende Blutdrucksenkung, welche bisweilen von einer schwachen Blutdruckerhöhung gefolgt wird. Geht der Cholininjektion eine Atropinisierung des Versuchstieres voraus, so manifestiert sich nur die Blutdrucksteigerung. Nach protrahierter Äthernarkose, sowie nach Verabreichung gewisser Curaresorten kann der pressorische Effekt ausbleiben. Bei wenig narkotisierten Tieren, wie nach Durchtrennung der Oblongata, prädominiert die Blutdrucksteigerung.

Die Blutdrucksenkung entsteht durch Blutstauung im Herzen, sowie durch primäre Dilatation der Gefäße der Extremitäten, des Darms, der Nieren, der Gehirngefäße (Müller). Die bisweilen nach der Senkung auftretende Blutdrucksteigerung ist bedingt durch eine sekundäre Reizung konstriktorischer Elemente. Nach Atropinisierung kommt die blutdrucksteigernde Wirkung des Cholins allein zur Geltung. Die Behauptungen von Modrakowski und Popielski, wonach die vorstehend beschriebene Cholinwirkung, speziell die Blutdrucksenkung durch eine, dem synthetischen und natürlichen Cholin beigemengten Verunreinigung bedingt ist, können als widerlegt gelten, zumal Berlin gezeigt hat, daß auch Homocholin die oben beschriebene Cholinwirkung besitzt und es nicht anzunehmen ist, daß diese auf ganz anderem Wege dargestellte Verbindung dieselbe Verunreinigung enthalten soll, wie Cholin.

Die Wirkung des Cholins auf das isolierte Herz wurde von Golowinski studiert. Er fand, daß die Tätigkeit des Froschherzens durch Cholin verlangsamt wird. Wie das Muscarin wirkt es erregend auf die Hemmungsapparate unmittelbar am Herzen, ohne es zum Stillstand in der Diastole zu bringen. Die quergestreifte Muskulatur und die motorischen Nerven bleiben vom Cholin unberührt. Gegenüber den Warmblüterherzen verhält sich Cholin ähnlich (Golowinski). Patta und Varisco stellten auch an dem in situ befindlichen Säugetierherzen nach Eingabe von glycerinphosphorsaurem Cholin Brachykardie fest, welche durch Reizung der Vagusendigungen zustande kam. Zu ähnlichen Resultaten gelangte Müller.

Samelson fand an überlebenden Froschgefäßen keine dilatatierende Wirkung des Cholins, während Müller am überlebenden Gefäßsystem des Warmblüters sowohl eine kontrahierende, wie eine erweiternde Wirkung feststellte. Auch nach Lohmann ist Cholin an der isolierten Gefäßmuskulatur (Carotis vom Rind) ohne Wirkung.

Pal betrachtet die Darmwirkung des Cholins als eine indirekte, durch Änderung des Kreislaufes hervorgerufene. Müller stellt jedoch in einer Konzentration von etwa 1:100 eine direkt erregende Wirkung fest und vermutet den Angriffspunkt des Cholins am Auerbachschen Plexus oder peripher von demselben. Guggenheim und Löffler fanden die am überlebenden Meerschweinchendarm minimal wirksame (erregende) Konzentration bei etwa 1:10 000.

Am Uterus wirkt das Cholin schwach kontrahierend (Müller), am Rattenuterus ist es nur in großen Dosen schwach wirksam. Nach Engeland und Kutscher bewirkt Cholin am graviden Uterus tetanische Kontraktion.

Am isolierten Irismuskel wirkt es physostigminartig (Müller). An der Froschiris ist eine vorübergehende Dilatation von einer Myosis gefolgt (Cervello). Die Wirkung auf die Drüsen ist komplexer Natur. Im allgemeinen besteht aber eine sekretionsfördernde Wirkung durch Reizung der peripheren autonomen Innervation. Intravenöse Injektion von 0,002—0,015 g Cholinchlorhydrat pro Kilogramm Versuchstier bewirkt z. B. nach Desgrez eine Förderung der Sekretion der Speicheldrüse, Pankreasdrüse, Galle und der Niere. Bei der Pankreasdrüse und der

Galle äußert sich der Einfluß des Cholins sofort (nach $^1/_2$—1 Minute), weniger rasch bei der Speicheldrüse und den Nieren. Schwarz nimmt neben der autonomfördernden noch eine zentrale, hemmende Wirkung des Cholins an, welche je nach den Bedingungen vorliegen kann. Pal betrachtet die Wirkung auf die Speicheldrüsen- und Blasensekretion als eine indirekte.

Auf den Antagonismus, den das Adrenalin als sympathisch erregendes Gift, zum Cholin als autonom erregendes Gift besitzt, hat zuerst Lohmann aufmerksam gemacht. Dieser Antagonismus besteht in bezug auf Blutdruck-, Darm-, Drüsen- und Pupillenwirkung. Andere Autoren, Abderhalden und Müller, Gautrelet, Desgrez und Chevalier konnten diese Beobachtung bestätigen. Die durch Adrenalin bewirkte Hyperglucämie und Glucosurie wird jedoch von Cholin nicht beeinflußt (Frank und Isaak). Über eine eigentümliche (wenn auch unwahrscheinliche) antagonistische Beziehung zwischen Cholin und Adrenalin berichtet Robinson, welcher durch Adrenalininjektionen an graviden Meerschweinchen vorzugsweise männliche Junge erzielte, während Cholininjektionen die Geburt weiblicher Individuen hervorrufen sollen. Aus dem Adrenalingehalt des Harns gravider Frauen soll sich in ähnlicher Weise die Geburt eines Knaben, aus dem Cholingehalt die Geburt eines Mädchens prognostizieren lassen!

Man hat vielfach versucht, die interessante pharmakologische Wirkung des Cholins im Zusammenhang mit seiner Konstitution näher zu studieren. Es ergab sich dabei als zweifellos, daß die curareartige Wirkung des Cholins von seiner quaternären Basennatur abhängt, während die peripheren autonomen Wirkungen durch Anwesenheit der Äthanolgruppe bedingt sind, wobei die Hydroxylgruppe wohl eine wichtige, jedoch keine ausschließliche Rolle spielt. Bei Substitution der N-Methylgruppen durch die Äthyl-, Propyl- und Amylreste (Reid Hunt und de Taveau) wurde die Giftigkeit des Cholins erhöht. Bei allen Verbindungen blieb die curareartige Wirkung des Cholins erhalten. Diese ist also nicht an die Gegenwart der Methylgruppen gebunden. Auch das von Coppola dargestellte Tripyridylcholin

$$(C_5H_5N)_3N \Big\langle {}^{OH}_{CH_2 \cdot CH_2OH} \quad \text{besitzt eine analoge curareartige Wirkung,}$$

indes der Einfluß des freien Pyridins auf die Cerebrospinalzentren verschwunden ist.

Das einzige niedrigere Homologe des Cholins, das Formocholin $HO-CH_2-N\equiv(CH_3)_3$ ist nach Reid Hunt und de Taveau

$$\underset{\mathrm{OH}}{|}$$

giftiger, sowie auch stärker wirksam als das Cholin.

Das γ-Homocholin $HO\cdot CH_2\cdot CH_2\cdot CH_2\cdot N(CH_3)_3OH$ wirkt ähnlich wie Cholin, nur etwas stärker (Berlin). Dies widerspricht der Annahme, daß eine Verlängerung der substituierten Alkanolgruppe die Cholinwirkung herabsetzt (Schmidt). 0,01 g bewirkt am Frosch Tod unter Lähmung, an der Katze Exitus unter Atemstillstand. Die durch das Homocholin hervorgerufene Blutdrucksenkung wird wie die Cholinwirkung durch Atropin behoben.

Die Wirkung des β-Homocholins $CH_3\cdot CH(OH)CH_2\cdot N(CH_3)_3OH$ ist ähnlich wie die des γ-Homocholins (Berlin). Nach Menge sollen die physiologisch aktiven und am wenigsten giftigen Produkte erhalten werden, wenn das Hydroxyl des Cholins nicht weiter als in der β-Stellung vom Trimethylamin entfernt ist.

Durch die Einführung der Allylgruppe in das Homocholin, Allylhomocholin, wird die muscarinähnliche Wirkung des Homocholins aufgehoben. Das Allylhomocholin wirkt im Gegenteil antagonistisch gegenüber dem Cholin-, bzw. Muscarin-Herzstillstand (v. Braun und Müller). Diese antagonistische Wirkung zeigt sich nur am Froschherzen, nicht am Herzen des Warmblüters.

Das Oxyamyltrimethylammoniumchlorid (Pentahomocholin) $HO\cdot CH_2\cdot CH_2\cdot CH_2\cdot CH_2\cdot CH_2\cdot N(CH_3)_3OH$ zeigt eine viel geringere Zunahme in seiner blutdrucksenkenden Wirkung, im Vergleich zum Homocholinchlorid, als dieses letztere dem Cholinchlorid gegenüber (v. Braun).

Das Isomuscarin $(CH_3)_3\cdot N\cdot CH(OH)\cdot CH_2OH$ besitzt am

$$\underset{\mathrm{OH}}{|}$$

Froschherzen schwache Muscarinwirkung (Schmidt); am Säugetier tritt der curareartige Effekt in den Vordergrund. Daneben wird eine Wirkung auf das Zentralnervensystem ausgeübt, welche u. a. eine Blutdrucksteigerung hervorruft. Hingegen fehlt die für das Muscarin charakteristische Herzwirkung, sowie die Blutdrucksenkung.

Die Verlängerung der Kette gegenüber dem Isomuscarin hat eine Abschwächung der Wirkungsstärke zur Folge. Das Homo-

isomuscarin $(CH_3)_3N \cdot CH_2 \cdot CH(OH) \cdot CH_2OH$ kann als un-
$\quad\quad\quad\quad\quad\quad | $
$\quad\quad\quad\quad\quad OH$
giftig bezeichnet werden, da es in Mengen von 0,05—0,08 g bei
Fröschen und bei Mäusen ganz ohne erkennbare Wirkung bleibt
und ebenso in entsprechenden Dosen beim Kaninchen.

Nachweis und Isolierung von Cholin und Colamin.

Von den Salzen und Derivaten des Cholins lassen sich diejenigen zum Nachweis von Cholin verwenden, welche in wäßriger
oder alkoholischer Lösung unter Bildung charakteristischer und
schwer löslicher Niederschläge entstehen (vgl. S. 69). Vor allem
kommt das Platindoppelsalz in Betracht.

Das Cholinplatinchlorid $(C_5H_{14}NOCl)_2PtCl_4$ ist dimorph. Die aus
heißen Lösungen zuerst ausgeschiedenen Nadeln gehören dem rhombischen
System an und gehen später in die zweite, monokline und besser untersuchte
Modifikation über, in welcher auch große prismatische und tafelförmige
Krystalle gebildet werden. Im allgemeinen erhält man beim Erkalten
von heißen, gesättigten wäßrigen Lösungen des Cholinplatinchlorids meistens schmale Prismen und sogar Nadeln, während beim langsamen Verdunsten der Lösungen sechsseitige, in einer Richtung zuweilen verlängerte
Tafeln und dicke Prismen mit aufgesetzten Pyramiden krystallisieren. —
Für eine besonders charakteristische Form werden gewöhnlich sechsseitige,
dachziegel- oder treppenförmig übereinandergeschobene, kleine Blättchen
oder Täfelchen gehalten. Zersetzungspunkt unter starkem Aufschäumen
213—216⁰ andere Schmelzpunkte sind: 225⁰, 232—233⁰, meist sogar 240⁰ bis
241⁰. Es enthält kein Krystallwasser. Bei 20⁰ lösen 100 Teile Wasser
17,19 Teile Salz. Es ist in absolutem und 95⁰/₀igem Alkohol, Äther, Chloroform, Benzol, Petroläther, Methylalkohol unlöslich, färbt aber 85⁰/₀igen
Äthylalkohol deutlich gelb.

Der Nachweis als Platindoppelsalz ist nur dann einwandfrei,
wenn das Cholin vorher eine Reinigung auf dem einen oder anderen
Wege erfahren hat. Der Umstand, daß viele andere organische
Stickstoffverbindungen ja auch Ammonchlorid und Kalisalze
ähnliche Platinchloridverbindungen ergeben wie das Cholin, hat
wiederholt zu Verwechslungen und irrtümlichen Feststellungen
geführt. Das Verfahren von Donath, welcher nach dem Vorgange
von Mott und Halliburton die Bildung des Platindoppelsalzes
zum Nachweis kleinster Cholinmengen in Körperflüssigkeiten
speziell in Lumbalflüssigkeit verwendet hat, ist daher mit Recht
als unsicher verworfen worden. Hingegen läßt sich eine Verschärfung des Donathschen Verfahrens erzielen, wenn man

nach **Kauffmann** und **Vorländer** den Dimorphismus des Cholinplatinchlorids zu Hilfe zieht. Löst man das aus alkoholisch oder
alkoholisch-wäßriger Lösung erhaltene reguläre Salz in Wasser,
so erhält man beim Einengen das monokline Salz, das sich unter
dem Polarisationsmikroskop durch starke Doppelbrechung von
dem regulären Salz unterscheidet. Letzteres wird dann durch
Umkrystallisieren aus gleichen Volumteilen absolutem Alkohol in
das reguläre Salz zurückverwandelt. Durch diesen Dimorphismus
unterscheidet sich das Cholinplatinchlorid von anderen Chloro-
platinaten, wie dem des Kaliums, des Ammoniums, des Trimethyl-
ammoniums, Tetramethylammoniums etc. sowie dem des Neurins,
dessen reguläre Krystalle mit Wasser nicht verändert werden.
Auch die Chloroplatinate der Homocholine von **Malengreau**
und **Lebailly** zeigen keinen Dimorphismus.

Bisweilen verwendet man auch das Golddoppelsalz zur Identi-
fikation des Cholins.

Das **Golddoppelsalz** $C_5H_{14}NOCl$, $AuCl_3$ krystallisiert in schönen,
pomeranzengelben Nadeln, als Rohprodukt scheidet es sich oft in Würfeln
ab, welche beim Umkrystallisieren ebenfalls lange, dünne Nadeln geben.
Es ist in Äther unlöslich und löst sich leicht, ohne sich zu zersetzen in heißem
Alkohol, woraus es beim Erkalten in Nadeln krystallisiert. In kaltem Wasser
ist es wenig, in heißem Wasser leicht löslich. Schmelzpunkt 243—244⁰
bei langsamem, 249⁰ bei schnellem Erhitzen. **Smorodinzew** gibt den
Schmelzpunkt zu 250—252⁰, **Reuter** zu 257⁰ an, **Lohmann** findet
sogar einen Schmelzpunkt von 267—270⁰.

Nachweis als Perjodid. Die Grundlage dieses Nachweises
ist eine Reaktion, welche von **Florence** zum forensischen Nachweis
von Sperma angegeben wurde. Diese Reaktion beruht, wie sich
später herausgestellt hat, auf der Anwesenheit von Cholin, welches
mit der Jodjodkalilösung unter Bildung eines Perjodids reagiert.
Nach **Stanek** fügt man zu der auf Cholin zu prüfenden Flüssigkeit eine Lösung von Jodjodkali, am besten bereitet durch Auflösen von 153 g Jod und 100 g Jodkali in 200 ccm Wasser.
Bei Gegenwart von Cholin scheiden sich ölige Tropfen von Cholinperjodid ab, die bald krystallinisch erstarren, rascher, wenn man
nachträglich noch überschüssiges Jod hinzufügt (vgl. S. 88).

Das **Cholinpentajodid** $C_5H_{14}NOJ \cdot J_5$ ist ein schwarzes, grünlich
schimmerndes Öl, stark metallisch glänzend, in Wasser unlöslich, in Alkohol
und in Kaliumjodidlösung löslich. In Berührung mit pulverigem Jod oder mit
Kaliumtrijodidlösung geht es in das grüne, krystallinische Enneajodid über.

Nach **Stanek** zeigt nur Neurin ein ähnliches Verhalten;
Ammonchlorid, Methylamin, Dimethylamin, Trimethylamin,

Betain, Pyridin und Kreatinin sollen diese Reaktionen unter den beschriebenen Bedingungen nicht geben. Kiesel jedoch stellte fest, daß nur bei Anwendung von reinen Cholinlösungen die Staneksche Reaktion zuverläßlich ist. Phenyläthylamin, Muscarin, verschiedene Alkaloide, Stachydrin, Trimethylamin und die in der Histidinfraktion dem Histidin beigemengten Körper geben die Reaktion ebenfalls.

Rosenheim führt die Perjodidreaktion mit dem Cholinplatinchlorid aus. Er fügt zu der auf einem Objektträger auskrystallisierten Lösung des Cholinplatinchlorids einige Tropfen der Jodjodkalilösung (6 g Jod und 6 g Jodkalium auf 200 ccm Wasser), Nach 1—2 Minuten bedeckt sich das ganze Gesichtsfeld mit Krystallen von Cholinperjodid.

Diese besitzen große Ähnlichkeit mit den Teichmannschen Häminkrystallen, bilden schief begrenzte, rotbraune, doppelbrechende schmale Täfelchen, welche nach und nach an Größe zunehmen, sich aber bald von ihrer Mitte aus zu öligen Tropfen verflüssigen und allmählich verschwinden. Dieser Vorgang kann unter dem Mikroskop verfolgt werden. Läßt man nach dem Verschwinden der Krystalle das Präparat an der Luft eintrocknen und setzt wieder etwas Reagens hinzu, so treten die früheren Krystalle in unveränderter Form wieder auf.

Die Rosenheimsche Reaktion ist sehr empfindlich und wird noch erhalten, wenn man zu 20 ccm Blut eine Cholinmenge von 1:20 000 hinzufügt und aus der daraus hergestellten alkoholischen Lösung das Platindoppelsalz herstellt. Die Platinverbindungen des Kaliums und des Ammoniaks geben die Reaktion nicht.

Zu einem empfindlichen Nachweis von Cholin eignet sich das Perchlorat des Cholinsalpetersäureesters $(CH_3)_3N(ClO_4) \cdot CH_2 \cdot CH_2 \cdot O \cdot NO_2$ (Hofmann und Höbold). Zu seiner Bildung wird eine verdünnte Cholinperchloratlösung, ca. 0,1 g auf 50 ccm Wasser, mit 2 ccm reiner $65\,^0/_0$iger HNO_3 auf dem Wasserbade erhitzt. Es bildet sich auch, wenn man Cholinperchlorat mit reiner HNO_3 bei 15^0 behandelt.

Perchlorat des Cholinsalpetersäureesters $(CH_3)_3N(ClO_4) \cdot CH_2 \cdot CH_2 \cdot O \cdot NO_2$.

Fast rechtwinklige Platten aus heißem Wasser und wenig verdünnter Überchlorsäure, zur Längsrichtung gegen 30^0 schief auslöschend, von sehr hoher Doppelbrechung und äußerst lebhaften Polarisationsfarben, monoklin oder triklin, Schmelzpunkt 185—186^0; verpufft bei stärkerem Erhitzen ziemlich heftig. 100 Teile Wasser lösen bei 15^0 nur 0,62 Teile, bei 20^0 0,82 Teile, durch einen mäßigen Überschuß von Überchlorsäure fällt die Löslichkeit noch bedeutend. Gibt als Ester der Salpetersäure in schwefelsaurer Lösung mit Phenol, Brucin, Diphenylamin, Eisenvitriol die intensiven für

Nitrit, bezw. Nitrat charakteristischen Färbungen. Das Salz ist sehr beständig, bleibt auch nach dem Abdampfen mit viel Ammoniakwasser unverändert.

Die Alloxanreaktion. Mit einer gesättigten wäßrigen Lösung von Alloxan gibt eine wäßrige Lösung von Cholin oder dessen Salzen beim vorsichtigen Abdampfen auf dem Wasserbade eine schöne rosaviolette Färbung, die nach dem Hinzufügen von Alkalien in ein prachtvolles Blauviolett umschlägt. Die Empfindlichkeitsgrenze dieser Reaktion liegt bei 0,03—0,04 $^0/_0$ Cholinchlorhydrat, wobei jedoch der Umstand zu beachten ist, daß sie auch mit Eiweißkörpern sowie mit Ammoniak positiv ausfällt, daher nur bei Abwesenheit dieser anwendbar ist.

Zu einem empfindlichen Nachweis von Cholin gestaltet sich der Umstand, daß es sowie seine Doppelsalze, beim Erhitzen mit festem Alkali Trimethylamin abspaltet. Dieses läßt sich durch seinen charakteristischen Geruch deutlich erkennen und erlaubt den Nachweis von Cholin noch in einer Verdünnung von 1 : 2 000 000 (Kauffmann).

Statt der chemischen Methoden verwendet man oft mit Erfolg den biologischen Nachweis, namentlich wenn es sich darum handelt, die Anwesenheit von geringen Cholinmengen in kompliziert zusammengesetzten Flüssigkeiten und Extrakten festzustellen. Von Mott und Halliburton wurde die geringe blutdrucksenkende Wirkung des Cholins als einwandfreier Nachweis dann anerkannt, wenn sie nach vorhergehender Atropindarreichung ausblieb. Da die Blutdruckwirkung des Cholins aber sehr unsicher ist, so darf dieser physiologische Nachweis wohl nicht als spezifisch betrachtet werden. Ebensowenig kann die von verschiedenen Autoren beobachtete periphere Wirkung des Cholins auf die glatte Muskulatur als spezifische Cholinwirkung gelten.

Eine brauchbare physiologische Methode schlägt Reid Hunt vor, welcher zuerst auf den Umstand hinwies, daß die Aktivität des Cholins durch Acetylierung etwa 1000 mal vergrößert wird. Die auf Grund dieser Erkenntnis ausgearbeitete Methode prüft die Aktivität des aus Cholin dargestellten Acetylcholins am isolierten Froschherzen, an welchem es noch in einer Verdünnung von 1 : 50 000 000 die charakteristische lähmende Wirkung ausübt.

Unabhängig von Reid Hunt ist es Guggenheim und Löffler gelungen, ein einfaches Verfahren zum Cholinnachweis auszuarbeiten. Die Methode basiert auf derselben Grundlage wie das Verfahren von Reid Hunt, verwendet aber nicht das Froschherz, sondern den überlebenden Meerschweinchendarm als Testobjekt, für das aus dem Cholin dargestellte Acetylcholin.

Weniger geeignet als die Überführung in das Acetylcholin ist der Nachweis des Cholins als Nitrosocholin, d. h. als künstliches Muscarin (Ewins).

Zur Isolierung von Cholin aus einem Gemisch biogener Amine benützt man die Alkohollöslichkeit des Chlorhydrates, sowie seine Eigenschaft, mit Quecksilberchlorid und Phosphorwolframsäure schwer lösliche Doppelsalze zu geben.

Cholinquecksilberdoppelsalz $C_5H_{14}NOCl + 6\ HgCl_2$. Es krystallisiert gewöhnlich in wenig durchsichtigen Krystallen, die häufig, wenn sie mikroskopische Dimensionen haben, kreuz- resp. sternförmig gruppiert sind oder sich dachziegelförmig anreihen (Gulewitsch). Bei 100^0 verliert die Verbindung an Gewicht infolge Flüchtigkeit des Sublimats. Schmilzt bei 249—251^0 zu einer bräunlich-gelben Flüssigkeit. In heißem Wasser ziemlich leicht löslich.

Die enteiweißten pflanzlichen oder tierischen Extrakte werden nach einer evtl. Vorbehandlung mit Gerbsäure oder Bleiacetat (S. 14) in alkoholische Lösung übergeführt. Mit heiß gesättigter Sublimatlösung wird daraus das Cholin mit den oft gleichzeitig anwesenden Betainen abgeschieden. Bisweilen wird auch vor der Sublimatfällung in alkoholischer Lösung eine Phosphorwolframsäurefällung in saurer wäßriger Lösung vorgenommen und die Sublimatfällung erfolgt erst mit dem aus den Phosphorwolframsäureverbindungen isolierten Basengemisch. Mit oder ohne Zwischenschaltung einer Phosphorwolframsäurefällung hat man schließlich das Cholinchlorhydrat gemengt mit den Chlorhydraten der Betaine bezw. Diamine. Falls Basen der sogenannten Histidin- und Arginingruppe anwesend sind, so lassen sich diese mit barytalkalischer Silberlösung (vgl. S. 17) abscheiden. Cholin gibt mit diesem Reagens keinen Niederschlag. Die Diamine, d. h. Ornithin, Lysin, Tetra- und Pentamethylendiamin, lassen sich nach einem S. 135 beschriebenen Verfahren abtrennen.

Als letzte Aufgabe bleibt gewöhnlich die Trennung des Cholins vom Betain. Hierzu dient vor allem die verschiedene Löslichkeit der Chlorhydrate in Alkohol. (Cholinchlorhydrat ist sehr leicht löslich, Betainchlorhydrat schwer löslich.) Wiederholte Behandlung der Chlorhydratgemische mit absolutem Alkohol entfernt daher den größten Teil des Cholins (Schulze). Auch durch Umkrystallisieren der Quecksilberverbindungen läßt sich eine Reinigung erzielen. Cholinquecksilberchlorid ist bedeutend weniger löslich als Betainquecksilberchlorid, dieses bleibt daher bei wiederholtem Umkrystallisieren in der wäßrigen Mutterlauge.

Wenn wenig Betain neben viel Cholin vorhanden ist, so kann man nach Stanek die verschiedene Löslichkeit der Perjodide zu einer Trennung benützen. Man löst die Chlorhydrate in der 30—40fachen Menge, neutralisiert mit Soda, setzt etwa 2% $NaHCO_3$-Lösung hinzu und fällt das Cholin mit Kaliumtrijodid (vgl. auch weiter unten).

Zur Trennung des Cholins von Trigonellin benützt Jahns die verschiedene Löslichkeit der Quecksilberjodiddoppelsalze. Cholinquecksilberjodid fällt in neutraler, mäßig verdünnter Lösung aus, während das Trigonellinquecksilberjodid sich erst abscheidet, wenn man die Lösung stark schwefelsauer macht.

Statt der Phosphorwolframsäure hat man früher mit ähnlichem Erfolg andere Alkaloidreagenzien verwendet, um das Cholin aus den mehr oder weniger vorgereinigten pflanzlichen und tierischen Extrakten zur Abscheidung zu bringen. Böhm und Kunz benützen z. B. das sogenannte Meyersche Reagens, Kaliumquecksilberjodid.

Dieses wird am besten in konzentrierter überschüssiger quecksilberjodidenthaltender Lösung den wäßrigen cholinhaltigen Extrakten zugefügt. Es entsteht ein gelber Niederschlag, der durch Zerreiben mit Ag_2O zersetzt wird. Dadurch wird das Cholin in Freiheit gesetzt und geht als freie Base in die wäßrige Lösung über. Man neutralisiert, dampft zur Trockne ein und nimmt mit Alkohol auf.

Andere Autoren (Thoms, Polstorff, Kraft, Smorodinzew) scheiden das Cholin in ganz analoger Weise mit dem Krautschen Reagens (vgl. S. 17), Kaliumwismutjodid, ab. Die Ausfällung erfolgt in schwefelsaurer wäßriger Lösung. Zur völligen Abscheidung läßt man den Niederschlag längere Zeit stehen, die rote Kaliumwismutjodidverbindung wird mit Silbercarbonat oder Bleioxyd zersetzt und dann als Chlorhydrat in alkoholische Lösung übergeführt.

Da sowohl das Meyersche wie das Krautsche Reagens in sehr wenig spezifischer Weise die verschiedenartigen stickstoffhaltigen Extraktivstoffe und auch Eiweiß niederschlagen, gelingt es nicht, aus den damit erzielten Fällungen direkt reines Cholin zu erhalten. Man wendet daher zweckmäßig nach Zerlegung der Metallsalzdoppelverbindungen noch das Sublimatverfahren an (vgl. S. 18).

Die Fähigkeit des Cholins mit Jodjodkalium schwer lösliche
Perjodide zu bilden (vgl. S. 83) ist von Stanek zu einem Ver-
fahren ausgearbeitet worden, nach welchem die Isolierung und
Trennung von Cholin und Betain auch ohne Verwendung von
Phosphorwolframsäure, Sublimat oder Schwermetalldoppelsalzen
gelingt. Gegenüber Phosphorwolframsäure besitzt das Jodjod-
kaliumreagens den Vorzug, daß es außer Cholin nur Betain und
Neurin, hingegen die Kalium- und Ammoniumbasen, sowie die
Hexonbasen nicht fällt (Kinoshita). Über die Einwände Kiesels
gegen dieses Verfahren vgl. S. 83.

Zur quantitativen Bestimmung kann man das Cholinperjodid
isolieren und dessen N-Gehalt nach Kjeldahl bestimmen. Es
entspricht 1 ccm $\frac{n}{10}$ H₂SO₄ = 12,119 mg Cholin. Gewöhnlich führt
man aber das ausgefällte Perjodid (Gemisch von Cholin- und
Betainperjodid) durch Kochen mit Kupfer und Kupferchlorid
in die Chlorhydrate über und trennt die erhaltenen Chlorhydrate
durch Alkohol.

Zur Fällung des Perjodids sind möglichst konzentrierte und fast neutrale (bicarbonatalkalische) Lösungen zu verwenden, größere Verdünnungen
sind infolge der hydrolytischen Spaltung und der Löslichkeit des Niederschlages ungünstig. Säuren wirken zersetzend auf das Cholinperjodid ein.
Ein unbedeutender Überschuß des Reagens beeinträchtigt die Genauigkeit
der Bestimmung nicht, ein allzugroßer ist jedoch wegen der Löslichkeit des
Niederschlages in Kaliumjodidlösung zu vermeiden. Zucker und Salze
sind ohne Einfluß auf die Fällung.

Während das Cholin sich mit den meisten zur Alkaloidfällung
verwendeten Reagenzien als schwer lösliche Verbindung isolieren
läßt, gibt der **Aminoäthylalkohol** nur mit Pikrolonsäure eine schwer
lösliche Verbindung; die Phosphorwolframsäure-, Sublimat- und
auch die Platinverbindung sind leicht löslich. Man wird daher
den Aminoäthylalkohol stets in den Mutterlaugen der mit den
Alkaloidfällungsreagenzien vorbehandelten Extrakte zu suchen
haben. Die große Löslichkeit der Salze des Aminoäthylalkohols,
die geringe Löslichkeit der Base in organischen Lösungsmitteln
erklären ohne weiteres, warum dieser, in der Pflanzenwelt ziemlich
verbreitete Körper, erst in den letzten Jahren aufgefunden
worden ist.

Wenn größere Mengen Cholin anwesend sind, so bringt man
diese durch Ausfällung mit alkoholischer Sublimatlösung in üblicher
Weise zur Abscheidung. Das leicht lösliche Quecksilbersalz des

Aminoäthylalkohols bleibt im alkoholischen Filtrat. Man entfernt aus diesem den Alkohol durch Eindampfen und das Quecksilber durch Schwefelwasserstoff, dampft zur Trockne und nimmt die zurückgebliebenen Chlorhydrate mit Alkohol auf. Bei Zugabe von alkoholischer Platinchloridlösung scheidet sich noch beigemengtes Cholin als Platindoppelsalz in gelber krystallinischer Fällung ab. Man filtriert, entfernt das Platin durch Schwefelwasserstoff und kann das in der Lösung enthaltene Colamin als Pikrolonat oder Golddoppelsalz zur Abscheidung bringen.

Das Pikrolonat $C_2H_7ON . C_{10}H_8O_5N_4$ bildet büschelförmig verwachsene, gelbe Nadeln. Zersetzungspunkt ca. 225°. Schwer löslich in Wasser, löslich in ca. 100 Teilen heißem, 400—500 Teilen kaltem Alkohol. Das Goldsalz krystallisiert aus starker Säure in monoklinen oder triklinen Krystallen vom Schmelzpunkt 186—187°.

Thierfelder und Schulze benützten zur Trennung des Colamins vom Cholin die verschiedene Löslichkeit der beiden Basen in Äther. Während Colamin in diesem Lösungsmittel etwas löslich ist, ist die Cholinbase völlig unlöslich.

Die wäßrige Lösung von Cholin und Colamin wird mit CaO verrieben und getrocknet, das Gemisch in die Hülse eines Soxhletapparates gebracht, in dessen Kolben sich eine ätherische Pikrolonsäurelösung befindet. Das durch mindestens 27 Stunden lange Extrahieren mit Äther im Kolben aufgefangene Colamin wird durch die Pikrolonsäure gebunden und als Colaminpikrolonat $C_{12}H_{15}N_5O_6$ bestimmt. Die Anwesenheit von Pikrolonsäure im Extraktionskolben ist nötig, weil sich das freie Colamin mit den Ätherdämpfen verflüchtigen würde.

Das Cholin, das mit dem Kalk ungelöst in der Extraktionshülse verbleibt, wird durch darauffolgende Extraktion mit Alkohol erhalten und seine Menge entweder durch N-Bestimmung nach Kjeldahl oder durch Fällen mit Sublimat aus der alkoholischen Lösung und Wägung als Chlorid bestimmt.

Bei der Bestimmung eines Colamin-Cholingemisches kann man die Isolierung des Colamins auch umgehen und dasselbe indirekt durch Ermittlung des Aminostickstoffs bestimmen. Mac Lean hat in dieser Weise die Menge des Aminoäthylalkohols und Cholins in verschiedenen Lecithinarten ermittelt (vgl. S. 57).

1 g Lecithin wird in einem Überschuß (ca. 100 ccm) verdünnter Salzsäure oder Schwefelsäure $\frac{n}{10}$ oder $\frac{n}{5}$ 24—48 Stunden gekocht, von den Fettsäuren abfiltriert, neutralisiert, auf ein bestimmtes Volumen gebracht und in aliquoten Teilen einmal das Cholin als Platinverbindung, das andere Mal der Aminostickstoff nach van Slyke bestimmt.

Über einige Derivate des β-Aminoäthylalkohols: N-Monobenzoyl-, N-Acetyl-, β-Naphtalinsulfo- und Phenylisocyanatverbindung u. a. (vgl. Fränkel und Cornelius).

Muscarin.

Unter dem Namen Muscarin hat man drei verschiedene Substanzen beschrieben, denen die Konstitution eines Trimethylaminoacetaldehyds $N(CH_3)_3 \cdot CH_2 \cdot CHO$ bezw. eines Hydrates
$$\overset{|}{OH}$$

$$N(CH_3)_3 \cdot CH_2 \cdot CH\overset{OH}{\underset{OH}{<}}\ \text{desselben zugeschrieben wurde. Das eigent-}$$
$$\overset{|}{OH}$$

liche Muscarin, das Fliegenpilzmuscarin, wurde zuerst aus Fliegenpilz (Agaricus muscarius) isoliert (Schmiedeberg und Koppe). Die anderen beiden Muscarine sind auf synthetischem Wege dargestellt worden. Dem einen davon, dem sogenannten Pseudomuscarin (Berlinerblau, Fischer), kann man auf Grund der Synthese mit Sicherheit die Konstitution des Trimethylaminoacetaldehyds $HO \cdot N(CH_3)_3 \cdot CH_2CHO$ zuschreiben. Der andere synthetische Körper, das sogenannte Cholinmuscarin oder künstliche Muscarin, ist der Salpetrigsäureester des Cholins; er ist entgegen der ursprünglichen Auffassung (Schmiedeberg und Harnack) mit dem Fliegenpilzmuscarin nicht identisch, wenn auch seine Wirkung in mancher Beziehung ähnlich ist. Auch andere synthetisch dargestellte Cholinester und -äther erinnern in ihrem pharmakologischen Verhalten an das des natürlichen Muscarins, ohne daß es bis jetzt gelungen ist, ein mit diesem identisches Produkt herzustellen.

Fliegenpilzmuscarin. Schmiedeberg und Koppe haben zuerst aus Agaricus muscarius eine Substanz von hervorragenden pharmakologischen Eigenschaften dargestellt. Wiewohl das verwendete Ausgangsmaterial nur geringe Mengen des Alkaloides enthielt und verschiedene Begleitstoffe die Reindarstellung erheblich erschwerten, so gelang es doch, dem isolierten Produkt durch Analyse des Platinsalzes mit Wahrscheinlichkeit die Konstitution eines Trimethylaminoacetaldehydhydrates zuzuschreiben. Nach Böhm enthält Boletus luridus nach den Jahrgängen wechselnde, nur sehr kleine Mengen, Amanita pantherina erheblichere Quantitäten einer Base, welche mit dem aus Agaricus muscarius isolierten Muscarin pharmakologisch identisch ist. Auch Amanita phalloides und gewisse Russulaarten scheinen neben anderen Giften einen mehr oder minder großen Muscaringehalt aufweisen zu können (Carter).

Dem Fliegenpilzmuscarin ist häufig eine atropinartige Base beigemengt, welche einen erheblichen Einfluß auf die pharmakologische Wirkung auszuüben vermag. Nach Schmiedeberg läßt sich diese Beimengung dadurch entfernen, daß man mit Natronlauge alkalisch macht und ausäthert. Unter diesen Bedingungen geht nur die Atropinbase in den Äther. Dieses atropinartige Alkaloid kommt jedoch nicht regelmäßig im Fliegenpilz vor. Harmsen konnte aus einem alkalinisierten Fliegenpilzextrakt mit Äther keine Base extrahieren, welche atropinartige Wirkungen auf das Froschherz auszuüben vermag und vermutet, daß deren Vorkommen an Standort und Entwicklungsstadium des Pilzes gebunden ist.

Harmsen hat auch eingehende Studien über den Muscaringehalt der Fliegenpilze ausgeführt. Nachdem er ermittelt hatte, daß eine Dosis von 0,05 mg Muscarin bei subkutaner Applikation das in situ freigelegte Froschherz zum Stillstand bringt, benutzte er diesen Umstand, um Muscarinlösungen auf ihren Gehalt zu prüfen. Er fand dabei zunächst, daß das weiter unten (vgl. S. 92) beschriebene Verfahren von Schmiedeberg und Koppe ganz erhebliche Muscarinverluste bedingt, so, daß man schließlich nur etwa 7% des Gesamtmuscarins isoliert. Vor allem verringert die Fällung mit ammoniakalischem Bleiessig den Muscaringehalt weitgehend. Aber auch die Darstellung der Wismut- und Quecksilberjodiddoppelverbindungen schließt große Verluste in sich. Reinigt man den Extrakt bloß durch Fällung bezw. Extraktion mit Alkohol, so erhält man zwar kein reines Produkt, hingegen werden größere Verluste an Muscarin ausgeschlossen.

Nach den ausgeführten Versuchen enthalten 100 g frische Fliegenpilze 18,8 mg Reinmuscarin, 100 g frische Pilze entsprechen 5,09 g lufttrockener Pilzsubstanz. Die Verteilung des Muscarins in den gefärbten und ungefärbten Pilzteilen ist als eine annähernd gleichmäßige anzusehen.

Berechnet man auf Grund der von Harmsen ausgeführten Muscarinbestimmungen der frischen Fliegenpilze und aus den von ihm ermittelten letalen Muscarindosen diejenige Pilzmenge, welche nötig wäre, um am Menschen eine tödliche Wirkung zu erzielen, so kommt man auf 77 mg, d. h. 3947 g frischer Fliegenpilze. In der Tat können aber schon viel kleinere Pilzmengen eine tödliche Vergiftung am Menschen hervorrufen. Eine genaue Untersuchung dieses differenten Verhaltens von frischen Fliegenpilzen und deren alkoholischen muscarinhaltigen Extrakten ergibt nun, daß im Fliegenpilz außer Muscarin noch ein anderes Gift — das Pilztoxin — enthalten ist. Das Pilztoxin geht nicht in den Alkoholextrakt.

Es besitzt nicht die charakteristischen peripheren Wirkungen des Muscarins, sondern wirkt vielmehr zentral und erzeugt entweder einen narkotischen Zustand oder aber Erregungserscheinungen und auffallende Krampfwirkungen. Atropin, welches die Muscarinwirkung völlig aufhebt, ist auf dieses Krampfgift unwirksam. Wenn man die frischen Pilze mit Alkohol erschöpft, so findet sich das Pilztoxin im Rückstand und läßt sich diesem durch Wasser entziehen. Das Pilztoxin ist sehr unbeständig und verliert seine Wirksamkeit sowohl beim Trocknen, wie auch beim Erwärmen der Pilze. Auch Abel und Ford haben aus Amanita Phalloides ein glucosidartiges in Alkohol unlösliches hämolytisch wirkendes Toxin zu isolieren vermocht, welches sich neben einem alkohollöslichen akutwirksamen Gift vorfindet. Dieses Toxin verhielt sich ähnlich den Bakterientoxinen, wirkte erst nach einer Inkubationszeit und erzeugte Immunität. Für die Anwesenheit solcher komplizierterer und deletär wirkender Toxine neben den einfachen muscarinartigen und akut wirkenden Giften spricht auch der ganze Verlauf der Pilzvergiftung.

Die Isolierung des Fliegenpilzmuscarins nach Schmiedeberg beruht auf der Darstellung einer schwer löslichen Quecksilberjodkaliumverbindung aus einem mit ammoniakalischer Bleilösung vorgereinigten alkoholischen Extrakt der Fliegenpilze. Die Metallsalzverbindungen werden mit Schwefelwasserstoff zerlegt und mit AgCl in die Chloride übergeführt. Schon Schmiedeberg und Koppe geben an, daß es Schwierigkeiten bereitet, in dem schließlich erhaltenen Produkt Cholin und Muscarin voneinander zu trennen. Das von Schmiedeberg und Harnack angewendete Verfahren — Aufsaugen des Muscarins mit Filtrierpapier — darf kaum als eine scharfe Trennung bezeichnet werden. Ein reines Produkt resultiert nach Nothnagel, wenn man die Platinverbindung wiederholt aus Wasser umkrystallisiert, ein Verfahren, das aber als sehr verlustreich bezeichnet wird.

Das Platindoppelsalz $[Cl \cdot N(CH_3)_3 \cdot CH_2 \cdot CH(OH)_2]_2 PtCl_4 + 2 H_2O$ krystallisiert in Oktaedern. Seine Krystallform ist ähnlich der des Cholinmuscarins (vgl. S. 97). Es erleidet bei 100° keinen Gewichtsverlust. Der Schmelzpunkt ist unscharf.

Honda erstrebte durch eine Verbesserung des ursprünglichen Schmiedebergschen Verfahrens eine Abtrennung zweier dem Muscarin beigemengter alkaloidartiger Körper der Myketosine, sowie eine schärfere Trennung des Cholins vom Muscarin. Er erzielte dies einerseits dadurch, daß er die Myketosine in den durch alkalische Bleilösung vorgereinigten Extrakten mit Phosphorwolframsäure in stark schwefelsaurer Lösung ausfällte, wobei der größte Teil des Muscarins in der wäßrigen Lösung verblieb. Aus dieser wurde das Cholin und das Muscarin über die Quecksilberjodiddoppelsalzverbindung isoliert. Eine Trennung des Cholins und Muscarins erfolgte auf Grund der verschiedenen Löslichkeit der sauren weinsauren Salze in absolutem Alkohol.

Das gereinigte Muscarin bildet einen gelblichen bis farblosen Sirup, der über Schwefelsäure zu dünnen Blättchen krystallisiert, an der Luft aber bald wieder zerfließt. Er ist geschmack- und geruchlos, reagiert stark alkalisch und ist in Wasser und in Alkohol löslich, unlöslich in Äther, sehr wenig löslich in Chloroform. Das Muscarin fällt aus seinen wäßrigen Lösungen mit den meisten Alkaloidreagenzien.

Das Fliegenpilzmuscarin wirkt in typischer Weise als ein **autonomförderndes Nervengift.** Als solches beeinflußt es vor allem die nervösen Elemente des Vagus am Herzen. Wie namentlich aus den eingehenden Studien von Cushny hervorgeht, kommt die Muscarinwirkung kleiner Dosen völlig einer Vagusreizung gleich. Die Wirkung zeigt sich namentlich in einer Herabsetzung des Tonus und in einer Frequenzverminderung, je nachdem die in den Kammern oder in den Vorhöfen bezw. im Sinus eingelagerten Vagusendigungen gereizt werden. Der diastolische Herzstillstand zeigt sich demnach als Endeffekt der Muscarinwirkung namentlich nach Eingabe von größeren Dosen. Am isolierten Froschherzen genügen nach Honda 0,0007 mg Muscarin um diastolischen Herzstillstand hervorzurufen, während vom künstlichen Muscarin 0,0013 mg hierzu erforderlich sind. Auch nach subkutaner Applikation besteht eine erhebliche Verschiedenheit in der Wirksamkeit. Vom Fliegenpilzmuscarin sind nach Harmsen 0,05 mg nötig, um das in situ bloß gelegte Herz zum Stillstand zu bringen. Bei Sommerfröschen ist infolge ihres gesteigerten Stoffwechsels das Verhältnis zwischen Resorption und Ausscheidung des Muscarins für den Eintritt der Hemmungswirkung ungünstiger als bei Winterfröschen. Will man die Herzwirkung zur quantitativen Giftbestimmung benutzen, so ist es daher nötig, Winterfrösche zu verwenden. An der Katze kommt es nach subkutaner Verabreichung von $\frac{1}{2}$—1 mg Muscarinum sulfuricum trotz Auftreten hochgradiger Vergiftungserscheinung noch zur Erholung. Nach 3—4 mg Muscarinum sulfuricum tritt der Tod in 2—3 bezw. 8—12 Stunden ein. Ermittelt man den Gehalt von Rohmuscarinlösungen einerseits auf Grund der Giftigkeit am Froschherzen (letale Dosis 0,05 mg), andererseits auf Grund der Giftigkeit an der Katze (letale Dosis 2—3 mg pro Kilogramm), so zeigen sich die Giftlösungen an der Katze doppelt so stark wie am Frosch, was auf die Gegenwart gewisser im Rohmuscarin enthaltener Stoffe beruht, welche am Froschherzen, nicht aber am Katzenherzen eine dem Muscarin antagonistische Wirkung entfalten.

Das durch Muscarin still gestellte Herz wird durch das autonomhemmende Atropin wieder zur Tätigkeit angeregt. Auch kleinere Atropindosen sind imstande die Muscarinwirkung völlig auszuschalten. An dem durch Muscarin gelähmten Herzen wirken Substanzen, welche unmittelbar an den motorischen Elementen angreifen — Veratrin, Physostigmin, Pikrotoxin — fördernd ein und können die Herztätigkeit wieder in Gang setzen, allerdings bleibt dabei der diastolische Charakter der Herztätigkeit bestehen. Die Vaguswirkung des Muscarins zeigt sich am Herzen des Kaltblüters wie am Säugetierherzen. Bei den Warmblütern kompliziert sich aber das Vergiftungsbild durch sekundäre Kreislaufstörungen. Bei der Katze sind besonders Kau- und Leckbewegungen nach der ersten Injektion charakteristisch. Sodann treten Darmerscheinungen auf, ferner maximale Myosis, während des ganzen Versuches andauernd. Die Pulsfrequenz wird minimal, die Atmung heftig und dyspnoisch. Die Tiere werden hinfällig, die Respiration immer schwächer, schließlich erfolgt Tod unter Atemstillstand, während das Herz noch weiter schlägt.

Auch am Menschen sind Versuche mit Muscarin ausgeführt worden. Schmiedeberg und Koppe beobachteten in Selbstversuchen nach subkutaner Injektion Speichelfluß, Blutandrang zum Kopfe, Steigerung der Pulsfrequenz, Schwindelgefühl, Kneifen und Kollern im Leibe, Schweißsekretion und besonders höchst lästige Sehstörungen, welch letztere aber innerhalb 10 Minuten zurückgingen. Die Pupillenverengerung war auch nach subkutaner Injektion von 5 mg nur unbedeutend, bei kleineren Gaben fehlten sie ganz.

Wie schon oben angegeben, werden auch andere autonome Nervenendigungen durch Muscarin gereizt. So bewirkt das Muscarin durch Reizung der Endigungen des Okulomotorius eine Verengerung der Pupille; die Sekretion der Speicheldrüsen und des Pankreas, sowie die Darmtätigkeit werden in analoger Weise wie durch Pilocarpin stark angeregt. An den Hautdrüsen des Salamanders und am Tintenorgan des Tintenfisches sieht man nach Muscarinapplikation profuse Sekretion eintreten, welche durch Atropin sofort sistiert wird (Kobert).

Straub reiht das Muscarin in die Gruppe der Potentialgifte. Diese wirken nicht infolge ihrer Anwesenheit im Erfolgsorgan, in dem das Gift dort verankert wird, sondern infolge eines Konzentrationsunterschiedes, der in- und außerhalb des Erfolgsorgans besteht. Hat sich nach einiger Zeit ein Gleichgewicht der Konzentrationen hergestellt, so erlischt die Muscarinwirkung, sie wird aber durch eine neue Muscarindose wieder angeregt, indem hierdurch ein neues Potentialgefälle erzeugt wird.

Das natürliche Muscarin besitzt im Gegensatz zu dem aus Cholin synthetisch dargestellten keine Curarewirkung. Nach Ausschaltung der Hemmungsvorrichtungen im Herzen (Atropin) verursachen 0,090 mg salzsaures synthetisches Muscarin vollständige curarinartige Lähmung der motorischen Nervenendigungen von 50 g Rana esculenta, während bei Injektion von 9,35 mg natürlichem Muscarin noch keine Lähmung nachweisbar war (Honda). Ein ähnliches Verhalten hatte bereits H. Meyer (vgl. Nothnagel) festgestellt.

Pseudomuscarin. Berlinerblau und E. Fischer suchten durch eine eindeutige Synthese des Trimethylaminoacetaldehyds die strittige Frage über die Konstitution des natürlichen Muscarins und Cholinmuscarins zu klären. Beide Autoren gelangten auf verschiedenem Wege zu demselben Produkt, das demgemäß zweifellos als Betainaldehyd angesprochen werden muß. Dieser erwies sich jedoch weder mit dem natürlichen Muscarin noch mit dem Cholinmuscarin identisch, indem sich sowohl in chemischer wie namentlich aber in pharmakologischer Hinsicht weitgehende Unterschiede ergaben.

Das Chlorhydrat des Trimethylaminoacetaldehyds ist in Wasser und Alkohol leicht, in Essigäther und Aceton schwer löslich und in Äther sehr wenig löslich. Das Platinsalz $[Cl \cdot N(CH_3)_3 \cdot CH_2 \cdot CHO]_2 PtCl_4$ morgenrote Krystalle, Würfel oder Oktaeder, monoklin. Entgegen Nothnagel und Berlinerblau enthält es nach E. Fischer 2 Moleküle Krystallwasser, welche aber erst über 100° entweichen. Das Goldsalz $Cl \cdot N(CH_3)_3 \cdot CH_2 \cdot CHO \cdot AuCl_3$ schmilzt unscharf, krystallisiert in kompakten Nadeln ohne Krystallwasser.

Die dem Pseudomuscarin zugrunde liegende nichtmethylierte Base, der Aminoacetaldehyd $H_2N \cdot CH_2 \cdot CHO$, entsteht bei der Oxydation von Aminoäthylalkohol mit Wasserstoffsuperoxyd in alkoholischer Lösung bei Gegenwart von Ferrosulfat (Suto). Isoserin $H_2N \cdot CH_2 \cdot CH(OH)COOH$ und Diaminopropionsäure $H_2N \cdot CH_2 \cdot CH(NH_2) \cdot COOH$ liefern unter diesen Oxydationsbedingungen ebenfalls Aminoacetaldehyd. Daß dieser Körper vielleicht ein Zwischenprodukt bei der Synthese des Cholins im Pflanzenkörper darstellt, hatte Trier für wahrscheinlich gehalten, ehe er die früher (vgl. S. 62) entwickelten Anschauungen annahm. Der aus dem Glykolaldehyd sich bildende Aminoacetaldehyd würde nach dieser Auffassung das Zwischenprodukt für Glykokoll und Aminoäthylalkohol darstellen, die aus ihm vermittels der Canizzaroschen Umlagerung hervorgehen können.

Biologisches Interesse besitzt der Aminoacetaldehyd auch infolge seiner Entstehung bei der Reduktion des Glykokollesters (E. Fischer, Neuberg), mit Natrium und Alkohol. Daß der Aminoacetaldehyd, sowie die Aldehyde anderer Aminosäuren evtl. für die Polypeptidsynthesen in Betracht kommen, hat neuerdings Pauly betont.

Er hält es nämlich für möglich, daß sich derselbe nach Art der Schiffschen Basen mit Glykokoll unter Bildung von $H_2N \cdot CH_2 \cdot CH = N \cdot CH_2 \cdot COOH$ kuppelt, und daß dieses Additionsprodukt bei nachfolgender Oxydation $H_2N \cdot CH_2 \cdot C(OH) = N \cdot CH_2 \cdot COOH$ bezw. das tautomere Glycylglycin $H_2N \cdot CH_2 \cdot CO \cdot NH \cdot CH \cdot COOH$ liefert. Eine Berechtigung für diese Annahme liegt in der Tatsache, daß Benzaldehyd mit Glykokoll bei Zimmertemperatur in alkalischer Lösung bei nachfolgender Oxydation mit $KMnO_4$ Hippursäure zu bilden vermag, ein Vorgang, dem eine ganz analoge Reaktionsfolge wie die oben beschriebene zugrunde liegt.

Ferner bildet der Aminoacetaldehyd einen Übergang zu der als Pyrazine bezeichneten Klasse heterocyclischer Verbindungen. Diese Umwandlung illustriert sich durch folgende Gleichung:

$$
\begin{array}{c}
NH_2 \\
| \\
CH_2 \\
| \\
CHO
\end{array}
+
\begin{array}{c}
CHO \\
| \\
CH_2 \\
| \\
NH_2
\end{array}
+ O = 3\,H_2O +
\begin{array}{c}
N \\
\diagup \diagdown \\
HC \quad CH \\
| \qquad | \\
HC \quad CH \\
\diagdown \diagup \\
N
\end{array}
$$

Der Übergang vollzieht sich, wenn man größere Mengen von Aminoacetaldehyd einem Kaninchen oral verabreicht (Kikkoji und Neuberg). Wiewohl nur ein kleiner Teil des verfütterten Aminoacetaldehyds sich in dieser Form isolieren läßt, so besitzt diese Bildung von Pyrazin doch Interesse, weil sich auf diesem Vorgang vielleicht das Vorkommen von 2·3-Dimethylpyrazin in den Produkten der Hefegärung zurückführen läßt. Dieses Produkt, welches das Fuselöl in wechselnden Mengen begleitet, bildet sich offenbar in analoger Weise aus dem α-Aminopropionaldehyd $CH_3 \cdot CH(NH_2) \cdot CHO$.

Greenwald hat auf den Aminoacetaldehyd, als auf ein mutmaßliches Zwischenprodukt bei der Zuckerbildung hingewiesen. Die von ihm vermuteten Beziehungen sind folgende: Glykokoll → Aminoacetaldehyd → Glykolaldehyd → Zucker. In der Tat ließ sich an phlorhizindiabetischen Hunden nach Verfütterung von Aminoacetaldehyd die Bildung von Extrazucker feststellen, während weder unveränderter Aminoaldehyd noch Pyrazin im Harn nachweisbar war.

Aminoacetal $H_2N \cdot CH_2 \cdot CH(OC_2H_5)_2$ hat curareartige Wirkung und tötet Warmblüter durch zentrale Respirationslähmung. Bei subkutaner Applikation beträgt die letale Dosis für Frösche 0,12 und 0,08 g, für 20 g schwere Mäuse 0,05—0,06 g (Mallèvre). Im Organismus wird es offenbar nur unvollständig gespalten, da ein Teil im Harn unverändert zur Ausscheidung gelangt.

Cholinäther und -ester. Schon Nothnagel hatte nachgewiesen, daß das durch Abdampfen von Cholin mit Salpetersäure erhaltene künstliche Muscarin oder Cholinmuscarin (Schmiedeberg und Harnack) den Salpetrigsäureester des Cholins $(NO)O \cdot CH_2 \cdot CH_2 \cdot (CH_3)_3N(OH)$ beigemengt enthält. Nachdem die chemischen und pharmakologischen Untersuchungen den Beweis erbracht hatten, daß das Cholinmuscarin weder mit dem Fliegenpilzmuscarin, noch mit dem Betainaldehyd (Pseudomuscarin) identisch ist, gelang es Ewins festzustellen, daß die pharmakologische Wirksamkeit des Cholinmuscarins nur auf der Anwesenheit von Nitrosocholinester beruht und daß somit die über künstliches Muscarin gemachten Angaben auf diesen zu beziehen sind. Der Beweis hierfür wurde sowohl chemisch durch Vergleich der Platin- und Goldsalze als auch auf pharmakologischem Wege erbracht.

Das Platinsalz des künstlichen Muscarins

$$\left[\begin{array}{l} N(CH_3)_3 \cdot CH_2 \cdot CH {<}^{OH}_{OH} \\ | \\ Cl \end{array} \right]_2 PtCl_4 + 2\,H_2O$$

bildet kleine stecknadelkopfgroße Oktaeder, aus heißem Wasser. Nach Schmiedeberg und Harnack finden sich daneben noch federbartartige Krystalle. Schmelzpunkt unscharf bei 240⁰ unter Zersetzung. Das Goldsalz $Cl \cdot N(CH_3)_3 \cdot CH_2 \cdot CH {<}^{OH}_{OH} AuCl_3$. Hellgelbe, glänzende Blättchen. Beginnt bei 174⁰ zu sintern und zersetzt sich bei ungefähr 232—240⁰. Enthält kein Krystallwasser.

Das Platinsalz des Nitrosocholins

$$\left[\begin{array}{l} N(CH_3)_3 \cdot CH_2 \cdot CH_2O \cdot NO \\ | \\ Cl \end{array} \right]_2 PtCl_4$$

bildet federbartartige Krystalle aus Wasser. Schmelzpunkt 250—251⁰ unter
Zersetzung. Das Goldsalz $N(CH_3)_3C_2H_4O \cdot NOAuCl_3$. Kleine hellgelbe

|
Cl

Nadeln. Schmelzpunkt 240⁰. Nach Schmidt bildet das Goldsalz blätt-
rige, zum Teil auch federbartartige Krystalle vom Schmelzpunkt 234⁰.
Die Verbindung gibt mit Phenol und Schwefelsäure die bekannte Liebermannsche Nitrosoreaktion.

Das Studium der Cholinester und -äther steht demgemäß im
engen Zusammenhang mit dem des Muscarins. Da durch Besetzung
des alkoholischen Hydroxyls am Cholin mit einem Alkyl- oder
Acylrest pharmakologisch sehr aktive Produkte entstehen, so ist
es an sich schon von großem Interesse, diese Derivate eines so
allgemein verbreiteten Naturproduktes eingehend zu erforschen.
Zwar ist es noch nicht gelungen, unter der großen Zahl der bis
jetzt untersuchten Verbindungen dieser Gruppe eine Substanz zu
finden, die mit dem Fliegenpilzmuscarin identisch ist. Hingegen
hat Ewins aus dem Mutterkorn Acetylcholin zu isolieren vermocht
und damit den Beweis geliefert, daß acylierte Choline tatsächlich
in der Natur vorkommen (vgl. auch Dale).

Substanzen vom Typus der Acetylcholine sind auch jene von
Delezenne und Fourneau als Lysocithine bezeichneten Abbau-
produkte des Lecithins (vgl. S. 61), welche bei der Einwirkung
des Cobragiftes auf Lecithin entstehen und stark hämolytische
Eigenschaften besitzen, Eigenschaften, die auch an den höheren
synthetisch hergestellten Fettsäureestern des Cholins (Stearyl,
Palmitylcholin) nachgewiesen werden konnten (Fourneau und
Le Page).

Auch das Cholinmuscarin besitzt wie das natürliche Muscarin
die charakteristische Herzwirkung, die einer Vagusreizung gleich
kommt. Quantitativ bestehen jedoch in dieser Hinsicht Unterschiede. Nach Honda sind 0,0013 mg vom synthetischen Muscarin, 0,0007 mg vom natürlichen Muscarin nötig, um das Froschherz
(Rana temporaria und esculenta) zum Stillstand zu bringen. Die
Wirksamkeit ist zu verschiedenen Jahreszeiten verschieden. Auch
bei subkutaner Injektion differierte die Wirksamkeit beider Produkte. Andererseits zeigt das künstliche Muscarin in viel ausge-
sprochenerem Maße als das natürliche Muscarin eine Curarewirkung
(vgl. S. 95).

1—2 Tropfen einer 1%igen Lösung des Cholinmuscarins bewirken an der Vogelpupille maximale Myose, während das natürliche

Muscarin auch in ganz konzentrierter Lösung ohne Einfluß ist. Das isolierte Nervenmuskelpräparat wird durch Cholinmuscarin in einer Konzentration von 0,0025 % vollständig gelähmt. Das Cholinmuscarin verhält sich im ganzen genommen wie ein in seiner Aktivität wesentlich gesteigertes Cholin.

Führner hat eine physiologische Methode ausgearbeitet, nach welcher es gelingt, die Konzentration von Cholinmuscarinlösungen annähernd zu bestimmen. Sie beruht auf der Herzwirkung des Muscarins bezw. auf der Ermittlung der herzvaguserregenden Dosis der zu bestimmenden Muscarinlösung. Die Reversibilität der Muscarinwirkung gestattet es, an demselben Herzen (Krötenherz) die vaguserregende Dosis verschiedener Lösungen zu ermitteln, nachdem durch Auswaschen das Herz wieder in Aktion versetzt worden war.

Der Nitrosocholinester besitzt alle physiologischen Eigenschaften des Cholinmuscarins, mit Ausnahme der Wirkung auf die Säugetierpupille. Andererseits zeigt er eine starke nicotin-curareartige Wirkung, welche nicht von Atropin aufgehoben wird. Salpetersäurecholinester $(OH) \cdot N \cdot (CH_3)_3 \cdot CH_2CH_2O \cdot NO_2$ hat ebenfalls alle Wirkungen des natürlichen Muscarins am Säugetier, die starke myotische Wirkung eingeschlossen. Die Beeinflussung des Froschherzens ist qualitativ gleich wie die des Salpetrigsäureesters, ist jedoch schwächer als die des Muscarins; durch Zugabe von Acetylcholin wird diese Differenz aber völlig aufgehoben. Eine solche kombinierte Wirkung von Acetylcholin und Salpetersäureester kann von der eines Fliegenpilzextraktes nicht unterschieden werden. Sie besitzt dagegen immer noch die Nicotincurarewirkung, welche jener Extrakt nicht zeigt (Dale und Ewins).

Acetylcholin $HO \cdot N \cdot (CH_3)_3 \cdot CH_2 \cdot CH_2O \cdot (OC \cdot CH_3)$ wirkt nach Dale und Ewins in kleinen Dosen (0,0001—0,001 mg) vasodilatorisch. Die Gefäße des durchströmten Kaninchenohrs werden gleichfalls erweitert. Die Dilatation beruht lediglich auf einer peripheren Gefäßwirkung, unabhängig von irgend einem Zusammenhang mit den Nerven (Dale und Richards). In etwas größeren Dosen (0,01—1 mg) bewirkt es ausgesprochene vagusartige Hemmungen des Herzens und verschiedene andere Erscheinungen an den stimulierenden Kranial- und Sakralnerven, speziell des parasympathischen Systems (Reizung der Speicheldrüsen, Kontraktion des Ösophagus, Magens, Darms und der Blase).

Diese Erscheinungen sind sehr intensiv, aber bald vorübergehend und treten nach wiederholter Injektion prompt wieder auf. Am isolierten Froschherzen wirkt der Körper hemmend noch in einer Verdünnung von 1:1000 Millionen. Subkutane Injektion größerer Dosen (20 mg) brachten bei der Katze prompt das Bild der intensiven kranialsakralen parasympathischen Reizung hervor (Salivation, Tränenfluß, schwache Herztätigkeit, Defäkation und Erektion). Ebenso wurde auch etwas Schweißabsonderung beobachtet. Atropin wirkt zwar in kleinen Dosen antagonistisch, aber nicht so stark als gegenüber Muscarin.

Nach Fühner ist Acetylcholin am isolierten Meerschweinchenuterus etwa 20 mal so wirksam wie Hypophysin und Pilocarpin (Minimaldosis $^1/_{200}$ mg auf 100 ccm Ringer). $^1/_{100}$ mg Atropin genügt, um die Wirkung von $^1/_{200}$ mg Acetylcholinchlorhydrat und mehr vollständig zu unterdrücken. Am überlebenden Meerschweinchendarm wirkt das Acetylcholinchlorhydrat in einer Konzentration von 1:1000 Millionen kontraktionserregend (Guggenheim und Löffler). Die periphererregende Wirkung erfährt durch Physostigmin eine weitgehende Potenzierung (Fühner),

Mit der Spaltung durch Alkalien, welche bereits in verdünnten Lösungen erfolgt, geht eine weitgehende Inaktivierung der Cholinester parallel, indem bloß die schwache Wirkung des Cholins übrig bleibt.

In den Cholinäthern ist das alkoholische Hydroxyl des Trimethylaminoäthanols mit einem weiteren Alkohol ätherartig verkettet, so daß Verbindungen entstehen, vom Typus $N(CH_3)_3 \cdot CH_2 \cdot CH_2 \cdot O \cdot R$,

$$\overset{|}{O}H$$

wobei R irgend ein substituiertes oder nicht substituiertes Alkyl darstellt. Nach Ewins besitzt von allen untersuchten Cholinestern und -äthern der Cholinäthyläther $HO \cdot N \cdot (CH_3)_3CH_2 \cdot CH_2 \cdot O \cdot C_2H_5$ die am meisten an Muscarin erinnernde Wirkung, doch ist auch bei dieser Verbindung die Curarewirkung ausgesprochener als beim natürlichen Muscarin. Auch nach Schmidt ist die Wirkung analog der des Muscarins, doch fehlt die Beeinflussung der Vogeliris. Die Formocholinäther wirken schwächer als die Cholinäther. Unter ihnen besitzt der Formocholinpropyläther $HO \cdot N(CH_3)_3CH_2 \cdot O \cdot C_3H_7$, welcher dem Cholinäthyläther isomer ist, die weitgehendste Ähnlichkeit mit dem Muscarin.

Das Sphingosin.

Wie schon S. 54 erwähnt wurde, ist der stickstoffhaltige
Bestandteil der phosphorfreien Gehirnlipoide, das Sphingosin
$C_{17}H_{35}NO_2$ als höheres Alkanolamin erkannt worden. Das Sphingosin
enthält außer einer Aminogruppe zwei alkoholische Hydroxyle und
eine Doppelbindung (Levene und Jacobs). Im Cerebron ist die
primäre Aminogruppe des Sphingosins mit einer höheren Oxyfett-
säure, der Cerebronsäure $C_{25}H_{50}O_3 = CH_3(CH_2)_{22}CHOH \cdot CO_2H$ amidartig verkettet. Vermittels der alkoholischen Hydroxyle ist das
Sphingosin im Cerebron ferner noch an Galaktose gebunden, und
zwar haftet das eine der Hydroxyle wahrscheinlich an der Aldehydgruppe des Zuckers. Bei der Hydrolyse des Cerebrons vollzieht
sich folgende Spaltung

$$C_{48}H_{93}NO_9 + 2\,H_2O = C_{25}H_{50}O_3 + C_{17}H_{35}NO_2 + C_6H_{12}O_6$$

Cerebron   Cerebron-   Sphingosin Galaktose
                                              säure

Im Kerasin sind die Bindungsverhältnisse des Sphingosins
analog, nur ist in diesem Cerebrosid die Cerebronsäure durch die
Kerasinsäure $C_{24}H_{48}O_2$ ersetzt. Das Phrenosin steht dem Cerebron ebenfalls sehr nahe und liefert bei der Hydrolyse dieselben
Spaltprodukte. Thierfelder hat unter den Cerebrosiden auch
eine zuckerfreie Verbindung des Sphingosins isolieren können.
Diese ist wahrscheinlich identisch mit einem früher von Thudichum als Ästhesin bezeichneten Produkt.

Die Cerebroside sind gegen Baryt sehr wenig empfindlich, durch Säure
jedoch werden sie in ihre Bestandteile zerlegt. Erfolgt die Hydrolyse durch
alkoholische Schwefelsäure, so werden nicht Sphingosin, sondern dessen
Äther, Sphingosinäthyl- oder -Methyläther gebildet (Riesser und Thierfelder).

Das Sphingosin entsteht aus Cerebron durch Verseifung mit
Schwefelsäure unter Druck oder auf dem Sandbade am Rückfluß.
Es krystallisiert aus Äther in langen Nadeln (Thomas und Thier-
felder). In Wasser ist es unlöslich, in Alkohol leicht löslich. Die
Salze lösen sich in Alkohol; in Äther und Wasser sind sie unlöslich.

Der Stickstoff des Sphingosins wird durch salpetrige Säure
abgespalten und läßt sich nach van Slyke bestimmen (Levene
und Jacobs). Die Oxygruppen sowie auch die Aminogruppen des
Sphingosins sind in üblicher Weise acetylierbar; es bilden sich dabei
Di- und Triacetylsphingosin. Die Doppelbindung des Sphingosins
läßt sich durch Palladium und Wasserstoff reduzieren, es entsteht

Dihydrosphingosin, welches mit Jodwasserstoffsäure in ein sauerstoffreies Derivat, das Sphingamin, übergeht.

Das Glucosamin.

Das Glucosamin wurde von seinem Entdecker (Ledderhose) als der hauptsächlichste Bestandteil des aus Hummerschalen dargestellten Chitins erkannt. Wie die Arthropodenpanzer bestehen die Stützsubstanzen der Mollusken und die Integumente der Schmetterlingspuppen und die organische Substanz der Sepiaschulpen aus einer chitinartigen, hauptsächlich aus Glucosaminmolekülen aufgebauten Verbindung (v. Fürth, Russo). Auch das Mykosin der Pilze (Winterstein, Gilson, Reuter, Roos) ist als Polymerisationsprodukt des Glucosamins in die Klasse der Chitine einzureihen. Außer Glucosamin wurde bei der Spaltung des Chitins nur noch Essigsäure nachgewiesen.

Der Abbau des Chitins geht nach Araki unter Abspaltung von Essigsäure über ein polymeres Derivat des Glykosamins, das Chitosan, und dieses liefert schließlich unter Abspaltung von Essigsäure Glucosamin.

Die Art der Verkettung der einzelnen Glucosaminmoleküle und Essigsäurereste ist auch jetzt noch nicht aufgeklärt. Doch haben neuerdings die Arbeiten von Kotake und Sera hierfür wichtige Anhaltspunkte gebracht. Diese Forscher fanden in einer Lycoperdonart eine Substanz von der Zusammensetzung $C_{13}H_{24}N_2O_9$, die sie Lycoperdin nannten und der sie folgende Konstitution zuschrieben:

$$
\begin{array}{ll}
\mathrm{CH_2OH} & \\
| & \\
\mathrm{CHOH} & \mathrm{CH_2OH} \\
| & | \\
\mathrm{CH}\!-\!\!-\!\!-\!\!\rceil & \mathrm{CHOH} \\
| & | \\
\mathrm{CHOH} \quad\;\; \mathrm{O} & \mathrm{CH}\!-\!\!-\!\!-\!\!\rceil \\
| & | \\
\mathrm{CHNH_2} & \mathrm{CHOH} \quad\;\; \mathrm{O} \\
| & | \\
\mathrm{C}\!-\!\!-\!\!-\!\!-\!\!-\!\!-\!\!-\!\!-\!\!-\!\!-\!\!-\!\!\mathrm{CNH_2} \\
\mathrm{H} & | \\
& \mathrm{CH}\!\!\rceil \\
& | \\
& \mathrm{HCO}
\end{array}
$$

Da auch aus dem Chitin durch Säurehydrolyse eine dem Lycoperdin ähnliche biuretreaktiongebende Substanz erhalten werden konnte, wird für Chitin folgende Formel vorgeschlagen:

$$
\begin{array}{llll}
CH_2OH & & & \\
CHOH & CH_2OH & & \\
CH\!-\!-\!-\!-\!\rceil & CHOH & CH_2OH & \\
CHOH \quad\; \rceil O & CH\!-\!-\!-\!-\!\rceil & CHOH & CH_2OH \\
CHNHCOCH_3 \mid & CHOH \quad\; \rceil O & CH\!-\!-\!-\!-\!\rceil & CHOH \\
C\!=\!\!=\!\!=\!\!= & C\cdot NHCOCH_3 \mid & CHOH \quad\; \rceil O & CHOH \\
H & C\!=\!\!=\!\!=\!\!= & C\!-\!NHCOCH_3 \mid & CHOH \quad\; \rceil O \\
 & H & C\!=\!\!=\!\!=\!\!= & C\!-\!NHCOCH_3 \\
 & & H & CHO
\end{array}
$$

Diese Formel stimmt völlig mit der von Brach ermittelten kleinsten
Formel für Chitin überein und erklärt auch das Auftreten von
Acetylglucosamin, ein am Stickstoff acetyliertes Glucosamin, sowie
von Acetyldiglucosamin, ein aus 2 Molekülen Glucosamin und
1 Molekül Essigsäure bestehendes Produkt, bei der Hydrolyse von
Chitin in kalter 70%iger Schwefelsäure (Fränkel und Kelly).

Kompliziertere und weniger definierte Glucosaminderivate
sind die Mucine (vgl. Cohnheim, Chemie der Eiweißkörper, II. Auflage 1904, S. 267—273). Diese durch ihre schleimige Beschaffenheit
ausgezeichneten Eiweißkörper enthalten in fester Bindung ein redu-
zierendes Kohlenhydrat, das in verschiedenen Fällen als Glucosamin
erkannt werden konnte. Es findet sich im Speichelmucin, im Mucin
der Weinbergschnecke, in den schleimigen Absonderungen der
Respirationswege, in dem Mucin der Ovarialcysten und auch in
den, Mucoide genannten viskösen Eiweißkörpern nicht epithelialer
Gewebe, dem Ovomucoid des Glaskörpers, des Serums, des Harns,
der Sehnen usw. (vgl. Cohnheim).

Der in diesen, als Glucoproteide bezeichneten Eiweißkörpern
auftretende stickstoffhaltige Zucker ist nicht immer identisch mit
dem Glucosamin, sondern stellt oft ein Isomeres bezw. ein Stereo-
isomeres desselben dar. Die Mannigfaltigkeit, die sich in den
Isomerien der Hexosen zeigt, wiederholt sich hier bei ihren stickstoffhaltigen Derivaten. Berücksichtigt man die, auf Enantio-
morphie beruhenden Isomerien nicht, so sind 8 isomere Hexosamine
denkbar. Es ist schwierig, mit Sicherheit festzustellen, welche
Konfiguration man den einen oder den anderen der aus den Mucinen
und Mucoiden isolierten Hexosaminen zuschreiben muß. Ist es doch

selbst für das Glucosamin noch nicht entschieden, ob es von der Mannose oder der Glucose abzuleiten ist. Daß das Mucin der Froscheier Galaktosamin enthält, ist von Schulze und Ditthorn festgestellt worden.

Genauer erforscht ist das Mucoid des Knorpels, das Chondroitin. Das in ihm enthaltene Hexosamin, das Chondrosamin, ist durch die Arbeiten von Levene dem Lyxohexosamin nahegerückt worden, wiewohl eine völlige Identität mit diesem Hexosamin nicht zu bestehen scheint.

Die enge chemische Verwandtschaft der Hexosamine mit den Hexosen läßt wohl mit Recht an genetische Beziehungen dieser beiden Körperklassen denken, sei es, daß eine Aldose (Glucose) $CH_2OH \cdot CHOH \cdot CHOH \cdot CHOH \cdot CHOH \cdot CHO$ das zur Aldehydgruppe α-ständige Hydroxyl, sei es, daß eine Ketose (Fructose) $CH_2OH \cdot CHOH \cdot CHOH \cdot CHOH \cdot CO \cdot CH_2OH$ ihre Ketogruppe in eine Amidogruppe und die dazu α-ständige Carbinolgruppe in eine Aldehydgruppe verwandelt.

Auf chemischem Wege ist die Umwandlung von Zucker in Aminoalkohol verschiedentlich gelungen. Biochemische Umwandlungen von Zucker in Aminozucker und in Aminoalkohole konnten aber bis jetzt nicht direkt nachgewiesen werden. Versuche von Abderhalden und Markwalder mittels Speichelsekret durch das Gewebe der Submaxillaris bei Gegenwart von Kohlenhydraten und Aminosäuren einen solchen Übergang in vitro zu demonstrieren, haben kein eindeutiges Resultat ergeben.

Als Muttersubstanzen für die Aminoalkohole kommen vielleicht auch Polyoxyaminosäuren vom Typus der Glucosaminsäure $CH_2OH \cdot CHOH \cdot CHOH \cdot CHOH \cdot CH \cdot (NH_2)COOH$, und der Diaminotrioxydodecansäure in Betracht, welche durch Decarboxylierung die mehrwertigen Aminoalkohole liefern müssen.

Das Glucosaminchlorhydrat, eine aus Wasser gut krystallisierende Substanz läßt sich aus chitinhaltigem Material (am besten Sepiaschulpen, Krebs- oder Hummerschalen) leicht durch Hydrolyse mit konzentrierter Salzsäure darstellen. Die freie Base wird aus dem Chlorhydrat entweder durch Zugabe der berechneten Menge Natriummethylat oder durch Schütteln mit Dimethylamin in alkoholischer Lösung gewonnen. In letzterem Falle entsteht das in Alkohol lösliche Chlorhydrat des Dimethylamins, während das alkoholunlösliche Glucosamin als krystallinisches Produkt zurückbleibt (Breuer). Die freie Base krystallisiert aus Methylalkohol in farblosen Nädelchen. Schmelzpunkt unscharf zwischen 105—110°. In Wasser sehr leicht löslich. Das Glucosamin ist optisch aktiv. Die Drehung ist jedoch von der Konzentration sehr abhängig und nimmt bei hoher Konzentration zu. Eine frisch bereitete Lösung von Glucosaminchlorhydrat zeigt Mutirotation. Von einem Anfangswert von ca. $+ 100°$ geht $[\alpha]_D$ auf etwa $+ 74°$ zurück (5%ige Lösung).

Zum Nachweis von Glucosamin kann man dieses durch Salpetersäure in Isozuckersäure überführen, deren Cinchoninsalz bei $208°$ schmilzt (Neuberg und Wolf). Ein charakteristisches Derivat des Glucosamins, das sich für Auffindung kleiner Glucosaminmengen ebenfalls sehr geeignet erwies, ist α-Tetraoxybutyl-

$$\gamma\text{-Phenyl-}\mu\text{-hydroxyimidazol} \qquad \begin{array}{c} \mathrm{HOCH_2 \cdot (CHOH)_3 CH - CHOH} \\ | \qquad\qquad\quad | \\ \mathrm{N} \diagdown \quad \diagup \mathrm{N \cdot C_6H_5} \\ \mathrm{C(OH)} \end{array}$$

welches sich aus der Phenylisocyanatverbindung des Glucosamins bei einstündigem Kochen mit 20%iger Essigsäure bildet (Steudel).

Das Lycoperdin (vgl. S. 102) ist außer in Lycoperdon auch als Bestandteil anderer Pilzarten aufgefunden worden (Kotake, Sera). Zu seiner Darstellung wird die Pilzsubstanz mit verdünnter Schwefelsäure gekocht, worauf sich das Lycoperdin mit Phosphorwolframsäure abscheiden läßt, und zwar werden zwei, wahrscheinlich stereoisomere Verbindungen, α- und β-Lycoperdin, erhalten. Bei der Hydrolyse mit konzentrierter Salzsäure entsteht Glucosamin und Ameisensäure.

Die Reaktionen des Lycoperdins weisen der Verbindung eine Mittelstellung zwischen Polypeptiden und Polysacchariden an. Die Bildung von 90% Glucosamin und 14% Ameisensäure deutet darauf hin, daß in einem Molekül 2 Glucosaminkomplexe und noch eine Gruppe, welche 1 Molekül Ameisensäure zu liefern imstande ist, vorhanden sind. Die Biuretreaktion beweist, daß im Lycoperdin zwei $CH \cdot NH_2$-Gruppen auftreten, die direkt oder nur durch ein Kohlenstoffatom miteinander verknüpft sind. Es ist anzunehmen, daß die Aminogruppen nicht substituiert sind, da 1 Molekül H_2SO_4 oder 2 Moleküle HCl beständige Verbindungen geben und die Lycoperdinsalze in wäßriger Lösung mit großer Leichtigkeit mit $NaNO_2$ unter Abspaltung von Stickstoff reagieren. Auf diese Tatsachen gründet sich die S. 102 angegebene Konstitutionsformel.

Die der Glucose analoge Konstitution und Konfiguration des Glucosamins und der Glucose ähnlichen Eigenschaften lassen a priori ein analoges physiologisches Verhalten erwarten. Diese Erwartung hat sich nun durchaus nicht bestätigt. Weder freies Glucosamin noch das salzsaure Salz werden durch Hefe angegriffen. Auch der aus Glucosamin mittels salpetrige Säure darstellbare Zucker ist nicht vergärbar. Im Säugetierorganismus verhält es sich vom Traubenzucker gleichfalls verschieden. Glykogen scheint nicht oder nur zum geringen Teil gebildet zu werden, wenn man Glucosamin per os oder subkutan verabreicht (Cathcart, Fabian). Nach Eingabe von 15 g in den Magen wurden 26 % des salzsauren Glucosamins im Harn wieder ausgeschieden. Kaninchen, welche durch Hungern glykogenarm gemacht waren, zeigten nach Verabreichung von Glucosamin keinen Glykogenansatz. Wird das Glucosamin in acylierter Form verfüttert, also so, daß die NH_2-Gruppe amidartig mit einem Säurerest verkettet ist, so wird es nach den von Forschbach ausgeführten Versuchen am pankreasdiabetischen Hunde ohne intermediäre Bildung von Glucose verbrannt.

Bakterien (Typhus, Paratyphus) vermögen jedoch das Glucosamin als Kohlenhydratquelle zu verwerten, in den meisten Fällen aber nur, wenn die Aminogruppe frei liegt. Bei der Einwirkung eines Bakteriums von der Art des der Subtilisgruppe angehörenden Bac. tenuis bildet d-Glucosamin Propionsäure und Milchsäure, die als Silber- bezw. Zinksalze isoliert werden konnten (Abderhalden und Fodor). Die Fäulnis geschah derart, daß 30 g Glucosaminchlorhydrat mit 2,5 g Pepton Witte, 5,0 g Traubenzucker und Spuren von Natriumphosphat und Magnesiumsulfat gelöst, mit Soda alkalinisiert und nach Impfung mit einer faulenden Pankreasflocke 30 Tage bei 37⁰ belassen wurden. Acetylglucosamin wird nicht angegriffen (Meyer). Offenbar findet zuerst eine Desamidierung statt, worauf der Zerfall in zwei C_3-Ketten, wahrscheinlich ohne intermediäre Bildung von Glucose erfolgt.

Ob die von Pringsheim an der Glucosaminsäure beobachtete Spaltbarkeit in eine 2-gliedrige stickstoffhaltige Kohlenstoffkette (Betain) und eine 4-gliedrige stickstofffreie Tetrose auch für das Glucosamin und seine Beziehungen zum Eiweißstoffwechsel Bedeutung hat, ist nicht erwiesen.

III. Gruppe.

Die Neuringruppe.

Das Neurin $CH_2 = CH \cdot N(CH_3)_3$, welches diese Gruppe kenn-
$\overset{|}{OH}$
zeichnet, ist das einzige in der Natur auftretende acyclische Amin
mit ungesättigter Kohlenstoffkette. Da das Neurin dem Cholin
in genetischer und pharmakologischer Hinsicht verwandt ist,
sind eine Reihe ähnlicher quaternärer Ammoniumbasen mit ungesättigten Alkylradikalen dargestellt und untersucht worden.

Die dem Neurin zugrunde liegende primäre Base ist das
Vinylamin $CH_2 = CH \cdot NH_2$ (Gabriel, Gabriel und Eschenbach). Der von Gabriel unter diesem Namen beschriebene
Körper besitzt aber wahrscheinlich nicht diese Konstitution,
sondern stellt nach seinem chemischen Verhalten ein cyclisches
Imin, das Äthylenimin $CH_2—CH_2$ dar (Howard und Mark-
$$\overset{CH_2—CH_2}{\underset{NH}{\diagdown\diagup}}$$
wald). In gleicher Weise ist die als Propylenamin $CH_2 = CH \cdot$
$CH_2 \cdot NH_2$ angesprochene Base als cyclisches Trimethylenimin zu
formulieren. Ein Alkylenamin und zwar N-Dimethylpropenylamin
$$(CH_3)_2 N \overset{\diagup OH}{\underset{\diagdown H}{\cdot}} CH = CH \cdot CH_3 \text{ ist vielleicht das von Abderhalden}$$
und Schaumann aus hydrolysierter Hefe isolierte Aschamin
$C_5H_{13}NO$. Auch das S. 101 beschriebene Sphingosin besitzt nach
Levene und Jacobs eine Doppelbindung, doch ist es unentschieden, ob die Doppelbindung nicht einem im Sphingosin enthaltenen partiell hydrierten Ringsystem zugehört. Das aus Harn
isolierte Reduktonovain, dem von Kutscher die Formel $(CH_3)_3N \cdot$
$\overset{|}{OH}$
$CH_2 \cdot CH = CH \cdot CO_2H$ zugeschrieben wird, ist in seiner Konstitution
nur mangelhaft erkannt und wird aus anderen Gründen auf S. 234
behandelt.

Ein primäres Amin mit ungesättigter Alkylgruppe ist jedoch
mit Sicherheit das Allylamin $CH_2 = CH \cdot CH_2 \cdot NH_2$, welches vielleicht für die Bildung des im schwarzen Senf, im Meerrettig, in
Allium ursinum enthaltenen Senföls $CH_2 = CH \cdot CH_2 \cdot N : CS$ in
Betracht zu ziehen ist (vgl. S. 20 und 42).

Ungesättigte Triamine entstehen bei der erschöpfenden Benzoylierung von Imidazolderivaten (vgl. S. 120), z. B. das 1, 2, 4-Triaminobuten aus β-Imidazolyläthylamin (Windaus und Vogt).

Neurin. Im Gegensatz zum weitverbreiteten Cholin findet sich das Neurin in der Natur nur sehr selten; Liebreich hat das aus Protagon isolierte Cholin Neurin genannt und damit anfänglich eine Verwirrung in die Literatur hineingebracht, so daß verschiedene ältere Autoren öfters von Neurin berichten, während sie Cholin in Händen hatten. Neurin scheint als Baustein im Pflanzen- und Tierreich sicher nicht vorzukommen. In den wenigen Fällen, in denen der Nachweis von Neurin in tierischen Produkten erbracht ist, verdankt es seine Entstehung wahrscheinlich einer sekundären Umwandlung des Cholins, aus welchem es ja durch Wasserabspaltung leicht hervorgehen kann.

$$HO \cdot CH_2 \cdot \underset{\underset{OH}{|}}{CH} \cdot H \cdot N \cdot (CH_3)_3 \quad \rightarrow \quad CH_2 = CH_2 \cdot \underset{\underset{OH}{|}}{N}(CH_3)_3 + H_2O$$

Diese Wasserabspaltung ist allerdings durch chemische Agenzien bis jetzt nicht erzielt worden. Zum Beispiel haben Versuche von Schmidt mittels konzentrierter Schwefelsäure, Phosphorpentoxyd oder $POCl_3$ eine Dehydratation des Cholins zu erreichen, nicht zu dem gewünschten Ziele geführt.

Gewisse Mikroorganismen vermögen aber diese Dehydratation zustande zu bringen. Hierdurch erklärt sich der gelegentliche Nachweis von Neurin in Gehirnextrakten. Normalerweise scheint jedoch Neurin im Gehirn nicht vorzukommen (Gulewitsch). Schmidt vermochte nach 10—14 tägiger Einwirkung von Heuinfus auf Cholinlösungen die Bildung von Neurin sowohl chemisch, durch den Nachweis des Platinsalzes, wie auch biologisch, durch die charakteristische Froschherzwirkung zu erbringen. Doch bildet sich Neurin aus Cholin nur bei Gegenwart von bestimmten Mikroorganismen. Wenigstens konnte Ruckert nach Einwirkung von Oidium lactis und Vibrio cholerae auf Cholinchlorid kein Neurin in der Nährflüssigkeit nachweisen. Auch Hasebroek fand bei der Fäulnis von Cholin durch Kloakenschlamm kein Neurin (vgl. S. 75). Die Umwandlung von Cholin in Neurin durch Mikroorganismen scheint also nur unter gewissen Bedingungen stattzufinden, oder das Neurin stellt nur ein unbeständiges Zwischenprodukt dar und wird sehr rasch weiter zersetzt.

Um so interessanter ist der Nachweis von Neurin in tierischen Organen oder Körperflüssigkeiten. Hier ist vor allem das Vorkommen von Neurin in den Nebennieren (Lohmann) zu erwähnen, zumal die angegebene Methodik, sowie die Verwendung von frischem Versuchsmaterial eine sekundäre Bildung des Neurins aus Cholin ausschließen. Kutscher und Lohmann fanden das Neurin auch im normalen Menschenharn (0,17 g Golddoppelsalz aus 10 Litern), während Koch im Harn parathyreoidektomierter Hunde neben anderen Basen (vgl. S. 167) auch Neurin nachweisen konnte. Hingegen ist die von Marino Zuco und Dutto aus dem Harn Addisonkranker nach umständlichen Verfahren isolierte, als Neurin angesprochene Base, kaum als solches anzuerkennen.

Die Bildung von Neurin erfolgt am einfachsten nach Bode, wenn man das Reaktionsprodukt aus Trimethylamin und Äthylenbromid, das Bromäthyltrimethylammoniumbromhydrat $BrCH_2 \cdot CH_2 \cdot N(CH_3)_3 \cdot Br$ mit Silberoxyd schüttelt. Die gebildete freie Neurinbase wird mit einer Mineralsäure, am besten Brom- oder Chlorwasserstoffsäure neutralisiert, zur Trockne gedampft und das entstandene hygroskopische Salz in absolut alkoholischer Lösung mit Äther zur Krystallisation gebracht.

Das Neurin ist wie das Cholin eine starke Base, welche Ammoniak aus seinen Salzen schon in der Kälte austreibt. Schwermetalloxyde werden gelöst und die Hitzekoagulation von Fibrin verhindert.

Im freien Zustande ist das Neurin in verdünnter wäßriger Lösung beständig, in konzentrierteren spaltet sich jedoch Trimethylamin ab. Die übrigen Spaltprodukte sind bis jetzt nicht näher untersucht worden. Die Gegenwart der Doppelbindung bedingt die Möglichkeit einer Anlagerung von Halogen, Halogenwasserstoffsäure und unterchloriger Säure.

Über die Fällbarkeit des Neurins durch verschiedene Fällungsmittel orientiert folgende von Gulewitsch aufgestellte tabellarische Übersicht:

Reagenzien	Makroskopisches Aussehen des Niederschlages und Bedingungen seiner Bildung	Mikroskopische Eigenschaften des Niederschlages	Konzentration der Lösung in %, wobei Niederschlag oder Trübung	
			noch erhalten wird	nicht mehr erhalten wird
Phosphormolybdänsäure	Hellgelber voluminöser Niederschlag bei schwachen Konzentrationen deutlich krystallinisch	sehr kleine Rhomben u. sechsseitige Tafeln, die bisweilen so klein sind, daß sie wie amorphe Körnchen aussehen	$^1/_{500}$ (beim Stehen)	$^1/_{1000}$
Phosphorwolframsäure	Weißer pulv. Niederschlag aus verdünnten Lösungen deutlich krystallinisch		$^1/_{2000}$ (bei langem Stehen)	$^1/_{4000}$
Kaliumwismutjodid	Pulv. Niederschlag sehr dunkelbraun, fast schwarz	amorph	$^1/_{200}$	$^1/_{500}$
Kaliumcadmiumjodid	Weißer, deutlich krystallinischer Niederschlag im Überschuß vom Fällungsmittel löslich; beim Ansäuern mit HCl unlöslich	Prismen, meistens sehr kurz	$^1/_4$ (nach einigem Stehen)	$^1/_{10}$
Kaliumzinkjodid	Weißer, deutlich krystallinischer Niederschlag im Überschuß vom Fällungsmittel und beim starken Ansäuern mit HCl löslich	Unregelmäßig ausgebildete Tafeln von verschiedenartiger Form und Gruppierung	4	1
Kaliumquecksilberjodid	Gelblicher, pulv. Niederschlag aus verdünnten Lösungen, deutlich krystallinisch, in HCl unlöslich	Dünne rhombische Prismen	$^1/_{10}$	$^1/_{25}$

Jodjod-kalium	Sehr dunkelbrauner, fast schwarzer, fein pulv. Niederschlag	Teils Tröpfchen, teils Tafeln und lange Prismen, aus sehr verdünnten Lösungen scheiden sich ausschließlich sehr schöne lange zugespitzte Nadeln aus	$^1/_{2000}$	$^1/_{4000}$
Bromwasser	Rotbraune, kleine, ölige Tröpfchen, bilden sich nur beim Überschuß vom Reagens		$^1/_4$	$^1/_{10}$
Quecksilberchlorid (ges. wäßr. Lsg.)	Weißer, deutlich krystallinischer Niederschlag	Kurze und dicke Prismen	$^1/_{10}$	$^1/_{25}$
Quecksilbercyanat (idem)	Kein Niederschlag			
Goldchlorid (10%ige wäßr. Lsg.)	Gelber, käsiger Niederschlag aus verdünnten Lösungen deutlich krystallinisch	Lange Prismen	$^1/_{10}$	$^1/_{25}$
Platinchlorid (gepulvert)	Orangefarbiger krystallinischer Niederschlag	Kombination von Würfel und Oktaeder	4	1
Gerbsäure	Schmutzigweißer, feinflockiger Niederschlag; leicht löslich im Überschuß vom Fällungsmittel, in Säuren u. Alkalien	amorph		
Pikrinsäure (gesättigte wäßr. Lsg.)	Gelbe, makroskopisch sichtbare Nädelchen	Nadeln	$^1/_2$	$^1/_4$

Zur Isolierung und zum Nachweis von Neurin können fast alle beim Cholin beschriebenen Methoden dienen, da es gegenüber sämtlichen Reagenzien ein analoges Verhalten zeigt. Dieser Umstand bedingt andererseits, daß man in der Regel vor die Aufgabe gestellt wird, das Neurin vom Cholin abzutrennen. Nach Halliburton soll sich hierfür das Chromat eignen, welches im Gegensatz zum Cholinchromat in kaltem Wasser ziemlich schwer löslich ist.

Auch die verschiedene Löslichkeit der Platinchloriddoppelsalze in Wasser ist ein Mittel zur Trennung der beiden Basen (Gulewitsch).

Das Platinchloriddoppelsalz $(C_5H_{12}NCl)_2PtCl_4$ bildet sich als gelber käsiger Niederschlag. Dieser krystallisiert aus heißem Wasser in regulären Oktaedern und Würfeln. Schmelzpunkt 195,5—198°, unter starker Zersetzung. Das Neurindoppelsalz ist in Wasser etwa neunmal schwerer löslich als das des Cholins. 100 Teile Wasser lösen bei 20,5° 2,66 Teile Salz.

Andere Autoren trennen das Cholin als schwer lösliches Golddoppelsalz ab und erhalten das Neuringoldchlorid aus der Mutterlauge.

Das Goldchloriddoppelsalz $C_5H_{12}NCl \cdot AuCl_3$ schmilzt bei 228° bis 232°. 100 Teile Wasser lösen bei 21,5° nur 0,297 Teile Salz. Es bildet sich aus konzentrierter wäßriger Lösung als gelber käsiger Niederschlag, der aus heißem Wasser umkrystallisiert, in gelben langen Nadeln sich ausscheidet. In kaltem Wasser sehr schwer löslich.

Um kleine Cholinmengen qualitativ neben Neurin nachzuweisen, dürfte sich das beim Cholin beschriebene Acetylierungsverfahren von Guggenheim und Löffler eignen. Nur bei Gegenwart von Cholin findet durch die Acetylierung eine Steigerung der Aktivität am überlebenden Darm statt.

Die pharmakologische Wirkung des Neurins wird im allgemeinen als cholinähnlich beschrieben. Doch soll das Neurin etwa 10 mal wirksamer sein.

Böhm verglich am Nervenmuskelpräparat die Curarewirkung des Neurins mit der des Cholins und anderen Ammoniumbasen. Er fand, daß ein Nervmuskelpräparat in einer Lösung von 0,012% Neurinchlorhydrat maximal vergiftet wird. Von Cholinchlorhydrat bedarf es hierzu einer Lösung von 0,35%, also einer fast 30 mal so großen Konzentration. Darnach müßte Neurin 20—30 mal so giftig sein wie Cholin. Auch bei intravenöser und subkutaner Injektion tritt die stärkere Wirkung des Neurins zutage. An Katzen wird schon durch Dosen von 0,0001 und darunter eine Gefäßwirkung, die vorzugsweise pressorisch ist, ausgelöst (Pal). Die Wirkung auf das Herz ist wie beim Cholin

schwankend. Nur kleine Gaben machen intravenös oft geringe
Depression ohne nachfolgende Steigerung, bei größeren ist die
Depression vorübergehend. Subkutan wirkt das Neurin druck-
steigernd mit nachfolgenden Schwankungen.

Auch beim Neurin hat man versucht, die pharmakologische
Wirkung in Zusammenhang mit seiner chemischen Konstitution
zu bringen. Es hat sich dabei ergeben, daß auch bei ihm die Curarewirkung durch seinen Charakter als quaternäre Ammoniumbase
bedingt ist und daß Substanzen, die am Stickstoff statt der Methylgruppe andere Radikale tragen, wie z. B. das Tripyridylneurin
(Coppola) eine nur quantitativ aber nicht qualitativ verschiedene
Wirkung zeigen.

Die gegenüber dem Cholin gesteigerte Aktivität des Neurins
wird auf das Vorhandensein der Doppelbindung zurückgeführt.
Führt man die Doppelbindung in eine dreifache Bindung über,
wie dies z. B. beim Acetylenneurin $CH \equiv C \cdot N(CH_3)_3$ ver-
$$\overset{|}{OH}$$
wirklicht ist, so wird die Toxizität noch mehr erhöht. Schmidt
und Meyer berichten über diese Verbindung folgendes:

„An Fröschen ruft die Acetenylbase schon in Mengen von
1 mg starke curareartige Lähmung der motorischen Nerven hervor.
Am Herzen beobachtet man, ebenfalls nach Mengen von $^1/_2$—2 mg
ziemlich rasch eintretende erhebliche Verlangsamung der Schläge
von typisch diastolischen (muscarinähnlichen) Charakter der
Kontraktionen; doch kommt es nicht zum Stillstande, vielmehr
geht die Verlangsamung nach einiger Zeit von selbst wieder vorüber.
Die Nervi vagi scheinen dann nicht mehr erregbar zu sein, wohl
aber noch die Hemmungsganglien im Herzen, so daß es den Anschein hat, daß die Acetenylbase ähnlich wie Nicotin und Pilocarpin
auf die Vagusendigungen im Herzen einwirkt.

An Warmblütern (Katzen, Meerschweinchen) riefen Mengen
von 2—10 mg bei subkutaner Injektion keinerlei bemerkbare
Erscheinungen hervor. Dagegen erfolgte nach intravenöser Injektion von nur 1 mg an Katzen eine sehr stürmische Reaktion:
plötzlicher Stillstand der Respiration und der Herztätigkeit. Es
scheint demnach die Base bei ersterer Art der Anwendung durch
Umlagerung oder Zersetzung so rasch verändert zu werden, daß
sie nicht mehr als solche ins Blut und an die Nervenzentren gelangt,
auf welche dieselbe offenbar sehr heftig einwirkt.‘‘

Eine Verlängerung der Alkylenkette bedingt eine Verminderung der Giftigkeit. So ist **Allylneurin** $(CH_3)_3N \cdot CH_2 \cdot CH = CH_2$ mit OH relativ wenig giftig. Die Wirkungen sowohl des **Dimethylneurins** (Isocrotyltrimethylammoniumchlorid) $(CH_3)_3N \cdot CH = C{<}^{CH_3}_{CH_3}$ mit OH als auch die des **Trimethylneurins** (Valeryltrimethylammoniumchlorid) $(CH_3)_3N \cdot C(CH_3) = C{<}^{CH_3}_{CH_3}$ mit OH sind denen des Allyltrimethylammoniumchlorids gleichartig. Alle drei Verbindungen verursachen infolge autonomer Reizung (Muscarinwirkung) eine starke Erregung der Drüsensekretion (Speichel-, Tränenfluß, Schweißausbruch etc.) und gleichzeitig eine mehr oder minder starke Lähmung der Nervenverbindungen in den quergestreiften Muskeln, welch letztere durch Aufheben der Atmung den Tod des Versuchstieres veranlassen kann. Die Muscarinwirkung tritt gegenüber der Curarewirkung in den Hintergrund und zeigt sich vorzugsweise an Fröschen (Jordan). Andere Kaltblüter erweisen sich in dieser Hinsicht resistenter. Die letale Dosis des Trimethylneurins (Valearin) beträgt für Kaninchen 15 mg. An Hunden bewirkt dieselbe Dosis heftige Symptome, jedoch keinen Exitus. Katzen erholen sich in der Regel nach 8—10 mg. Völliger Stillstand konnte am Katzenherzen selbst bei Dosen von 20—30 mg nicht erzielt werden (Jordan). Auch nach Schmidt bleiben die Kreislaufsorgane fast ganz unbeeinflußt bis auf eine geringe, nur bei Fröschen deutlich ausgesprochene Verlangsamung der Herzschläge. An der glatten Muskulatur des Magens, Darms und an der Regenbogenhaut im Auge zeigten sich ebenfalls keine merklichen Wirkungen. Quantitativ ergeben sich bei den drei Basen nicht unerhebliche Unterschiede, die sich namentlich in dem Grade der curareartigen Lähmung, weniger stark, wenn auch in gleichem Sinne, in betreff der Sekretionssteigerung erkennen lassen. Am heftigsten wirkend zeigt sich die Valerylbase, schon 0,01 g genügt, um einen Frosch in ca. 15 Minuten völlig und dauernd zu lähmen; durch 0,02 g (subkutan beigebracht) wird ein mittelgroßes Meerschweinchen in 3—5 Minuten getötet. Etwas, wenn auch nicht viel, schwächer wirkt die Allylbase, während die in der homo-

logen Reihe in der Mitte stehende Isocrotylbase auffallender-
weise erheblich mildere Wirkung besitzt; abgesehen von der
Erregung der Sekretion zeigt ein Kaninchen (von 1500 g)
nach subkutaner Injektion von 0,05 g der Base noch gar keine
Lähmung, ebensowenig ein Meerschweinchen nach 0,02 g, eine
Taube nach 0,025 g; auch bei Fröschen ließ sich nach Injektion
von 2 cg keine Lähmung konstatieren, sogar die intravenöse Applikation von 15 cg rief bei einem Kaninchen von 1400 g nur eine
sehr unvollständige Paralyse der Skelettmuskeln und des Zwerch-
fells hervor. Die Tatsache, daß das Trimethylneurin giftiger ist als
Dimethylneurin beweist, daß nicht nur die Länge der Seitenkette,
sondern auch die Konstitution maßgebend für die Wirksamkeit
einer Base dieser Reihe ist.

Vinylamin CH_2—CH_2 (Gabriel, Howard und Marckwald).

$$\diagdown\diagup$$

$$NH$$

Die freie Base siedet bei 55—56° bei 756 mm Druck, spezifisches
Gewicht 0,8321 bei 18°. Die wäßrige Lösung der Vinylaminbase
riecht stark ammoniakalisch und ist mit Wasser mischbar. Sie
ist eine starke Base und ziemlich unbeständig.

Auch die Salze verändern sich beim Erwärmen. Es entstehen
dabei Polymerisationsprodukte von der Formel $C_4H_{12}N_2O$.

Vinylamin ist sehr giftig. Am Meerschweinchen wirken 0,03 g
pro Kilogramm tödlich innerhalb 10 Stunden, nach Gaben von
0,015 g innerhalb 24 Stunden (Gabriel). Da die Giftigkeit des
Präparates zu groß ist, um solche Dosen einzugeben, die ein Studium
der evtl. Zwischenprodukte erlaubt hätten, verabreichte Luzatto
an Kaninchen, Hunden, Tauben und Fischen solche Derivate des
Vinylamins, die als intermediäre Abbauprodukte desselben in
Betracht kommen, nämlich Diaminoäthyläther $(H_2N \cdot CH_2 \cdot CH_2)_2O$,
Bromäthylamin und Chloräthylamin. Diaminoäthyläther
erwies sich nur für den Frosch giftig, das Kaninchen vertrug noch
relativ große Dosen, ohne daß das Vergiftungsbild des Vinylamins
auftrat. Die Giftwirkung des letzteren ist also auf jeden Fall nicht
an die Bildung von Diaminoäthyläther gebunden. Ob es aber
nach Entfaltung seiner Toxizität in dieses umgewandelt wird,
läßt sich nicht entscheiden, da Diaminoäthyläther im Organismus
anscheinend weitgehend abgebaut wird. Diaminodiäthylsulfid
$(H_2N \cdot CH_2 \cdot CH_2)_2S$ verhält sich völlig analog wie Diaminoäthyläther.

8*

Bromäthylamin und Chloräthylamin wirken gleich wie Vinylamin. Sie werden im Organismus offenbar in dieses umgewandelt. Versuche, durch chronische Verabreichung kleiner Dosen von Vinylamin eine Gewöhnung an dieses Gift herbeizuführen, waren erfolglos.

Trimethylenimin $CH_2\!\!\begin{array}{c}{}^{CH_2}\\{}_{CH_2}\end{array}\!\!NH$. Das Trimethylenimin ist wie das Vinylamin sehr giftig, 0,01 g des salzsauren Salzes pro Kilogramm Körpergewicht tötet eine 40 kg schwere Ziege; für Hunde ist die Dosis letalis 0,03 g, für Kaninchen 0,04 g, für Mäuse 0,05 g pro Kilogramm Körpergewicht. Die Giftwirkung erstreckt sich namentlich auf den Papillarteil der Niere, dieser ist bei frischen akuten Fällen von Blut infiltriert, während er bei längerer Versuchsdauer resp. Anwendung kleinerer Dosen eine weiße abgestorbene Masse bildet.

Allylamin $CH_2 = CH \cdot CH_2 \cdot NH_2$ bildet sich aus Allylsenföl beim Kochen mit der 4-fachen Menge 20%iger Salzsäure (5 Stunden). Die Base siedet bei 56—56,5° bei 756,2 mm Druck. Spez. Gew. 0,7688 bei 15°. Riecht stark ammoniakalisch und reizt zu Tränen. Mit Wasser in allen Verhältnissen mischbar. Es lagert Brom, Jod und Chlor an die Doppelbindung an (Gabriel und Eschenbach).

Allylsenföl $CH_2 = CH \cdot CH_2 \cdot N : CS$. Es findet sich im Samen des schwarzen Senfs als Sinigrin $C_{10}H_{16}O_9NS_2K$, in welchem außer dem Allylsenföl noch Traubenzucker und Kaliumbisulfat enthalten sind. Das Glucosid spaltet sich unter der Einwirkung eines im Samen enthaltenen Fermentes, dem Myrrhosin, in seine Bestandteile (Gadamer). Synthetisch stellt man das Allylsenföl durch Umsetzung von Allyljodid mit Kaliumrhodanid dar, wobei sich das primär entstehende Allylrhodanid $CH_2 = CH \cdot CH_2 \cdot C \cdot N : S$ in das Allylthiocyanat umlagert. Es ist ein farbloses Öl und besitzt einen stechenden, zu Tränen reizenden Geruch. Siedepunkt 150°. Spez. Gew. 1,010 bei 17°. Das Senföl bewirkt, auf die Haut gebracht, starke lokale Affektionen. Diese Eigenschaft wird therapeutisch verwertet, sei es in Form von Senfpflastern, wobei es seine Wirkung langsam entfaltet oder in Form von Senfspiritus. Ein Derivat des Senföls ist das Thiosinamin, der Allylthioharnstoff. Eine Kombination des Thiosinamins mit Natriumsalicylat, das Fibrolysin, soll nach subkutaner Injektion eine lösende Wirkung auf narbiges Bindegewebe entfalten.

Im Brassica napus findet sich ein Senföl, wahrscheinlich Crotylsenföl $CH_2:CH \cdot CH_2 \cdot CH_2 \cdot N:CS$. Siedepunkt 174^0. Spez. Gew. 0,993.

Das Aschamin wurde aus den Spaltprodukten der mit $10^0/_0$iger Schwefelsäure hydrolysierten Hefe isoliert. Zur Abtrennung wurde die Schwefelsäure aus dem Hydrolysat mit Baryt entfernt, zur Trockne verdampft, mit Alkohol aufgenommen und die alkoholische Lösung mit Aceton gefällt. Aus dem Filtrat der Acetonfällung wurde die Base durch alkoholische Sublimatlösung abgeschieden. Andere in den Sublimatniederschlag gehende Basen ließen sich aus wäßriger Lösung durch eine Fällung mit Quecksilbersulfat abtrennen. Das aus der Quecksilberverbindung dargestellte Chlorhydrat hat die Zusammensetzung $C_5H_{14} \cdot ONCl + H_2O$. Es bildet hygroskopische Nadeln und entwickelt beim Erhitzen nach Trimethylamin riechende alkalische Dämpfe. Mit den Alkaloidreagenzien entstehen Niederschläge. Permanganat und Bromwasser werden entfärbt. Pikrat, Nadeln, schmilzt bei 231^0 unter Zersetzung. Chloroplatinat schmilzt unter Zersetzung bei 201^0. Bei polyneuritiskranken Tauben bewirkt intramuskuläre Injektion von 0,02—0,08 g von Aschaminchlorhydrat das Auftreten von Streckkrämpfen. Kurative Effekte ließen sich nicht beobachten. Gesunde Tauben vertragen die Injektion derselben Menge ohne merkliche Symptome.

IV. Gruppe.

Die Diamine.

Die Zahl der natürlich vorkommenden Diamine ist eine sehr beschränkte. Außer den von Brieger bei der Fäulnis von Fleisch aufgefundenen Tetra- und Pentamethylendiamin ist höchstens das Hexamethylendiamin (Garcia) als weiterer Vertreter dieser Körperklasse zu erwähnen.

Hexamethylendiamin wurde bei der Fäulnis von Pferdefleisch neben Penta- und Tetramethylendiamin als Benzoylverbindung isoliert. Diese sowie das Platindoppelsalz unterscheiden sich von den entsprechenden Verbindungen des Kadaverins. Ackermann hält es aber für möglich, daß ein verunreinigtes Penta- oder Tetramethylendiamin vorlag. Das von v. Braun synthetisch dargestellte Hexamethylendiamin stimmt mit der Verbindung Garcias nicht überein.

Auch die mit dem Kadaverin isomeren Fäulnisbasen Gerontin, Saprin und Neuridin sind trotz festgestellter Unterschiede nach Ackermann möglicherweise mit dem Pentamethylendiamin identisch.

Gerontin findet sich in den Leberzellen alter Hunde (Grandis). Es bildet eine dickflüssige alkalische Masse, die bei längerem Stehen verharzt. Das Chlorhydrat bildet kleine, rechteckige Prismen, das Chloroplatinat dicke nadelförmige Krystalle.

Saprin aus gefaulten menschlichen Organen (Brieger) besitzt im Gegensatz zum Kadaverin ein in Wasser sehr leicht lösliches Platindoppelsalz, welches parallel aggregierte, spießige Krystalloide bildet. Mit Goldchlorid entsteht kein Doppelsalz.

Neuridin soll bei der Fäulnis von Fleisch, namentlich in den ersten 6—8 Tagen auftreten, während bei länger dauernden Zersetzungen nur Kadaverin aufzufinden ist (Brieger). Die Base ist unangenehm riechend, gelatinös, leicht löslich in Wasser, unlöslich in Alkohol und Äther, zerfällt beim Kochen mit Natronlauge in Di- und Trimethylamin. Die Isonitrilreaktion ist negativ. Das Chlorhydrat, Nadeln, ist unlöslich in absolutem Alkohol, Äther und Amylalkohol, das Pikrat ist wenig löslich in Wasser. Bräunt sich bei 230° und verkohlt bei 250°. Das Chloraurat ist in Wasser schwer löslich, das Chloroplatinat, Nadeln, ist löslich in Wasser, wenig löslich in Alkohol.

Dies hängt mit dem Umstand zusammen, daß die Möglichkeit für die Entstehung von Diaminen durch die Zahl der im Eiweiß vorhandenen Diaminosäuren begrenzt ist. Außer Lysin, der α-ε-Diaminocapronsäure $H_2N \cdot CH_2 \cdot CH_2 \cdot CH_2 \cdot CH_2 \cdot CH(NH_2)COOH$ und dem Arginin, bezw. seinem Spaltungsprodukt, Ornithin $H_2N \cdot CH_2 \cdot CH_2 \cdot CH_2CH(NH_2)COOH$, ist bis jetzt nur die Diaminotrioxydodecansäure mit einiger Sicherheit nachgewiesen worden (E. Fischer und Abderhalden), deren Decarboxylierungsprodukt, ein Trioxydekamethylendiamin ist nicht bekannt. Barger vermutet, daß die von Ackermann aus faulem Pankreas isolierte Base Putrin möglicherweise diesem Amin entsprechen kann.

Putrin $C_{11}H_{26}N_2O_3$ findet sich unter den mit alkoholischer Sublimatlösung fällbaren Basen in der Lysinfraktion. Das Goldsalz bildet harte, dunkelorangefarbene Krystallkrusten, die bei 109—110° schmelzen. Seine Cadmiumverbindung ist in Alkohol leicht löslich, was die Trennung von dem ebenfalls vorhandenen Marcitin (vgl. S. 174) ermöglicht.

Zwar wurden in großer Zahl Diaminomonocarbonsäuren und -dicarbonsäuren synthetisiert, ohne sie aber unter den Naturprodukten vertreten zu finden. Allerdings haben sich bei den Untersuchungen der verschiedenen Proteine mehrfach Anhaltspunkte für das Vorhandensein anderer Diaminosäuren ergeben. Für das Auftreten eines Lysinhomologen unter den Spaltprodukten des Ricinussameneiweißes sprechen Beobachtungen von Winterstein. Auch das Vorkommen anderer Guanidoaminosäuren neben dem Arginin ist nicht unwahrscheinlich, da in einzelnen Eiweißkörpern, die direkt oder indirekt bestimmten Guanidinkomplexe einen höheren Wert ergeben, als dem in ihnen enthaltenen Arginin entspricht (vgl. z. B. Kossel und Weiß, Otori).

Die Diaminopropionsäure ist durch Aufspaltung eines Reduktionsproduktes der Harnsäure, der Tetrahydroharnsäure, beim Erhitzen mit Barythydrat und Wasser erhalten worden (Tafel und Frankland).

$$\begin{array}{ll}
\text{HN—CH}_2 & \text{H}_2\text{N—CH}_2 \\
\quad| \quad | & \qquad | \\
\text{OC} \quad \text{CH} \cdot \text{NHCO} \cdot \text{NH}_2 + 3\,\text{H}_2\text{O} = & \text{CH} \cdot \text{NH}_2 + 2\,\text{CO}_2 + 2\,\text{NH}_3 \\
\quad| \quad | & \qquad | \\
\text{HN—CO} & \text{HO—CO}
\end{array}$$

Tetrahydroharnsäure

In ähnlicher Weise entstehen N-Methylderivate der Diaminopropionsäure aus Desoxytheobromin und Desoxykaffein; doch sind weder die Diaminopropionsäure und ihr Decarboxylierungsprodukt, das Äthylendiamin, noch deren Homologe in der Natur in freiem Zustande nachgewiesen worden.

Eine Base gleicher elementarer Zusammensetzung wie das Äthylendiamin ist das von Brieger beschriebene unbekannte Amin $C_2H_8N_2$, welches aus faulem Leim erhalten worden ist; dessen Identität mit Äthylendiamin ist jedoch nicht festgestellt. Das von Schreiner aus Sperma isolierte Spermin der Zusammensetzung C_2H_5N ist von Ladenburg und Abel in Beziehung zum Äthylendiamin gebracht worden, indem diese Forscher aussprachen, daß das Spermin identisch sei mit dem Umwandlungsprodukt des Äthylendiamins, dem Piperacin $C_4H_{10}N_2$. Diese Identität ist jedoch noch nicht erwiesen und die Konstitution des Spermins bis heute noch nicht aufgeklärt.

Das Spermin C_2H_5N wurde von Schreiner aus frischem menschlichem Samen isoliert. Es findet sich darin in Form seines krystallisierten Phosphats. Das Phosphat, auch als Schreinersche Krystalle bezeichnet, scheidet sich auch aus dem zum Konservieren sperminhaltiger anatomischer Präparate verwendeten Alkohol ab und war bereits vorher von Charcot beobachtet und nach diesem als Charcotsche bezw. Charcot-Leidensche Krystalle bezeichnet worden. Das freie Spermin erscheint krystallinisch, reagiert stark alkalisch und ist in Alkohol löslich, in Äther dagegen unlöslich. Aus der Luft zieht es Kohlensäure und Wasser an. In der wäßrigen Lösung erzeugen Tannin, Phosphorwolframsäure und Phosphormolybdansäure Fällungen.

Das Chlorhydrat $C_2H_5N \cdot HCl$ bildet in Wasser äußerst leicht lösliche, in Alkohol und Äther fast unlösliche Prismen. Das Phosphat $(C_2H_5N)_2H_3PO_4 + 3\,H_2O$ krystallisiert in Prismen oder Nadeln. Es ist in Alkohol, Äther, Chloroform und Kochsalzlösungen unlöslich und nur wenig löslich in heißem, etwas mehr in siedendem Wasser. Säuren und Alkalien lösen es dagegen leicht. Die Krystalle färben sich gegen 100^0 gelb und schmelzen unter Zersetzung bei 170^0. Das Chloraurat $C_2H_5N \cdot HCl \cdot AuCl_3$

krystallisiert in goldgelben, in Wasser, Alkohol und Äther löslichen Tafeln.
— Wismutjodidverbindung lange spitze, federbartartig angeordnete, orangefarbene Nädelchen.

Sehr wenig begründet ist auch die Vermutung, daß Vidin
eine aus pflanzlichen Phosphatiden isolierte Base $C_9H_{26}N_2O_2$ die
Hexamethylverbindung eines Trimethylendiamins darstellt (Nje-
gowan). Das Trimethylendiamin selbst stimmt in der elementaren Zusammensetzung überein mit einer von Brieger
isolierten Fäulnisbase $C_3H_{10}N_2$ oder $C_3H_8N_2$. Diese ließ sich
nach 6 wöchentlicher Züchtung von Kommabazillen auf Rind-
fleischbrei aus der Kulturflüssigkeit nach dem Sublimatverfahren
isolieren. Die Base fand sich mit Cadaverin und Kreatinin im
Sublimatniederschlag.

Zu Polyaminoverbindungen würde man schließlich auch
von den im Abschnitt VI beschriebenen Imidazolderivaten gelangen, welche bei der erschöpfenden Benzoylierung oder Alkylierung Triaminoverbindungen ungesättigter Kohlenwasserstoffe
liefern, z. B. Imidazolyläthylamin, das Triaminobuten nach folgender Gleichung

$$\mathrm{HC} \begin{cases} \mathrm{NH-CH} \\ \mathrm{N-C \cdot CH_2 \cdot CH_2 \cdot NH_2} \end{cases} \rightarrow \begin{array}{l} \mathrm{CH \cdot NH \cdot CO \cdot C_6H_5} \\ \mathrm{C \cdot NH \cdot CO \cdot C_6H_5} \\ \mathrm{CH_2 \cdot CH_2 \cdot NH \cdot CO \cdot C_6H_5} \end{array} \qquad (+ \mathrm{H \cdot COOH})$$

(Windaus und Vogt).

Wiewohl also das Tetramethylendiamin und das Pentamethylendiamin und deren Derivate die einzigen natürlichen Vertreter dieser
Körperklasse geblieben sind, so haben sich doch unsere Kenntnisse
über die biologische Bedeutung dieser Verbindungen erheblich
erweitert. Man hat nicht nur den engen Zusammenhang zwischen
den Diaminen und deren Muttersubstanzen — dem Lysin und
dem Ornithin bezw. Arginin — genau erkannt, sondern auch manche
Beziehungen aufgefunden, welche die Diamine mit cyclischen
Stickstoffverbindungen und dadurch mit den einfachsten Alkaloiden
verketten.

Putrescin und Cadaverin.

Die beiden Basen wurden zuerst von Brieger bei der
Fleischfäulnis entdeckt und sind seitdem wiederholt unter den
bakteriellen Zersetzungsprodukten des Eiweißes aufgefunden

worden. Ihre Entstehung erklärte sich durch die Arbeiten von Ellinger und Ackermann, welche ihre Bildung bei der Fäulnis von Ornithin, Lysin und Arginin nachwiesen.

Alle Eiweißarten, welche Lysin enthalten, sind imstande, bei der Fäulnis unter geeigneten Bedingungen Pentamethylendiamin zu liefern, indem unter der Einwirkung der Bakterien offenbar zuerst Lysin entsteht, das nachträglich decarboxyliert wird.

$$H_2N(CH_2)_4 \cdot CH(NH_2)COOH \rightarrow H_2N \cdot (CH_2)_5 \cdot NH_2 + CO_2$$
$$\text{Lysin} \qquad\qquad\qquad \text{Cadaverin}$$

Lysinfreies Eiweiß, Zein oder lysinarmes Gliadin, liefern nie Cadaverin (Ackermann). Da Ornithin als Eiweißbaustein nicht vorkommt, kann nur das Arginin als Muttersubstanz für das bei der Eiweißfäulnis entstehende Tetramethylendiamin in Betracht kommen. Arginin wird nach seiner Loslösung aus dem Eiweißmolekül wohl zuerst unter der Einwirkung einer in den Bakterien enthaltenen Arginase in Ornithin und Harnstoff zerlegt, worauf die Decarboxylierung erfolgt. Allerdings ist es auch möglich, daß das Arginin mit dem intakten Guanidinkomplex zuerst decarboxyliert wird, wobei sich das Agmatin bildet. Dieses würde dann nachträglich durch eine Arginase zerlegt werden. Die beiden Möglichkeiten der Putrescinbildung seien durch die nachfolgenden Gleichungen illustriert:

$$\text{I. } H_2N \cdot C(:NH)NH \cdot CH_2 \cdot CH_2 \cdot CH_2CH(NH_2)COOH + H_2O =$$
$$\text{Arginin}$$
$$H_2N \cdot CO \cdot NH_2 + H_2N \cdot CH_2 \cdot CH_2 \cdot CH_2CH(NH_2)COOH$$
$$\text{Harnstoff} \qquad\qquad\qquad \text{Ornithin}$$

$$H_2N \cdot CH_2 \cdot CH_2 \cdot CH_2 \cdot CH(NH_2)COOH \rightarrow$$
$$\text{Ornithin} \qquad H_2N \cdot CH_2 \cdot CH_2 \cdot CH_2 \cdot CH_2 \cdot NH_2 + CO_2$$
$$\text{Putrescin}$$

$$\text{II. } H_2N \cdot C(:NH)NH \cdot CH_2 \cdot CH_2 \cdot CH_2 \cdot CH(NH_2)COOH \rightarrow$$
$$\text{Arginin}$$
$$H_2N \cdot C(:NH)NH \cdot CH_2 \cdot CH_2 \cdot CH_2 \cdot CH_2 \cdot NH_2 + CO_2$$
$$\text{Agmatin}$$

$$H_2N \cdot C(:NH) \cdot (CH_2)_4 \cdot NH_2 + H_2O =$$
$$\text{Agmatin} \qquad\qquad H_2N \cdot CO \cdot NH_2 + H_2N \cdot (CH_2)_4 \cdot NH_2$$
$$\text{Harnstoff} \qquad\qquad \text{Putrescin}$$

Das Vermögen aus den Diaminosäuren durch Decarboxylierung Diamine zu bilden, ist allem Anschein nach eine, verschiedenen Bakterienarten zukommende Eigenschaft. Die ubiquitären Fäulniserreger, die etwa mit einer faulenden Pankreasflocke übertragen werden oder bei der spontanen Fäulnis von Eiweißmaterial sich entwickeln, liefern nach 3—4 Tagen eine maximale Ausbeute an Diaminen. Die Verhältnisse sind offenbar verschieden, je nachdem ein gemischtes Material, Fischfleisch (Brieger), menschliche Leichen (Brieger), Pferdefleisch (Garcia, Brieger) oder reines Ornithin, Lysin oder Arginin (Ellinger, Ackermann) der Fäulnis unterliegen. Nach Garcia beginnt die Diaminbildung schon nach 24 Stunden in nachweisbarer Menge. Zutritt von Luft wirkt günstig. Durch Luftabschluß kann die Diaminbildung hintangehalten werden. Zusatz von Kohlenhydraten verringert die Ausbeute ebenfalls. Etwas abweichend hiervon sind die Beobachtungen von Ellinger und Ackermann. Ersterer erhielt sowohl bei der Lysin- wie bei der Ornithinfäulnis unter anaeroben Bedingungen die besten Resultate (25—30$^0/_0$ der verwendeten Diaminosäuren) und Ackermann konnte aus Arginin nur bei Zusatz von Glucose (5 g auf 1 l) oder bei Vorhandensein anderer Eiweißbausteine eine nennenswerte Diaminmenge gewinnen. Diese Unterschiede rühren natürlich größtenteils von der Unsicherheit her, die Versuchen mit Mischkulturen stets anhaften, sogar wenn das Substrat, wie in den Versuchen von Ellinger und Ackermann ein einheitliches ist.

Als mehr oder weniger charakteristisches Merkmal ist die Diaminbildung für die Kulturen von Tetanus und Cholerabazillen und für den Finkler - Priorschen Vibrio angegeben worden (Brieger). Der auffallende Geruch von Cholerastühlen soll dem Pentamethylendiamin zuzuschreiben sein. Auch die bei der Cystinurie im Kot und im Harn der Kranken beobachtete Diaminbildung ist, eine Zeitlang wenigstens, als spezifische Darmmykose betrachtet worden (v. Udransky und Baumann). Bei dieser seltenen Stoffwechselerkrankung werden neben Cystin in wechselnden Mengen Diamine im Harn ausgeschieden, im Maximum konnten 0,2—0,4 g der Benzoylprodukte aus dem Tagesharn gewonnen werden, und zwar mehr Penta- als Tetramethylendiamin. Im Darm fanden sich dieselben Basen, jedoch in umgekehrtem Verhältnis. Die Diaminurie ist dagogen schon an demselben Cystinuriker eine sehr schwankende Erscheinung (Bödtker), weit mehr noch variieren die Verhältnisse, wenn man die verschiedenen in der Literatur beschriebenen Cystinuriefälle betrachtet. Während bei einzelnen Kranken überhaupt keine Diaminausscheidung be-

obachtet werden konnte (Abderhalden), ließen sich bei anderen
Diamine im Harn dann feststellen, wenn Lysin und Arginin per os
verabreicht wurde (Loewy und Neuberg, Garrod und Hurtley).
Ob es sich hierbei um einen im Darm sich abspielenden Fäulnis-
vorgang handelt, oder ob die Diaminbildung im Organismus des
Cystinurikers erfolgt, ließ sich nicht entscheiden, da die Aminosäuren nicht parenteral verabreicht werden konnten. Auf jeden
Fall ließ sich feststellen, daß die Ausscheidung der Diamine ebenso
wie die des Cystins beim Cystinuriker auf einem allgemeinen
Darniederliegen der oxydativen Fähigkeiten des Organismus
beruht. Auch andere Aminosäuren, Tyrosin, Leucin, Asparaginsäure, welche von gesunden Menschen glatt verbrannt werden,
fanden sich, wenn sie der Nahrung des Cystinurikers zugelegt
wurden zum Teil unverändert im Harn wieder (Abderhalden
und Schittenhelm).

Im Harn des normalen Menschen sind Diamine höchstens in
ganz geringen Mengen vorhanden. Dabrowsky fand Spuren von
Cadaverin bei Verarbeitung von ca. 100 l normalem Harn. In
einem Falle von pernitiöser Anämie isolierte Hunter bei Verarbeitung großer Harnmengen ein geringes Quantum von Diaminen.
Bei zwei Patienten mit malariaähnlichen Syptomen fand Roos
kleine Mengen von Cadaverin und Putrescin im Kot. Bei
anderen Malariaerkrankungen ließen sich im Darminhalt keine
Diamine feststellen. Im Kot von normalen Personen, sowie
bei verschiedenen Krankheiten (Tuberkulose, Darmverschluß)
konnten keine Diamine nachgewiesen werden (von Udransky
und Baumann).

Daß auch relativ harmlose Mikroorganismen Lysin und
Ornithin unter Bildung von Penta- und Tetramethylendiamin zu
verändern vermögen, beweist das häufig beobachtete Auftreten
dieser Basen in verschiedenen Käsearten. Pilze vermögen ebenfalls
Diamine zu bilden. Das Vorkommen von Tetra- und Pentamethylendiamin im Mutterkorn ist von Rieländer festgestellt worden.
Küng fand Putrescin unter den basischen Extraktivstoffen von
frischem Fliegenpilz (Amanita muscaria), Reuter Tetramethylendiamin im Autolysat von Boletus edulis, Schenk Tetramethylendiamin in der frischen Bierhefe. Aber auch höhere Pflanzen sind zur
Diaminbildung befähigt, dafür spricht das Auftreten von Putrescin
in Datura (Ciamician und Ravenna) und die Feststellung von
Willstätter und Heubner, die eine aus Hyoscyamus muticus

isolierte Base als Tetramethylputrescin erkannten. In den Keimpflanzen von Lupinus albus, Soja hispida, Pisum sativum und Cucurbita Pepo konnten weder Putrescin noch Cadaverin aufgefunden werden.

Es ist unentschieden geblieben, ob der tierische Organismus zur Diaminbildung befähigt ist. Die bei Cystinurie auftretende Diaminausscheidung läßt diese Frage unbeantwortet, weil die Möglichkeit der bakteriellen Entstehung im Darm vorwaltet. Auch das Auftreten von Putrescin und Cadaverin bei der langdauernden Selbstverdauung von Mägen (Lawrow) und von Pankreas (Werigo, Emmerson), bei der peptischen Verdauung von Ovalbumin (Langstein) schließt die Mitwirkung bakterieller Kräfte nicht aus (Kutscher, Lohmann). Wenn somit die Bildung von Diaminen durch tierische Fermente keineswegs gesichert ist, so berechtigen doch alle diese vereinzelten Beobachtungen zur Erwartung, daß es gelingen wird, unter geeigneten Bedingungen bei einer experimentellen oder pathologischen Stoffwechselstörung die Diamine als Produkte des intermediären Zellumsatzes nachzuweisen.

Die Diamine lassen sich durch einfache Reaktionen in heterocyclische Verbindungen überführen, und zwar das Putrescin in das Pyrrolidin

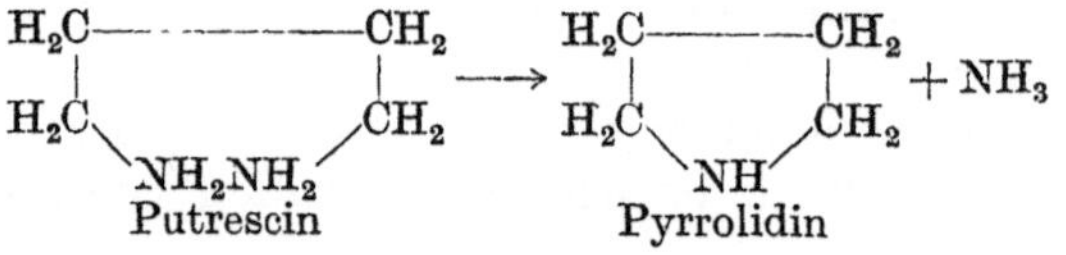

$$\begin{array}{ccc}
H_2C\!-\!-\!-\!-\!-\!CH_2 & & H_2C\!-\!-\!-\!-CH_2 \\
\mid \qquad\qquad \mid & \longrightarrow & \mid \qquad\quad \mid \\
H_2C \qquad\quad CH_2 & & H_2C \qquad\; CH_2 \quad + NH_3 \\
\;\;\searrow\!NH_2NH_2\!\swarrow & & \;\;\searrow\!NH\!\swarrow \\
\text{Putrescin} & & \text{Pyrrolidin}
\end{array}$$

das Pentamethylendiamin in das Piperidin

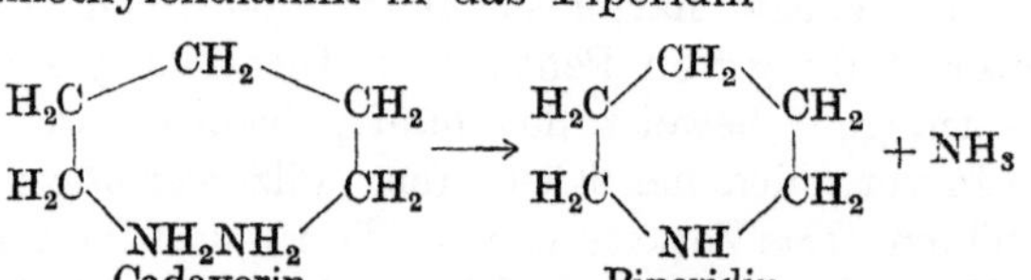

$$\begin{array}{ccc}
\quad\;\,CH_2 & & \quad\;\,CH_2 \\
H_2C\!\nearrow\;\;\searrow\!CH_2 & & H_2C\!\nearrow\;\;\searrow\!CH_2 \\
\mid \qquad\qquad \mid & \longrightarrow & \mid \qquad\qquad \mid \quad + NH_3 \\
H_2C \qquad\quad CH_2 & & H_2C \qquad\quad CH_2 \\
\;\;\searrow\!NH_2NH_2\!\swarrow & & \;\;\searrow\!NH\!\swarrow \\
\text{Cadaverin} & & \text{Piperidin}
\end{array}$$

Diese cyclischen Stickstoffderivate sind nicht bloß die in einer Reihe wichtiger Alkaloide (Coca- und Tropaalkaloide, Nicotin) enthaltenen Ringsysteme, sondern sie treten auch selbst in einigen Pflanzen als einfachste Alkaloide auf (vgl. S. 223). Der Übergang von Diaminen in Pyrrolidin- und Piperidinderivate vollzieht sich in vitro zwar erst bei höheren Temperaturen. Es ist aber trotzdem keine zu weitgehende Forderung, wenn den fermentativen

Kräften der Pflanzenzelle eine solche Ringschließung zugemutet wird. Man braucht ja nur anzunehmen, daß eine der beiden Aminogruppen in eine Alkoholgruppe verwandelt wird, um in den entstehenden Alkanolaminen, dem Oxybutylamin $H_2NCH_2CH_2CH_2CH_2OH$ und Oxyamylamin $H_2NCH_2CH_2CH_2CH_2CH_2OH$ zu Substanzen zu gelangen, die bereits unter gewöhnlichen Bedingungen sich zu heterocyclischen Ringen anhydrisieren. Der innige Zusammenhang zwischen Eiweißkörper und Alkaloiden, der sich noch wiederholt zeigen wird, ist zuerst von Pictet hervorgehoben und zu einer wohl begründeten Theorie über die Entstehung und Bedeutung der Alkaloide ausgebaut worden.

Zur Synthese des Putrescins kann man entweder nach Ladenburg das aus Äthylenbromid durch Kochen mit Cyankali in alkoholischer Lösung leicht darstellbare Äthylencyanid $NC \cdot CH_2 \cdot CH_2 \cdot CN$ mittels Natrium und Alkohol reduzieren, oder man verwandelt nach Willstätter und Heubner das Pyrrol $\begin{matrix} CH = CH \\ | \quad\quad \rangle NH \\ CH = CH \end{matrix}$ in das Succindialdoxim $HO \cdot N = CH \cdot CH_2 \cdot CH_2 \cdot CH = N \cdot OH$ und reduziert dieses mittels Natrium, Alkohol und Essigsäure.

Das wasserfreie Tetramethylendiamin erstarrt bei niedriger Temperatur zu Krystallen, die bei 23^0, nach Kaufler bei 27^0, schmelzen. Gewöhnlich bildet es eine farblose Flüssigkeit von piperidinähnlichem Geruch. Der Siedepunkt liegt bei $158—160^0$. Mit Wasserdämpfen ist es schwer flüchtig, leicht löslich in Wasser, wenig löslich in Äther, es wird durch Destillieren mit Kalilauge nicht zerstört.

Das Cadaverin gewinnt man synthetisch aus dem Trimethylencyanid durch Reduktion mittels Natrium und Alkohol (Ladenburg). Bequem erhält man es durch Aufspaltung des Piperidins mittels Phosphorhalogenid nach v. Braun.

Die freie piperidinähnlich riechende Base krystallisiert im Kältegemisch und schmilzt bei Zimmertemperatur zu einem Sirup, welcher aus der Luft Kohlensäure anzieht. Sie bildet ein öliges Hydrat mit 2 Molekülen H_2O, Siedepunkt $178—179^0$. Destilliert mit Kalilauge und Natronkalk unzersetzt, leicht löslich in Wasser, wenig löslich in Alkohol, sehr wenig löslich in Äther. Das Cadaverin ist wie das Putrescin eine starke zweisäurige Base.

Das N.N'-Tetramethyl-1.4-diaminobutan $(CH_3)_2N \cdot CH_2 \cdot CH_2 \cdot CH_2 \cdot CH_2 \cdot N(CH_3)_2$, welches neben Hyoscyamin und anderen Alkaloiden in Hyoscyamus muticus vorkommt, ist ein stark alkalisch reagierendes Öl, mit Wasser, Alkohol und Äther mischbar. Siedepunkt 169⁰ (korr.), mit Wasserdampf leicht flüchtig.

Während nach der Auffassung von Pictet und Court (vgl. S. 42 u. 125) die Zellen alkaloidführender Pflanzen imstande sind, die intermediär entstehenden Diamine durch anhydrisierende oder desamidierende Fermente in die einfachsten Alkaloide, Protoalkaloide (Pyrrol, Pyrrolin, Pyrrolidin, Piperidin, Pyridin) zu verwandeln, findet ein solcher Vorgang im Tierkörper nicht statt. Die per os subkutan oder intravenös zugeführten Diamine werden größtenteils verbrannt; auch relativ große Dosen werden ohne sichtliche Vergiftungssymptome vertragen. Ein Hund schied nach Verfütterung von 3,6 g Äthylendiaminchlorhydrat nur Spuren der Base im Harn aus. Nach Eingabe von 3 g Tetramethylendiamin konnten nur 0,3 g des Diamins als Benzoylprodukt isoliert werden. Auch Pentamethylendiamin wird in großen Dosen (bis 10 g) restlos verbrannt (v. Udranski und Baumann). Daß aber bei geschädigtem Oxydationsvermögen Diamine unverändert den Tierkörper passieren können, beweist die bei Cystinurie beobachtete Diaminurie (vgl. S. 122). Ein genetischer Zusammenhang zwischen Diaminbildung und Cystinurie besteht jedoch offenbar nicht, hierfür sprechen nicht bloß die früher erwähnten Fälle von Cystinurie ohne Diaminausscheidung, sondern auch der Umstand, daß nach Verabreichung großer Dosen von Diaminen keine experimentelle Cystinurie erzielt werden konnte.

Eine sympathomimetische Wirkung im Sinne von Barger und Dale ist den Diaminen nicht zuzuschreiben, da sie auch noch in relativ hohen Dosen keine Wirkung auf das Gefäßsystem oder auf sympathisch innervierte Organe ausüben. Auch die glatte Muskulatur des Darmes wird durch Salze der Diamine kaum beeinflußt (Guggenheim und Löffler). Behring beobachtete bei Kaninchen nach intravenöser Injektion von 0,4—0,6 g Cadaverinhydrochlorid, bei Meerschweinchen nach Verfütterung von 0,3—0,5 g subnormale Temperaturen, Krämpfe und Tod. Hingegen ist Tetramethylputrescin in großen Dosen ungiftig. An Fröschen waren subkutane Dosen des salzsauren Salzes entsprechend 50 mg Base und am Kaninchen intravenöse Dosen bis 0,5 g pro Kilogramm Körpergewicht völlig unwirksam. Die quaternäre Base, das Hexamethylputrescin, besitzt Curarewirkung (Willstätter und Heubner).

Nach Verabreichung von Diaminen erfahren gewisse synthetische Fähigkeiten des tierischen Organismus eine Störung (Pohl). Das Vermögen Benzoesäure als Hippursäure zu entgiften wird herabgesetzt, namentlich aber wird die Glucuronsäurepaarung, welche gewisse toxische Substanzen (Chloralhydrat, Amylalkohol) im Körper erleiden, nach Eingabe von Diaminen abgeschwächt. Hingegen bleibt die Ätherschwefelsäurebildung unbeeinflußt.

Ornithin.

Nach Verfütterung von Benzoesäure an Hühner konnte Jaffé aus dem Harn eine stickstoffhaltige Säure isolieren, die er als Ornithursäure bezeichnete. Er vermutete in ihr das Dibenzoylderivat einer α-, δ-Diaminovaleriansäure, eine Vermutung, die sich durch die bald folgenden Arbeiten von Schulze und Winterstein und Ellinger bestätigte. Den vollständigen Beweis für die Konstitution erbrachten die Synthesen von Fischer, Sörensen.

Das zur Entgiftung der Benzoesäure ausgeschwemmte Ornithin entstammt ohne Zweifel dem als Eiweißbaustein funktionierenden Arginin. Es bildet sich aus diesem unter der Einwirkung eines im tierischen Organismus (Leber) und auch in der Pflanze vorhandenen Fermentes, der Arginase, unter Abspaltung von Harnstoff:

$$NH_2 \cdot C(:NH) \cdot NH \cdot CH_2CH_2CH_2CH(NH_2) \cdot COOH + H_2O = H_2NCONH_2 +$$
Arginin   Harnstoff

$$H_2NCH_2CH_2CH_2CH(NH_2)COOH$$
Ornithin

Auch durch Spaltung mit Alkalien (Baryt) vollzieht sich derselbe hydrolytische Vorgang. Gegen verdünnte Mineralsäuren ist das Arginin beständig, beim Erhitzen mit 50%iger Schwefelsäure auf 160—180° erfolgt jedoch ebenfalls teilweise Spaltung des Arginins unter Bildung von Ornithin.

Im Eiweiß ist das Ornithin selbst nicht enthalten, es entsteht jedoch bei der alkalischen Hydrolyse desselben, indem es sich aus dem primär abgespaltenen Arginin bildet (Kossel und Cameron). Das Ornithin ist daher allem Anschein nach eine Zwischenstufe des Argininabbaues (vgl. S. 149). Es wird normalerweise in dem Organismus rasch verändert und dem Nachweis entzogen um so mehr, als die Isolierung des Ornithins nicht immer leicht ist (vgl. S. 135). Bei Pflanzen, Tieren und Mikroorganismen hat man daher das Ornithin nur in Form seiner Derivate nachweisen können.

Eine glatte und quantitative Spaltung des Arginins kann man vermittelst der im Leberpreßsaft enthaltenen Arginase erzielen (Kossel und Dakin, Rießer, Edlbacher). Nach etwa 20-stündiger Einwirkung ist die Spaltung vollständig, und das Ornithin läßt sich nach Enteiweißung der Reaktionsflüssigkeit über die Phosphorwolframsäureverbindung isolieren.

Der Harn benzoesäuregefütterter Vögel liefert nur geringe Ausbeuten an reinem Benzoylornithin. Die synthetisch dargestellten Ornithine (Fischer, Fischer und Zemplèn, Sörensen) sind optisch inaktiv, sie können aber durch die Brucin- und Cinchoninsalze der Benzoylverbindungen in die optisch aktiven Komponenten gespalten werden (Sörensen). Das durch Barytspaltung aus Arginin erhaltene Ornithin ist optisch aktiv, ebenso das durch Zerlegung der Ornithursäure gebildete. $[\alpha]_D = +16{,}8^0$ (Schulze und Winterstein). Das bei der Barythydrolyse des Clupeins entstehende Ornithin ist jedoch optisch inaktiv (Kossel und Weiß, Weiß). Die Racemisierung erfolgt intraprotein, begünstigt durch die amidartige Bindung, in der sich das Arginin vorfindet. Aus dem Molekülverband losgelöstes Arginin liefert unter denselben Bedingungen kein racemisches Produkt. Optisch inaktiv ist auch das durch Erhitzen von Arginin mit $50^0/_0$iger Schwefelsäure gebildete Ornithin.

Das Ornithin ist in freiem Zustande nicht krystallinisch erhalten worden, es ist in Wasser leicht löslich, reagiert stark alkalisch. Schwermetalloxyde (HgO, CuO) werden darin aufgelöst. Die Salze des Ornithins sind in Wasser leicht löslich.

Für die biochemischen Veränderungen des Ornithins kommen neben der S. 121 besprochenen Putrescin- und der Ornithursäurebildung noch folgende chemische Umwandlungen in Betracht. Bei der trockenen Destillation von Ornithinchlorhydrat entsteht Pyrrolidin, wahrscheinlich unter intermediärer Bildung von Putrescin (Schulze und Winterstein, Ackermann). Cyanamid wird in wäßriger Lösung an die δ-Aminogruppe angelagert, es entsteht Arginin (vgl. S. 148). Indem die δ-ständige Aminogruppe mit der Carboxylgruppe sich anhydrisiert, gelangt man vom Ornithin aus zu einem β-Amino-α-piperidon, dem Lactam des Ornithins:

$$H \cdot NH \cdot CH_2 \cdot CH_2 \cdot CH_2 \cdot CH(NH_2)COOH \rightarrow$$

dieser Übergang vollzieht sich am einfachsten, wenn man in die alkoholische Lösung des Chlorhydrates Salzsäure einleitet (Fischer und Zemplèn). Das Piperidonderivat läßt sich umgekehrt durch Erhitzen mit Salzsäure wieder in Ornithin zurückverwandeln. Ersetzt man die δ-ständige Aminogruppe des Ornithins durch eine Hydroxylgruppe, so gelangt man zur δ-Oxy-α-aminovaleriansäure $HO(CH_2)_3CH(NH_2)COOH$. Diese ist ebenfalls zur Ringbildung befähigt, sie führt aber nicht zu einem Piperidin, sondern zu einem Pyrrolidinderivat, und zwar zu α-Pyrrolidincarbonsäure, dem Prolin

$$HO \cdot CH_2 \cdot CH_2 \cdot CH_2 \cdot CH(NH_2) \cdot COOH \rightarrow$$
$$\delta\text{-Oxy-}\alpha\text{-Aminovaleriansäure}$$

Prolin

Die α-Oxy-δ-aminovaleriansäure $H_2N(CH_2)_3CH(OH)COOH_2$ welche durch Ersatz der α-ständigen Aminogruppe sich bildet, ist zur Ringschließung nicht befähigt. Eine reduktive Desamidierung kann unter bestimmten Bedingungen die α-Aminogruppe des Ornithins durch Wasserstoff ersetzen; es entsteht δ-Aminovaleriansäure $H_2N \cdot (CH_2)_4 \cdot CO_2H$, eine Substanz, die bei der Fäulnis von eiweißhaltigem Material wiederholt aufgefunden worden ist (vgl. S. 235). Durch erschöpfende Methylierung des Ornithins gelangt man zum Hexamethylornithin (Ackermann), welches dem aus Muskelfleisch isolierten Myokinin (vgl. S. 222) sehr nahe steht und mit ihm vielleicht identisch ist.

Lysin.

Als erste der drei im Eiweißmolekül bisher aufgefundenen basischen Aminosäuren ist 1891 das Lysin von Drechsel aus hydrolysiertem Casein isoliert worden. Seither hat man es mit dem Arginin und Histidin zusammen in fast allen pflanzlichen und tierischen Eiweißkörpern nachgewiesen.

Der Lysingehalt einzelner isolierter Proteine sei nachstehend, soweit er quantitativ ermittelt worden ist, in steigender Folge angegeben. In den Fällen, wo verschiedene Werte gefunden worden sind, ist der höchste für die Reihenfolge maßgebend.

a) Vorkommen von Lysin in pflanzlichen Proteinen.

Protein	%	Autor
Zein aus Mais	0	Kossel u. Kutscher, Hart
Hordein aus Gerste	0	Kleinschmidt
Gliadin aus Weizenkleber	0	Kossel u. Kutscher
Mucedin aus Weizenkleber	0	Kossel u. Kutscher
Glutenfibrin aus Weizenkleber	0	Kossel u. Kutscher
Kiefernsameneiweiß	0,25	Schulze u. Winterstein
Fichtensameneiweiß	0,3	Schulze u. Winterstein
Seekiefernsameneiweiß	0,49	Schulze u. Winterstein
Rottannensameneiweiß	0,15 und 0,85	Schulze u. Winterstein
Kürbissameneiweiß	1,5 und 1,7	Schulze u. Winterstein
Edestin aus Hanfsamen	1,67	Kossel u. Platten
Konglutin aus Lupinensamen	2,1	Schulze u. Winterstein
Glutencasein aus Weizenkleber	2,29	Kossel und Kutscher
Kartoffeleiweiß	3,3	Sjollema und Rinkas
Oryzonin (Reiseiweiß)	4,26	Osborne, van Slyke
Arachin (Eiweiß aus Arachis Hypogäa)	4,98	Johns u. Bruse Jones
Legumin aus Erbsen	5,1 und 5	Schulze u. Winterstein
Conarachin (Arachis Hypogäa)	6,04	Johns

b) Vorkommen von Lysin in tierischen Proteinen.

Protein	%	Autor
Protamin, aus Hering, (Clupein)	0	Kossel und Kutscher
Protamin aus dem Sperma des Lachses, Salmin	0	Kossel und Kutscher
Protamin aus Seehase, Cyclopterin	0	Kossel und Kutscher
Protamin, der Makrele, Scombrin	0	Kossel und Pringle
Salmin	0	Kossel und Kutscher
Gorgonin, Jodkeratin aus Korallen	1,5	Drechsel
Muskeleiweiß (Fischfleisch)	2,0	Suzuki, Yoshimura und Irie
Vitellin	2,4	Leven und Alsberg
Protoalbumose aus Syntonin	3,08	Hart

Protein	%	Autor
Histon aus dem Sperma von Lota vulgaris	3,14	Ehrström
Syntonin aus Muskelfleisch	3,26	Hart
Heteroalbumose aus Wittepepton	3,5	Haslam
Verdauliches Eiweiß des Pankreas	3,82	Kutscher, Kutscher u. Lohmann
Spongin	3—4	Kossel und Kutscher
Fibrin	4	Kutscher
Globin aus dem Oxyhämoglobin des Pferdeblutes	4,28	Abderhalden
Protein aus Lachsmuskel	4,95	Weiß
Casein	5,8	Hart
Glutin	5—6	Kossel und Kutscher
Deuteroalbumose	6,9	Haslam
Heteroalbumose aus Syntonin	7,03	Hart
Thymushiston	7,7	Lawrow
Histon aus dem Sperma von Cadus morrhua	8,3	Kossel und Kutscher, Ehrström
Lactalbumin	$9,16 \pm 0,68$	Osborne und van Slyke
Protamin von Crenilabrus (Crenilabrin)	10,3	Kossel
Karpfensperma = α-Cyprinin	28,8	Kossel und Dakin

Außerdem ist das Lysin noch in folgenden pflanzlichen und tierischen Eiweißkörpern nachgewiesen worden:

Im Spongin (Kossel und Kutscher), im Seidenleim (Fischer und Skita), im Seidenfibroin (Fischer und Skita), im Elastin (Bergh, Hedin, Kossel und Kutscher), im Eiereiweiß (Drechsel), β-Cyprinin (Kossel und Dakin), im verdaulichen Eiweiß der Mitteldarmdrüse von Octopus (Cohnheim), im Fibrin des Rinder-, Schaf- und Schweineblutes (Gortner und Würtz).

Auch Mikroorganismen enthalten in ihrem Eiweiß reichlich Lysin. Im Eiweiß der Hefe z. B. sind 11,34% (Schröder), im Eiweiß der Diphtheriebazillen 3,34% (Tamura), im Eiweiß von Wasserbakterien 2,12%, im Eiweiß von Mykobakter lacticola 0,099% (Tamura) Lysin nachgewiesen worden, im Eiweiß von Azotobacter Chroococcum entfallen 14,5—14,6% des Gesamt-N auf Lysin (Omeliansky und Sieber).

Entsprechend diesem allgemein verbreiteten Vorkommen tritt das Lysin stets da auf, wo Eiweißkörper pflanzlichen oder tierischen

Ursprungs unter der Einwirkung hydrolytischer Kräfte zerlegt
werden. Dies ist natürlich schon im normalen Stoffwechsel der
Pflanzen und Tiere der Fall, in vermehrtem Maße aber bei den
Vorgängen, wo infolge physiologischer oder pathologischer Ursachen das Körpereiweiß einer gesteigerten Autolyse unterliegt.
In systematischer Weise ist die Mobilisierung von Lysin bei den
Keimpflanzen von Lupinus luteus, Vicia sativa, Pisum sativum
durch Schulze studiert worden. Freies Lysin tritt bei der Keimung
im Verhältnis zu anderen Aminosäuren nur in relativ geringer
Menge auf. Bisweilen scheint es überhaupt zu fehlen. Auch im
tierischen Organismus ließ sich die Ausschwemmung von Lysin
aus dem Organeiweiß feststellen. Indirekt geschah dies bereits
durch Kossel, welcher in der Leber phosphorvergifteter Hunde
eine Verarmung des Eiweißes an Lysin und anderen Hexonbasen
nachweisen konnte. Das Auftreten von Lysin im Blut bei gelber
Leberatrophie ist eine direkte Bestätigung dieser Ausschwemmung
(Neuberg und Richter), ebenso die Isolierung von Lysin aus
dem Harn eines Cystinurikers (Ackermann und Kutscher).
Die Ursache einer Lysinurie oder Lysinämie kann natürlich eine
zweifache sein, vermehrter Abbau (Phosphorleber, gelbe Leberatrophie) oder verminderte Oxydationsfähigkeit (Cystinurie). Auf
eine mindere Intensität der Verbrennungsvorgänge ist auch das
Auftreten von Lysin in den Muskelextrakten einiger Kaltblüter
— Krabbe (Ackermann und Kutscher), Hummer (Suzuki,
Yoshimura und Irie), verschiedener Fische (dieselben) —
zurückzuführen. Aus 2 kg Krabbenextrakt konnten 63 g Lysinpikrat erhalten werden. Natürlich findet sich Lysin auch im
autolytisch zerfallenden Eiweißmaterial, z. B. in autolysiertem
Pankreas (Kutscher und Lohmann), in autolysierten Stierhoden
(Mochizuki und Kotake), in autolysierter Hefe (Kutscher),
und im Autolysat von Glomerulla rufomaculans (Reed). Es ist
ferner bei bakterieller Zersetzung verschiedener Eiweißkörper, z. B.
bei der Fäulnis von Sojabohnen (Yoshimura) und von Casein
(Taylor) nachgewiesen worden.

Daß auch andere Bakterien, die nicht strikte zu den fäulnis-
erregenden gehören, proteolytische und damit lysinbildende Eigenschaften besitzen, beweist das Auftreten von Lysin im Emmentalerkäse (Winterstein und Thöny, Winterstein).

Die biologische Synthese des Lysins ist, wie bei anderen
Aminosäuren noch ungeklärt. Die in ihm vorhandene unverzweigte

sechsgliedrige Kohlenstoffkette läßt natürlich an eine enge Beziehung zu den Hexosen denken. Man ist aber bei der Diskussion derartiger Möglichkeiten nur auf Hypothesen angewiesen. Dagegen ist man auf synthetischem Wege auf verschiedener Weise zum Lysin gelangt (Fischer und Weigert, Sörensen, v. Braun).

Zur Darstellung verwendet man entweder die Synthese von v. Braun oder man unterwirft ein lysinreiches Eiweiß der Säurespaltung und trennt aus dem Hydrolysat das Lysin von den übrigen Aminosäuren ab.

Im letzteren Falle verwertet man das von Drechsel bei der Entdeckung des Lysins gehandhabte Verfahren. Dieses stützt sich auf die Tatsache, daß aus dem durch Kochen in verschiedenen Säuren oder Alkalien erhaltenen Eiweißhydrolysat das Lysin mit den anderen basischen Aminosäuren, dem Arginin und dem Histidin durch Phosphorwolframsäure ausgefällt wird. Man zerlegt nun die wenig löslichen Phosphorwolframsäureverbindungen mit Baryt, filtriert vom unlöslichen Bariumphosphorwolframat, entfernt aus dem Filtrat das überschüssige Barium und hat nun eine Lösung, die neben dem Lysin noch Arginin und Histidin enthält. Letztere beiden Verbindungen lassen sich durch Silbernitrat und Baryt nach einem S. 17 beschriebenen Verfahren als schwerlösliche Silberverbindungen zur Abscheidung bringen. Nachdem dies geschehen, und das überschüssige Silber, sowie Barium ebenfalls aus der Lösung entfernt ist, kann das Lysin entweder direkt aus der konzentrierten Lösung mittels alkoholischer Pikrinsäure als wenig lösliches Pikrat abgeschieden werden, oder aber man fällt das Lysin vorher noch einmal als schwerlösliche Phosphorwolframsäureverbindung, zerlegt diese wie oben beschrieben und stellt dann das Pikrat her (Kossel, Hart, Kossel und Kutscher).

Das freie Lysin ist nur als Sirup erhalten worden. Es dreht das polarisierte Licht nach rechts $[\alpha]_D$ (in wäßriger Lösung) = + 22,95° aus der Drehung des Chlorhydrates berechnet (Henderson). Durch Erhitzen mit Barytwasser oder Salzsäure auf höhere Temperatur wird es racemisiert. Es ist sehr hygroskopisch, in Wasser löslich, in Alkohol wenig löslich.

Die Arbeiten, die sich mit der spezifischen Aufgabe des Lysins im Haushalt der Tiere und Pflanzen beschäftigen, sind wie bei vielen anderen Aminosäuren noch im Anfangsstadium. Nach den ausgedehnten Tierversuchen von Osborne, Lafajette Mendel und Wakemann, sowie Abderhalden ist es jedenfalls als lebenswichtige Aminosäure anzusehen, und zwar soll ihm speziell eine wachstumsfördernde Eigenschaft zukommen. Werden Ratten mit dem lysinarmen Gliadin gefüttert, so findet keine weitere Gewichtszunahme der Tiere statt, sie setzt jedoch wieder ein, wenn man der Nahrung Lysin zulegt.

Die Versuche von van Slyke und Borchard haben dargetan, daß der in verschiedenen Eiweißkörpern, im Hämoglobin, Casein, Hämocyanin, Gelatine, Edestin, Gliadin, Heteroalbumose, Protoalbumose mittels der volumetrischen Stickstoffbestimmungsmethode nachweisbare freie Aminostickstoff der Hälfte des Lysinstickstoffs entspricht, und zwar ist er der ε-Aminogruppe des Lysins zuzuschreiben. Während die α-Aminogruppe also im Eiweißmolekül verkettet ist, erscheint die ε-Aminogruppe nicht substituiert. Sie bedingt mit den anderen basischen Aminosäuren den elektropositiven Charakter der Proteine und mag überhaupt die biochemische Funktion der Proteine wesentlich beeinflussen. Bei den mit salpetriger Säure behandelten Proteinkörpern, den Desamidoproteinen, kann Lysin unter den Spaltungsprodukten nicht mehr aufgefunden werden. Desamidosturin besitzt nur $^1/_5$ der Basizität des Sturins (Kossel und Weiß).

Auf die Umwandlung des Lysins in das Pentamethylendiamin und dessen Beziehungen zum Piperidin ist bereits ausführlich hingewiesen worden. Es sei hier nochmals wiederholt, daß die Diaminbildung voraussichtlich nicht bloß bei den Bakterien, sondern auch in den Pflanzen und tierischen Organen stattfindet. Eine reduktive Desamidierung unter Bildung der ε-Aminocapronsäure konnte nicht nachgewiesen werden. Hingegen hält es Ackermann für möglich, daß dem von Brieger beschriebenen Mydatoxin diese Säure vielleicht zugrunde gelegen hat. Im Säugetierorganismus wird offenbar alles mobilisierte Lysin, soweit es nicht zum synthetischen Aufbau des Körpereiweißes Verwendung findet, verbrannt. Nur wenn in besonderen Fällen die Oxydationsvorgänge gestört sind, wie bei der Phosphorvergiftung oder gelben Leberatrophie, kann eine Lysin- oder Diaminausscheidung im Harn auftreten.

Auch ein Übergang zu den Alkaloiden der Piperidinreihe erscheint wenigstens bei den Pflanzen als naheliegende Möglichkeit. Man braucht nur die ε-Aminogruppe durch eine Oxygruppe ersetzt zu denken, um in der so entstehenden α-Amino-ε-oxycapronsäure einen Körper zu haben, der unter Wasserabspaltung eine Piperidin-α-carbonsäure zu bilden vermag, die nicht nur als Muttersubstanz für das Piperidin, sondern auch für das Pyridin und seine Carbonsäuren (Trigonellin) in Betracht zu ziehen ist (vgl. S. 227).

Bestimmung und Isolierung der Diamine und Diaminocarbonsäuren.

Wenn man nach dem allgemeinen Verfahren von Kossel und Kutscher (vgl. S. 17) zur Trennung der biogenen Amine arbeitet, so finden sich die Diamine und die Diaminosäuren zusammen mit dem Cholin und den Betainen in der sogenannten Lysinfraktion, d. h. jener Fraktion der mit Phosphorwolframsäure fällbaren Körper, die mit barytalkalischer Silbernitratlösung aus wäßriger Lösung nicht abscheidbar sind. Auch Cholin (vgl. S. 86), Betain (vgl. S. 239), ω-Aminosäuren (vgl. S. 242) und das Phenyläthylamin (vgl. S. 284) werden sich unter den Bedingungen des Kossel-Kutscherschen Verfahrens in der Lysinfraktion vorfinden. Sämtliche Körper der Lysinfraktion fallen mit alkoholischer Quecksilberacetatlösung (Engeland, vgl. S. 18, Ackermann). Zur Abtrennung der einzelnen Substanzen kann man in verschiedener Weise vorgehen.

Zur Trennung des Cholins und Betains von Diaminen und Diaminocarbonsäuren lassen sich die verschiedenen Löslichkeiten der Pikrate verwenden.

Das Putrescindipikrat scheidet sich auf Zusatz von Pikrinsäure zur Lösung des Chlorids in seidenglänzenden, verfilzenden, dünnen, gelben Nadeln ab, die in Wasser fast unlöslich sind. Es beginnt bei 230° sich zu bräunen und zersetzt sich gegen 250°.

Das Cadaverinpikrat $C_5H_{14}N_2 \cdot 2\,C_6H_2(NO_2)_3(OH)$ bildet dünne, gelbe Nadeln und langgestreckte Tafeln, Schmelzpunkt 221° unter Gasentwicklung, es ist in Wasser fast unlöslich.

Das d-Ornithinpikrat $C_5H_{12}N_2O_2 \cdot 2\,C_6H_3N_3O_7$ aus heißem Wasser in derben meist sternförmig vereinigten Prismen, beim langsamen Verdunsten einer verdünnten Lösung große tafelförmige Krystalle.

Das d-Ornithinmonopikrat $C_5H_{12}N_2O_2 \cdot C_6H_3N_3O_7 + H_2O$ Schmelzpunkt 198—199°, krystallisiert aus heißem Wasser (Rießer). In 100 ccm Methylalkohol lösen sich 0,3—0,4 g.

Das d.l-Ornithinmonopikrat $C_5H_{12}N_2O_2 \cdot C_6H_3N_3O_7 + 1^1/_2\,H_2O$ bildet leicht übersättigte Lösungen und fällt daraus teils ölig, teils sofort krystallisiert aus (Rießer). 100 ccm Methylalkohol lösen 2,5—3 g d.l-Ornithinmonopikrat. Die Krystalle sind triklin und schmelzen bei 170° (Reiner).

Das d.l-Ornithindipikrat $C_5H_{12}N_2O_2 \cdot (C_6H_3N_3O_7)_2 + 2^1/_2\,H_2O$ glänzende, ockergelbe Plättchen aus Wasser, Schmelzpunkt scharf bei 183—184° unter Zersetzung. 100 ccm Methylalkohol lösen 4,2—4,5 g des Dipikrates (Weiß).

Das Lysinpikrat ist in Wasser wenig löslich, kurze dicke Nadeln, 100 Teile Wasser von 21—22° lösen 0,54 g. Bei Gegenwart von überschüssiger

Pikrinsäure wird die Löslichkeit des Lysinpikrates in Alkohol erhöht. Schmelzpunkt 252⁰.

Man fügt zur alkoholischen Lösung der Chloride alkoholische Pikrinsäure (Vermeidung eines Überschusses), oder zur konzentrierten wäßrigen Lösung eine wäßrige Lösung von Natriumpikrat. Die leicht löslichen Pikrate des Cholins und des Betains bleiben in Lösung, während sich die wenig löslichen Pikrate der Diamine und Diaminocarbonsäuren abscheiden.

Die Trennung der Diamine von den Diaminocarbonsäuren kann entweder nach den Methoden von v. Udransky und Baumann oder Loewy und Neuberg erfolgen, sie läßt sich jedoch auch mittels Pikrolonsäure bewerkstelligen.

Die Methode von Udransky und Baumann basiert auf der Schwerlöslichkeit der Benzoylverbindungen. Dibenzoylornithin und Dibenzoyllysin sind in Alkali leicht löslich und lassen sich leicht von den in Alkali wenig löslichen Dibenzoylderivaten der Diamine trennen.

Das Dibenzoylputrescin $C_4H_8(NH \cdot CO \cdot C_6H_5)_2$ bildet sich beim Schütteln einer alkalischen Lösung des Diamins mit Benzoylchlorid. Seidenglänzende Plättchen, farblose Nadeln, Schmelzpunkt 175—176⁰, unlöslich in Wasser, fast unlöslich in Äther, wenig löslich in kaltem, leicht löslich in heißem Alkohol. Sublimiert unzersetzt und spaltet sich mit alkoholischer Salzsäure in das Diamin und Benzoesäure (Baumann und Udransky).

Das Dibenzoylcadaverin $C_6H_{10}(NH \cdot CO \cdot C_6H_5)_2$, Schmelzpunkt 130⁰ (v. Udransky und Baumann), bei 135⁰ nach v. Braun, ist unlöslich in Wasser, leicht löslich in Alkohol, sehr wenig löslich in Äther, löst sich im Gegensatz zur Tetramethylendiaminverbindung in einem Gemisch aus Alkohol + Äther, worauf eine Methode zur Trennung der beiden Diamine beruht (vgl. S. 137).

Ornithursäure = Dibenzoylornithin $C_6H_5CO \cdot NH(CH_2)_3CH(NH \cdot CO \cdot C_6H_5)COOH$. Die Darstellung auf biologischem Wege ist bereits S. 127 beschrieben worden. Aus Ornithin stellt man sie in der üblichen Weise nach Schotten-Baumann her. Aus Alkohol farblose Nadeln ohne Krystallwasser, sehr wenig löslich in Wasser, unlöslich in Äther, löslich in Essigäther, ziemlich löslich in Alkohol, Schmelzpunkt 182⁰ (unkorr.). Die d.1-Ornithursäure schmilzt bei 184⁰ (Weiß). Sie reagiert schwach sauer. Die Alkali- und Erdalkalisalze sind leicht löslich, die Schwermetallsalze sind unlöslich. Charakteristisch für die Ornithursäure ist das Calciumsalz, welches sich krystallinisch ausscheidet, wenn man eine neutrale Lösung von ornithursaurem Ammonium mit Chlorcalcium versetzt und dann die klare Flüssigkeit erhitzt.

δ-Monobenzoylornithin $C_6H_5 \cdot CO \cdot NH \cdot (CH_2)_3CH(NH_2)COOH$ bildet sich bei kurzdauerndem Erhitzen (bis zur Lösung) von Ornithursäure mit konzentrierter Salzsäure (Sörensen). Ausbeute 75⁰/₀, fast unlöslich in Alkohol, löslich in heißem Wasser. Aus Wasser farblose feine Nadeln, Schmelzpunkt 225—230⁰ (Schulze und Winterstein). 285—288⁰ (Sörensen).

α - Monobenzoylornithin $H_2N(CH_2)_3 \cdot CH(NH \cdot CO \cdot C_6H_5)COOH$ bildet sich aus Ornithursäure durch Einwirkung warmer $^1/_5$ normaler Barytlauge, Ausbeute 52%. Lange, dünne, schmale Krystalle, nicht so krystallisationsfähig wie die δ-Verbindung, in warmem und kaltem Wasser 3—4 mal leichter löslich als diese, Schmelzpunkt 264—267°.

Dibenzoyllysin (Lysursäure) $C_6H_{12} \cdot N_2O_2(C_6H_5CO)_2$ entsteht, wenn man Lysin in wäßrig alkalischer Lösung nach Schotten und Baumann benzoyliert, wenig löslich in kaltem Wasser, leicht löslich in Alkohol; sie bildet leicht lösliche, neutrale und wenig lösliche saure Erdalkalisalze. Krystalle aus Alkohol + Wasser, Schmelzpunkt 144—145° (Lawrow).

ε - Monobenzoyl - d.1 - lysin = ε - Benzoylamino-α-amino-capronsäure $C_6H_5 \cdot CO \cdot NH(CH_2)_4 \cdot CH(NH_2) \cdot CO_2H$ entsteht als Zwischenprodukt bei der Synthese nach v. Braun (vgl. S. 133). Rosettenartig angeordnete Kryställchen aus heißem Wasser, Schmelzpunkt 268°. Bei Zimmertemperatur löst sich 1 Teil in etwa 150 Teilen Wasser, bei 100° in 60 Teilen, in Alkohol und Äther ist es unlöslich. Fällt mit Phosphorwolframsäure, Unterschied vom ε-Benzoyl-d.1-lysin. Beim Erhitzen mit konzentrierter Salzsäure auf 115° wird die Benzoylgruppe abgespalten.

α - Monobenzoyl - d.1 - lysin = α - Benzoylamino-ε-amino-n-capronsäure bei kurzdauerndem Erhitzen der Dibenzoylverbindung mit konzentrierter Salzsäure (Fischer und Weigerth). Es ist leicht löslich in heißem Wasser, schwer löslich in Alkohol, unlöslich in Äther. Schmelzpunkt 235°, bisweilen auch 249°. Fällt aus der sauren Lösung nicht mit Phosphorwolframsäure.

Die Benzoylverbindung des Putrescins läßt sich von der des Cadaverins auf Grund der verschiedenen Löslichkeit in Alkohol + Äther trennen, in welchen erstere unlöslich, letztere löslich ist (v. Udransky und Baumann).

Ähnlich wie die Benzoylverbindungen lassen sich auch die Phenylisocyanatverbindungen der Diamine zu ihrer Trennung und Charakterisierung verwenden (Loewy und Neuberg). Die Phenylisocyanatverbindungen der Diamine sind unlöslich in Alkali. Die der Diaminosäuren sind darin leicht löslich und lassen sich durch Eindampfen mit Salzsäure in die entsprechenden Hydantoine überführen.

Diphenylharnstoffverbindung des Putrescins $C_6H_5 \cdot NH \cdot CO \cdot NH(CH_2)_4NH \cdot CO \cdot NH \cdot C_6H_5$ entsteht beim Zusammenbringen des in trockenem gekühlten Äther suspendierten Chlorhydrates mit einer ätherischen Lösung von Phenylisocyanat. Die quantitativ sich abscheidende Verbindung schmilzt nach dem Waschen mit Äther bei 240° (korr.), sie ist unlöslich in Wasser, Aceton, Benzol, Ligroin, Schwefelkohlenstoff und kaltem Alkohol, löslich in heißem Nitrobenzol, Anilin und besonders in Pyridin, aus letzterem oder aus Pyridin + Aceton scheidet sie sich in zu Büscheln und Garben vereinigten Nadeln ab (Loewy und Neuberg).

Die Phenylisocyanatverbindung des Cadaverins $C_6H_5 \cdot HN \cdot CO \cdot HN \cdot (CH_2)_5 \cdot NH \cdot CO \cdot NH \cdot C_6H_5$ löst sich in Pyridin etwas leichter als das entsprechende Tetramethylendiaminderivat und krystallisiert im Gegensatz zu diesem aus einer Pyridinacetonmischung erst nach einiger Zeit. Die Krystallform ist ähnlich wie bei der Putrescinverbindung, Schmelzpunkt 204⁰ bis 209⁰.

Phenylisocyanatverbindungen des Ornithins

$$C_6H_5NHCONH(CH_2)_3CH(NH \cdot CO \cdot NH \cdot C_6H_5)CO_2H \quad (I) \quad oder$$

$$C_6H_5NH \cdot CO \cdot NH \cdot (CH_2)_3 \cdot CH\text{------}CO$$

$$NH \qquad N \cdot C_6H_5 \quad (II)$$

$$CO$$

Verbindung I bildet sich, wenn man zu dem in Alkali gelösten Ornithin $1^1/_2$ Molekül Phenylisocyanat mit $1^1/_2$ Molekül Alkali zugibt. Das beim Ansäuern amorph ausfallende Reaktionsprodukt verwandelt sich beim Eindampfen mit $20^0/_0$iger Salzsäure in das Hydantoinderivat II, Schmelzpunkt 191—192⁰.

Phenylisocyanatverbindung des Lysins = Lysinhydantoin

$$C_6H_5NH \cdot CO \cdot NH \cdot (CH_2)_4CH \cdot CO$$

$$NH \cdot CO \qquad N \cdot C_6H_5$$

aus Alkohol + Aceton, voluminöse, schwammige Masse, unter dem Mikroskop als Krystallpilz erscheinend, Schmelzpunkt 183—184⁰ (Herzog). Der Schmelzpunkt des d.l-Lysinhydantoins liegt bei 196⁰.

Cadaverin und Putrescin geben wenig lösliche Pikrolonate, während die Pikrolonate des Lysins und Ornithins in Wasser leicht löslich sind.

Das **Putrescindipikrolonat** $C_4H_{12}N_2 \cdot 2 C_{10}H_8N_4O_5$ aus dem Carbonat und wäßriger Pikrolonsäure, sowie aus der Lösung des Chlorhydrates und alkoholischer Pikrolonsäure erhalten, bildet gelbe Nadeln, vom Zersetzungspunkt 263⁰, die in Wasser und Alkohol in der Kälte sehr schwer, in der Wärme etwas mehr löslich sind.

Das **Cadaverindipikrolonat** $C_5H_{14}N_2 \cdot 2 C_{10}H_8N_4O_5$ orangegelbe Täfelchen oder Nadeln, die sich bei 220—250⁰ zersetzen, wenig löslich in Wasser und Alkohol.

Das **d.l-Ornithinpikrolonat** $C_5H_{12}N_2O_2 \cdot C_{10}H_8N_4O_5 + 1^1/_2 H_2O$ zentimeterlange Nadeln aus Wasser, Schmelzpunkt 220—222⁰.

Das **Lysinpikrolonat** $C_6H_{16}N_2O_2 \cdot C_{10}H_8N_4O_5$ entsteht aus dem Carbonat und alkoholischer Pikrolonsäure. Zersetzungspunkt 246—252⁰. Löslich in Alkohol, sehr leicht löslich in Wasser.

Brieger hat zur Isolierung des Putrescins und Cadaverins die Chlorhydrate des Amingemisches in alkoholische Lösung übergeführt und mit alkoholischer Sublimatlösung die Quecksilberverbindungen abgeschieden. Eine teilweise Trennung läßt sich schon durch Umkrystallisieren der Quecksilberverbindungen aus Wasser erzielen. Das Quecksilberdoppelsalz des Putrescins ist darin erheblich leichter löslich als das des Cadaverins. Zur vollständigeren Trennung können die Quecksilberverbindungen in die Chlorhydrate zurückverwandelt werden. In absolutem Alkohol löst sich dann vorzugsweise das Cadaverinchlorhydrat, während das Putrescinchlorhydrat ungelöst zurückbleibt.

Zur Trennung des Putrescins und Cadaverins läßt sich auch die verschiedene Löslichkeit der Gold- und Platinsalze verwenden. Sind große Mengen der Diamine vorhanden, so kann auch eine fraktionierte Destillation zum Ziele führen.

Das Platinsalz des Putrescins $C_4H_{12}N_2 \cdot H_2PtCl_6$ krystallisiert in meist zu Drusen verwachsenen Nadeln oder Prismen in sechseckig, häufig untereinander geschichteten Plättchen und löst sich schwer in Wasser, jedoch leichter als das Cadaverindoppelsalz.

Das Golddoppelsalz des Putrescins $C_4H_{12}N_2 \cdot 2\,HAuCl_4 \cdot 2\,H_2O$ krystallisiert in Plättchen und ist in Wasser ziemlich wenig löslich im Gegensatz zu dem Golddoppelsalz des Cadaverins. Nach Reuter Nädelchen vom Schmelzpunkt 230°. Nach Yoshimura orangegelbe Plättchen vom Schmelzpunkt 240° (unkorr.).

Das Chloroplatinat des Cadaverins $C_5H_{14}N_2 \cdot H_2PtCl_6$ rotgelbe, vierseitige, an einem Ende zugespitzte Prismen oder Oktaeder, bisweilen Nadelbüschel, wenig löslich. 1 Teil löst sich in 113 Teilen Wasser von 12°, nach Gulewitsch in 70,8 Teilen. Wird bei 215° dunkel und zersetzt sich oberhalb dieser Temperatur, nach Gulewitsch liegt der Schmelzpunkt bei 186—188°. Bei Gegenwart geringer Mengen Verunreinigungen ist es leichter löslich und krystallisiert in Schuppen und Oktaedern.

Das Chloraurat $C_5H_{14}N_2 \cdot 2\,HAuCl_4$ bildet lange, stark glänzende, gelbe im Exsiccator verwitternde Nadeln oder Würfel vom Schmelzpunkt 186—188°, leicht löslich in Wasser (Unterschied vom Golddoppelsalz des Putrescins).

Die Platin- und Golddoppelsalze des Ornithins und Lysins sind in Wasser leicht löslich (Siegfried). Eine Trennung der beiden Diaminosäuren ermöglicht sich auf Grund der verschiedenen Löslichkeit der Pikrate in Methylalkohol (Kossel und Weiß). Da die racemischen Verbindungen größere Löslichkeitsdifferenzen zeigen als die optisch aktiven, empfiehlt es sich, das Gemisch der Diaminosäuren vor der Herstellung der Monopikrate kurze Zeit mit konzentrierter Schwefelsäure zu erhitzen, wodurch eine Racemisierung erzielt wird. Ist unter den mit Phosphorwolframsäure fällbaren Basen neben Arginin und Histidin nur Lysin vorhanden, so kann man aus den zersetzten Phosphorwolframsäureverbindungen das Lysin auch indirekt, durch Bestimmung der Stickstoffverteilung berechnen. Hierüber finden sich nähere Angaben S. 176.

V. Gruppe.

Die Guanidinoverbindungen.

Das als Iminoharnstoff $C{\Large\langle}^{NH_2}_{NH_2}{=}NH$ aufzufassende Guanidin findet sich nicht nur in freiem Zustande, sondern auch in Form zahlreicher Derivate in der Natur verbreitet. N-Homologe, wie das Methylguanidin $C{\Large\langle}^{NH\cdot CH_3}_{NH_2}{=}NH$, Guanidinocarbonsäuren, wie das

Kreatin $C{\Large\langle}^{NH_2}_{N\cdot(CH_3)CH_2COOH}{=}NH$ und Guanidinoaminosäuren, wie das Arginin $NH_2\cdot C(:NH)NH\cdot CH_2CH_2CH_2CH(NH_2)COOH$ sind neben ihren Derivaten sowohl im Pflanzen- wie im Tierreich nachgewiesen worden. Zahlreiche Forscher haben sich bemüht alle diese Guanidinderivate in einen biologischen Zusammenhang zu bringen. Was wir dank diesen eingehenden von verschiedenen Gesichtspunkten aus geleiteten Arbeiten erreicht haben, kann noch nicht als eine völlige Klärung des Problems gelten. Immer zahlreicher aber werden die Anhaltspunkte, welche das Arginin in das Zentrum der Betrachtungen rücken, immer häufiger die Beobachtungen, welche die einzelnen Guanidinderivate mit dieser wichtigen und allgemein verbreiteten Aminosäure verbinden.

Schon Kossel hat in genialer Intuition erkannt, daß dem Arginin eine dirigierende Rolle im Eiweißstoffwechsel zukommt. Er hat in der Ausarbeitung von Methoden zum quantitativen Argininnachweis ein Mittel geschaffen, um die Funktion dieser Aminosäure bei physiologischen und pathologischen Prozessen zu studieren. An seine meistens an tierischen Proteinen gemachten wertvollen Beobachtungen reihen sich die grundlegenden Arbeiten von Schulze und seinen Mitarbeitern, welche die Bedeutung des Arginins im Stoffwechsel der Pflanzen klarlegten.

Indem man in neuerer Zeit auch den minder häufigen Guanidinoderivaten vermehrte Beachtung schenkte, ist es nicht bloß möglich geworden diese zum Arginin in genetische Beziehungen zu bringen, sondern es haben sich aus ihrem qualitativ und quantitativ wechselnden Auftreten Schlüsse ergeben, welche die spezifische

Aufgabe des Arginins beim Auf- und Umbau der Zellproteine immer klarer präzisieren. Es ist daher vollauf gerechtfertigt, das Studium der Guanidingruppe mit der Besprechung dieser Aminosäure zu beginnen.

Das Arginin.

Das Arginin ist eine sämtlichen Eiweißkörpern eigene Aminosäure. In den Proteinen, wo es anfänglich nicht vorhanden zu sein schien, wie dies z. B. beim Elastin der Fall war (Hedin, Bergh), erwies es sich nachträglich bei genügend sorgfältiger Verarbeitung des Materials dennoch als anwesend (Kossel und Kutscher). Von diesen minimalen Mengen ansteigend, findet es sich bis zu 84 Gewichtsprozent der Trockensubstanz in sämtlichen Proteinen des Pflanzen- und Tierreichs. Eine Übersicht über diese Verteilung gewähren nachstehende Tabellen, in welchen die verschiedenen Eiweißkörper nach ihrem Arginingehalt in ansteigender Reihe geordnet sind.

a) Vorkommen von Arginin in pflanzlichen Proteinen.

Eiweißkörper	Gewichts-prozent	Autor
Ungekeimte. Samen von Lupinus luteus	0,3—0,4	Schulze und Castoro
Zein aus Mais	1,82	Kossel und Kutscher
Gliadin	2,75	Kossel und Kutscher
Gliadin	2,84 ± 0,14	Osborne, van Slyke, Leavenworth und Vinograd
Glutenfibrin	3,05	Kossel und Kutscher
Mucedin	3,13	Kossel und Kutscher
Hordein aus Gerste	3,3	Kleinschmidt
Eiweiß aus Kartoffeln	4,2	Sjollema und Rinkas
Glutencasein	4,4	Kossel und Kutscher
Legumin aus Erbsen	4,7	Kossel und Kutscher
Konglutin aus Samen von Lupinus	6,9	Schulze u. Winterstein
Kotyledonen 2—3 wöchentlicher Keimpflanzen von Lupinus luteus	ca. 7,5	Schulze
Kürbissamen	8,1	Schulze u. Winterstein
Rottannensamen	8,9	Schulze u. Winterstein
Oryzonin	9,15	Osborne, van Slyke, Leavenworth und Vinograd

Eiweißkörper	Gewichts-prozent	Autor
Kiefernsamen	10,9	Schulze u. Winterstein
Edestin aus Hanfsamen	10,7	Schulze u. Winterstein
Seekiefernsamen	11,3	Schulze u. Winterstein
Tannensamen	12,5	Schulze u. Winterstein
Arachin aus Arachis Hypogaea	13,5	Johns und Jones
Fichtensamen	14,3	Schulze u. Winterstein
Conarachin	14,6	Schulze u. Winterstein
Edestin aus Hanfsamen	14,6	Kossel und Platten

b) Vorkommen von Arginin in tierischen Proteinen.

Eiweißkörper	Gewichts-prozent	Autor
Elastin	0,3	Kossel und Kutscher
Eingetrocknetes Blutserum	0,7	Hedin
Fibroin aus Seide	1,0	E. Fischer u. Skita
Vitellin	1,20	Leven und Alsberg
Blut	ca. 2,0—2,2	Orglmeister
Eidotter	2,09	Orglmeister
Gorgonin, Jodkeratin aus Korallen	2,2	Drechsel
Hornspäne	2,25	Hedin
Casein	2,27	Orglmeister
Leber	2,72—2,9	Orglmeister
Fibrin	3,0	Kutscher
Verdauliches Eiweiß des Pankreas	3,02	Kutscher
Lactalbumin	3,23 ± 0,23	Osborne, van Slyk, Leavenworth und Vinograd
Rinderblutserum	ca. 3,94	Orglmeister
Seidenleim	4,0	E. Fischer und Skita
Heringstestikeln	ca. 4,0	Gulewitsch
Eiter aus Glutäalabszeß	ca. 4,2	Orglmeister
Nieren	4,2	Orglmeister
Protalbumose (aus Syntonin)	4,55	Hart
Muskel	ca. 4,7	Orglmeister
Casein	4,8	Hart
Heteroalbumose aus Wittepepton	4,9	Haslam
Karpfensperma, α-Cyprinin	4,9	Kossel und Dakin
Mammakarzinom	ca. 5,0	Orglmeister
Muscularis des Darms	ca. 5,1	Orglmeister
Syntonin aus Muskelfleisch	5,06	Hart

Eiweißkörper	Gewichts-prozent	Autor
Globin aus dem Oxyhämoglobin des Pferdeblutes	5,42	Abderhalden
Hornsubstanz	ca. 5,8	Orglmeister
Herz	ca. 5,8	Kossel und Kutscher
Spongin	5—6	Kossel und Kutscher
Muskeleiweiß	ca. 7,0	Kossel
Leim (Handelsprodukt)	7,05	Orglmeister
Deuteroalbumose	7,1	Haslam
Heteroalbumose aus Syntonin	8,52	Hart
Glutin	9,3	Kossel und Kutscher
Fischmuskel (Bonito)	10,8	Suzuki, Yoshimura und Yrie
Histon aus dem Sperma von Lhota vulgaris	12,0	Ehrström
Histon aus Thymus	14,36	Kossel und Kutscher
Histon aus dem Sperma von Gadus morrhua	15,22—15,52	Ehrström, Kossel und Kutscher
Crenilabrin aus Crenilabrus pavo	23,7	Kossel
Protamin aus der Makrele, Skombrin	ca. 58,0	Kurajeff
Protamin aus dem Stör, Sturin	58,2	Kossel und Kutscher
Protamin aus dem Seehasen, Cyclopterin	62,5	Kossel und Kutscher
Protamin aus dem Hering, Clupein	82,2	Kossel und Kutscher
Protamin aus dem Sperma des Lachses, Salmin	84,3	Kossel und Kutscher

Außerdem wurde Arginin nachgewiesen in der Milz (Orglmeister), im krystallisierten und im gewöhnlichen Eiweiß (Drechsel, Hedin), im verdaulichen Eiweiß der Mitteldarmdrüse des Octopus (Cohnheim), im Mucin (Mitjukoff), im Eiweiß der Diphtheriebazillen ($4{,}25\,\%$), im Eiweiß von Mykobacter lacticola ($0{,}946\,\%$) und von Wasserbakterien ($4{,}0\,\%$ Tamura), von Acotobacter Crooccocum (Omeliansky und Sieber), in Agaricus campestris (Kutscher), im Hefeeiweiß (Schröder).

Die Schwankungen der Argininwerte, welche dasselbe Protein bei der Bearbeitung durch verschiedene Forscher bisweilen zeigt, rühren nicht immer nur von einer verschiedenen Handhabung der Methode oder einem verschiedenen Reinheitsgrad des Eiweiß-

körpers her, sondern es mögen auch die wechselnden physiologischen
Zustände, bei welchen die Proteine dem Tier- oder Pflanzenmaterial
entnommen werden, einen bestimmenden Einfluß ausüben. Ein
Umbau der Proteine unter Änderung des Arginingehaltes vollzieht
sich nicht bloß, wenn das Eiweiß eines Organes das Baumaterial
für das Eiweiß eines anderen liefert, z. B. wenn das Muskeleiweiß
des Lachses in das argininreiche Protamineiweiß verwandelt wird
(Kossel), oder wenn das argininreiche Eiweiß der Pflanzensamen
bei der Keimung allmählich hydrolisiert und umgebaut wird,
sondern auch die verschiedenen individuellen und physiologischen
Zustände können die Zusammensetzung der Proteine beeinflussen.
Es ist keine unberechtigte Annahme, daß solche, durch innere
und äußere Ursachen hervorgerufene Änderungen der Zusammensetzung des Organeiweißes sich an den reaktionsfähigen basischen
Aminosäuren zuerst und am intensivsten zeigen. Untersuchungen
an Histonen und Protaminen (Kossel) und an verschiedenen
Keimpflanzen (Schulze, Schulze und Winterstein) bieten
genügende Beweise hierfür.

Kossel hat diese Verhältnisse namentlich an den Nucleo-
proteiden der Fischspermien eingehend studiert. Er konstatierte
dabei einen sukzessiven Übergang von Proteiden, welche die
Nucleinsäure festgebunden enthalten (Histone) und weniger ausgesprochene basische Natur besitzen in solchen mit locker ge-
bundener Nucleinsäure und ausgesprochener basischer Natur
(Protamine). Diese Umwandlung, die er als Dissoziation des Zell-
kerns bezeichnet, geht einher mit einem Verlust an Monoaminosäuren und einem entsprechenden Anstieg des Diaminosäure-
gehaltes. Das Endziel dieser Metamorphose ist die Bildung von
Protaminen der Zusammensetzung A_2M, wo A Arginin und M Gesamtheit der Monoaminosäuren bezeichnet. Diese schematische
Formel gibt demnach an, daß in den Protaminen auf je 2 Moleküle
Arginin, 1 Molekül der Monoaminosäuren gebunden ist, oder daß
$^2/_3$ der Bausteine aus Arginin, $^1/_3$ aus Monoaminosäuren besteht.
Dieses Verhältnis, welches bei der Differenzierung nicht immer
erreicht wird, ist annähernd realisiert bei den Protaminen des
Hechts (Perca), des Schwertfisches (Xiphias gladius), von Scomber
scomber, des Thunfisches (Thynus thynicus) u. a. In dem
sich Monoaminosäure oder andere basische Aminosäuren außer
Arginin am Aufbau beteiligen, können sich andere molekulare
Verhältnisse ergeben, die den Formeln $(AL)M_3$, $(AL)M$, $(AH)_2M$,

(AHL)$_2$M, (AH)$_2$ entsprechen, wobei H-Histidin und L-Lysin bedeutet.

Von großem Interesse ist die Beobachtung, daß neoplastisches Gewebe, wie es bei bösartigen Geschwülsten auftritt, einen erheblich größeren Gehalt an Arginin besitzt, wie das normale Gewebe. Nach Kocher beträgt der Argininstickstoff des normalen Lebereiweißes beim Menschen 5,61—6,88%, beim Hund 8,32% des Gesamtstickstoffs. In durch Metastasen verändertem Lebergewebe steigt der Arginingehalt auf das Doppelte (11,63—13,65%) des Gesamtstickstoffs an. Gleichzeitig mit dem Arginin sind auch die anderen Hexonbasen entsprechend vermehrt. Zu ähnlichen Beobachtungen gelangte auch Drummond.

Eine Änderung, und zwar eine Abnahme des Arginingehaltes, hat Kossel an der Leber durch Phosphorvergiftung erzielt. Eine geringe Abnahme des Arginingehaltes von Muskel, Leber und Blut konnte Orglmeister an Vögeln feststellen, welche er längere Zeit mit Benzoesäure vergiftete, und die einen Teil ihres Arginins als Ornithursäure ausschwemmten. Fütterung mit einem argininreichen Futter, Leim, bedingte keinen Anstieg im Arginingehalt des Organismus.

Das von Schulze an den Keimpflanzen ausgeführte Studium des Argininstoffwechsels hat Burns neuerdings auf das Tierexperiment übertragen. Er verfolgte den Arginingehalt befruchteter und bebrüteter Hühnereier.

Die Eier zeigten in den ersten 12 Tagen eine Zunahme des durch Oxydation ermittelten Gesamtguanidingehaltes von 0,06 auf 0,29%. Diese Guanidinwerte können als Indicator für den Arginingehalt dienen (vgl. S. 177). Danach findet eine rasche Abnahme bis zum 14. Tage und eine langsamere bis zum 16. Tage statt; in einer anderen Serie konnte eine Zunahme von 0,16 auf 0,59% bis zum 12. Tage festgestellt werden. Die Abnahme nach dem 12. Tage ist nicht so regelmäßig wie die Zunahme vorher.

Im Eiweiß selbst dient offenbar nur die Amidogruppe des Arginins zur Verkettung, während die Guanidogruppe frei bleibt, es besteht also folgende Bindungsart: — $CO \cdot NH \cdot CH[(CH_2)_3NH \cdot C(:NH) \cdot NH_2] \cdot CO \cdot NH \cdot CH[(CH_2)_3NH \cdot C(:NH) \cdot NH_2] \cdot CO \cdot NH$ — (Kossel und Cameron). Da die Guanidogruppe des Arginins, wie auch des Guanidins selbst, unter den Bedingungen der Slykeschen Methode keinen Stickstoff abspaltet und nach Sörensen auch mit Formaldehyd nicht reagiert, so spalten argininreiche aber lysinfreie Eiweißkörper (Salmin, Clupein, Esocin, Zein, Scombrin, Hordenin) bei der volumetrischen Stickstoffbestimmung keinen

Stickstoff ab und sind auch nicht formoltitrierbar (Kossel und Gawrilow, Kossel und Weiß).

Das durch hydrolytische Prozesse losgelöste Arginin läßt sich namentlich in Pflanzen während der Keimperiode nachweisen. Während die Cotyledonen der ungekeimten Pflanzen nur wenig, bisweilen gar kein Arginin enthalten, steigt der Arginingehalt der Extraktivstoffe innerhalb der ersten Wochen der Keimung bedeutend, besonders wenn diese unter Lichtabschluß erfolgt; späterhin findet dann wieder eine Abnahme des mobilisierten Arginins statt, welches zum Aufbau anderer Aminosäuren verwendet wird. Auch in den Reserveorganen (Wurzeln und Knollen) findet sich freies Arginin (Schulze). Es wurden isoliert aus 25 kg Kohlrüben 1 g Argininnitrat, aus 25 kg Topinamburknollen 0,63 g, aus 10 kg Schwarzwurzeln 3,6 g, aus 10 kg Cichorienwurzeln 0,76 g. Beim autolytischen Zerfall der Pflanzen, wie er sich im Ackerboden vollzieht, werden die Hexonbasen frei und lassen sich als solche aus den meisten kultivierten Böden isolieren.

Im Organismus höherer Tiere ließ sich freies Arginin nur in seltenen Fällen nachweisen, und zwar namentlich in Organen und Geweben, wo intensive Neubildungen stattfinden. Es findet sich in der Milz (Gulewitsch und Jochelsohn), im Stierhoden (Totani und Katsujama) und tritt auch im Exsudat karzinomatöser Geschwülste auf, eine Beobachtung, die mit dem oben erwähnten Argininreichtum neoplastischer Gewebe in Einklang steht (Drummond). In einem Falle von Phosphorvergiftung hat Wohlgemuth aus dem Harn Arginin in der Form eines zweifelhaften Pikrolonates isolieren können.

Die oxydativen Fähigkeiten des Säugetierorganismus und das Vorhandensein spezifischer argininabbauender Fermente (vgl. S. 149) vermögen offenbar dieser Aminosäure auch dann noch Herr zu werden, wenn abnorme Mengen in den Kreislauf gebracht werden. Auch bei bakteriellen und autolytischen Prozessen, wie sie sich z. B. bei der Reifung des Käses geltend machen, unterliegt das in Freiheit gesetzte Arginin rasch einer Veränderung, so daß es in den Autolysenprodukten nicht mehr nachgewiesen werden kann (Winterstein und Thöny).

Bei niederen Tieren, wie beim Flußkrebs, der Krabbe und dem Hummer ist diese argininabbauende Fähigkeit weniger ausgeprägt, hierauf ist es zurückzuführen, daß sich in Extrakten dieser Tiere freies Arginin vorfindet (Ackermann und Kutscher,

Kutscher, Suzuki, Yoshimura und Irie). Weiter unten wird darauf hingewiesen werden, daß dieses differente Verhalten in engem Zusammenhang mit dem Kreatin- und dem Kreatininstoffwechsel steht.

In welcher Weise sich das Argininmolekül aufbaut, ist noch völlig ungeklärt. Ob der Tierkörper Arginin aus anderem Stickstoffmaterial überhaupt zu synthetisieren vermag, d. h. ob Arginin ein lebenswichtiger Baustein ist, welcher dem tierischen Organismus in irgend einer Weise vorgebildet, zugeführt werden muß, ist gleichfalls unentschieden. In der Pflanze kann eine solche Synthese jedenfalls nicht bestritten werden. Über den intimen Vorgang vermögen wir aber nur Vermutungen zu äußern. Die Reversibilität, welche die in den lebenden Zellen sich vollziehenden Vorgänge auszeichnet, läßt z. B. erwarten, daß ebenso wie sich aus Arginin unter dem Einfluß einer Arginase Ornithin und Harnstoff bildet, umgekehrt aus Harnstoff und Ornithin Arginin hervorgehen kann. Der Umstand, daß dieser Prozeß sich in vitro nicht hat realisieren lassen, ist kein Gegenbeweis. Auch die Polypeptidverkettung ist außerhalb der lebenden Zelle nicht gelungen, wiewohl sie eine Grundlage unserer Anschauungen über den Aufbau des Eiweißes bildet.

Zur Darstellung des Arginins verwendet man in der Regel ein argininreiches, leicht zugängliches Eiweiß, als solches können Edestin aus Hanfsamen (Rießer, Fischer und Suzuki) und Clupein aus Heringstestikeln (Gulewitsch) bezeichnet werden. In letzterem Falle braucht man natürlich nicht von dem reinen Clupein auszugehen, sondern kann die Testikel direkt der Hydrolyse unterwerfen.

Aus den Hydrolysaten fällt man das Arginin mit den anderen Hexonbasen als Phosphorwolframsäureverbindung. Diese wird mit Baryt zerlegt, worauf sich mit barytalkalischer Silbernitratlösung das Arginin als Silberverbindung abtrennen läßt. Das gleichzeitig anwesende Histidin, welches sich mit barytalkalischer Silbernitratlösung ebenfalls abscheidet, läßt sich durch fraktionierte Fällung (vgl. S. 17 und 176) abtrennen. Die Silberverbindung des Arginins wird in schwefelsaurer Lösung mit Schwefelwasserstoff zerlegt und in das Carbonat übergeführt. Die Reinigung des so erhaltenen rohen Arginincarbonats kann entweder über das saure Silbernitratdoppelsalz oder über das schwer lösliche Pikrat erfolgen.

Schulze und Winterstein ist es gelungen durch Anlagerung von Cyanamid an Ornithin das Arginin zu synthetisieren

$$NH_2 \cdot CN + H_2N(CH_2)_3CH(NH_2)CO_2H = H_2N \cdot C(:NH)NH(CH_2)_3CH(NH_2)CO_2H$$

Cyanamid   Ornithin   Arginin

Diese Synthese ist für die Konstitutionsfrage nicht entscheidend, da sich das Cyanamid ebensowohl an die α- wie an die δ-Aminogruppe des Ornithins anzulagern vermag. Indem Sörensen die Cyanamidsynthese einmal mit α-Benzoylornithin, $H_2N(CH_2)_3CH(NH \cdot COC_6H_5)COOH$, das andere Mal an δ-Benzoylornithin, $C_6H_5CO \cdot NH(CH_2)_3CH(NH_2)CO_2H$, ausführte, gelangte er zu zwei verschiedenen Argininen, einer α-Guanido-δ-amidovaleriansäure und einer δ-Guanido-α-aminovaleriansäure. Nur die d-Form der letzteren erwies sich identisch mit dem natürlich vorkommenden d-Arginin.

Das freie Arginin bildet rosettenartige Drusen von rechtwinkligen oder zugespitzten Tafeln und dünnen Prismen. Es schmilzt unter Zersetzung bei 207—207,5°, besitzt einen schwach bitteren Geschmack. In Wasser ist es leicht löslich, in heißem Alkohol fast unlöslich. Das aus pflanzlichen und tierischen Proteinen dargestellte Arginin dreht in saurer Lösung nach rechts. Bei Gegenwart von freier Mineralsäure wird das Drehungsvermögen erhöht. $[\alpha]_D$ (berechnet für das Chlorhydrat) ohne Zusatz von freier Salzsäure in wäßriger 17,782%iger Lösung = $+ 10°$. Fügt man zu der wäßrigen Lösung noch Salzsäure, so steigert sich das Drehungsvermögen auf nahezu das Doppelte.

Bei künstlicher pankreatischer Verdauung von Antipepton und von Fibrin wurde ein racemisches Arginin erhalten (Kutscher). Dieses findet sich entweder als solches im Fibrin oder es entsteht durch Kombination von d-Arginin aus Fibrin und l-Arginin aus Pankreaseiweiß. Künstlich vermag man Arginin dadurch zu racemisieren, daß man es mit seinem fünffachen Gewicht konzentrierter Schwefelsäure bis zum beginnenden Sieden, oder mit 5%iger Schwefelsäure längere Zeit im geschlossenen Rohre auf 160—180° erhitzt (Rießer).

Welche biologische Bedeutung dem Arginin im intracellulären Stoffwechsel zukommt, ist nicht näher bekannt. Man darf nur annehmen, daß es sich, infolge seiner reaktionsfähigen basischen Gruppen, zum Umbau in andere Stickstoffverbindungen — Aminosäuren oder Purinkörper — am besten eignet, oder sonstigen Anforderungen am raschesten gerecht zu werden versteht. Da es bei seinem Freiwerden aus dem Eiweißverband die OH-Ionen-konzentrationen erheblich verändert, ist schon dadurch möglich, daß die hiervon abhängigen fermentativen Reaktionen wesentlich beeinflußt werden können. Die Trypsinverdauung des Eiweißes z. B. wird durch Arginin wie durch freies Alkali fördernd beeinflußt, wenn ein gewisses Optimum der Konzentration nicht überschritten wird. Es kann also bei der Proteolyse abgespaltenes Arginin in gewisser Hinsicht autokatalytisch wirken, auch die Emulgierung der Fette kann durch freiwerdendes Arginin erleichtert werden (Lawrow).

Die Umwandlung des Arginins in andere Aminosäuren, vorzugsweise in Asparagin, hat Schulze mit seinen Mitarbeitern klargelegt. Die Bedeutung für den Purinstoffwechsel erhellt aus den Versuchen von Ackroy und Hopkins, welche zeigten, daß ein Aminosäuregemisch dem Arginin oder Histidin entnommen wurde, keine vollwertige Nahrung darstellt und Störungen des Stoffwechsels verursacht, die besonders in einer Verminderung der Allantoinausscheidung zum Ausdruck gelangen. Zulage von Histidin oder Arginin vermag die Stoffwechsel- und Wachstumsstörungen zu beheben, und zwar genügt eine dieser beiden Aminosäuren, deren chemische Konstitution den Übergang in Pyrimidin- und Purinderivate glaubwürdig erscheinen läßt.

Die Reaktionsbereitschaft des Arginins wird bei der Benzoesäurevergiftung der Vögel ausgenützt. Hier ist durch die Ornithinausschwemmung auch der Chemismus klar erkennbar: Bei fast allen anderen intermediären Umsetzungen ist man auf Vermutungen angewiesen. Entwickelt man auf Grund des chemischen Verhaltens die Möglichkeiten, die sich a priori für den biochemischen Abbau des Arginins ergeben, so lassen sich vier wesentlich verschiedene Reaktionsfolgen annehmen:

1. Die Guanidingruppe wird unter Einwirkung einer Arginase verändert, dann bildet sich Ornithin, welches im Organismus den Seite 128 diskutierten Umsetzungen (Kuppelung, Decarboxylierung usw.) unterliegt. Die Arginase ist von Kossel und Dakin als ein in der Leber verschiedener Tiere enthaltenes spezifisch für die Argininspaltung eingestelltes Ferment entdeckt worden. Auch in der Milz, Thymus und in der Duodenalschleimhaut, sowie in der Niere, in der Hefe und in den Sojabohnen (Shiga) konnte es nachgewiesen werden, doch hat Edlbacher, mit der exakteren formoltitrimetrischen Methode arbeitend, festgestellt, daß die

Arginase nur in der Leber vorkommt, bei Vögeln und Reptilien jedoch auch in diesem Organe fehlt. Die Versuchsergebnisse waren die gleichen, ob mit bluthaltigen oder blutfreien Organen gearbeitet wurde; Zusatz von Serum bewirkt keine Aktivierung eines Organbreies, der an sich nicht aktiv ist (vgl. auch hierzu Thomas, Thomas und Goerne).

Daß auch die Bakterien Arginin zu spalten vermögen, beweist das Auftreten von Putrescin bei der Argininfäulnis, und zwar ist es bei der bis jetzt strenge geltenden Spezifität der Arginase wahrscheinlich, daß die Harnstoffabspaltung am Arginin und nicht erst am Agmatin erfolgt. Gleich wie die im Leberpreßsaft enthaltene Arginase wirkt ein in den Pflanzen vorkommendes Ferment (Kiesel). Das bei der Spaltung gebildete Ornithin läßt sich aber nur nachweisen, wenn man in größeren Konzentrationen arbeitet, da das Phosphorwolframat des Ornithins eine immerhin in Betracht kommende Löslichkeit besitzt. Der gebildete Harnstoff ist nur in den Pflanzen nachweisbar, welche wie die Pilze keine Urease enthalten.

2. Der Guanidinkomplex bleibt intakt und es vollzieht sich am Arginin die von Knoop studierte β-Oxydation der Aminosäuren; es bildet sich zunächst Guanidobuttersäure, aus dieser Guanidoessigsäure, aus dieser Methylguanidin, das nach Anlagerung an Essigsäure oder Glykolsäure als Kreatinin zur Ausscheidung gelangt.

$$\underset{\text{Arginin}}{H_2NC(:NH)NH \cdot (CH_2)_3CH(NH_2)CO_2H} \rightarrow \underset{\text{Guanidobuttersäure}}{H_2N \cdot C(:NH)NH(CH_2)_3COOH} \rightarrow$$

$$\rightarrow \underset{\text{Guanidino} \downarrow \text{essigsäure}}{H_2N \cdot C(:NH)NH \cdot CH_2 \cdot COOH} \rightarrow \underset{\text{Methylguanidin}}{H_2N \cdot C(:NH)NH \cdot CH_3}$$

$$\underset{\text{Kreatin}}{H_2N \cdot C(:NH) \cdot N(CH_3) \cdot CH_2COOH} \longleftarrow$$

Zahlreiche Untersuchungen haben sich bemüht, für diese postulierten Übergänge experimentelle Stützpunkte zu gewinnen und da man für Kreatinin einfache und genaue Bestimmungsmethoden besaß, war es naheliegend, die Bestätigung dieser Hypothese in einer Zunahme der Kreatininbildung zu finden, welche nach Einführung von Arginin oder eines der als Zwischenprodukte in Betracht kommenden Körper — Guanidinobuttersäure, Guanidinoessigsäure bezw. Glykocyamidin, Methylguanidin — im Tierkörper nachzuweisen war. Diese Arbeiten sollen beim Kreatinin ausführlicher erwähnt werden. Die zum Teil sich widersprechenden Befunde sind zwar nicht imstande die genetische Beziehung zwischen Arginin, Kreatin und Kreatinin eindeutig zu beweisen. Doch scheinen solche zum mindesten wahrscheinlich, zumal auch phylogenetisch das Arginin bei den Crustaceen sich als Vorläufer und Stellvertreter des Kreatins erweist (Ackermann und Kutscher).

Guanidino-n-Valeriansäure entsteht aus Arginin bei reduktiver Desamidierung (Ackermann, Engeland und Kutscher) wie sie besonders von gewissen Bakterien bei der Fäulnis vollzogen wird.

3. Der Guanidinkomplex bleibt intakt, ebenso die α-ständige Aminogruppe, in diesem Falle bildet sich das Agmatin $H_2NC(:NH)$ $NH(CH_2)_4NH_2$, das bei der Fäulnis und beim Erhitzen des Arginins unter Druck erhältlich ist.

4. Es wird sowohl die α-Amidogruppe, wie die δ-Guanidogruppe abgespalten. Hierbei bilden sich Mono- und Dicarbonsäuren, Valeriansäure, Essigsäure, Bernsteinsäure, Buttersäure, wie sie bei der Oxydation von Arginin oder argininhaltigen Komplexen mit Kalium oder Calciumpermanganat (Kutscher und Schenk) erhalten wurden. Es ist klar, daß auch fermentative und bakterielle Prozesse das Arginin in gleicher Weise verändern können.

Das Kreatin und Kreatinin.

Die Methylguanidinoessigsäure
$$H_2N \cdot C(:NH)N \cdot (CH_3)CH_2COOH,$$
das Kreatin, ist schon im Jahre 1835 von Chevreul aus Bouillontafeln isoliert worden; sie wurde später von Liebig eingehend untersucht und von Gregori, Grohe, Vallenciennes und Frémy als regelmäßiger Bestandteil der Muskeln verschiedener Tierarten nachgewiesen.

Das Anhydrid der Methylguanidinoessigsäure, das Kreatinin $HN \cdot C(:NH) \cdot N(CH_3)CH_2CO$ wurde von Pettenkofer 1844 im Harn entdeckt. Erst in neuester Zeit ist es aber gelungen, die physiologischen Beziehungen, welche diese beiden chemisch so nahe verwandten Substanzen miteinander verknüpfen, einigermaßen aufzuklären. Dies lag zum Teil daran, daß früher Verfahren ausgeübt wurden (vgl. S. 180), welche höchstens für das Kreatinin annähernd sichere Werte ergaben. Die gleichzeitige Berücksichtigung von Kreatin und Kreatinin ist aber eine prinzipielle Notwendigkeit, um über solche Zusammenhänge eindeutige Aufschlüsse zu erhalten. Dies ist erst möglich geworden, seitdem Folin seine handliche colorimetrische Kreatin- und Kreatininbestimmung eingeführt hat.

Wiewohl Kreatin und Kreatinin chemisch sehr nahe verwandt und leicht ineinander überführbar sind, so liegen im Tierkörper die Verhältnisse doch nicht so einfach, daß ein Plus an Kreatinin auch ein entsprechendes Plus an Kreatin bedeutet und umgekehrt. Vom physiologischen Gesichtspunkte aus sind Kreatin und Kreatinin grundsätzlich verschieden. Letzteres ist ein Stoffwechselendprodukt, das, einmal gebildet, den Tierkörper zum größten Teil unverändert passiert. Ersteres wird im Organismus gewöhnlich noch weiter verändert; es ist ein intermediäres Stoffwechselprodukt. Unter bestimmten physiologischen und pathologischen Bedingungen tritt jedoch auch das Kreatin als Stoffwechselprodukt auf. Eine eingehendere Schilderung des Vorkommens und des biochemischen Verhaltens der beiden Guanidinoderivate wird deren verschiedene biologische Wertigkeit und Wechselbeziehungen deutlicher zutage treten lassen.

Das Kreatin findet sich in den Muskeln der Warmblüter und der meisten Kaltblüter; nur bei einigen Crustaceen (Krebs, Krabbe) fehlt es vollständig. An seine Stelle tritt das Arginin. Ob sich das Kreatin im lebenden Muskel in freiem Zustande oder in lockerer Bindung befindet, ist unentschieden (Urano), auf jeden Fall wird eine solche Verbindung, wenn sie besteht, schon durch geringe physikalische Eingriffe — Kochen, Zerkleinern — gelöst. Kreatinin ist in den Muskeln nicht (Brown, Graham und Cathcart, Grindley und Woods, Mellanby) oder nur in geringer Menge (Myers und Fine) enthalten. Wenn trotzdem bisweilen ein beträchtlicher Kreatiningehalt der Muskeln der Warmblütern festgestellt werden konnte, so liegt dies an der leichten Überführbarkeit des Kreatins in sein Anhydrid. Die natürliche Acidität des Muskelextraktes genügt schon, um beim Kochen diese Umwandlung herbeizuführen. Auf solche sekundäre Anhydrisierung ist der wechselnde Kreatiningehalt der Fleischextrakte zurückzuführen.

Nach Grindley und Woods schwankt der Kreatiningehalt käuflicher Fleischextrakte zwischen 0,83—5,21%, der Kreatingehalt zwischen 0,55 bis 4,79%, die Summe der Kreatinkörper liegt zwischen 1,38—5,88%. Auch in selbstangefertigten Fleischextrakten wurden teilweise recht erhebliche Schwankungen, sowohl des präformierten Kreatinins (2,3—7%) als auch des Kreatins (0,75—7,5%) festgestellt (Baur und Trümpler). Aus 1000 g gutem europäischem Schlachtfleisch werden etwa 30—35 g Extrakt mit 7,5—8,9% Gesamtkreatinin erhalten.

Im frischen Muskel ist der Kreatingehalt bei verschiedenen Tierarten ein ziemlich konstanter.

Für das Kaninchen ergab sich ein Kreatingehalt von 0,52%, für den Hund 0,37%, für die Katze 0,45% (Myers und Fine, Folin und Buckmann, Rießer), für Rindfleisch 0,4278—0,4522%, für Schaffleisch 0,4059 bis 0,4185%, für Schweinefleisch 0,4313—0,4721%, für Pferdefleisch 0,3763 bis 0,3948% (Hoogenhuyze und Verploegh), im Fleisch des Wildkaninchens 0,2% (Yoshimura). Etwas andere Werte fand Cabella Mario: 0,3724% in den Muskeln des Rindes, 0,4251% beim Huhn, 0,3654% bei der Ente, 0,28% im Fleisch des Fisches Pejerrey, 0,3038% im Fleisch von Phycis brassiliensis. Suzuki, Yoshimura und Irie fanden im Fleisch des Lachses 0,32%, im Fleisch des Magura 0,3%. Der Herzmuskel enthält beim Hund, Rind und Huhn weniger Kreatin als das willkürliche Muskelgewebe. Noch geringer ist der Kreatingehalt in glatten Muskeln. Er beträgt in der Harnblase etwa $^1/_3$ des Gehaltes der gestreiften Muskulatur, 0,1093%. Ähnliche Verhältnisse ergaben sich bei der Untersuchung der Harnblase und der Muskulatur des Magens beim Schwein (Saiki) und im Retractor penis des Rindes (Buglia und Costantino). Die Brustmuskulatur von Vögeln (Ente, Huhn) zeigt einen größeren Kreatingehalt als die Schenkelmuskulatur. Beim Huhn ist der Kreatingehalt der Schenkelmuskulatur 0,3477—0,368% gegenüber von 0,4075—0,4813% Kreatin in den Brustmuskeln; bei den Enten 0,3477—0,3832% bezw. 0,4173—0,5216%. Das Prozentverhältnis zwischen Gesamtstickstoff und Kreatinstickstoff schwankt für die willkürlichen Muskeln der Säuger, Vögel, Fische und für den Herzmuskel des Rindes zwischen 3 und 4; zwischen 4 und 5 für die Brustmuskeln der Vögeln; bewegt sich um 1 für den Herzmuskel des Huhns und die glatten Muskelgewebe (Harnblasenmuskulatur des Rindes).

Der normale Psoasmuskel des Menschen enthält 0,36 bis 0,421% Kreatin (Denis, Myers und Fine). Bei einer Reihe von Fällen, die nach verschiedenen Krankheiten im kachektischen Zustande gestorben waren, war der Kreatingehalt der Muskulatur absolut und relativ erniedrigt. Die Muskeln der Kinder zeigen einen geringeren Kreatingehalt. Der Kreatingehalt des Säuglingsmuskels wurde von Rose zu 0,19% gefunden. Im bebrühteten Hühnerei tritt Kreatin erst am 12. Tage der Entwicklung auf (Mellanby).

In geringer Menge findet sich das Kreatin auch im Blut (Gottlieb und Stangassinger, Folin, Feigl). Nach Feigl schwankt der Kreatingehalt im Blute gesunder Menschen zwischen 5—10 mg pro 100 ccm Blut, also zwischen 0,005—0,01%. Ganz geringe Mengen von Kreatin sind im Gehirn nachgewiesen worden (Städeler).

Das in den Muskeln abgelagerte Kreatin ist wahrscheinlich ein Stoffwechselprodukt der Muskelzellen, es ist jedoch kein Stoffwechselendprodukt, sondern unterliegt im Organismus noch weiteren, zum Teil nicht näher bekannten Veränderungen. Zum Teil, und zwar etwa zu 2—3% (Myers und Fine), wird es in Kreatinin verwandelt, welches im Harn zur Ausscheidung gelangt. Unter bestimmten Verhältnissen aber kann das dem Körper zugeführte oder in ihm gebildete Kreatin auf diese Weise nicht bewältigt werden und gelangt durch die Niere unverändert zur Ausscheidung. Es erfolgt Kreatinurie. Solche Verhältnisse treten namentlich in den Versuchen klar zutage, wo Kreatin oder kreatinhaltiges Material dem Organismus auf oralem oder subkutanem Wege einverleibt wurde (vgl. hierzu die Arbeiten von Myers und Fine, Towles und Voegtlin, Plimmer, Dick und Lieb, van Hoogenhuyze und Verploegh, Rose, Dimitt und Cheatham, Klercker).

Ein wie großer Teil des mit der Nahrung als Fleisch oder als Extrazulage eingenommenen Kreatins im Harn unverändert zur Ausscheidung gelangt, wird durch komplizierte, noch wenig geklärte Verhältnisse bestimmt. Auf jeden Fall scheint das mit dem Fleisch eingenommene Kreatin eine beträchtlichere Zunahme der Kreatininausscheidung zu veranlassen, als das reine Kreatin (Burns und Orr). Ob diese Kreatininmehrausscheidung tatsächlich auf das mit dem Fleisch zugeführte Kreatin zu beziehen ist, oder ob es den anderen im Fleisch enthaltenen Guanidinverbindungen (Arginin, Methylguanidin) entstammt, oder eine Folge der Verdauungstätigkeit oder vermehrter Diurese darstellt, ist unentschieden.

Ähnliche Zustände wie bei experimenteller Kreatinzufuhr bilden sich im Körper auch aus endogenen Ursachen, d. h. es erfolgt eine vermehrte Bildung von Kreatin, eine Steigerung des Muskelkreatins, eine Erhöhung des Harnkreatinins und eine Ausscheidung von unverändertem Kreatin (Kreatinurie). Um über die speziellen zur Kreatinbildung führenden physiologischen Funktionen Aufschluß zu erhalten, hat man diese Faktoren oft zum Gegenstand quantitativer Untersuchungen gemacht. Anfänglich verfolgte man namentlich die Kreatininwerte des Harns (vgl. weiter unten), später schenkte man jedoch auch dem Harn- und Muskelkreatin mehr Beachtung. Seit Liebig, der in den Muskeln eines gehetzten Fuchses einen zehnmal größeren

Kreatiningehalt feststellte, als in den Muskeln gefangener Tiere, hat man immer wieder in Versuchen an Menschen, Tieren und isolierten Organen den Einfluß der Muskelarbeit auf die Kreatinbildung bezw. Kreatininausscheidung untersucht. Ältere Arbeiten, die am tetanisierten Froschmuskel (Jarokin, Monari), an Hühnern (Voit) und an Hunden (Voit, Meißner) oder in Selbstversuchen (Gregor) die Frage lösen wollten, kamen sowohl zu einer bejahenden, wie einer verneinenden oder unentschiedenen Antwort. Diese ist jedoch schon aus den erwähnten methodischen Gründen — im allgemeinen wurde die Neubauersche Kreatininbestimmung angewendet — in keinem Falle beweisend. Auch für die geringen Differenzen, welche die Kreatininausscheidung bei demselben Individuum und bei derselben Kost und Lebensweise immerhin zeigt (van Hoogenhuyze und Verploegh), ist nicht genügend Rücksicht genommen worden und man hat unbedeutende Schwankungen, wie sie normalerweise vorkommen, auf einen Einfluß der Muskelarbeit zurückgeführt. Mit der Folinschen Methodik stellte Weber am überlebenden, schlagenden Säugetierherzen eine Kreatinbildung fest. Auch die durch Cinchonin an Hunden hervorgerufenen Krämpfe bedingen eine vermehrte Kreatininausscheidung und eine mit dieser parallel gehende Verarmung an Muskelkreatin. Bei elektrischer Reizung des Froschmuskels konnten Brown, Graham und Cathcart eine Erhöhung des Kreatingehaltes beobachten, während in analogen Versuchen von Mellanby die Steigerung des Kreatins nur unbedeutend war.

Eine Erklärung dieser Widersprüche ergab sich durch die sogenannte Tonustheorie (Pekelharing, Pekelharing und van Hoogenhuyze, Pekelharing und Harkink). Danach ist es nicht die durch rhythmische Kontraktionen bedingte Muskelarbeit, welche die Bildung von Kreatin und die Kreatininausscheidung anregt, sondern der auf speziellen vitalen Vorgängen beruhende Muskeltonus. Wird dieser durch physiologische, mechanische oder chemische Reize verstärkt, so resultiert eine gesteigerte Kreatinbildung. Hierauf beruht das Absinken des Harnkreatinins im Schlaf und während der Bettruhe, seine Verminderung nach großen Dosen von Bromkali und der verminderte Kreatingehalt von Muskeln, die durch operative Eingriffe (Nervendurchschneidung) sich im Entspannungszustand befanden, gegenüber solchen, die infolge anderer experimenteller Schädigungen dauernd kontrahiert waren. Auch die bei herabgesetzter Lebens-

tätigkeit (Lähmung der unteren Extremitäten) stark verminderte
Kreatininausscheidung (bis 9,2 mg pro Kilogramm) ist wenigstens
zum Teil auf einen reduzierten Muskeltonus zurückzuführen.
Andererseits bedingt eine willkürliche Ausspannung der Muskeln
(Pekelharing und Harkink), eine Anregung der vitalen Funk-
tionen durch Stimulantien (Alkohol, Strychnin, Cola, Veratrin) oder
durch Fieber eine Steigerung des Harnkreatinins. In gleicher
Weise bewirken am überlebenden Froschmuskel tonisierende Sub-
stanzen (Veratrin, Nicotin, $CaCl_2$, NaCNS) eine Zunahme des
Muskelkreatins und schließlich vermag auch die Wärme und
Totenstarre dessen Erhöhung herbeizuführen.

Außer diesen, auf Tonusänderungen beruhenden Verschie-
bungen des Kreatinstoffwechsels, verursachen alle jene Vorgänge, die einen gesteigerten Zellumsatz, namentlich aber einen
gesteigerten Abbau des Körpereiweißes bedingen, eine Überschwemmung des Körpers mit Kreatin, als deren Folge neben
einer Steigerung der Kreatininausscheidung eine Kreatinurie auftritt. Beim normalen Erwachsenen genügt die Kreatininausscheidung im Verein mit dem unbekannten oxydativen Abbau,
um des im intermediären Stoffwechsel entstehenden Kreatins
Herr zu werden. Bei den unerwachsenen Personen, wo der endogene
Stoffwechsel ein regerer ist, oder wo die oxydativen Fähigkeiten
noch nicht völlig ausgebildet sind, ist dies nicht der Fall. Kinder
scheiden bis zum Alter von 15 Jahren neben Kreatinin regelmäßig
Kreatin im Harn aus (Powis und Raper, Folin und Denis,
Rose, Denis, Kramer und Minot, Mendel und Rose). Während der Entwicklung des Kindes nimmt der Kreatininkoeffizient
des Harnes, Kreatinin pro Kilogramm Körpergewicht, dauernd zu
und das Kreatin verschwindet bei völliger Entwicklung.

Als physiologische Kreatinurie kann die von Benedikt und
Diefendorf festgestellte Hungerkreatinurie betrachtet werden.
Das zuerst am Menschen beobachtete Auftreten von Kreatin im
Hungerzustande (0,15—0,3 g täglich) ist späterhin von anderen
Forschern auch an Säugetieren bestätigt worden. Das Kreatin,
welches während des Hungers erscheint, stammt aus den Muskeln.
Hierfür spricht der zu Anfang der Hungerperiode gesteigerte
Kreatingehalt der Muskeln, Beobachtungen an Kaninchen (Myers
und Fine), an Tauben (Demant), an Kaninchen und Hühnern
(Mendel und Rose). Gegen das Ende der Verhungerung nimmt
der Kreatingehalt des Muskels wieder ab, bedingt durch die große

Ausschwemmung in den Harn. Die Abnahme des Gesamtkreatins des Körpers, welche durch die vermehrte Ausscheidung verursacht ist, beläuft sich auf 40—50% des Initialgehaltes.

Auch bei verschiedenen Krankheiten, die mit einem intensiven Zerfall oder Umsatz der Körperzellen einhergehen, tritt Kreatinurie auf. Shaffer fand bei akutem Fieber, bei Morbus Basedowii und schwerem Diabetes Werte bis zu 0,6 g im Tagesharn; bei Typhus sogar 2 g, bei postpartalen Zuständen 0,5—1,5 g. Bei Leberkrebs konnte van Hoogenhuyze und Verploegh bis zu 4 g Kreatin im Harn nachweisen. Bei kongenitaler Amyotonie (Powis und Raper) und anderen Muskeldystrophien (Levene und Kristeller) ließ sich ebenfalls eine erhöhte oder abnorme Kreatinausscheidung feststellen.

In innigem Zusammenhang mit der Kreatinurie steht offenbar der Kohlenhydratstoffwechsel. Wenn der Körper keine Kohlenhydrate mehr empfängt, wie beim Hungern, oder sie nicht oder nur teilweise verwerten kann, wie beim Diabetes, oder wenn die Leber kein Glykogen mehr anzusetzen vermag, greift er eben das Körpereiweiß an, als dessen spezifisches Abbauprodukt das Kreatin im Harn erscheint. Das Kreatin ist ein Indicator für gestörten oder fehlenden Kohlenhydratumsatz. Demgemäß zeigt sich Kreatinurie bei den verschiedenartigsten Störungen der Kohlenhydratverbrennung, bei Pankreasdiabetes (Rose), bei Phlorrhizindiabetes (Cathcart und Taylor), bei Diabetes mellitus (Krause und Kramer), bei Adrenalinglykosurie (Tsuji), bei Hydrazinvergiftung (Adam). Der Kreatingehalt des Diabetikerharns beträgt 0,1 bis 0,5 g (Taylor), 0,1—0,6 g (Shaffer). Verfütterung von Fett oder von Fett und Eiweiß hat keinen Einfluß auf die Kreatinurie fastender Kaninchen (Mendel und Rose). Die Beeinflussung der Kreatinurie durch Eiweißfütterung (Wolf und Osterberg) an Hunden ist eine indirekte, indem das Eiweiß in Kohlenhydrate umgewandelt wird (vgl. dagegen Denis, Kramer und Minot, Denis und Minot).

Neben der Störung der Kohlenhydratverbrennung kann eine Verschiebung des H- und OH-Ionengleichgewichts die Ursache einer Kreatinausscheidung in den Harn darstellen. Bei Kaninchen, die mit Hafer und Korn neben einer ausreichenden Menge von Kohlenhydraten gefüttert wurden, erschien sehr bald Kreatin in beträchtlicher Menge im Harn. Dabei entstand als Folge dieser Fütterungsart eine ausgeprägte Acidosis, die in einer hohen H-Ionenkonzentration des Harns zum Ausdruck kam. Andererseits verschwindet das Kreatin sofort aus dem Harn sobald eine reichlich basenbildende Kost, z. B. Rüben, verabreicht wird, wobei zugleich der Harn alkalisch wird (Underhill). Auch die während der ersten Hungertage bestehende Kreatinurie läßt sich gleichzeitig mit der sauren Harnreaktion durch Infusion von $NaHCO_3$ zum Verschwinden bringen. Bei der Phlorrhizin- und bei der Hydrazinkreatinurie kann jedoch die Kreatinausscheidung auch bei alkalischer Harnreaktion weiter bestehen (Underhill, Underhill und Baumann).

Die Ausscheidung von Kreatinin im Harn der Wirbeltiere ist wie bereits mehrfach erwähnt, dadurch bedingt, daß ein bestimmter Teil — ca. 2—3 % — des mit der Nahrung oder durch den Zellstoffwechsel in den Kreislauf gebrachten Kreatins in Kreatinin umgewandelt wird. Nur bei den Vögeln (Paton, Paton und Mackie) bleibt diese Umwandlung aus, und im normalen Vogelharn findet sich infolgedessen Kreatin an Stelle des Kreatinins. Nach Gottlieb und Stangassinger soll die Anhydrisierung des Kreatins vorzugsweise in der Leber und in der Niere stattfinden. Sie stellten fest, daß nach mehrstündiger Durchblutung der überlebenden Organe etwa 50 % des zugesetzten Kreatins in Kreatinin verwandelt war. Diese Umwandlung vollzieht sich aber auch schon bei der Digestion von Kreatin mit Blut. Sie ist von Seemann auch bei der Einwirkung von Muskelautolysat auf Kreatin beobachtet worden. Mellanby hat die Versuche von Gottlieb und Stangassinger mit der Vermutung bakterieller Nebenwirkungen angezweifelt, Rothmann und van Hoogenhuyze und Verploegh sie jedoch bestätigt. Letztere, sowie Lefmann fanden in der bei Leberinsuffizienz gesteigerten Kreatinurie, auch einen Hinweis für die vorzugsweise in diesem Organ stattfindende Umwandlung des Kreatins in Kreatinin, doch sind diese Befunde nicht eindeutig, weil ebensowohl der bei diesen Kranken veränderte Stoffwechsel, namentlich der endogene Eiweißzerfall, eine Ursache für das Auftreten von Kreatin im Harn abzugeben vermag, wie das Darniederliegen der Leberfunktion. Daß die Leber nicht ausschließlich das kreatininbildende Organ darstellt, beweisen auch die Versuche von Towles und Voegtlin, die an Hunden mit Eckscher Fistel das Vermögen der Kreatininbildung nicht vermißten. Auch bei der Chromnephritis wird fast alles Kreatin in Kreatinin verwandelt (Lefmann), wahrscheinlich durch Veränderung der Harnreaktion.

Daß eine alkalische Reaktion des Harns das Auftreten von Kreatin zu begünstigen vermag, haben auch Pekelharing und van Hoogenhuyze hervorgehoben.

Das in den Kreislauf gebrachte Kreatinin wird im Organismus nur wenig angegriffen. Bis gegen 80% werden im Harn unverändert ausgeschieden.

Czernecki fand nach einer Eingabe von 4 g Kreatinin ungefähr die Hälfte wieder im Harn. Myers und Fine bestimmten im Kaninchenharn sogar 77—82% des verfütterten Kreatinins. Eine Umwandlung in Kreatin konnten sie nicht beobachten. Subkutane Zufuhr von Kreatinin bedingte jedoch ebenfalls wie Kreatininjektion eine Steigerung des Muskelkreatins (um ca. 6%).

Auch Rose - Dimitt und Cheatham konnten nach Eingabe einer großen Menge Kreatinin keine Anhaltspunkte für eine Bildung von Kreatin aus Kreatinin gewinnen.

Eine geringe Zerstörung des Kreatinins vollzieht sich auch bei der Autolyse verschiedener Organe — Milz, Leber, Niere, Nebenniere, Schilddrüse, Lunge — (Gottlieb und Stangassinger). Arginase vermag Kreatin und Kreatinin nicht zu verändern (Dakin). Die sekundären Umwandlungsprodukte des Kreatinins sind ebenso unbekannt wie die Oxydationsprodukte des Kreatins. Es ist jedoch möglich, daß sich bei beiden hydrolytische Vorgänge vollziehen, die zu Sarkosin oder Methylhydantoin führen. Wenigstens ist es Ackermann gelungen, bei der Fäulnis des Kreatinins diese Bestandteile nachzuweisen. Da sich bei 12-tägiger Kreatininfäulnis N-Methylhydantoin nachweisen ließ, bei vierwöchentlicher aber nicht, sondern nur Sarkosin, so liegt es nahe, anzunehmen, daß der fermentative Abbau des Kreatinins bei der Fäulnis über N-Methylhydantoin zu Sarkosin führt. Eine Bildung von Harnstoff aus Kreatin und Kreatinin scheint jedoch kaum stattzufinden (Rose, Dimitt und Cheatham, Folin und Denis).

Die Quantität des mit dem Harn ausgeschiedenen Kreatins zeigt bei demselben Individuum relativ geringe Schwankungen. Bei Männern ist sie höher als bei Frauen. Sie beträgt bei ersteren ungefähr 2 g pro Tag (van Hoogenhuyze und Verploegh), pro Kilogramm Körpergewicht ca. 0,024 g (Palmer, Means und Camble); bei Frauen beträgt die tägliche Ausscheidung pro Kilogramm Körpergewicht 10,46—14,97 mg (Hull), 10—25 mg (Fracy und Clark), 18 mg (Palmer, Means und Camble). Bei normalen Kaninchen beläuft sich die Gesamtkreatininausscheidung pro Tag auf ca. 94—133 mg. Sehr gering ist die Kreatinin- und Kreatinausscheidung beim Frosch (Dorner).

Die äußeren und inneren Ursachen, welche die Kreatininausscheidung zu beeinflussen vermögen, sind schon S. 158 im Zusammenhang mit dem Kreatinstoffwechsel diskutiert worden. Hier sei nur folgendes wiederholt: Von der Nahrung, soweit sie kreatin- und kreatininfrei ist, erweist sich die Menge des ausgeschiedenen Kreatinins unabhängig. Auch Zufuhr von Eiweiß, das reichlich Arginin enthält, wie Gelatine, bedingt normalerweise keine merkliche Steigerung des Harnkreatinins (van Hoogenhuyze und Verploegh). Auffallende Schwankungen zeigt die Kreatininausscheidung bei Geisteskranken. Eine wesentliche Steigerung tritt im Fieber und bei Sauerstoffmangel auf. Abnorme Tiefenwerte — nur 0,11 g in der Tagesmenge — wurden bei Leberkrankheiten (Mellanby, van Hoogenhuyze und Verploegh), sowie bei Basedowscher Krankheit (Shaffer) beobachtet. Muskelanstrengung bedingt in den Fällen eine Erhöhung der Kreatininwerte, in denen der Körper gezwungen ist, auf Kosten seiner eigenen Zellgewebe zu leben.

Im Hunger stellt sich der endogene Stoffwechsel auf ein Minimum ein und die Kreatininwerte sinken stark ab. An einer Hungerkünstlerin betrug die Kreatininausscheidung am 8. Hungertage nur noch 0,469 g. Eine Muskelanstrengung hatte in diesem Zustande ein starkes Anschwellen der Kreatininwerte zur Folge (0,689), da in diesem Falle der gesteigerte Energieverbrauch völlig auf Kosten des Körpermaterials geschah und also eine Vermehrung des endogenen Umsatzes hervorrief. In allen Fällen aber, wo die Energieleistung auf Kosten von Reservematerial und zugeführter Nahrung stattfindet, fehlt ein derartiger Einfluß auf die Kreatininausscheidung.

Bei der großen Bedeutung, welche dem Kreatin und dem Kreatinin im tierischen Haushalt zweifellos zukommt, ist es ein stets verlockendes Problem gewesen, die Vorstufe dieser beiden Substanzen aufzufinden. Daß auf Grund rein chemischer Erwägungen hierfür vor allem das Arginin in Betracht zu ziehen ist, haben wir bereits S. 149 erwähnt. Doch sind die zur Feststellung dieser Vermutung ausgeführten Versuche nicht entscheidend gewesen. Thompson fand 73—96% des in den Tierkörper einverleibten Arginins als Harnstoff wieder. Van Hoogenhuyze und Verploegh vermochten bei Eingabe von argininreichem Eiweißmaterial keine Zunahme des Harnkreatinins am Menschen zu erzielen. Ebensowenig konnte Jaffé das Harnkreatin des Kaninchens durch Injektion von Arginin erhöhen. Zu demselben Resultat gelangten Myers und Fine, welche durch Fütterung von Ratten mit argininreichem Edestin keinen höheren Gehalt des Muskelkreatins erzielten als bei Caseinfütterung. Auch bei Digestion von Muskelbrei mit Arginin und bei der Durchströmung des Hundemuskels mit dieser Aminosäure ließ sich keine Kreatininneubildung feststellen (Baumann und Marker). Demgegenüber steht die Beobachtung von Inouje, der bei der Durchströmung der Katzenleber mit Arginin eine geringe Kreatininzunahme fand. In neuester Zeit ist es auch Thompson gelungen, durch orale und subkutane Verabreichung von Arginin (in Dosen von ca. 2 g des Carbonats) an Vögeln (Enten), Kaninchen und Hunden eine deutliche Zunahme des Harn- und Muskelkreatinins nachzuweisen.

Bei Hunden betrug die Steigerung nach oraler Eingabe 10—18% des Gesamtkreatinins, bei Vögeln 22,6%. Nach subkutaner oder intravenöser Einführung war die Steigerung bei Hunden erheblich größer, unter fleischloser Kost durchschnittlich 22,5%, bei Vögeln etwas geringer. Wurde das Arginin in mehreren Perioden mit Einschaltung von Pausen verabreicht, so trat bei Zufuhr in der Nahrung bei Hunden und Vögeln eine Abnahme oder selbst Umkehrung der Wirkung ein, bei parenteraler Zufuhr bei Vögeln keine Änderung der Wirkung, bei Hunden in einem Falle Steigerung, in einem anderen Falle Abnahme. Der Kreatingehalt des Kaninchenmuskels wurde durch intravenöse Injektion des Arginins um 8—25, durchschnittlich 14,5% des in dieser Form injizierten Guanidins gesteigert. Die Verteilung des eingeführten Argininstickstoffs im Harn der Hunde bei Fütterung (a) und subkutaner Einführung (b) gestaltet sich im Durchschnitt wie folgt:

Gesamt-Stickstoff	Harnstoff-N	Ammoniak-N	Aminosäure-N	N als Gesamtkreatinin
a) 56,5 %	34,7%	13,7 %	2,22%	3,47%
b) 67,87%	35,4%	4,05%	4,7 %	4,12%

Für eine Bildung von Kreatinin aus Arginin spricht auch die Feststellung Jaffés, daß Guanidinoessigsäure (Glykocyamin), welche als Zwischenprodukt bei dieser Umwandlung entstehen müßte, am Kaninchen regelmäßig eine Zunahme des Harnkreatinins hervorruft (Jaffé, Dorner). Versuche, bei denen 5—12 g Glykocyamin subkutan oder per os einverleibt wurden, ergaben ausnahmslos ein positives Resultat, in dem wechselnde Mengen 5—12% der einverleibten Guanidosäure im Harn als Kreatinin wieder erschienen. Auch Palladin und Wallenburger konnten nach Injektion von Glykocyamin im Kaninchenmuskel eine Zunahme von 21,5—33,6% beobachten, während Beimengungen von Glykocyamin zu Muskelbrei keine Zunahme des Kreatingehaltes bewirkten. Methylguanidin, das als letzter Ausläufer des oxydativen Argininabbaues wiederholt aus Harn isoliert worden ist, scheint dagegen keinen Einfluß auf die Kreatininbildung auszuüben (Dorner).

Eine eigenartige Hypothese für die Kreatinbildung stellte Rießer auf. Gestützt auf die Beobachtung, daß Cholin im Organismus einer Entmethylierung anheimfällt (S. 74), nahm er an, daß diese Base eine Muttersubstanz für Sarkosin darstellt, welches durch Anlagerung von Cyanamid in Kreatin überzugehen vermag; auch Betain müßte nach dieser Anschauung partiell entmethyliert werden und in Kreatin bezw. Kreatinin übergehen (vgl. auch S. 216). Die zur Stütze dieser Annahme ausgeführten Tierexperimente sprechen in der Tat für das Bestehen derartiger Beziehungen. Der Kreatingehalt der Kaninchenmuskeln, der unter normalen Bedingungen stets bei 0,52% liegt, stieg nach Injektion von 2 bis 2,5 g Cholin auf 0,56—0,6%. 5—12 g Betainchlorid ergab in 5 Versuchen jedesmal eine Vermehrung auf 0,56—0,58%, entsprechend einer Gesamtzunahme an Kreatin von mindestens 0,14 bis 0,55 g. Gleichzeitig mit diesem Ansteigen der Kreatinwerte des Muskels findet eine gesteigerte Kreatininausscheidung und eine geringe Kreatinurie statt.

Auffallend ist, daß Sarkosin + Harnstoff sowie Methylureidosäure $H_2NCO \cdot N(CH_3) \cdot CH_2COOH$, welche bei der Entstehung des Kreatins nach Rießer Zwischenprodukte darstellen würden, weder mit Muskelbrei noch bei der Durchströmung überlebender Muskeln eine Kreatinbildung hervorrufen (Baumann, Hines und Marker).

Das Kreatinin, das bis vor kurzem als ausschließlich tierisches Stoffwechselprodukt angesehen wurde, ist nach den Untersuchungen von Sullivan, auch im Pflanzenreich sehr verbreitet, es findet sich in Weizenkeimen, Weizenpflanzen, Weizenkleie, Roggen, Klee, Luzerne Cowpea (Erbsenart) und Kartoffeln. Als Ausscheidungsprodukt der Pflanzen gelangt es in den Ackerboden. Es läßt sich sowohl in bebauten, als in unbebauten Erden nachweisen. Zu Ende der Vegetationsperiode ist es darin reichlicher vorhanden als am Anfang, woraus folgt, daß die Kreatininbildung mit dem Wachstum der Pflanzen im Zusammenhang steht. Man kann es auch im Wasser, in welchem Weizenkeimlinge gezogen werden, nachweisen. Das Kreatinin läßt sich den Böden mit Wasser oder Alkohol entziehen (durch letzteren nur zum Teil) und in Form seiner charakteristischen Salze isolieren (Shorey, Lathrop).

Die Synthese des Kreatins gelingt durch Anlagerung von Cyanamid an Sarkosin in wäßriger oder alkoholischer Lösung (Volhard, Strecker).

$$CH_3 \cdot NH \cdot CH_2COOH + CN \cdot NH_2 = H_2N \cdot C(:NH) \cdot N(CH_3) \cdot CH_2CO_2H$$
$$\text{Sarkosin} \qquad \text{Cyanamid} \qquad\qquad \text{Kreatin}$$

Zur Darstellung des Kreatins und Kreatinins kann man bequemer Weise von dem in der Natur vorgebildeten Kreatin ausgehen. Die Isolierung des Kreatinins aus Harn erreicht man am besten durch Darstellung des schwer löslichen Pikrats, das zur Reinigung noch in das Zinkchloriddoppelsalz übergeführt wird (Folin, Benedikt). Unter der Einwirkung schwacher Alkalien (Magnesia, Calciumoxyd) geht dann das Kreatinin in Kreatin über.

Das aus Wasser krystallisierte Kreatin bildet durchsichtige glänzende, monokline Prismen mit 1 Molekül H_2O, die häufig zu Drusen vereinigt sind. Es verliert schon über Schwefelsäure sein Krystallwasser zum Teil, vollständig bei 100^0. Die wäßrige Lösung reagiert neutral und schmeckt bitter.

1 Teil Kreatin löst sich in 75 Teilen kaltem Wasser, viel leichter in heißem Wasser, wenig in heißem absolutem Alkohol. 100 Teile 95%iger Alkohol lösen bei 17^0 0,008 Teile. In Äther ist es unlöslich. Harnstoff, Kreatinin und andere Harnbestandteile vergrößern die Löslichkeit des Kreatins in beträchtlichem Maße.

In saurer Lösung geht das Kreatin leicht in sein Anhydrid, das Kreatinin, über. Beim Kochen vollzieht sich diese Umwandlung quantitativ. Auch beim Erhitzen mit Wasser im geschlossenen Rohr auf 100^0 und beim trockenen Erhitzen von krystallwasserhaltigem Kreatin im Autoklaven auf $4^1/_2$ Atmosphären (Folin und Denis) erfolgt diese Anhydrisierung.

Alkalien wirken auf das Kreatin derart, daß sich die Guanidinogruppe entweder in situ, d. h. in Verbindung mit dem Sarkosinrest, oder in abgespaltenem Zustande in Harnstoff umlagert. In ersterem Falle bildet sich zuerst Methylhydantoinsäure $H_2N \cdot CO \cdot N(CH_3) \cdot CH_2COOH$, die sich in ihr Anhydrid, Methylhydantoin, umwandeln kann:

$$H_2N \cdot C(:NH)N(CH_3) \cdot CH_2 \cdot COOH \rightarrow H_2N \cdot CO \cdot N(CH_3) \cdot CH_2 \cdot CO_2H \rightarrow$$

Kreatin   Methylhydantoinsäure

$$HN \cdot CO \cdot N(CH_3) \cdot CH_2 \cdot CO$$

Methylhydantoin

Verläuft die Reaktion nach dem zweiten Modus, so entsteht Sarkosin neben Harnstoff nach der Gleichung:

$$H_2N \cdot C(:NH)N(CH_3) \cdot CH_2 \cdot COOH \rightarrow$$
$$H_2N \cdot CO \cdot NH_2 + CH_3 \cdot NH \cdot CH_2 \cdot COOH$$

Unter der Einwirkung oxydativer Reagenzien spaltet sich leicht Methylguanidin ab (Ewins).

Das Kreatinin krystallisiert wasserfrei in farblosen, glänzenden monoklinen Prismen, die anscheinend rechtwinklige Tafeln bilden. Zersetzungspunkt bei 235⁰, kein Schmelzpunkt. Überläßt man kalt gesättigte wäßrige Kreatininlösungen der freiwilligen Verdunstung, so scheiden sich sehr häufig Tafeln oder Prismen mit 2 Molekülen Krystallwasser ab, während aus heiß gesättigten Lösungen stets wasserfreie Blättchen anschießen (Wörner).

Das Kreatinin löst sich bei 16⁰ in 11,5 Teilen Wasser (Liebig), in 10—11 Teilen (Toppelius und Pommerehne), in heißem Wasser ist es leichter löslich, von absolutem Alkohol sind bei 16⁰ nach Liebig 102 Teile, nach Toppelius und Pommerehne 625 Teile erforderlich, aus heißem Alkohol läßt es sich umkrystallisieren, in Äther ist es wenig löslich.

Das Kreatinin reagiert schwach alkalisch, mit Säuren bildet es Salze, die gegen Lackmus oder Rosolsäure sauer reagieren.

Bei Gegenwart von Alkalien oder Erdalkalien wird das Kreatinin zu Kreatin aufgespalten. Bei langem Stehen vollzieht sich dieser Prozeß auch in wäßriger Lösung. Beim Kochen mit Barytlösung wird das Kreatinin noch weiter in Methylhydantoin bezw. Sarkosin und Harnstoff zerlegt. In der Kälte erstreckt sich jedoch diese sekundäre Umwandlung nur auf einen geringen Teil des Kreatinins (Ellinger und Matsuoka). Der Kreatinverlust ist ganz oder teilweise auf die Bildung von Methylhydantoin zurückzuführen, das sich auch unter alleiniger Einwirkung von verdünnter Sodalösung auf Kreatinin bildet. Erhitzen mit Säuren (Phosphor-, Schwefelsäure) auf höhere Temperaturen (150—220⁰) bedingt eine ähnliche Umwandlung.

Das Kreatinin ist das Monomethylderivat eines heterocyclischen Ringsystems, das als Glykocyamidin (I) bezeichnet wird. Das Glykocyamidin, das analog wie das Kreatinin aus Kreatin, aus der Guanidinessigsäure durch Anhydridbildung entsteht, ist seinerseits das Derivat eines hydrierten Imidazols (II) und demgemäß als 2-Imido-3, 4-Dihydro-5-Ketoimidazol aufzufassen

$$H_2N \cdot C(:NH)N(CH_3) \cdot CH_2 \cdot COOH \rightarrow H_2N \cdot CO \cdot N(CH_3) \cdot CH_2 \cdot CO_2H \rightarrow$$

Kreatin · · · · Methylhydantoinsäure

$$HN \cdot CO \cdot N(CH_3) \cdot CH_2 \cdot CO$$

Methylhydantoin

Verläuft die Reaktion nach dem zweiten Modus, so entsteht Sarkosin neben Harnstoff nach der Gleichung:

$$H_2N \cdot C(:NH)N(CH_3) \cdot CH_2 \cdot COOH \rightarrow$$
$$H_2N \cdot CO \cdot NH_2 + CH_3 \cdot NH \cdot CH_2 \cdot COOH$$

Unter der Einwirkung oxydativer Reagenzien spaltet sich leicht Methylguanidin ab (Ewins).

Das Kreatinin krystallisiert wasserfrei in farblosen, glänzenden monoklinen Prismen, die anscheinend rechtwinklige Tafeln bilden. Zersetzungspunkt bei 235°, kein Schmelzpunkt. Überläßt man kalt gesättigte wäßrige Kreatininlösungen der freiwilligen Verdunstung, so scheiden sich sehr häufig Tafeln oder Prismen mit 2 Molekülen Krystallwasser ab, während aus heiß gesättigten Lösungen stets wasserfreie Blättchen anschießen (Wörner).

Das Kreatinin löst sich bei 16° in 11,5 Teilen Wasser (Liebig), in 10—11 Teilen (Toppelius und Pommerehne), in heißem Wasser ist es leichter löslich, von absolutem Alkohol sind bei 16° nach Liebig 102 Teile, nach Toppelius und Pommerehne 625 Teile erforderlich, aus heißem Alkohol läßt es sich umkrystallisieren, in Äther ist es wenig löslich.

Das Kreatinin reagiert schwach alkalisch, mit Säuren bildet es Salze, die gegen Lackmus oder Rosolsäure sauer reagieren.

Bei Gegenwart von Alkalien oder Erdalkalien wird das Kreatinin zu Kreatin aufgespalten. Bei langem Stehen vollzieht sich dieser Prozeß auch in wäßriger Lösung. Beim Kochen mit Barytlösung wird das Kreatinin noch weiter in Methylhydantoin bezw. Sarkosin und Harnstoff zerlegt. In der Kälte erstreckt sich jedoch diese sekundäre Umwandlung nur auf einen geringen Teil des Kreatinins (Ellinger und Matsuoka). Der Kreatinverlust ist ganz oder teilweise auf die Bildung von Methylhydantoin zurückzuführen, das sich auch unter alleiniger Einwirkung von verdünnter Sodalösung auf Kreatinin bildet. Erhitzen mit Säuren (Phosphor-, Schwefelsäure) auf höhere Temperaturen (150—220°) bedingt eine ähnliche Umwandlung.

Das Kreatinin ist das Monomethylderivat eines heterocyclischen Ringsystems, das als Glykocyamidin (I) bezeichnet wird. Das Glykocyamidin, das analog wie das Kreatinin aus Kreatin, aus der Guanidinessigsäure durch Anhydridbildung entsteht, ist seinerseits das Derivat eines hydrierten Imidazols (II) und demgemäß als 2-Imido-3, 4-Dihydro-5-Ketoimidazol aufzufassen

1-Methylguanidin bezw. 2-Methylguanidin $C{\underset{\diagdown NH_2}{\overset{\diagup NH \cdot CH_3}{=\!\!=NH}}}$ und das 3-Methyl-

guanidin $C{\underset{\diagdown NH_2}{\overset{\diagup NH_2}{=\!\!=N(CH_3)}}}$ unterscheiden lassen. Das in der Natur auftretende
Methylguanidin ist mit 1-Methylguanidin identisch. Verschiedene Versuche,
das 3-Methylguanidin auf synthetischem Wege darzustellen, sind erfolglos
geblieben (Schenk). In allen Fällen, wo sich nach dem Gang der Synthese das 3-Methylguanidin hätte bilden sollen, konnte nur das 1-Methyl-
guanidin isoliert werden, so daß man annehmen muß, daß das 3-Methyl-
guanidin unter gewöhnlichen Verhältnissen nicht beständig ist und sich
stets in die 1-Verbindung umlagert.

Sein Auftreten im Harn von Menschen, Pferden und Hunden
(Achelis, Kutscher und Lohmann, Engeland) kann ziemlich
sicher auf eine Zersetzung des Kreatinins zurückgeführt werden.
Diese kann intra vitam erfolgt sein, oder auch auf bakterieller
Zersetzung beruhen. Nach den von Ewins neuerdings gemachten
Beobachtungen über das Verhalten des Kreatinins gegen baryt-
alkalische Silbernitratlösung ist es sogar naheliegend, in der
Mehrzahl der Fälle, wo über das Auftreten von Methylguanidin
im Harn berichtet worden ist, dasselbe auf eine durch die ange-
wandte chemische Methodik bedingte Oxydation des Kreatinins
zurückzuführen. Eine solche erscheint zum mindesten in jenen
Fällen möglich, bei welchen das Verfahren von Kossel und
Kutscher angewendet wurde; deshalb können auch aus jenen
Angaben über den Gehalt des Urins an Methylguanidin — ca. 0,7 g
Pikrolonat aus 30 Liter normalem Frauenharn, (Achelis), 0,347 g
aus 14 Liter Harn vegetarisch ernährter Menschen, 0,122 g aus
11 Liter Hundeharn, 0,533 g aus 10 Liter Pferdeharn, 0,06 % bis
0,17 % im Typhusharn (Ewins) — keine sicheren Anhaltspunkte
gewonnen werden. Dasselbe gilt auch für den Methylguanidin-
gehalt des Fleischextraktes 0,4 %—0,9 % (Gulewitsch, Engeland), sowie für den Nachweis von Methylguanidin im frischen
Muskel (Krimberg), in der Leber, im Ochsenfleisch 0,058 %, im
Schaffleisch 0,028 %, im Pferdefleisch 0,47 % (Smorodinzew).
In den Fällen, wo zur Isolierung des Methylguanidins die Verfahren von Engeland (S. 18) oder Brieger (S. 18) angewendet worden sind, welche die Fällung mit barytalkalischer
Silbernitratlösung nicht benützen, kann jedoch die chemische
oxydative Abspaltung aus Kreatin oder Kreatinin ausgeschlossen
werden. Nach diesem Verfahren fand Engeland 2,1 g Gold-

doppelsalz des Methylguanidins in 28 Liter normalem Frauenharn und Koch neben Methylguanidin symmetrisches und asymmetrisches Dimethylguanidin, Guanidin, Cholin, Neurin und andere in ihrer Konstitution nicht aufgeklärte Basen im Harn parathyreoidektomierter Hunde. Diese Amine, welche in den nebenschilddrüsenlosen Tieren oft heftige Vergiftungserscheinungen auslösen, haben nach der Ansicht Kochs enteralen oder parenteralen Ursprung. Sie bilden sich infolge pathologischen Zerfalls von Zellmaterial (Nucleinatrophie) oder aber, sie können infolge der Abwesenheit der Nebenschilddrüsen nicht zu ungiftigen Verbindungen synthetisiert oder abgebaut werden. Im Zusammenhang hiermit steht vielleicht die von Henderson in den Muskeln parathyreopriver Hunde festgestellte Abnahme des Gesamtguanidins (freies Guanidin, Kreatin und Arginin), sowie der Umstand, daß gewisse Symptome der Tetania parathyreopriva (Hypoglykämie, Steigerung des Harnammoniakes, Verminderung der Säureausscheidung) übereinstimmen mit den Vergiftungserscheinungen, welche nach Injektion von subletalen Dosen von Guanidinchlorhydrat an Kaninchen beobachtet wurden (Watanabe). Auf eine Autointoxikation bezw. auf mangelhafte Entgiftung zerfallenden Zellgewebes wird auch das Auftreten von Methylguanidin im Harn verbrühter Tiere und die damit im Zusammenhang stehenden Vergiftungserscheinungen zurückgeführt (Heyde). Als Produkt bakterieller Zersetzung hat Brieger das Methylguanidin aus faulendem Pferdefleisch isoliert. Er fand es auch in Kulturen von Kommabazillen, die auf Rindfleisch gezüchtet waren.

Es scheint demgemäß erwiesen, daß fermentative und bakterielle Einflüsse Methylguanidin aus einer Vorstufe, wahrscheinlich Kreatinin, abzuspalten vermögen. Ob das gleichfalls im Harn nachgewiesene asymmetrische Dimethylguanidin (1.1-Dimethylguanidin) $(CH_3)_2N \cdot C(:NH)NH_2$ (Achelis und Engeland) sich in analoger Weise aus einem entsprechenden asymmetrischen

$$\text{Methylkreatinin } HN = C \begin{cases} OH - N(CH_3)_2 - CO \\ NH \longrightarrow CH_2 \end{cases}$$ durch oxydative Hydrolyse entsteht oder, was wahrscheinlicher ist, sich aus Kreatin $H_2N \cdot C(:NH) \cdot N(CH_3) \cdot CH_2COOH$ durch Abspaltung der Carboxylgruppe bildet, ist unentschieden.

Guanidin ist in Naturprodukten bisher nur in vereinzelten Fällen nachgewiesen worden. Schulze entdeckte es in Keimlingen von Vicia sativa, deren Gehalt ca. 0,23% des Trockengewichtes beträgt. v. Lippmann wies es als Bestandteil der Rübenmelasse nach, Winterstein und Wünsche fanden es in Maiskeimen. Doch scheint Guanidin im pflanzlichen Material nur ausnahmsweise aufzutreten. In den etiolierten Keimlingen von Lupinus albus, Soja hispida, Pisum sativum und Curcurbita Pepo konnte es nicht festgestellt werden (Schulze). Im Emmentaler Käse hat es Winterstein nachgewiesen, im Pankreasautolysat Kutscher und Otori.

Wenn man eine artifizielle Bildung des Guanidins ausschließt, so liegt es nahe, für dessen Entstehung eine ähnliche oxydative Hydrolyse von Substanzen anzunehmen, welche den Guanidinkomplex vorgebildet enthalten. Hierbei ist vor allem das Arginin ins Auge zu fassen, welches die δ-Guanidingruppe beim oxydativen Abbau nahezu quantitativ abspaltet (vgl. S. 177). Bei der hydrolytischen Loslösung der Guanidinogruppe aus dem Arginin würde in erster Linie α-Amido-δ-oxyvaleriansäure entstehen:

$$H_2N \cdot C(:NH)NH \cdot CH_2 \cdot CH_2 \cdot CH_2 \cdot CH(NH_2)CO_2H \xrightarrow{H_2O} H_2N \cdot C(:NH) \cdot NH_2 +$$
Arginin   Guanidin

$$HO \cdot CH_2 \cdot CH_2 \cdot CH_2 \cdot CH(NH_2)CO_2H$$
δ-Oxy-α-aminovaleriansäure

Die gebildete Oxyaminovaleriansäure könnte unter Ringschluß Prolin liefern. Allerdings ist eine derartige Hydrolyse des Arginins weder in vitro noch in vivo beobachtet worden. Das aus tierischem und pflanzlichem Material isolierte argininabbauende Ferment, die Arginase, spaltet das Arginin, ähnlich wie alkalische Agenzien, unter Bildung von Harnstoff und Ornithin (vgl. S. 128). Es wäre denkbar, daß bei der Zerlegung des Guanidinkomplexes durch die Arginase primär Cyanamid abgespalten würde, welches unter Anlagerung von Wasser in Harnstoff verwandelt wird. Wenn aber unter geeigneten Bedingungen eine Anlagerung von Ammoniak stattfindet, würde daraus Guanidin entstehen (vgl. S. 21).

Auch an eine synthetische Bildung des Guanidins aus Kohlensäure und Ammoniak bezw. aus Harnstoff und Ammoniak kann gedacht werden. Schließlich sei noch auf die Möglichkeit einer Entstehung des Guanidins aus Purinderivaten hingewiesen. Guanin

$$\begin{array}{c} HN{-}CO \\ | \quad\; | \\ H_2N{-}C \quad C{-}NH \\ | \quad\; \| \qquad\quad \rangle CH \\ HN{-}C{-}N \end{array}$$ enthält in seinem Molekül die Guanidin-

gruppe ebenfalls vorgebildet, durch Oxydation mit Kaliumchlorat wird sie abgespalten (Strecker), ein Vorgang, der 1861 zur Entdeckung und Benennung des Guanidins führte.

Auch bei der Oxydation mit Permanganat (Kutscher und Schenk, Seemann, Zickgraf, Kutscher und Seemann) kann aus Guanin Guanidin gebildet werden. Dieselbe Spaltung des Guanins haben Ulpiani und Cingolani mittels Bakterien bewerkstelligt. Bei der Oxydation eines auf synthetischem Wege gewonnenen methylierten Guanins, 1.7-Dimethyl-2-amino-6-oxypurin, mittels Chlor bildet sich in analoger Weise Methylguanidin (E. Fischer).

Das Guanidin gewinnt man leicht aus Dicyandiamid (Kalkstickstoff) $CN \cdot NH \cdot C(:NH) \cdot NH_2$ indem man aus dieser Verbindung die Cyangruppe durch Kochen mit Schwefelsäure abspaltet (Levene und Senior) oder man erhitzt rhodanwasserstoffsaures Ammonium längere Zeit auf $180{-}185^0$, wobei sich dasselbe in rhodanwasserstoffsaures Guanidin umlagert.

Das freie Guanidin ist eine krystallinische, zerfließliche Masse, die aus der Luft Kohlensäure anzieht. In Alkohol ist es leicht löslich, in Äther unlöslich. Es ist eine starke einsäurige Base, die wie Ätznatron verseifend auf Fette einwirkt. In wäßriger Lösung existiert es als stark dissoziiertes Guanidiniumhydroxyd $H_2N \cdot C(:NH) \cdot NH_3 \cdot OH$, diesem liegt ein einwertiges Kation zugrunde, das eines der drei Stickstoffatome in fünfwertigem Zustande enthält. Beim Kochen mit Barytwasser zerfällt das Guanidin in Ammoniak und Harnstoff, mit konzentrierten Säuren und Alkalien treten nur Ammoniak und CO_2 auf.

Das Methylguanidin stellt man am besten aus den Alkylhalogenadditionsprodukten des Thioharnstoffs durch Erhitzen mit Methylamin dar (Wheeler und Jamieson). Diese reagieren

mit Methylamin nach der Pseudothioharnstoffformel $C\underset{\displaystyle \diagdown NH \cdot HJ}{\overset{\displaystyle \diagup NH_2}{-}S\,Alkyl}$

unter Austritt von Mercaptan und Eintritt des Methylaminrestes an Stelle der abgespaltenen Thioalkylgruppe. Die freie Base ist wie das Guanidin eine stark alkalische, zerfließliche Masse. Beim

Erhitzen mit Lauge zersetzt sich das Methylguanidin in Methylamin und Ammoniak.

Das asymmetrische Dimethylguanidin (1.1-Dimethylguanidin) läßt sich nach Wheeler und Jamieson synthetisch darstellen, wenn man Isothioharnstoffmethylätherjodhydrat mit Methylamin erhitzt. Das synthetische Produkt ist mit dem natürlichen identisch.

Trotz seiner chemischen Labilität scheint das Guanidin für die Fermente der lebenden Zelle sehr wenig angreifbar. Im tierischen Organismus wurde es nach subkutaner Verabreichung von kleinen Dosen (bis zu 0,05 g pro Kilogramm Kaninchen) unverändert im Harn ausgeschieden und konnte daraus als Pikrat isoliert werden, größere Mengen ließen sich wegen der Giftigkeit nicht injizieren (Pommerenig). Auf die nach Injektion von Guanidinchlorhydrat auftretenden Vergiftungserscheinungen ist schon S. 168 hingewiesen worden. Gegen Arginase sowohl tierischen als pflanzlichen Ursprungs erweist sich Guanidin als beständig (Kossel und Dakin, Kiesel, Dakin); auch das harnstoffspaltende allgemein verbreitete Ferment, die Urease, vermag Guanidin nicht in Harnstoff zu verwandeln. Diese Fähigkeit ist bis jetzt nur an gewissen Mikroorganismen nachgewiesen worden (Ackermann) und es ist noch unentschieden, in welcher Weise das in einigen Pflanzen auftretende Guanidin (vgl. S. 168) verarbeitet wird.

Die pharmakologische Wirkung der Guanidinsalze ist nach Führer als Wirkung des einwertigen Guanidiniumions aufzufassen, welches physiologisch, chemisch und pharmakologisch das organische Analogon des Natriumions darstellt. Wie die Natriumsalze steigern Guanidinsalze die Leistungsfähigkeit des Muskels und wie diese erzeugen sie Neigung zur Kontraktur. Lösungen von Guanidinsalzen rufen bei Fröschen erst periphere Erregung, dann zentrale Lähmung hervor, auf welche dann auch noch periphere Lähmung folgt. Bei einem noch nicht vollständig durch Guanidin gelähmten Frosche ist wie bei Curarevergiftung gesteigerte Erschöpfbarkeit der Nervenenden durch rhythmische elektrische Nervenreizung nachzuweisen. Nach Degeneration des Nervus ischiadicus reagiert der Gastrocnemius und Ischiadicus nicht mehr. Der Angriffsort der peripher erregenden Guanidinwirkung ist darum das motorische, nach Nervendurchschneidung degenerierende Nervenende. Nach einiger Zeit kann die Guanidin-

reizung der Muskeln an den operierten Tieren wieder mehr oder
weniger wirksam werden. Diese erneute Reaktionsfähigkeit ist
entweder auf Nervenregeneration zurückzuführen, oder sie stellt
eine pathologische Erscheinung des degenerierten Muskels dar
(Fühner). In Lösungen 1:1000 hören namentlich bei den
empfindlichen Temporarienmuskeln die Zuckungen nach einiger
Zeit auf. Beim Übertragen in Ringerlösung treten in solch
unbeweglich gewordenen Muskeln wieder maximale, an Stärke
allmählich abnehmende Zuckungen auf. Mit steigender Konzentration der Guanidinlösung nehmen die Zuckungen an Intensität
ab und sind in 1%igen Lösungen schon minimal (vgl. Meighan).

An lebenden Hummern und Krabben rufen die Guanidinsalze
wie bei den Wirbeltieren Zittern und Zucken der Muskeln hervor.
Es handelt sich aber hier nur um eine Wirkung auf das zentrale
Nervensystem, während die beim Frosch festgestellte Wirkung auf
das periphere Nervenmuskelende fehlt (Sharpe).

Noch unklar ist die neutralisierende Wirkung, welche gewisse
Guanidinderivate auf die sogenannten Ermüdungstoxine (Keno-
toxine) auszuüben vermögen. In den an Mäusen ausgeführten
Versuchen erwiesen sich namentlich Kreatin, Dioxymethylen-

$$\text{kreatinin } C\!\!\!<\begin{array}{l} N\cdot CH_2\cdot OH \\ N\cdot CH_2OH \\ N\cdot (CH_3)\cdot CH_2C:O \end{array}, \text{ Methylguanidin und Biguanid}$$

$$C\!\!\!<\begin{array}{l} NH_2 \\ NH \\ NH\cdot C(:NH)\cdot NH_2 \end{array} \qquad \text{als wirksam, weniger ausgesprochen war}$$

$$\text{die Wirkung bei Amidoguanidin } C\!\!\!<\begin{array}{l} NH_2 \\ NH \\ NH\cdot NH_2 \end{array} \text{ und Biuret } H_2N\cdot CO\cdot$$

$NH\cdot CO\cdot NH_2$ (Weichardt und Schenk).

Das Methylguanidin wird in kleinen Dosen von Warmblütern gut vertragen. Hunden konnte 1,3 g Chlorhydrat subkutan ohne merkliche Symptome injiziert werden. Auch Kaninchen vertragen relativ hohe Dosen. Größere Gaben verursachen
jedoch Vergiftungserscheinungen, welche auf die bereits beim
Guanidin beschriebene zentrale und periphere Nervenerregung
bezw. -Hemmung zurückzuführen ist. Charakteristisch für die
Methylguanidinvergiftung ist die durch periphere Erregung der
Nervenendigungen hervorgerufene flimmernde Muskelkontraktion.

Da erst relativ hohe Dosen am Säugetier zu Vergiftungserscheinungen führen, so müßten bei den von Heyde beobachteten verbrühten Tieren ganz beträchtliche Mengen Methylguanidin intra vitam entstanden sein, wenn die anaphylaxieähnlichen Symptome auf eine Methylguanidinvergiftung zurückgeführt werden sollen. Nach Loewit bestehen zwischen Methylguanidin- und anaphylaktischer Vergiftung erhebliche Unterschiede. Von den für die Anaphylaxie typischen Vergiftungserscheinungen (Bronchialkrampf, ausgebreitetes vesikuläres Lungenemphysem, langsames Absterben der Herztätigkeit, das schockartige Sistieren der Atmung), wie sie beim Meerschweinchen fast immer auftreten, fehlen die meisten. Es zeigt sich nach intravenöser Eingabe von 0,015 g Methylguanidin ein langsamer aber intensiver Blutdruckanstieg mit gleichzeitiger Verstärkung der Einzelkontraktionen des Herzens und endlich Herzarhythmie, während die Atemexkursionen eine allmähliche Abschwächung erfahren. Nach einer weiteren langsamen Injektion von 0,03 g ist die Herztätigkeit unverändert, die Atmung immer langsamer aber regelmäßig. Eine abermalige Injektion von 0,035 g führt eine starke Blutdrucksenkung herbei, die sich später wieder fast ausgleicht, während die Atmung immer seltener wird und schließlich unter zunehmender Verkleinerung bei immer noch hohem Blutdruck erlischt.

Agmatin.

Außer dem Methyl- und dem Dimethylguanidin hat in neuerer Zeit ein substituiertes Alkylguanidin Beachtung gefunden, welches zum Arginin in viel unmittelbarer Beziehung steht als diese beiden Basen. Diese von Kossel in Heringstestikeln aufgefundene Base ist als Amidobutylguanidin $H_2N \cdot CH_2 \cdot CH_2 \cdot CH_2 \cdot CH_2 \cdot NH \cdot C(:NH)NH_2$ erkannt worden. Ihre Darstellung aus Heringssperma, welche mit verdünnter Schwefelsäure unter Druck hydrolysiert worden waren, läßt es unentschieden, ob sie in dem Ausgangsmaterial vorgebildet oder erst bei der Verarbeitung entstanden ist. Engeland und Kutscher isolierten dieselbe Base aus Mutterkornextrakt, wo sie offenbar ein Stoffwechselprodukt des Pilzes darstellt. Noch nicht sichergestellt ist jedoch die Identität eines von Koch aus dem Harn parathyreoidektomierter Tiere isolierten Pikrolonats, das als das Salz des Agmatins angesprochen wurde.

Aus Fleischextrakt, sowie aus Harn hat Kutscher eine Base $C_5H_{14}N_6$ isoliert, die er Vitiatin nannte, und der er folgende Konstitution zuschrieb:

$$\begin{array}{c} NH \\ NH_2 \end{array}\!\!\!>\!\!C \cdot \underset{\underset{CH_3}{|}}{N} \cdot CH_2 \cdot CH_2 \cdot NH \cdot C\!\!<\!\!\!\begin{array}{c} NH \\ NH_2 \end{array}$$

, sie würde also das Diguanid des monomethylierten Äthylendiamins $H_2N \cdot CH_2 \cdot CH_2 \cdot NH \cdot CH_3$ (vgl. S. 119) darstellen. Auch Engeland hat aus Harn und Muskelextrakt eine Substanz von den Eigenschaften des Vitiatins isolieren können. Ob dieser Körper einheitlich ist, und ob er die zugeschriebene Konstitution besitzt, kann nur auf synthetischem Wege entschieden werden (Johnson).

Das Agmatin wurde auch synthetisch bei mehrtägigem Stehen von äquimolekularen Mengen Tetramethylendiaminchlorhydrat und Cyanamidsilber im CO_2-Strom dargestellt (Kossel). Zu seiner Isolierung fällt man es am besten mit barytalkalischer Silbernitratlösung und verwandelt die schwer lösliche Silberverbindung nach Entfernung des überschüssigen Baryts und Silbers in das Carbonat oder Sulfat des Agmatins. Bei der Oxydation des Agmatins mit Calciumpermanganat bildet sich Guanidin, Guanidinbuttersäure und Bernsteinsäure (Engeland und Kutscher).

Nach Engeland und Kutscher genügen vom alkalisch gemachten Dichlorid 0,001 g, um das in 70 ccm Ringerlösung suspendierte Horn des Katzenuterus in tetanische Kontraktion zu bringen. Nach Dale und Laidlow ist es auf den Meerschweinchenuterus in einer Konzentration von 1:2500 ohne Wirkung. Bei direkter Injektion wirkte das Dichlorid beim Kaninchen auf Blutdruck und Atmung, aber die Erscheinungen gleichen sich bald wieder aus und zuletzt wurden 0,014 g ohne stärkere Schädigung vertragen.

Das Vitiatin findet man bei der Aufteilung der basischen Bestandteile des Fleischextraktes und Harns in der Argininfraktion (barytalkalischer Silbernitratfällung) wenn nach Kossel und Kutscher, in der Quecksilberfällung wenn nach Engeland (vgl. S. 17) gearbeitet wird. Aus der alkoholischen Lösung der Chlorhydrate fällt es mit alkoholischer Platinchloridlösung; aus diesem Niederschlag wurde mit wäßriger Goldchloridlösung die Goldverbindung dargestellt, in welcher Form das Vitiatin zur Analyse kam. Es bildet gelbrote, glänzende Platten und Blätter aus salzsäurehaltigem Wasser, Schmelzpunkt unscharf bei 167°.

Eine Guanidinbase ist möglicherweise auch das von Ackermann aus gefaulter Pankreas isolierte Marcitin $C_8H_{19}N_3$. Es gelangt in die Lysin-Betainfraktion, aus der man es nach Abtrennung der Diamine mit alkoholischer Sublimatlösung abscheidet. Von anderen in diese Fällung eingehenden Basen trennt man es durch alkoholische Kadmiumchloridlösung, mit welcher es eine schwer lösliche Verbindung gibt. Das Goldsalz schmilzt zwischen 175⁰ und 178⁰ unter Aufschäumen.

Nachweis und Bestimmung von Guanidinderivaten.

Guanidin und Methylguanidin geben mit natron- oder barytalkalischer (nicht mit ammoniakalischer) Silbernitratlösung schwer lösliche Silberverbindungen. In Ammoniak sind diese löslich. Die Anwesenheit des Guanidinkomplexes im Arginin, Agmatin, Kreatin und Kreatinin gibt auch diesen Substanzen und ihren Derivaten die Fähigkeit zur Bildung solcher wenig löslichen Silberverbindungen. Gewöhnlich wird die zur Ausfällung der Silberverbindungen nötige alkalische Reaktion durch Zugabe von Baryt erzielt. Barytalkalische Silbernitratlösung kann daher als Reagens für die Gruppe der biologischen Guanidinderivate betrachtet werden, es findet auch zur Abtrennung dieser Gruppe in der physiologischen Chemie allgemeine Anwendung, wenn es sich um die quantitative Bestimmung und Trennung von Guanidinderivaten handelt.

Ein Reagens, das für den qualitativen Nachweis von Guanidinderivaten ähnliche allgemeine Bedeutung besitzt, ist das Diacetyl $CH_3 \cdot CO \cdot CO \cdot CH_3$ (Harden und Norris). Dieses bildet mit Guanidinderivaten in alkalischer Lösung eine violettrote fluorescierende Färbung. Die Reaktion ist bedingt durch die Gegenwart der Gruppe $H_2N \cdot C(:NH)NH \cdot R$.

Alle Substanzen, welche diese Gruppe enthalten, wie Arginin, Agmatin, Guanidinoessigsäure, Kreatin und Dicyandiamid geben eine positive Diacetylreaktion; demgemäß auch die meisten Proteine und Peptone, nur Pepton Roche, das argininfrei ist, verhält sich negativ. Guanidin, dem die substituierte Gruppe —NH · R ebenfalls fehlt, gibt erst nach mehreren Stunden eine schwache Färbung. Die Natur des Radikals R hat einen gewissen Einfluß; denn Methylguanidin und Aminoguanidin geben eine negative Reaktion. Ist das Protein komplexer Natur, so besteht neben der violetten Farbe eine grüne Fluorescenz. Letztere ist abwesend bei den einfachen Bausteinen (Arginin) und bei den mit starker (60%iger) KOH vorbehandelten Proteinen. Die optimalen Reaktionsbedingungen scheinen für jede Substanz zu variieren. Mit Arginin werden die besten Resultate erzielt, wenn man 1 ccm einer 1%igen Diacetyllösung zugibt. Überschuß von Alkali und

Diacetyl ist zur Verhütung brauner Nebenprodukte zu vermeiden. Bei komplexeren Proteinen (Witte Pepton, Gelatine) genügen diese geringen Alkalimengen nicht, und die Reaktion bleibt negativ. Nimmt man 2,5 ccm n-NaOH, so werden bis zur Verdünnung 1:1400 positive Resultate erhalten, bei Verwendung von 60%iger KOH tritt die Färbung schon in Verdünnungen von 1:20 000 (Witte - Pepton) und 1:30 000 (Gelatine) auf.

Eine einwandfreie quantitative Bestimmung des Arginins wird stets auf der Isolierung der Aminosäure in der Form eines ihrer wohlcharakterisierten Salze (Nitrat, Kupfernitratdoppelsalz, Pikrat, Pikrolonat, Silbernitratdoppelsalz) beruhen.

Das Argininnitrat $C_6H_{14}N_4O_2 \cdot HNO_3 + \frac{1}{2} H_2O$ bildet Aggregate von durchsichtigen, kreideartigen Scheiben, deren Ränder stark nach innen gebogen sind, ferner Drusen und mikroskopische Nadeln, welche sehr efflorescieren. Es ist etwas hygroskopisch. Der Schmelzpunkt ist unscharf (Gulewitsch). Bei 175^0 bildet sich eine trübe Masse. Nach Rießer liegt der Schmelzpunkt bei 126^0. Es löst sich in 2 Teilen Wasser und ist in heißem Alkohol leicht löslich, schwer löslich in kaltem 85%igem Alkohol. Die Reaktion ist neutral.

d - Argininkupfernitrat $(C_6H_{14}N_4O_2)_2 Cu(NO_3)_2 + 3\frac{1}{2} H_2O$. Es bildet sich beim Kochen von Argininnitrat mit Kupfercarbonat. Über Schwefelsäure getrocknet verliert es $\frac{1}{2}$ Molekül H_2O. Kugelförmige Aggregate von dunkelblauen Nadeln oder dünnen zugespitzten Prismen, Reaktion alkalisch. 100 Teile Wasser bei 15^0 lösen 1,05 Teile Salz. Das krystallwasserhaltige Salz schmilzt bei 112—114^0 in seinem Krystallwasser. Das entwässerte Salz schmilzt bei 232—234^0 unter starker Zersetzung.

d-Argininpikrat $C_6H_{14}N_4O_2 \cdot C_6H_3O_7N_3 + 2 H_2O$ aus heißem Wasser in pilzhutförmigen Aggregaten, langer seidenglänzender Nadeln vom Schmelzpunkt 205—206^0. 100 ccm Wasser lösen bei 16^0 ca. 0,5 Teile.

Das d - Argininpikrolonat $C_6H_{14}N_4O_2 \cdot C_{10}H_8N_4O_5 + H_2O$ aus heißem Wasser, 100 ccm Wasser lösen bei 16^0 0,05 Teile. Es enthält 1 Molekül Krystallwasser, Schmelzpunkt 231^0, nach Steudel 225^0.

Saures d - Argininsilbernitrat $C_6H_{14}N_4O_2 \cdot HNO_3 + AgNO_3$ krystallisiert beim Verdunsten seiner wäßrigen Lösungen in gut ausgebildeten, nadelförmigen, farblosen, durchsichtigen, schief abgeschnittenen Prismen, die bis zu 4 cm lang und gewöhnlich büschelförmig gruppiert sind. Beim Erkalten der heißen gesättigten Lösungen erstarren sie in strahlige, weiße, undurchsichtige Aggregate von langen und sehr dünnen Nadeln. Reaktion sauer. Wenig lichtempfindlich. 100 Teile Wasser lösen 13,75 Teile Salz bei $15,5$—16^0.

Basisches d - Argininsilbernitrat $C_6H_{14}N_4O_2 \cdot AgNO_3 + \frac{1}{2} H_2O$. Rosettenartige oder warzenförmige Aggregate von farblosen, durchsichtigen, schief abgeschnittenen Prismen. Reaktion alkalisch. Ist weniger beständig als das saure Salz, lichtempfindlich. 100 Teile Wasser lösen bei 16—$16,5^0$ 1,13 Teile Salz, in heißem Wasser ziemlich leicht löslich, in Alkohol und Äther unlöslich, Schmelzpunkt 164^0.

Zur Abtrennung des Arginins aus dem Gemisch verschiedener Extraktivstoffe oder Hydrolysenprodukte wird man sich nach wie vor an das von Kossel und Kutscher gegebene Verfahren anlehnen, dessen Grundlinien (vgl. S. 17) angedeutet worden sind.

Statt die Hexonbasenphosphorwolframate mit Baryt zu zersetzen, kann man die Zerlegung auch in saurer Lösung vornehmen (Winterstein, van Slyke), wenn man die mit Salzsäure oder Schwefelsäure in wäßriger Lösung versetzten Phosphorwolframsäureverbindungen mit einem Gemisch von Amylalkohol und Äther ausschüttelt. Die Phosphorwolframsäure geht dabei in das organische Lösungsmittel über, die basischen Aminosäuren verbleiben in der Mutterlauge. Die phosphorwolframsäurefreie wäßrige Mutterlauge läßt sich durch Barythydrat und Silbernitrat in die Histidin-, Arginin- und Lysinfraktion aufteilen.

Man versetzt zu diesem Zwecke die neutrale oder schwach saure Lösung mit einer genügenden Menge Silbernitrat (bis eine Probe der Lösung mit Barytwasser eine braune Fällung ergibt). Macht man nun die Lösung mit Barytwasser schwach alkalisch, so fällt Histidinsilber, gemengt mit nur wenig Argininsilber aus. Den hierzu erforderlichen Grad der Alkalinität erreicht man am besten, wenn die salpetersaure Lösung des Arginin-Histidingemisches mit Baryt zur neutralen oder schwach sauren Reaktion gebracht wird, worauf man Bariumcarbonat im Überschuß zugibt und kurze Zeit aufkocht (Kossel und Pringle, Weiß). Nach Abtrennung des Histidinsilbers macht man das Filtrat mit konzentrierter Barytlauge alkalisch, wobei sich ein brauner, flockiger, dichter Niederschlag von Argininsilber bildet.

Für gewisse analytische Zwecke mag es genügen, anstatt die Aminosäuren aus den Niederschlägen zu isolieren, den Stickstoffgehalt der Präzipitate durch die Kjeldahl-Bestimmung zu ermitteln und aus diesem die vorhandenen Aminosäuren zu berechnen. Der bei eben alkalischer Reaktion ausgefällte Silberniederschlag I ergibt dann den Histidinstickstoff, der mit gesättigter Barytlösung ausgefällte Silberniederschlag II den Argininstickstoff, und das Filtrat den Lysin-N. Diese zuerst von Hausmann vorgeschlagene und von van Slyke verbesserte indirekte Bestimmung wird natürlich der direkten stets an Genauigkeit nachstehen, da in die betr. Niederschläge neben den Hexonbasen gewöhnlich noch andere stickstoffhaltige Produkte (Cystin, Tryptophan, Prolin) eingehen können (vgl. hierzu auch Plimmer).

Eine indirekte Bestimmung des Arginins, welche jede Fällungsreaktion umgeht, und die namentlich zur Ermittlung des Arginins in Eiweißkomplexen Verwendung gefunden hat, ist das von Kutscher, Zickgraf, Kutscher und Seemann, Kutscher und Schenk ausgearbeitete Oxydationsverfahren mit Permanganat. Dabei wird aus dem Arginin Guanidin abgespalten. Dieses läßt sich als wenig lösliches Pikrat isolieren. Kreatin und Kreatinin werden natürlich unter diesen Bedingungen Methylguanidin liefern. Auch aus Purinkörpern kann unter der Einwirkung des Oxydationsmittels Guanidin oder Methylguanidin entstehen (vgl. S. 169). Man erhält tatsächlich bei der Oxydation kompliziertere Produkte, wie sie in organischem Material vorliegen, ein Gemisch von Guanidin- und Methylguanidinpikrat (Burns), sowie auch höhere Guanidinwerte, als nach der direkten Argininbestimmung (Otori). Trotzdem vermag in Serienversuchen das Verfahren gute Dienste zu leisten (Burns, Orglmeister).

Eine indirekte Bestimmung des Arginins läßt sich auch auf Grund des von Kossel und Weiß beschriebenen Verhaltens der Nitroguanidinverbindungen ausführen. Nitroguanidin zersetzt sich mit Baryt oder Natronlauge bei 37⁰ nach folgender Gleichung:

$$C\!\!\begin{cases} NH\cdot NO_2 \\ =NH \\ NH_2 \end{cases} + H_2O = CO_2 + N_2O + 2\,NH_3$$

Auch Nitroarginin und die Nitroproteine spalten unter diesen Bedingungen die Nitrogruppe als N_2O ab. Für das Nitroarginin würde sich die Reaktion folgendermaßen gestalten:

$$\begin{array}{l} HO\cdot CO\cdot CH\cdot NH_2 \\ \quad | \\ \quad C_3H_6 \\ \quad | \\ \quad NH \\ \quad | \\ \quad C = NH \\ \quad | \\ \quad NH\cdot NO_2 \end{array} + H_2O = \begin{array}{l} HO\cdot CO\cdot CH\cdot NH_2 \\ \quad | \\ \quad C_3H_6 \\ \quad | \\ \quad NH_2 \end{array} + CO_2 + N_2O + NH_3$$

Die volumetrische Bestimmung des abgespaltenen N_2O erlaubt dann eine Berechnung des vorhandenen Arginins. Beim Nitroclupein ist die nach dieser Methode berechnete Argininmenge geringer als die direkte Argininbestimmung ergibt; beim Edestin ist sie größer, wahrscheinlich infolge des Vorhandenseins eines anderen Guanidinkomplexes neben dem Arginin (Kossel und Kennaway).

Zur Bestimmung des Kreatins fehlte bis vor kurzem jedes direkte Verfahren. Die Ermittlung des Kreatingehaltes einer Lösung erfolgte stets durch Umwandlung des darin vorhandenen

Kreatins in Kreatinin und Bestimmung des letzteren. Ist Kreatin neben Kreatinin anwesend, so ergibt sich der Kreatingehalt nach der Umwandlung durch ein entsprechendes Plus des Gesamtkreatinins. Die Einfachheit, mit der sich gegenwärtig Kreatininbestimmungen ausführen lassen (vgl. unten), sowie die leichte und vollständige Überführbarkeit des Kreatins in Kreatinin, lassen dieses indirekte Bestimmungsverfahren des Kreatins als genügend und zweckmäßig erkennen. Immerhin darf es in gewissen Fällen als vorteilhaft erscheinen, daß man in der von Harden und Norris studierten Diacetylreaktion (vgl. S. 174) die Möglichkeit zu einer direkten Kreatinbestimmung besitzt.

Die Bestimmung beruht auf der Tatsache, daß die Reaktion mit Kreatin positiv, mit Kreatinin negativ ist. Das positiv reagierende Eiweiß wird vor der Reaktion mit Trichloressigsäure entfernt. Die Beeinträchtigung der Färbung durch andere Harnbestandteile läßt sich bei Ausführung der quantitativen, colorimetrischen Bestimmung umgehen (Walpole).

In allen Fällen, wo man die direkte colorimetrische Bestimmung von Walpole nicht verwenden will oder kann, ist man vor die Aufgabe gestellt, zur Bestimmung des Kreatins dasselbe in Kreatinin zu verwandeln.

Da es hierbei wichtig ist, die Überführung möglichst quantitativ zu gestalten, so ist die ursprüngliche Vorschrift von Folin — dreistündiges Erhitzen von 10 ccm, 3—5 mg enthaltenden Harns mit 5 ccm n-HCl auf 90⁰ — vielfach abgeändert worden (vgl. hierzu Dorner, Hoogenhuyze und Verploegh, Rothmann, Benedikt-Myers, Thompson, Wallace und Clottworth, Janney und Blatherwick, Benedikt).

Gegenwärtig erfolgt der quantitative Nachweis des Kreatinins fast ausschließlich mit der Folinschen Methode. Sie ist ein colorimetrisches Verfahren und beruht auf der roten Färbung (Bildung von Pikraminsäure), welche eine alkalische Pikrinsäurelösung bei Gegenwart von Kreatinin annimmt (Jaffésche Reaktion).

Kreatin gibt hierbei keine Rotfärbung, auch Glucose reagiert mit Pikrinsäure unter den Bedingungen der Jafféschen Reaktion nur langsam. Aceton gibt sofort eine Reaktion. Schwefelwasserstoff, Ammonsulfid, Ferrosulfat reduzieren ebenfalls die Pikrinsäure zu Pikraminsäure (van Hoogenhuyze und Verploegh). Diese Agenzien sind daher auszuschließen.

Die rote Färbung wird in einem der üblichen Colorimeter — am häufigsten ist hierzu ein Du Boscq-Colorimeter verwendet worden — mit einer Standardlösung verglichen.

Grundlegend für die Einzelvorschriften ist die Beobachtung, daß 10 mg Kreatinin in 10 ccm Wasser gelöst, 5—10 Minuten nach Zugabe einer 1,2%igen Pikrinsäurelösung und 4—8 ccm 10%iger Natronlauge eine maximale Rotfärbung entwickelt. Die in dieser Weise erhaltene Lösung auf 500 ccm verdünnt, gibt eine Flüssigkeit, von der 8,1 mm in durchfallendem Licht genau dieselbe Farbe hat wie 8 mm $\frac{1}{2}$ normal $K_2Cr_2O_7$-Lösung. Folin verwendete daher anfangs eine solche Kalibichromatlösung als Standardlösung; eine Schichtdicke von 0,1 mm dieser Bichromatlösung entspricht einer 0,02%igen Kreatininlösung.

Statt die zu bestimmende Kreatininlösung mit einer $^1/_2$ n-Kaliumbichromatlösung in der oben angegebenen Weise zu vergleichen, hat man späterhin eine Kreatininlösung von bestimmtem Gehalt als Standardlösung vorgeschlagen (Folin und Norris, Thompson, Vallace und Clothworth, Authenrieth und Müller).

Bei der Bestimmung kleiner Kreatininmengen, wie sie z. B. im Blut vorkommen, sind besondere Maßregeln zu beobachten (vgl. hierzu Costantino, Hunter und Campell, Folin, Gettler und Oppenheimer, Feigl); ebenso bei der Bestimmung des Kreatinins im diabetischen Harn (Baumann und Ingwalden, Lucian und Morris), wo die Anwesenheit von Aceton und Acetonessigsäure erhebliche Fehler verursachen kann (Binet, Defins und Rathberg).

Früher hat man zur Isolierung und zur Bestimmung des Kreatinins fast allgemein das Neubauersche Chlorzinkverfahren benützt, welches sich auf der Schwerlöslichkeit des Kreatininchlorzinks in Alkohol stützt.

Das Kreatininchlorzink $(C_4H_7N_3O)_2ZnCl_2$ bildet prismatische Krystalle, die sich bei Zugabe einer konzentrierten $ZnCl_2$-Lösung zur Kreatininlösung sofort abscheiden. Bei schneller Abscheidung bilden sich Rosetten oder Büschel von mikroskopisch feinen Nadeln. Wenig löslich in kaltem Wasser, leichter in heißem, fast unlöslich in Alkohol; bei 15° löst sich ein Teil in 53,8 Teilen Wasser und in 27,74 Teilen bei 100°. Bei 15—20° in 5743 Teilen 87%igem und in 9217 Teilen 90%igem Alkohol. Das Kreatininchlorzink ist löslich in Säuren und Alkalien. Auch in neutraler Chlorzinklösung ist es nicht völlig unlöslich. Aus wäßrigem Harnextrakt scheidet sich das Zinkchloriddoppelsalz in der Regel in braunen kugeligen Warzen ab, deren krystallinische Struktur nicht deutlich erkennbar ist. In einem alkoholischen Harnextrakt bildet sich mit alkoholischer $ZnCl_2$-Lösung ein gelblicher, krystallinischer Niederschlag. Mit Salzsäure bildet das Kreatininchlorzink ein in Wasser leicht lösliches Salz $(C_4H_7N_3O \cdot HCl)_2ZnCl_2$ (Neubauer).

Die Methode von Neubauer ist jedoch mit erheblichen Mängeln behaftet und findet heute höchstens zum qualitativen Nachweis und zur präparativen Darstellung von Kreatinin Verwendung.

Zur Isolierung des Kreatinins aus Extraktgemischen eignet sich außer dem Zinkchloriddoppelsalz das schwerlösliche Kreatininpikrat und das Kreatininkaliumpikrat.

Das Kreatininpikrat $C_4H_7N_3O \cdot C_6H_2(NO_2)_3 \cdot OH$ ist in Wasser wenig löslich, aus heißem Wasser krystallisiert es in langen, sehr dünnen hellgelben seidenglänzenden Nadeln, beim Erhitzen verpufft es, Schmelzpunkt bei 212—213°. In 100 ccm Wasser lösen sich 687 mg des Kreatininpikrats (Jaffé).

Das Kreatininkaliumpikrat $C_4H_7N_3O \cdot C_6H_2(NO_2)_3 \cdot OH \cdot C_6H_2(NO_2)_3O_3K$ fällt aus einer kalihaltigen Lösung des Kreatinins bei Zugabe von Pikrinsäure. Die Krystalle sind ähnlich wie die des Kreatininpikrats, jedoch etwas schwerer löslich. Bei 19—20° lösen sich 0,18 g in 100 ccm Wasser. In kaltem starkem Alkohol ist das Doppelsalz schwer, in heißem etwas leichter, in Äther ist es unlöslich. Beim Erhitzen verändert es sich nicht bis 160°, beim raschen Erhitzen explodiert es (Jaffé).

Kreatin und Kreatinin scheiden sich aus konzentrierten Extrakten oft krystallisiert ab. Sie lassen sich durch Alkohol voneinander trennen, in welchem Kreatinin leichter löslich ist als das Kreatin.

Als empfindlichen qualitativen Nachweis des Kreatinins gebraucht man auch oft die Weylsche Nitroprussidnatriumreaktion. Zu deren Ausführung gibt man zu einer alkalischen Kreatininlösung einige Tropfen einer verdünnten Lösung von Nitroprussidnatrium; es entwickelt sich hierbei eine prachtvolle Violettfärbung. Auf Zusatz von Essigsäure schlägt die Farbe in gelb um. Als Reaktionsprodukt entsteht bei dieser Einwirkung Isonitrosokreatinin; Glykocyamidin, welches eine analoge Rotfärbung mit Nitroprussidnatrium ergibt, wie Kreatinin, unterscheidet sich von diesem durch den Umstand, daß die Rotfärbung durch die Zugabe von Essigsäure nicht verschwindet, sondern vertieft wird. Diese Kreatininreaktion ist noch in einer Verdünnung von 1 : 15 000 positiv.

Guanidin und Methylguanidin werden wie die komplizierteren Guanidinverbindungen mit barytalkalischer Silbernitratlösung abgeschieden. Nach der Zersetzung des Silberbarytniederschlages scheidet man die Basen in Form ihrer schwer löslichen Salze — Pikrat, Pikrolonat, Chloraurat — ab.

Das Guanidinpikrat ist in Wasser sehr wenig löslich, es beginnt sich bei 280° zu schwärzen, bei 300° erfolgt schwache Sublimation, zwischen 311° und 315° Zersetzung unter Aufschäumen (Kutscher und Otori).

Das Guanidinpikrolonat $CH_5N_3 \cdot C_{10}H_8N_4O_5$ bildet aus Wasser kleine Drusen, unter dem Mikroskop feine Nädelchen, Zersetzung unter Aufschäumen bei 272—274°, in Alkohol löslich, scheidet sich in wäßrigen Lösungen noch in großer Verdünnung ab.

Das Guanidingolddoppelsalz $CH_5N_3 \cdot HCl \cdot AuCl_3$ bildet tiefgelbe lange Nadeln, wenig löslich in Wasser, Schmelzpunkt 275—278°.

Das Methylguanidinpikrat $C_2H_7N_3 \cdot C_6H_2(NO_2)_3OH$ krystallisiert aus Wasser in zwei Modifikationen, beide vom Schmelzpunkt 201,5°, entweder in eigelben, vier-, seltener sechseckigen, langen, sehr schmalen Tafeln, die gewöhnlich nadelförmige Aggregate bilden und Pleiochroismus (lichtgelb und lichtgelblichgrün) zeigen, oder in orangefarbenen, kürzeren, viereckigen Tafeln, die lichtgelb oder dunkelgelb erscheinen. Die Modifikationen können beim Umkrystallisieren ineinander übergehen (Gulewitsch).

Das Methylguanidinpikrolonat $C_2H_7N_3 \cdot C_{10}H_8N_4O_5$ ist wenig löslich, 0,06 Teile lösen sich in 100 Teilen Wasser. Schmelzpunkt unter Aufschäumen bei ca. 270°, nachdem es bei 225° eine olivgrüne Farbe angenommen hat, Schmelzpunkt 291° nach Wheeler und Jamieson.

Das Methylguanidingolddoppelsalz $C_2H_7N_3 \cdot HCl \cdot AuCl_3$ scheidet sich aus der konzentrierten wäßrigen Lösung des Chlorhydrats mit 30%iger Goldchloridlösung erst ölig, dann in rhombischen Krystallen ab. Aus heißer verdünnter Salzsäure umkrystallisiert, schmilzt es bei 198—200°. In reinem Wasser zersetzt es sich beim Erhitzen. Es ist leicht löslich in Äther, schwer löslich in Alkohol und in Wasser.

Relativ schwer löslich ist auch das Methylguanidinnitrat $C_2H_7N_3 \cdot HNO_3$. Es krystallisiert aus Wasser in Drusen von kleinen breiten Täfelchen. In heißem Wasser ist es leicht löslich, in Alkohol fast unlöslich. Schmelzpunkt 155°.

Die Gegenwart von Arginin und anderen Verbindungen kann die Löslichkeit der Pikrate stark beeinflussen und vergrößern (Kutscher und Otori), es empfiehlt sich daher die Basen der barytalkalischen Silbernitratfällung einer weiteren Fraktionierung zu unterwerfen. Das Arginin läßt sich als Kupfernitratdoppelsalz (siehe oben) abtrennen.

Eine Trennung von Kreatinin und Dimethylguanidin erzielen Kutscher und Lohmann durch fraktionierte Fällung mit Silbernitrat und Baryt, hierbei scheidet sich zuerst das Kreatinindoppelsalz ab, während die Silberverbindung des Dimethylguanidins erst bei völliger Sättigung mit Baryt ausfällt.

Das Dimethylguanidinpikrat $C_3H_9N_3 \cdot C_6H_3O_7N_3$ bildet kleine, spitze, gelbe Prismen aus Wasser, Schmelzpunkt 224°; 230° (Schenk).

Das Dimethylguanidinpikrolonat $C_3H_9N_3 \cdot C_{10}H_8O_5N_4$, kleine, flache, vierseitige, gelbe Prismen, oder kleine Drusen aus dünnen, vierseitigen Säulen, die sich unter Aufschäumen scharf bei 278° zersetzen.

Das Dimethylguanidinchloraurat $C_3H_9N_3 \cdot HAuCl_4$ bildet bei langsamer Abscheidung große gelbe Tafeln, bei raschem Auskrystallisieren glänzende, schuppenförmige Blättchen aus heißer konzentrierter Salzsäure. Schmelzpunkt 144⁰, zersetzt sich bei ca. 150⁰. Nach Schenk nadelförmige Krystalle, die bei 148⁰ unter Zersetzung schmelzen.

Engeland fällt die Guanidinverbindungen nebst anderen Basen vermittels Quecksilberchlorid und Natriumacetat in alkoholischer oder wäßriger Lösung. Der Niederschlag wird in heißer verdünnter Salzsäure gelöst und filtriert. Das von Quecksilber befreite Filtrat wird in absolut methylalkoholische Lösung übergeführt, zur Trockne gedampft und der Rückstand mit Alkohol ausgezogen Hierbei bleibt fast das gesamte Kreatininchlorhydrat und Ammonchlorid ungelöst. Aus der alkoholischen Lösung werden mit Platinchlorid der Rest des Kreatinins, sowie andere Harnbasen (Vitiatin, Histidin) niedergeschlagen. Das Filtrat der Platinfällung liefert nach der Zersetzung durch H_2S mit wäßriger Goldchloridlösung die Verbindung des asymmetrischen Dimethylguanidins. In ähnlicher Weise verfuhr auch Koch.

Durch eine Modifikation des Verfahrens von Kossel und Kutscher gelingt es Gulewitsch und seinen Mitarbeitern das Methylguanidin in einer gesonderten Fraktion, ohne die anderen mit Silbernitrat und Baryt fällbaren Basen zur Abscheidung zu bringen. Er benützt hierzu den Umstand, daß die Silberverbindung des Methylguanidins in Ammoniak löslich ist. Vertreibt man also das in den Extrakten anwesende Ammoniak erst nach der Fällung mit Silbernitrat + Baryt, so geht das Methylguanidin nicht in diese Fällung ein. Es läßt sich aber isolieren, wenn man das Filtrat dieses Silberbarytniederschlages von Silber und Baryt befreit, mit Magnesia alkalisch macht, das Ammoniak vertreibt und dann eine zweite Silber-Barytfällung erzeugt. In dieser ist dann neben wenig Kreatinin nur das Methylguanidin enthalten (vgl. z. B. Skworzow, Smorodinzew, Demjanowsky).

VI. Gruppe.

Die Imidazolverbindungen.

Die Verbindungen dieser Gruppe sind durch einen fünfgliedrigen heterocyclischen Ring, das Imidazol, charakterisiert. In ihm sind zwei Stickstoffatome, welche durch ein Kohlenstoffatom getrennt werden, mit zwei weiteren Kohlenstoffatomen verkettet.

Die Konstitutionsformel des Imidazols wird gewöhnlich in nachstehender Weise geschrieben:

$$\text{(2)}HC\begin{array}{c}NH_{(1)}-CH_{(5)}\\ \| \\ N_{(3)}-CH_{(4)}\end{array}$$

Statt Imidazol nennt man diesen fünfgliedrigen heterocyclischen Ring mit Hinblick auf eine weiter unten zu besprechende Bildungsweise auch Glyoxalin.

Die angebrachte Numerierung sei allen in der Folge beschriebenen Imidazolderivaten zugrunde gelegt. Wie aus der Formel ersichtlich ist, enthält der in 1-Stellung befindliche Stickstoff noch 1 Wasserstoffatom, welcher labil ist und unter Umlagerung der Valenzen in die 3-Stellung überwandern kann. Dieser Umstand bedingt, daß die 4- und 5-Stellungen des Imidazolringes gleichwertig sind, die Labilität besteht jedoch nur, solange der 1-Stickstoff sekundär ist und hört auf, wenn durch Darstellung eines N-Alkylderivates der Stickstoff tertiär wird. Mit der Labilität des Wasserstoffes verschwindet auch die Gleichwertigkeit der 4- und 5-Stellung, so daß bei den N-alkylierten Imidazolen die 4- und 5-Derivate verschieden sind.

Zu den Imidazolverbindungen gehören einige pharmakologisch und physiologisch wichtige Körper. In den Mittelpunkt unserer Betrachtungen sei das Histidin, die α-Amino-β-Imidazolylpropion-

säure $HC\begin{array}{c}NH-CH\\ \| \\ N-C-CH_2-CH-(NH_2)-COOH\end{array}$ und das β-Imid-

azolyläthylamin $HC\begin{array}{c}NH-CH\\ \| \\ N-C-CH_2-CH_2-NH_2\end{array}$ gestellt.

Zu den Imidazolderivaten gehören auch die physiologisch wichtigen Purinkörper, sowie die Hydantoinderivate. Als Typus der letzteren sei das Hydantoin angeführt, welches je nachdem man die Keto- oder Enolform berücksichtigt, als Diketotetrahydroimidazol oder Dihydroxy-Dihydroimidazol (vgl. untenstehende Formel) bezeichnet werden kann. Die Hydantoine entstehen durch Addition von Harnstoff an Aminosäuren und Anhydrisation der gebildeten Hydantoinsäuren (Lippich), z. B.

$$H_2N\cdot CH_2\cdot COOH + H_2N\cdot CO\cdot NH_2 \rightarrow NH_3 + H_2N\cdot CO\cdot NH\cdot CH_2\cdot COOH \rightarrow$$
$$\text{Hydantoinsäure}$$

$$OC\begin{array}{c}NH-CO\\ | \\ NH-CH_2\end{array} + H_2O$$
$$\text{Hydantoin}$$

Es ist noch nicht erwiesen, ob die in der Natur aufgefundenen Hydantoine (Blendermann) Kunstprodukte darstellen, da sich

die vorstehend erwähnte Bildung aus Aminosäure und Harnstoff
stets vollzieht, wenn die Komponenten bei alkalischer Reaktion
aufeinander einwirken können, was ja bei der Verarbeitung von
Harn fast immer der Fall zu sein pflegt (Dakin).

Größere physiologische Bedeutung als die Hydantoine besitzen
die ihnen nahe verwandten Glykocyamine, deren einfachster Typus

$$\text{das Glykocyamidin}\quad NH : C\begin{smallmatrix} \diagup NH-CO \\ \quad\quad\text{I} \\ \diagdown NH-CH_2 \end{smallmatrix}\quad\text{oder}\quad NH : C\begin{smallmatrix} \diagup N-C(OH) \\ \quad\quad\text{II} \\ \diagdown NH-CH_2 \end{smallmatrix}$$

als 2-Imino-5-ketotetrahydroimidazol oder unter Berücksichtigung
der Formel II als 2-Imino-5-oxydihydroimidazol betrachtet werden
kann. Die Purinkörper enthalten, wie dies am Beispiel des Xanthins

$$\text{illustriert sei,}\quad \begin{matrix} NH-CO \\ | \qquad | \\ CO \quad\; C-NH \\ | \qquad \| \qquad\quad \diagdown CH \\ NH-C-\!-N \diagup \end{matrix} \quad\text{einen Imidazolring, der an den}$$

4.5-C-Atomen mit einem Pyrimidinring kondensiert ist. Sowohl
die Hydantoine, wie die Purinkörper, fallen jedoch, trotz ihrer
Zugehörigkeit zur Imidazolgruppe, aus der Reihe der in diesem
Buche zu besprechenden Verbindungen heraus. Schon aus prak-
tischen Gründen würde sich eine Behandlung dieser wichtigen, in
chemischer wie auch in physiologisch-chemischer Richtung eingehend studierten Körperklassen an dieser Stelle nicht eignen.
Die Vernachlässigung rechtfertigt sich auch aus prinzipiellen
Überlegungen, weil die Basizität, die einzige allen in diesem
Buche besprochenen Körpern gemeinsame Eigenschaft, bei fast
sämtlichen Vertretern dieser beiden Gruppen kaum oder nur in
geringem Grade ausgeprägt ist.

Es ist aber nicht ausgeschlossen, daß ein genetischer Zusammenhang zwischen diesen verschiedenen in der Natur vorkommenden Imidazolderivaten existiert. Es wäre wohl möglich,
daß die Hydantoine und die Glykocyamidine in enger Beziehung
zu den Histidinderivaten stehen, sei es, daß sie als deren Vorstufen
oder als Abbauprodukte in Betracht kommen. Der Vergleich
einiger Formeln macht dies ohne weiteres deutlich

$$OC\begin{smallmatrix} \diagup NH-CH\cdot CH_2COOH \\ \qquad\quad | \\ \diagdown NH-CO \end{smallmatrix} \qquad\qquad HC\begin{smallmatrix} \diagup NH=C-CH_2COOH \\ \qquad\quad \| \\ \diagdown N-\!-CH \end{smallmatrix}$$

$$\qquad\quad\text{Hydantoinessigsäure} \qquad\qquad\qquad\quad\text{Imidazolessigsäure}$$

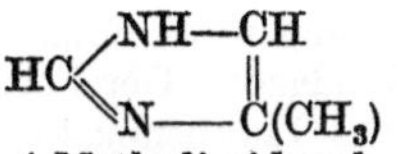

$$\mathrm{HC}\Big\langle\begin{array}{c}\mathrm{NH\!-\!CH}\\[2pt]\|\\[2pt]\mathrm{N\!-\!C(CH_3)}\end{array}\qquad\qquad \mathrm{NH\!:\!C}\Big\langle\begin{array}{c}\mathrm{NH\!-\!CO}\\[2pt]|\\[2pt]\mathrm{NH\!-\!CH(CH_3)}\end{array}$$

4-Methylimidazol 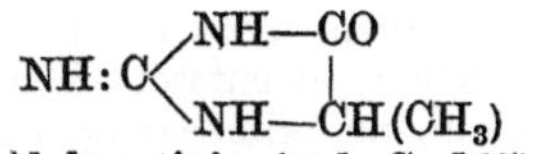   Alakreatinin (vgl. S. 165)

Auf chemischem Wege ist der Übergang hydrierter Imidazolringe in Imidazole bisher nicht geglückt, ebensowenig wie es gelungen ist, den Imidazolring durch Anwendung der üblichen Reduktionsmittel in ein partiell oder vollständig hydriertes Imidazolderivat überzuführen. Trotzdem bleibt es natürlich nicht ausgeschlossen, daß im pflanzlichen oder tierischen Körper, wo ganz andere oxydative und reduktive Fähigkeiten möglich sind, derartige Prozesse stattfinden.

Selbstverständlich lassen sich auch die Purinkörper mit den einfacheren Imidazolderivaten z. B. dem Histidin in Zusammenhang bringen. Die Versuche, die Abderhalden und Einbeck sowie Acroyd und Hopkins angestellt haben, um solche Beziehungen zwischen Purinkörpern und Histidinderivaten aufzufinden, haben aber keine eindeutigen, zum mindesten keine direkten Beweise geliefert. Acroi und Hopkins konnten nur feststellen, daß bei ungenügender Histidin- und Argininzufuhr unter Entwicklung von Insuffizienzerscheinungen auch eine verminderte Alantoinausscheidung auftritt. Letztere beruht auf einer durch den Arginin- und Histidinmangel bedingten Hemmung des Purinstoffwechsels (vgl. S. 149).

Wenn wir von der Bildung hydrierter Imidazole, wie der Glykocyamidine und der Hydantoinderivate absehen, so geben uns nur die interessanten Arbeiten von Windaus und Knoop und deren Mitarbeiter eine experimentelle Grundlage für die Entstehung des Imidazolkerns im tierischen und pflanzlichen Organismus. Läßt man Monosaccharide, Hexosen oder Pentosen in wäßriger ammoniakalischer Lösung bei Gegenwart von Zinkhydroxyd längere Zeit stehen, so scheiden sich beträchtliche Mengen von 4.5-Methylimidazol oder Dimethylimidazol in Gestalt ihrer Zinkverbindungen ab.

Die Entstehung dieser Basen erklärt sich am einfachsten, wenn man annimmt, daß der Traubenzucker zunächst in Glycerinaldehyd zerfällt, der später in Methylglyoxal $\mathrm{CH_3\cdot CO\cdot CHO}$ und Milchsäure übergeht. Aus Methylglyoxal, Formaldehyd und Ammoniak kann sich dann nach der Gleichung

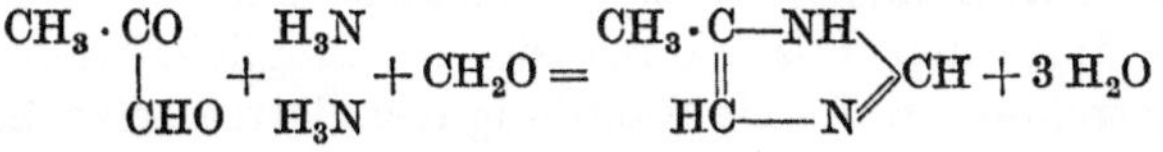

$$\begin{array}{c}\mathrm{CH_3\cdot CO}\\[2pt]|\\[2pt]\mathrm{CHO}\end{array}+\begin{array}{c}\mathrm{H_3N}\\[10pt]\mathrm{H_3N}\end{array}+\mathrm{CH_2O}=\mathrm{CH_3\cdot C}\!\!\begin{array}{c}\mathrm{-NH}\\[2pt]\|\qquad\\[2pt]\end{array}\!\!\Big\rangle\mathrm{CH}+3\,\mathrm{H_2O}$$

Methylimidazol bilden. Tritt in dieser Gleichung statt Formaldehyd Acetaldehyd in Reaktion, so entsteht Dimethylimidazol. Der Formaldehyd ist vielleicht ebenfalls ein primäres Spaltstück des Traubenzuckers, möglicherweise kann aber auch Methylglyoxal sekundär in Essigsäure und Formaldehyd zerfallen.

Dieser interessanten Bildungsweise von Alkylimidazolen aus Kohlenhydraten liegt also jener Vorgang zugrunde, welcher zur Entdeckung des Imidazols aus dem Diacetaldehyd, Glyoxal CHO—CHO und Ammoniak im Jahre 1858 durch Debus geführt hat. Beim Stehen des Diacetaldehyds in wäßriger Lösung spaltet er sich nämlich unter Bildung von Formaldehyd und dieser reagiert mit unverändertem Glyoxal und Ammoniak nach folgender Gleichung:

$$\begin{matrix} \text{CHO} \\ | \\ \text{CHO} \end{matrix} + 2\,\text{NH}_3 + \text{HCHO} = 3\,\text{H}_2\text{O} + \text{HC}\underset{\text{N}\!-\!\text{CH}}{\overset{\text{NH}\cdot\text{CH}}{\big\langle}}$$

Dieser Vorgang ist von allgemeiner Anwendbarkeit für die Synthese von Imidazolderivaten. Eine Reaktion, die ebenfalls zur Synthese einer großen Zahl von Imidazolderivaten Anwendung gefunden hat, ist die von Wohl und Marckwald, sowie von Gabriel und seinen Mitarbeitern studierte Anlagerung von Rhodanwasserstoff an 1.2-Aminoaldehyde oder Ketone vom Typus $\text{R}\cdot\text{CH(NH}_2)\cdot\text{CO}\cdot\text{R}'$ (vgl. S. 190).

Imidazolyläthylamin (Histamin).

Die Konstitution des in der Natur häufig als Fäulnisprodukt vorkommenden β-Imidazolyläthylamins ist nach den Synthesen und Bildungsweisen die folgende: $\text{HC}\underset{\text{N}\!-\!-\!\text{C}\cdot\text{CH}_2\cdot\text{CH}_2\cdot\text{NH}_2}{\overset{\text{NH}\!-\!\text{CH}}{\big\langle}}$ und kann daher als 4.5-Aminoäthylimidazol bezeichnet werden. Für sein natürliches Vorkommen kommt als unmittelbare Vorstufe nur das Histidin in Betracht. Es entsteht daraus leicht durch die Tätigkeit von Mikroorganismen, und zwar besitzen sowohl Pilze wie Bakterien die Fähigkeit, das Histidin unter Bildung von β-Imidazolyläthylamin zu decarboxylieren. Der Tätigkeit der Pilze verdankt das β-Imidazolyläthylamin allem Anschein nach sein Vorhandensein im Mutterkorn, aus dem es fast gleichzeitig durch Barger und Dale, sowie durch Kutscher isoliert werden konnte. Offenbar bedingt das Wachstum des Pilzes auf dem Getreideeiweiß eine Hydrolyse desselben und nachträglich eine Decarboxylierung der so gebildeten Aminosäuren. Allerdings ist es bis jetzt nicht gelungen, diesen Prozeß in vitro durch Claviceps oder einen ähnlichen Pilz zu realisieren. Möglicherweise erfolgt auch im Getreidekorn die Umwandlung des Getreideeiweißes nicht allein auf Grund mykochemischer Vorgänge, sondern es spielt auch eine gleichzeitig vorhandene Bakterienflora eine Rolle. Eine Bildung von Histamin aus dem histidinreichen Polleneiweiß der Gräser (vgl. S. 200) wird von Koessler vermutet. Er erblickt darin eine mögliche Ursache des sogenannten Heufiebers.

Die bakterielle Decarboxylierung des Histidins ist zuerst von Ackermann ausgeführt worden, welcher mit einem Bakteriengemisch aus Histidin in schwach alkalischer Lösung bei Gegenwart von etwas Nährsalzen, Pepton und Zucker bis zu 50% β-Imidazolyläthylamin erhalten konnte. Späterhin gelang es dann aus verschiedenen Fäulnisprodukten bestimmte mehr oder weniger charakterisierte Bakterien zu züchten, welchen die Fähigkeit zur Histaminbildung in ausgesprochenem Maße zukommt. Aus fauler Pankreas- und Thymussubstanz kann z. B. ein kokkenähnliches Stäbchen erhalten werden, welches Histidin in kurzer Zeit zu decarboxylieren vermag.

Berthelot und Bertrand gelang die Isolierung eines Bacillus, aus dem Darminhalt von enteritiskranken Personen, den sie B-Aminophilus nennen und genau charakterisieren. Dieser besitzt ebenfalls in ausgesprochenem Maße die Fähigkeit, Histidin in Imidazolyläthylamin zu verwandeln. Später isolierten Mellanby und Twort aus Faeces ein säurebildendes Bacterium, das jedoch dem Berthelotschen nicht identisch zu sein scheint. Die Entdecker reihen es vielmehr in die Typhoid-Coli-Gruppe ein und beschreiben es als gramnegatives Stäbchen. In defibriniertem Kaninchenblut bildeten Bacillus sporogenes und Bacillus histolyticus, besonders der erste, beträchtliche Mengen Histidin, aber kein Imidazolyläthylamin (Berthelot). Dieses trat aber bald auf, wenn jene Kulturen mit einem aeroben, decarboxylierenden Bacillus geimpft wurden, der aus menschlichem Kot isoliert, dem Bacillus aminophilus sehr nahe steht.

Das Vorkommen solcher Bakterien im Darminhalt erklärt auch den Nachweis von β-Imidazolyläthylamin in der Darmwand (Barger und Dale). Das Vorhandensein der Base im Kot (Mutsch, Holmes) und im Harn (Koch), sowie deren Resorption und die dadurch hervorgerufenen mittelbaren und unmittelbaren Wirkungen bieten für manche pathologischen Erscheinungen eine Erklärung (Heß und Müller).

Nach O'Brien besitzen gegen 30 verschiedene Bakterienarten die Fähigkeit aus Histidin β-Imidazolyläthylamin zu bilden.

Offenbar unterscheiden sich die verschiedenen Bakterien nur in quantitativer Hinsicht in ihrem Vermögen, die endständige Carboxylgruppe des Histidins abzuspalten. Vom bakteriologischen Standpunkte aus dürfte es von großem Interesse sein, verschiedene Bakterienarten auf ihre Fähigkeit zur Histaminbildung zu prüfen und deren Abhängigkeit von der Vitalität und der Art festzustellen.

Zur Bildung von β-Imidazolyläthylamin aus Histidin auf bakteriellem Wege verwendete Ackermann eine etwa 1%ige wäßrige Lösung von Histidinchlorhydrat (49 g). Durch Zugabe von überschüssigem Ca-Carbonat wird die Reaktion schwach alkalisch gemacht. Die Impfung erfolgte mit einer gefaulten Pankreasflocke. Als weiteres Nährmaterial wurden noch 10 g Pepton Witte und 20 g Glucose, etwas Magnesiumsulfat und Natriumphosphat zugegeben. Die mehrere Wochen bei Bruttemperatur der Fäulnis überlassene Lösung wird filtriert; sie reagiert stark alkalisch. β-Imidazolyläthylamin wird sodann als Silberverbindung bei barytalkalischer Reaktion abgeschieden, die Silberverbindung zersetzt und in die Phosphorwolframsäureverbindung übergeführt. Diese wird abermals zerlegt, in das Pikrat verwandelt und daraus nach der Zersetzung mit Salzsäure als Chlorhydrat isoliert. In der Mutterlauge des β-Imidazolyläthylaminpikrates findet sich Imidazolpropionsäure.

Dieses etwas umständliche Verfahren zur Isolierung des β-Imidazolyläthylamins läßt sich in manchen Punkten vereinfachen und auch verbessern. Vor allem ist es nicht nötig, das β-Imidazolyläthylamin über die Silberverbindung, Phosphorwolframsäureverbindung und das Pikrat zu reinigen. Die Schwerlöslichkeit des Pikrates gestattet die unmittelbare Abscheidung des β-Imidazolyläthylamins aus der Fäulnisflüssigkeit. Ein- bis zweimaliges Umkrystallisieren aus heißem Wasser genügt, um das β-Imidazolyläthylaminpikrat rein zu gewinnen. Es ist ferner mit gewissen Nachteilen verbunden, wenn man die Fäulnis des Histidins durch das bunte Bakteriengemisch eines gefaulten Organes besorgen läßt, da bisweilen außer den gewünschten decarboxylierenden Bakterien noch andere vorhanden sind, welche das Histidin in anderer Weise abbauen, oder das einmal gebildete β-Imidazolyläthylamin sekundär weiter verändern, was namentlich bei langer Dauer der Fäulnisperiode möglich ist. Man kann diese Nachteile umgehen, wenn man die Fäulnis mit einer Reinkultur von decarboxylierenden Bakterien ausführt (Berthelot und Bertrand, Mellanby und Twort). Da nach 8—10 Tagen eine weitere Zunahme der β-Imidazolyläthylaminbildung nicht mehr stattfindet, ist es vorteilhafter den Versuch abzubrechen, um die sekundären Veränderungen möglichst zu verhindern. Durch Bestimmungen des ausfällbaren Pikrates in Proben der Fäulnisflüssigkeit läßt sich der Zeitpunkt ermitteln, wenn keine Zunahme der β-Imidazolyläthylaminbildung mehr stattfindet.

Mit dem von Mellanby und Twort isolierten Bacillus werden nach den Angaben der Entdecker die besten Resultate dann erhalten, wenn man $1\,^0/_0$ige Lösungen von Histidin in Ringerflüssigkeit mit der 24stündigen Kultur zweier Glycerinagarröhrchen impft und bei 37^0 acht Tage einwirken läßt. Gegenwart von Säuren oder säurebildender Glucose verhindert die Bildung von β-Imidazolyläthylamin.

Auf chemischem Wege läßt sich die Decarboxylierung des Histidins nicht oder nur in geringem Maße bewerkstelligen (Ackermann, Ewins und Pyman). Hingegen gelingt es durch Einwirkung von Chlor (Toluolsulfosäurechloramid) Histidin in Imidazolylacetonitril

$$\text{HC}\underset{\text{N}\!-\!\!-\!\overset{\|}{\text{C}}\!-\!\text{CH}_2\cdot\text{CN}}{\overset{\text{NH}\!-\!\text{CH}}{<}}$$

zu verwandeln, welches durch Reduktion in β-Imidazolyläthylamin übergeht (Dakin). Die Synthese des β-Imidazolyläthylamins ist zuerst Windaus und Vogt, später auch Pyman gelungen.

Die Synthese von Windaus und Vogt geht von der β-Imidazolylpropionsäure

$$\text{HC}\underset{\text{N}\!-\!\!-\!\overset{\|}{\text{C}}\cdot\text{CH}_2\text{CH}_2\text{COOH}}{\overset{\text{NH}\!-\!\text{CH}}{<}}$$

aus. Man verwandelt deren Ester in das Hydrazid

$$\text{HC}\underset{\text{N}\!-\!\!-\!\overset{\|}{\text{C}}\cdot\text{CH}_2\text{CH}_2\text{CO}\cdot\text{NH}\cdot\text{NH}}{\overset{\text{NH}\!-\!\text{CH}}{<}}$$

, dieses in das Acid

$$\text{HC}\underset{\text{N}\!-\!\!-\!\overset{\|}{\text{C}}\cdot\text{CH}_2\text{CH}_2\cdot\text{CO}\cdot\text{N}\!\triangle\!\text{N}}{\overset{\text{NH}\!-\!\text{CH}}{<}}$$

und in das Urethanderivat und gelangt schließlich zum β-Imidazolyläthylamin. Die dabei stattfindenden Reaktionen sind aus folgenden Gleichungen ersichtlich:

$$\text{HC}\underset{\text{N}\!-\!\!-\!\overset{\|}{\text{C}}\!-\!\text{CH}_2\text{CH}_2\text{COOC}_2\text{H}_5}{\overset{\text{NH}\!-\!\text{CH}}{<}}+\text{H}_2\text{N}\!-\!\text{NH}_2$$

$$=\text{HC}\underset{\text{N}\!-\!\overset{\|}{\text{C}}\!-\!\text{CH}_2\text{CH}_2\text{CO}\cdot\text{NH}\!-\!\text{NH}_2}{\overset{\text{N}\!-\!\text{CH}}{<}}+\text{C}_2\text{H}_5+\text{OH}$$

$$\text{HC}\underset{\text{N}\!-\!\!-\!\overset{\|}{\text{C}}\!-\!\text{CH}_2\text{CH}_2\text{CO}\cdot\text{NH}\!-\!\text{NH}_2}{\overset{\text{NH}\!-\!\text{CH}}{<}}+\text{NOOH}$$

$$=\text{HC}\underset{\text{N}\!-\!\!-\!\overset{\|}{\text{C}}\!-\!\text{CH}_2\text{CH}_2\text{CON}\!-\!\text{N}}{\overset{\text{NH}\!-\!\text{CH}}{<}}+\text{H}_2\text{O}$$

$$\text{HC} \begin{matrix} \text{NH—CH} \\ \| \\ \text{N——C} \end{matrix} \text{—CH}_2\text{CH}_2\text{CON—N} \;(\text{N})\; + \text{C}_2\text{H}_5\text{OH}$$

$$= \text{HC} \begin{matrix} \text{NH—CH} \\ \| \\ \text{N——C} \end{matrix} \text{—CH}_2\text{CH}_2\text{NHCOOC}_2\text{H}_5 + \text{N}_2$$

$$\text{HC} \begin{matrix} \text{NH—CH} \\ \| \\ \text{N——C} \end{matrix} \text{—CH}_2\text{CH}_2\text{NHCOOC}_2\text{H}_5 + 2\,\text{HCl}$$

$$= \text{HC} \begin{matrix} \text{NH—CH} \\ \| \\ \text{N——C} \end{matrix} \text{—CH}_2\text{CH}_2\text{NH}_2 \cdot 2\,\text{HCl} + \text{CO}_2 + \text{C}_2\text{H}_5\text{OH}$$

Pyman verwertete für seine Synthese die von Wohl und Marckwald aufgefundene allgemeine Reaktion, welche von den Aminoketonen zu Imidazolderivaten führt. Der Verlauf der Synthese des Imidazolyläthylamins ist durch die nachstehenden Gleichungen wiedergegeben.

$$\text{CS:NH} + \text{H}_2\text{N—CH}_2 \;(\text{CO—CH}_2\text{NH}_2) \;\rightarrow\; \text{CS} \begin{matrix} \text{NH—CH}_2 \\ \text{NH}_2 \;\; \text{CO}\cdot\text{CH}_2\cdot\text{NH}_2 \end{matrix}$$

$$\rightarrow \text{CS} \begin{matrix} \text{NH—CH} \\ \| \\ \text{NH—C—CH}_2\text{NH}_2 \end{matrix} + \text{H}_2\text{O}$$

$$\text{HS}\cdot\text{C} \begin{matrix} \text{NH—C} \\ \| \\ \text{N——C}\cdot\text{CH}_2\text{NH}_2 \end{matrix} \xrightarrow{\text{HNO}_3} \text{CH} \begin{matrix} \text{NH—CH} \\ \| \\ \text{N——C—CH}_2\text{OH} \end{matrix}$$

$$\text{CH} \begin{matrix} \text{NH—CH} \\ \| \\ \text{N——C—CH}_2\text{OH} \end{matrix} + \text{HCl} = \text{CH} \begin{matrix} \text{NH—CH} \\ \| \\ \text{N——C—CH}_2\text{Cl} \end{matrix} + \text{H}_2\text{O}$$

$$\text{CH} \begin{matrix} \text{NH—CH} \\ \| \\ \text{N——C—CH}_2\text{Cl} \end{matrix} + \text{KCN} = \text{CH} \begin{matrix} \text{NH—CH} \\ \| \\ \text{N——C—CH}_2\text{CN} \end{matrix} + \text{KCl}$$

$$\text{CH} \begin{matrix} \text{NH—CH} \\ \| \\ \text{N——C—CH}_2\text{CN} \end{matrix} + 2\,\text{H}_2 = \text{CH} \begin{matrix} \text{NH—CH} \\ \| \\ \text{N——C—CH}_2\text{CH}_2\text{NH}_2 \end{matrix}$$

β-Imidazolyläthylamin oder 4(5)-Aminoäthylglyoxalin bezw. 4(5)-Aminoäthylimidazol ist eine starke zweisäurige Base, die aus der Luft Kohlensäure anzieht und Phenolphthalein bläut Sie läßt sich aus dem Chlorhydrat durch Silberoxyd in Freiheit setzen. Farblose Nadeln aus Chloroform, Schmelzpunkt 83—84° (korr.) nach vorherigem Erweichen; $\text{Kp.}_{18\,\text{mm}}$: 209—210°, sehr zerfließlich, sehr leicht löslich in Wasser und Alkohol, leicht löslich in heißem Chloroform, unlöslich in Äther.

Das biochemische Verhalten ist bis jetzt nur wenig untersucht worden. Seine große Giftigkeit, die die Einverleibung beträchtlicher Dosen verhindert, erschwert diese Untersuchung. Dale und Laidlaw stellten nach subkutaner I.jektion von 150 mg an einer Katze fest, daß das β-Imidazolyläthylamin im Organismus verändert wird und als inaktives Imidazolderivat im H.rn zur Ausscheidung gelangt. Offenbar wird also der Imidazolring nicht aufgespalten. Guggenheim und Löffler haben diese Befunde am Kaninchen bestätigen können. Sie fanden dabei, wie auch Oehme, daß auf intravenösem Wege beträchtlich hohe Dosen eingegeben werden können, wenn die Infusion langsam genug erfolgt. Sie stellten ferner fest, daß bei der Durchströmung der isolierten Leber eine merkliche Entgiftung des β-Imidazolyläthylamins nicht erfolgt. Das während 3 Stunden mittels oxygenierter Ringerlösung durchströmte β-Imidazolyläthylamin ließ sich aus der Perfusionsflüssigkeit fast unverändert wieder isolieren. Offenbar erfolgt die Entgiftung des β-Imidazolyläthylamins, welche wahrscheinlich in einer Desamidierung und Oxydation zu Imidazol essigsäure besteht, nicht in der Leber. Dies ist um so auffallender, als andere primäre Amine in diesem Organ in ganz erheblichem Maße abgebaut werden. Von intravenös infundiertem β-Imidazolyläthylamin wird während und kurze Zeit nach der Infusion ein sehr geringer Bruchteil unverändert im Harn ausgeschieden, Nach Bousson und Kirschbaum wird β-Imidazolyläthylamin beim Meerschweinchen nur von der Dünndarm- und der Bronchialschleimhaut in wirksamer Form resorbiert; bei Einbringung des Giftes in den Magen oder Dickdarm beobachtet man in der Regel keine Intoxikationssymptome.

Dale und Laidlaw gaben zuerst eine eingehende Untersuchung des β-Imidazolyläthylamins, und zwar sowohl eine Beschreibung der allgemeinen Vergiftungserscheinungen als eine pharmakologische Analyse derselben Der Grundzug der Wirkungsweise des β-Imidazolyläthylaminchlorhydrates ist eine direkte Reizung der glatten Muskeln, an welchen es. je nach der verabreichten Quantität, entweder rhythmische Vergrößerungen mit zunehmendem Tonus, oder einen beständigen maximalen Tonus hervorruft. Am ausgeprägtesten ist der Effekt an der Uterus- und an der glatten Bronchialmuskulatur. Die Wirkung auf die letztere bedingt namentlich das Vergiftungsbild bei den Nagetieren. Neben der vorwiegenden Beeinflussung der glatten Muskulatur übt das β-Imidazolyläthylamin eine geringe autonome Reizung aus, auch eine Zentralwirkung ist speziell bei Einverleibung größerer Dosen nicht zu verkennen. Die Wirkungen, die zum Teil an die Erscheinungen des anaphylaktischen Schocks erinnern, unterscheiden sich von diesem namentlich durch das Fehlen einer Hemmung der Blutgerinnung. Auch die Wirkung auf die Körpertemperatur ist verschieden. Während das Anaphylatoxin in großen Mengen bei Meerschweinchen intensiven Temperatursturz, in kleinen dagegen Fieber erzeugt, bewirkt Histamin in untertödlichen Dosen (0,05—1,5 mg) intraperitoneal, zwar ebenfalls eine ausgesprochene Temperatursenkung, läßt sie jedoch in kleineren Mengen unbeeinflußt. Am Kaninchen, wo Anaphylatoxin regelmäßig Fieber hervorruft, fehlt jede Beeinflussung der Temperatur durch das β-Imidazolyläthylamin.

Dale und Laidlow haben auch auf die Ähnlichkeit hingewiesen, welche die Wirkungen des β-Imidazolyläthylamins mit denen des Vasodilatins von Popielski zeigen. Eine volle Identität mit diesem keineswegs genau bekannten und definierten Produkt scheint aber nicht vorhanden zu sein.

Der Frosch wird von β-Imidazolyläthylaminchlorhydrat nur leicht affiziert. Injektionen von 1—10 mg in den Lymphsack veranlassen gähnende Bewegungen der unteren Kinnbacken, gefolgt von einer Depression des Zentralnervensystems. Die Wirkung hört bei einer Dosis von 10 mg nach 3 Minuten auf. Die Wiederherstellung ist eine sehr schnelle. 20 mg β-Imidazolyläthylamin bewirkten an einem 30 g schweren Frosch keine toxischen Effekte (Sieburg).

Bei Nagetieren ist der Effekt verschieden, je nachdem die Injektion subkutan oder intravenös erfolgt.

Bei einem Kaninchen mittlerer Größe hatte eine Dosis von 2 mg intravenös unregelmäßige Atmung und schwaches Aussetzen des Herzschlages zur Folge. Eine zweite Dosis von 2 mg, injiziert bevor die Wirkungen der ersten verklungen waren, führte zum Tode.

0,5 mg waren für ein Meerschweinchen intravenös appliziert tödlich. Die Dosis minima letalis beträgt nach Leschke $^1/_{10}$ mg. Subkutan ist hier die Dosis maxima tolerata pro Kilogramm 3,8 mg, die primär tödliche Dosis ca. 5 mg. Ein Meerschweinchen, dem 5 mg Atropin und hierauf 1 mg β-Imidazolyläthylaminchlorhydrat intravenös injiziert wurden, starb bald; hingegen vertrug ein anderes mit 5 mg Atropin vorbehandeltes Meerschweinchen, schnell aufeinanderfolgende, Injektionen von 0,5, 0,25 und 0,05 mg β-Imidazolyläthylaminchlorhydrat.

Bei subkutaner Injektion verträgt ein Kaninchen 25 mg. Die ersten Anzeichen machen sich nach 15 Minuten geltend. In wenigen Stunden ist das Tier wieder normal. Pro Kilogramm werden 12 mg vertragen (Sieburg). Die Dosis prima letalis ist ca. 15 mg.

Bei der Katze tritt der Unterschied zwischen der Wirkung bei intravenöser und subkutaner Injektion nicht so deutlich hervor.

Eine Katze, die einmal 10 mg und hierauf 20 mg intravenös bekam, erholte sich während der Nacht. Bei subkutaner Injektion von 50 mg zeigten sich ähnliche Erscheinungen wie bei einer geringen intravenösen Gabe. Es folgte ebenfalls Erholung des Tieres. Beim Affen gab Injektion von 8 mg bis 45 mg dieselben Erscheinungen mit wechselnder Intensität, Harn- und Kotentleerung, krampfhafte Atmung, Salivation, Schlafbedürfnis, Muskelentspannung, Erholung innerhalb 45—66 Minuten. Tödliche Dosis bei 65 mg pro 1250 g.

Eine andere hochträchtige Katze erhielt 50 mg β-Imidazolyläthylaminchlorhydrat subkutan. Periodische, starke Kontraktion des Uterus wechselten mit Erschlaffungen desselben. In der Nacht war der eine der beiden Föten totgeboren worden, der zweite ebenfalls tot $5\frac{1}{2}$ Stunden nach der zweiten Injektion, welche am folgenden Abend mit 100 mg β-Imidazolyläthylaminchlorhydrat gemacht wurde. Die Dosis maxima tolerata beträgt für die Katze bei subkutaner Einverleibung 25 mg, die Dosis prima letalis 34 mg (Sieburg).

Die Wirkung auf den Kreislauf läßt sich an Katzen und Hunden besser studieren als bei Kaninchen und anderen Nagetieren, bei welchen der Effekt durch die Wirkung auf die Lungenmuskulatur noch kompliziert ist. An Katzen und Hunden bewirkt β-Imidazolyläthylamin in kleinen Dosen in der Regel eine Senkung des Karotisblutdruckes. Diese ist meist zweiphasig, indem eine primäre kurze Senkung von einer länger dauernden stärkeren gefolgt ist. Die Wirkung wird verständlich, wenn man den Einfluß des β-Imidazolyläthylamins auf den großen und kleinen Kreislauf sowie auf das Herz selbst getrennt studiert. Darnach wird im großen Kreislauf eine Blutdrucksenkung hervorgerufen. Diese ist peripherer Natur und nicht eine Folge einer Schwächung der Herztätigkeit, indem die verwendeten Dosen (0,5—1 mg) Stärke und Zahl der Herzpulse vermehren. Einis hat am isolierten Säugetierherzen nach vorübergehender unbedeutender Frequenzabnahme eine erhebliche Frequenzsteigerung (fast das Zwei- bis Dreifache) sowie eine Steigerung der Kontraktionsstärke festgestellt. Erst sekundär kann sich eine Schwächung des Herzens ergeben, welche als Folge von Anämie und Kontraktion des Koronarkreislaufes auftritt. Die durch Histamin am isolierten Froschherzen bewirkte Frequenzabnahme ist durch eine Hemmung der Reizbildung bedingt.

Am isolierten kleinen Kreislauf (Lungenkreislauf) wirkt das β-Imidazolyläthylamin blutdrucksteigernd infolge Konstriktion der Lungenarterien. Diese Vasokonstriktion und Drucksteigerung tritt einige Sekunden vor der im großen Kreislauf erfolgenden Blutdrucksenkung auf. Aus der Wirkung des β-Imidazolyläthylamins auf den Pulmonarkreislauf ergibt sich das Vorhandensein von Vasomotoren in den Lungen, welche durch Histamin kräftig erregt werden (Cloetta und Anderes). Auf den Kurvenbildern zeigt sich das Steigen des Pulmonarisdruckes und Sinken des Plethysmogrammes (Volumenverkleinerung der Lunge), so daß diese beiden Kurven ungefähr das Spiegelbild zueinander bilden. Die Verhältnisse im großen Kreislauf werden dabei, wie aus dem Konstantbleiben des Karotisdruckes erhellt, nicht berührt. Da die Histaminwirkung auf die Lungengefäße weder durch Vagotomie, noch durch Atropinisierung beseitigt wird, so verläuft die Leitung zu den Vasokonstriktoren offenbar nicht im Vagus. Plethysmographische Messungen entsprechen dieser Deutung der Blutdruckwirkung des β-Imidazolyläthylamins, indem die isoliert durchströmte Lunge durch β-Imidazolyläthylamin eine Volumenverkleinerung, die anderen Organe eine Volumenvergrößerung markieren. Nur die Niere zeigte ebenfalls eine Volumenverkleinerung, was auch auf eine Konstriktion der Nierenarterien hindeutet.

Komplizierter sind die Blutdruckwirkungen an Nagetieren (Kaninchen), wo die Stärke und Dauer der Anästhesie eine verschiedene Reaktionsfähigkeit der Lungenmuskulatur hervorrufen kann, die ihrerseits den arteriellen Blutdruck in verschiedener Weise beeinflußt. Dadurch erklärt sich, daß Ackermann und Kutscher nach Injektion von ihrer aus Sekale isolierten mit β-Imidazolyläthylamin identischen Base eine Blutdrucksteigerung statt einer Blutdrucksenkung erhielten (Barger und Dale).

Histamin ist ein Mittel, um experimentell Asthma zu erzeugen (Weber). Die Wirkung ist analog der Muscarinwirkung und vorzugsweise zentraler Natur. Durch Nicotin wird der Bronchialkrampf aufgehoben. Nach Pal beruht jedoch der durch β-Imidazolyläthylamin hervorgerufene Bronchiospasmus vorzugsweise auf einer Reizung der konstriktorischen Vaguselemente, welche die Bronchialmuskulatur versehen; er wird durch Coffein und Atropin behoben. Zu demselben Resultat gelangen Baehr und Pick bei Durchströmungsversuchen an der überlebenden Meerschweinchenlunge. Auch durch sympathische Reizung (Adrenalin) läßt sich der Bronchospasmus aufheben. Am überlebenden isolierten Bronchialmuskel bewirkt das β-Imidazolyläthylamin keine Kontraktion (Trendelenburg).

Auf die isolierten Gefäße übt das Amin fast durchwegs eine kontrahierende Wirkung aus. Unter bestimmten Bedingungen läßt sich jedoch bei der Durchströmung isolierter Organe auch eine Gefäßerweiterung beobachten, die rein peripherer Natur und von der Innervation vollständig unabhängig ist. Die gefäßerweiternde Wirkung des Histamins läßt sich an künstlich durchströmten Organen der Katze stets zeigen, wenn die Durchströmungsflüssigkeit rote Blutkörperchen und eine kleine Menge Adrenalin enthält; fehlt einer dieser Bestandteile, so ruft Histamin nur Gefäßverengerung hervor (Dale und Richards). An dem nach Läwen-Trendelenburg isolierten neuromuskulären Froschpräparat wirkt es direkt nicht ein. Ist aber das Präparat zuvor mit einem konstriktorischen Mittel (Adrenalin) behandelt worden, so zeigt sich ein deutlich dilatierender Effekt. Eine Erweiterung erfolgt auch am isolierten Portalkreislauf der Froschleber (Morita, Beresin). Am isolierten Fischherzen (Hecht) bewirkt das β-Imidazolyläthylamin in einer Verdünnung von 1:10 000 000 eine Verstärkung des Herzschlages, in größeren Dosen eine Beschleunigung des Rhythmus. Die Kiemengefäße werden bei der künstlichen Durchblutung mit β-Imidazolyläthylamin kontrahiert (Beresin).

Die Wirkung des β-Imidazolyläthylamins auf die glatte Muskulatur zeigt sich namentlich am Uterus von virginellen Meerschweinchen und Katzen. Es wirkt an überlebenden Organen noch in einer Konzentration von 1: 250 000 000. Atropin beeinflußt diese Wirkung kaum. Auffallend ist, daß während Katzen, Meerschweinchen, Kaninchen und menschlicher Uterus durch β-Imidazolyläthylamin kontrahiert werden, der Rattenuterus eine Dilatation erfährt (Guggenheim). Auch am Darm und Magen werden Kontraktionen ausgelöst. Am überlebenden Meerschweinchendarm wirkt es noch in einer Verdünnung von 1: 500 000 000. Die Wirkung auf den Darm wird durch Atropin nicht beeinflußt. An der Blase werden Kontraktionen ausgelöst, welche eine Diurese hervorrufen. Diese kann jedoch auch sekundär durch Kreislaufstörung verursacht sein. Auch der Retractor penis erhält einen erhöhten Tonus, die Milz erfährt eine Verkleinerung infolge Kontraktion der Milzkapseln. Der fördernde Einfluß, welchen Histamin auf die Pankreassekretion ausübt, beruht wahrscheinlich auf einer Reizung autonomer Nerven. Atropin bedingt hier eine völlige Aufhebung der Sekretionswirkung. Hierdurch unterscheidet sich das β-Imidazolyläthylamin vom Sekretin, dem es sonst, was seine Blutdruckwirkung anbetrifft, nahesteht. Offenbar ist diese beim Sekretin durch eine geringe Beimengung von β-Imidazolyläthylamin bedingt. Hier ist auch auf eine durch Histamin hervorgerufene vermehrte Sekretion der Lungenschleimhaut hinzuweisen.

Nach intravenöser Injektion zeigt sich namentlich bei nicht anästhesierten Tieren eine Verengerung der Pupille. Wahrscheinlich beruht diese Myosis auf einer zentralen Reizung. Die Wirkung auf das zentrale Nervensystem kommt bei subkutanen Injektionen in narkoseähnlichen Effekten zum Ausdruck. Der gestreifte Muskel, sowie die motorischen Nerven werden nicht beeinflußt.

Das Vorkommen des β-Imidazolyläthylamins im Mutterkornextrakt, sowie seine intensive Uteruswirkung hatten es nahegelegt, daß β-Imidazolyläthylamin in der gynäkologischen Praxis zu verwenden. Schon Kehrer hatte Versuche mit dieser Substanz unternommen, jedoch infolge der toxischen Nebenwirkungen, welche sich namentlich in der Beeinflussung der Atmung zeigten, von einer Verwendung am Krankenbett abgeraten. Späterhin hatten die Versuche von Fühner und anderen auf gewisse Ähnlichkeiten, welche in der Wirkung des β-Imidazolyläthylamins und der Hypophysenextrakte bestehen, hingewiesen. Die Ähnlichkeit ist jedoch nur eine äußerliche. Vor allem bestehen große Unterschiede in der Giftigkeit der beiden Präparate, indem die Hypophysenextrakte auch in großen Dosen ohne Schädigung injiziert werden können. Die toxischen Wirkungen sollen erheblich herabgemindert werden, wenn man das β-Imidazolyläthylamin mit dem ebenfalls als Uterustonikum empfohlenen p-Oxyphenyläthylamin mengt. Das in den Handel gebrachte Tenosin (Bayer) ist von verschiedenen Seiten (Zimmermann, Jäger, Krosz) klinisch geprüft und als Sekaleersatz brauchbar befunden worden, wiewohl gewisse schädliche Nebenwirkungen mit diesem Präparat nicht ausgeschlossen erscheinen (Koch, Cloëtta und Anderes).

Die zweigliedrige Seitenkette, die im β-Imidazolyläthylamin vorhanden ist, stellt vom pharmakologischen Gesichtspunkte aus ein Optimum dar. Verkürzung oder Verlängerung der Seitenkette, wie sie beim Imidazolylmethylamin
$$\mathrm{HC}\!\!\begin{array}{c}\diagup \mathrm{NH-CH} \\[-2pt] \diagdown \mathrm{N\!\!-\!\!\overset{\displaystyle \parallel}{C}-CH_2NH_2}\end{array}$$

und Imidazolylbutylamin $HC \begin{array}{c} NH-CH \\ \| \\ N-\!\!-C-CH_2CH_2CH_2CH_2NH_2 \end{array}$

vorliegen, bedingen eine erhebliche Abschwächung der physiologischen Wirksamkeit (Pyman, Windaus und Opitz). Ersetzt man die Aminogruppe in der Seitenkette durch eine Hydroxyl-

gruppe $\left(\text{Imidazolyläthylalkohol } HC \begin{array}{c} NH-CH \\ \| \\ N-\!\!-C-CH_2CH_2OH \end{array} \right)$, so

resultiert eine pharmakologisch fast unwirksame Substanz. Auch die Acylierung der Aminogruppe setzt die Wirksamkeit bedeutend herab. Glycylimidazolyläthylamin

$$NH_2 \cdot CH_2CO \cdot NH \cdot CH_2CH_2 - \begin{array}{c} CH-NH \\ \| \diagdown \\ C-\!\!-\!\!-N \diagup CH \end{array}$$

ist etwa 100 mal weniger wirksam als Imidazolyläthylamin (Guggenheim).

Das Imidazol $HC \begin{array}{c} NH-CH \\ \| \\ N-\!\!-CH \end{array}$ selbst besitzt eine, wenn auch

nicht so hervorragende Wirksamkeit wie das Histamin (Auvermann).

Am Kaninchen bewirkt es nach subkutaner Verabreichung von relativ hohen Dosen (0,25 g) nur unbedeutende und rasch vorübergehende Symptome. An der Katze rufen dagegen entsprechende Dosen eine deutliche Temperatursenkung hervor. Intravenöse Injektionen bewirkten bei kleinen Dosen eine leichte Steigerung des Blutdruckes ohne Änderung der Pulsfrequenz. Nach größeren Dosen, mehr als 0,05, sinkt die Pulsfrequenz sehr stark, trotzdem bleibt aber der Blutdruck auf gleicher Höhe oder steigt sogar noch etwas an. Die Drucksteigerung ist demnach peripherer Natur und beruht nicht auf einer Beeinflussung des Herzens. Dieses wird im Gegenteil durch höhere Dosen ungünstig beeinflußt. Am isolierten Froschherzen zeigen $0,1\%$ erst eine Verminderung der Amplitude, dann eine Herabsetzung der Frequenz. Am Läwen-Trendelenburgschen Froschgefäßpräparat bewirkte eine kleine Dosis (1 mg) eine unwesentliche Erweiterung, eine größere (2 mg) eine deutliche Kontraktion. Der isolierte, wie auch der puerperale Meerschweinchenuterus reagierten auf relativ kleine Dosen von Imidazol mit starker Kontraktion. Beim Menschen bleiben jedoch intramuskuläre und intravenöse Injektionen von 0,1 und 0,25 g ohne sichtbare Wirkung auf den puerperalen Uterus. Der überlebende Kaninchendarm wird bei einer Konzentration von etwa 1:10000 stark kontrahiert. Die Pupille des Katzenauges wird durch Instillation von 5%iger Imidazollösung nicht verändert.

$$\text{Benzimidazol} \quad \begin{array}{c} \text{CH} \\ \text{HC} \diagup \diagdown \text{C—NH} \diagdown \\ \text{HC} \diagdown \diagup \text{C——N} \diagup \text{CH} \\ \text{CH} \end{array} \quad \text{ist relativ ungiftig.}$$

Mehrfache Dosen von 0,25 g werden gut vertragen. Außer einer geringen Narkose traten keine Wirkungen hervor. Blutdruck und Atmung bleiben unbeeinflußt. Am isolierten Froschherzen verminderte selbst eine 2,5%ige Benzimidazollösung nur die Frequenz für einige Zeit, dann erfolgte ohne Ausspülung spontane Erholung. Die Froschgefäße werden nicht kontrahiert. Der überlebende Kaninchendarm und der Meerschweinchenuterus zeigen eine ausgesprochene Lähmung. Das enukleierte Froschauge ließ eine deutliche Mydriasis erkennen.

Methylbenzimidazol wirkt ähnlich wie das Benzimidazol, nur ist die Wirkung am isolierten Froschherzen etwas stärker. **Phenylbenzimidazol** war wirkungslos. Das Triphenylimidazol

$$C_6H_5 \cdot CH \diagdown \begin{array}{c} NH—CH \cdot C_6H_5 \\ | \\ N{=\!=}C \cdot C_6H_5 \end{array}, \text{ das } \textbf{Amarin}, \text{ ist sehr giftig, } 0,02 \text{ g}$$

bewirken sofort Zirkulationslähmung. Auf den Darm wirkt es erschlaffend. Das **Lophin** $C_6H_5 \cdot C \diagdown \begin{array}{c} NH—C—C_6H_5 \\ \| \\ N——C—C_6H_5 \end{array}$ dagegen ist unwirksam, wahrscheinlich infolge seiner geringen Löslichkeit.

Einige Halogensubstitutionsprodukte des 4(5)-Methylimidazols — 4-Monojod-5-methylimidazol, 5.4-Dijod-2-Methylimidazol, 5.4.2-Trijodimidazol, N-5.4.2-Tetrajodimidazol und 5.4.2-Tribromimidazol — sind von **Gundermann** pharmakologisch geprüft worden. Die Untersuchungen bestanden im wesentlichen in Feststellung der letalen Dosis bezw. der Giftigkeit bei gleichzeitiger Kontrolle der Pulszahl und der Atemfrequenz.

Die Substanzen wurden oral oder subkutan gegeben. 0,2 g 5.4.2-Tribromimidazol per os töteten einen $6\frac{1}{2}$ kg schweren Hund in 2 Stunden, 4-Monojod-5-methylimidazol tötet in Dosen von 0,3 g per os, 5.4-Dijod-2-methylimidazol in Dosen von 0,4 g, 5.4.2-Trijodimidazol in Dosen von 0,6 g. Von letzterem werden 0,5 g täglich mehrere Tage anscheinend ohne Schädigung vertragen. Beim 2.3.4.5-Tetrajodimidazol war keine Wirkung festzustellen, was wahrscheinlich auf ungünstige Resorptionsverhältnisse zurückzuführen ist.

Zu den 1-Methylimidazolverbindungen gehört auch das **Pilocarpin**, das als 1-Methylimidazol-Oxyfettsäurelacton

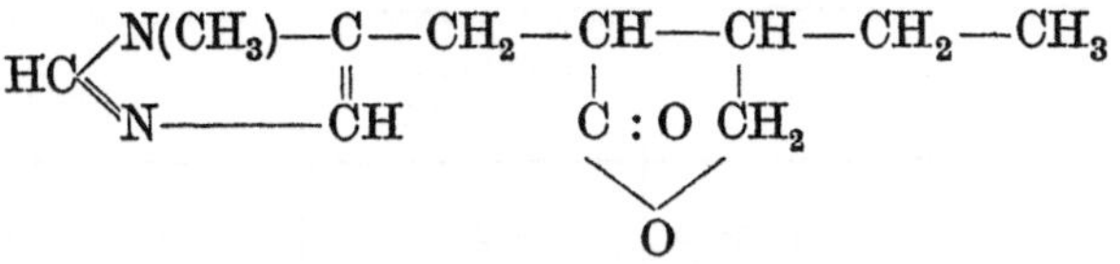

$$\mathrm{HC} \begin{array}{c} \diagup \\ \diagdown \end{array} \begin{array}{ccc} N(CH_3)\text{---}C\text{---}CH_2\text{---}CH\text{---}CH\text{---}CH_2\text{---}CH_3 \\ \| | | \\ N\text{------}CH C:OCH_2 \\ \diagdown \diagup \\ O \end{array}$$

anzusprechen ist. Pilocarpin ist pharmakologisch in eingehender Weise untersucht worden. Im Vordergrund steht seine fördernde Wirkung auf die autonomen Nerven. Es verhält sich in dieser Hinsicht den Substanzen der Muscaringruppe völlig analog. Maßgebend scheint für diese Wirkung vor allem die acylierte Oxygruppe zu sein. Während bei den Substanzen der Cholinmuscaringruppe der Acylrest nur durch die Anhydridbindung in das Alkanolamin eingeführt ist, befindet sich beim Pilocarpin, die das alkoholische Hydroxyl acylierende Gruppe im Molekül selbst. In gleicher Weise aber, wie bei den Acylcholinen, wo die Abspaltung der Acylgruppe eine Inaktivierung herbeiführt, bedingt die Aufspaltung des Lactonringes beim Pilocarpin eine Inaktivierung desselben. Die Pilocarpoesäure ist völlig inaktiv.

Histidin und Carnosin.

Über die Verbreitung des Histidins in pflanzlichen und tierischen Eiweißarten orientieren nachstehende Zusammenstellungen.

a) Pflanzliche Proteine.

Eiweißkörper	Gewichts-prozent	Autor
Mucedin	0,43	Kossel und Kutscher
Hordein aus Gerste	0,5	Kleinschmitt
Kiefernsameneiweiß	0,62	Schulze u. Winterstein
Konglutin aus Samen v. Lupinus	0,65	Schulze u. Winterstein
Tannensameneiweiß	0,7	Schulze u. Winterstein
Kürbissameneiweiß	0,77	Schulze u. Winterstein
Eiweiß von Seekiefernsamen	0,78	Schulze u. Winterstein
Zein aus Mais	0,81	Kossel und Kutscher
Legumin	1,1	Schulze u. Winterstein
Gluteincasein	1,16	Kossel und Kutscher
Gliadin	1,20	Kossel und Kutscher
Glutenfibrin	1,53	Kossel und Kutscher
Conarachin aus Arachis Hypogaea	1,83	Johns und Jones
Gliadin	1,84 ± 0,35	Osborne u. van Slyke

Eiweißkörper	Gewichts-prozent	Autor
Arachin aus Arachis Hypogaea	1,88	Johns und Jones
Fichtensameneiweiß	2,0	Schulze u. Winterstein
Edestin aus Hanfsamen	2,1—2,7	Kossel und Patten, Lautenschläger
Kartoffeleiweiß	2,3	Sjollema und Rinkes
Polleneiweiß von Ambrosia	2,41	Koessler
Oryzonin	3,32	Osborne u. van Slyke

b) Tierische Proteine.

Eiweißkörper	Gewichts-prozent	Autor
Protamin aus dem Sperma des Lachses, Salmin	0	Kossel und Kutscher
Protamin, des Herings, Clupein	0	Kossel und Kutscher
Protamin, des Seehasen, Cyclopterin	0	Kossel und Kutscher
Protamin, der Makrele, Skombrin	0	Kossel und Kutscher
Protamin, des Karpfens, α-Cyprinin	0	Kossel und Dakin
Protamin, des Karpfens, β-Cyprinin	0	Kossel und Dakin
Salmin	0	Kossel und Kutscher
Vitellin	Spuren	Levene und Alsberg
Glutin	0,4—0,6	Hart, Lautenschläger
Verdauliches Eiweiß aus Pankreas	0,41	Kutscher
Heteroalbumose aus Syntonin	1,12	Hart
Histon aus Thymus	1,21—1,5, 2,0—2,5	Kossel und Kutscher, Lautenschläger, Lawrow
Deuteroalbumose	1,5	Haslam
Lactalbumin	2,06 ± 0,54	Osborne und van Slyke
Heteroalbumose aus Witte-Pepton	2,2	Haslam
Histon aus dem Sperma von Gadus morrhua	2,34	Kossel und Kutscher, Lautenschläger
Kasein	2,6, 3,4—3,8	Hart, Lautenschläger
Syntonin aus Muskelfleisch	2,66	Hart
Histon aus dem Sperma von Lhota vulgaris	2,85	Ehrström

Eiweißkörper	Gewichts-prozent	Autor
Protalbumose (aus Syntonin)	3,35	Hart
Protein aus Kaninchenmuskel	5,2—5,8	Lautenschläger
Oyxhämoglobin des Pferdeblutes	10,96	Abderhalden, Lauten-schläger
Protamin, des Störs, Sturin	12,9	Kossel und Kutscher

Ferner wurde Histidin nachgewiesen: im Eiereiweiß (Hedin), im krystallisierten Eieralbumin (Hedin), im Albumin aus Eigelb (Hedin), in Fibrin (Kutscher, Gortner und Wuertz), in Gorgonin, in Jodkeratin aus Korallen (Henze), in Fibroin aus Seide (Fischer und Skita), im verdaulichen Eiweiß der Mitteldarmdrüse von Octopus (Cohnheim), in Thyreoglobulin (Koch), in Echinodermen, Sperma (Kossel und Edlbacher), im Protamin der Makrele, dem Scombrin (Kurajeff), in Schließmuskeln von Mytilus edulis (Jansen); im Eiweiß von Azotobacter Croococcus (Omelianski und Sieber), 0,485% im Diphtheriebazilleneiweiß (Tamura), 0,090% im Mycobacter lacticola (Tamura), 0,41% in Wasserbakterien (Tamura), 0,51% im Eiweiß der Tuberkelbazillen (Tamura) und 1,98% im Eiweiß der Hefe (Schröder). Als Produkt autolytischer oder bakterieller Eiweißzersetzung fand es sich im Autolysat von Pankreas und Hefe (Kutscher und Lohmann), im Käse (Winterstein und Thöny), im Mutterkorn (Fränkel und Rainer), in Kulturen des Bac. proteus auf Casein (Taylor), unter den Extraktivstoffen des Fischfleisches (Suzuki, Yoshimura und Irie), in Topinambur und Schwarzwurzeln (Schulze) und unter den Extraktivstoffen von Keimpflanzen (Schulze). Im karzinomatösen Gewebe ist der Histidin-, wie der Lysin- und Arginingehalt (vgl. S. 145) des Eiweißes stark erhöht (Kocher, Drumond), im Lebereiweiß phosphorvergifteter Hunde vermindert (Kossel). Unter den Extraktivstoffen der Leber bei gelber Atrophie ließ sich kein Histidin nachweisen (Taylor).

Sehr bemerkenswert ist das Vorkommen eines Histidindipeptids im Muskelextrakt. Dieses, von Gulewitsch Carnosin, von Kutscher Ignotin genannte Produkt enthält außer Histidin noch β-Alanin. (Näheres vgl. S. 205.)

Engeland konnte das Vorkommen von Histidin im Harn feststellen. Er fand diese Aminosäure namentlich im Harn von

Pflanzenfressern. Daneben vermochte er die Pikrolonate zweier weiterer Imidazolderivate zu isolieren, von denen er das eine als **Imidazolaminoessigsäure**, das niedrigere Homologe des Histidins, das andere als ein höheres Histidinhomologes ansprach. Die Diazoreaktion des Harns führt er zum Teil auf das Vorkommen dieser Imidazolderivate zurück.

Der Tierkörper wird die von ihm zum Aufbau seiner Eiweißkörper benötigten Histidinmengen zum großen Teil dem mit der Nahrung zugeführten pflanzlichen und tierischen Proteinen entnehmen. Daß er aber ebenfalls wie die Pflanzen den Imidazolkern selber zu synthetisieren vermag, ist keineswegs ausgeschlossen. Es stehen ihm dazu verschiedene Wege und verschiedenes Baumaterial zur Verfügung, sei es die Umwandlung von Kohlenhydraten, im Sinne der Imidazolsynthese von Windaus und Knoop (vgl. S. 185), sei es die Reduktion von Hydantoinen oder Glykocyamidinen. Ebensowenig wie die Tierchemie hat aber die Phytochemie bisher Anhaltspunkte ergeben, in welchen Bahnen eine solche Biosynthese des Imidazolkerns tatsächlich verläuft. Auch die chemische Synthese hat erst in letzter Zeit den Weg zum Aufbau des Histidins gefunden (Pyman).

Zur Darstellung des Histidins geht man von einem histidinreichen Eiweiß, am besten dem Hämoglobin, aus. Man kann dabei praktischerweise statt reines Hämoglobin Rinder- oder Pferdeblut verwenden. Aus dem mit Salz- oder Schwefelsäure hydrolysierten Blut wird das Histidin in schwach alkalischer Lösung als schwer lösliches Quecksilberdoppelsalz abgetrennt. Bei dessen Zerlegung mit Schwefelwasserstoff erhält man in reichlicher Menge Histidinmonochlorhydrat (Fränkel, Knoop).

Selbstverständlich läßt sich auch das Verfahren von Kossel und Kutscher — Ausfällung mit Phosphorwolframsäure und Fraktionierung des Niederschlages mit barytalkalischer Silbernitratlösung (vgl. S. 176) — verwenden. Der Kostspieligkeit und Umständlichkeit halber wird man aber für präparative Zwecke hiervon absehen. Die Fällung mit Silbernitrat + Baryt kann jedoch zur Aufarbeitung der manchmal sehr schlecht krystallisierenden Mutterlaugen Verwendung finden. Zur Abscheidung des Histidins aus den schwer krystallisierenden Mutterlaugen, in welchen es u. a. mit Asparaginsäure verunreinigt ist, verwendet man mit Vorteil die von Kossel und Platten vorgeschlagene Fällung mit Quecksilbersulfat in $2\frac{1}{2}$—5%iger schwefelsaurer Lösung.

Das in der Natur vorkommende Histidin ist in freiem Zustande linksdrehend, als Salz rechtsdrehend. Durch Zusatz von

Salzsäure wird die Drehung des Monochlorids und Dichlorids erhöht (Kossel und Kutscher). $[\alpha]_D^{20}$ des freien 1-Histidins (0,2928 g in 8,3620 g Lösung) $= -39,44^0$. Durch Erhitzen mit Alkalien, speziell mit Barytlösung, läßt sich das Histidin racemisieren (Abderhalden und Weil). Auch beim Kochen mit Bleioxyd erfolgt starke Racemisierung, ebenso beim Erhitzen des Histidins mit konzentrierter Salzsäure auf 240⁰ (Ewins und Pyman). Das durch Synthese oder Racemisierung gewonnene d.1-Histidin kann mittels der weinsauren Salze in seine beiden optisch aktiven Komponenten zerlegt werden (Pyman, Abderhalden und Weil). Die Gewinnung von d-Histidin gelingt auch durch Züchtung von Hefe auf d.1-Histidin, wobei nur die 1-Komponente abgebaut wird (F. Ehrlich).

Das d.1-Histidin bildet aus heißem Wasser viereckige Prismen mit quadratischer Grundfläche. Es färbt sich bei raschem Erhitzen zwischen 255—260⁰ und zersetzt sich bei 279—280⁰. Es schmeckt schwach süßlich. In kaltem Wasser ist es wenig löslich; löst sich in heißem Wasser etwa im Verhältnis 1 : 20; es ist unlöslich in Alkohol, Äther, Aceton und Chloroform. Das 1-Histidin bildet monokline, sechseckige Tafeln aus Wasser, die sich bei 287—288⁰ zersetzen.

Trotzdem das Histidin den charakteristischen Imidazolkern trägt, ist es kaum gelungen, seinen Kreislauf näher zu verfolgen. Daß es im Tierkörper nach oraler Verabreichung resorbiert und nach Bedarf als Baustein in die Eiweißkomplexe des Organismus eingefügt wird, ist naheliegend. Die Verkettung im Eiweißmolekül erfolgt mittels der α-Aminogruppe. Die Imidazolgruppe ist frei und bedingt mit der freien ε-Aminogruppe des Lysins und der Guanidogruppe des Arginins die basischen Eigenschaften der Proteine. Auch das Formolbindungsvermögen des Eiweißes ist zum Teil auf die Imidazolgruppe zurückzuführen (Kossel und Edlbacher). Auf eine frei liegende Imidazolgruppe deutet der positive Ausfall der Paulyschen Diazoreaktion und das Jodbindungsvermögen histidinhaltiger Proteine, welches — falls andere jodbindende Komplexe (Tyrosin, Tryptophan) abwesend sind — der Menge des anwesenden Histidins entspricht (Pauly). Benzoyliert man histidinhaltige Proteine nach Schotten und Baumann, so wird der Imidazolkern aufgespalten und die Reaktion mit diazotierter Sulfanilsäure wird negativ. Auf die evtl. Beziehungen des Histidins zu den Purinen ist bereits hingewiesen worden.

Während die bakterielle enterale Entstehung von Imidazolyläthylamin aus Histidin bewiesen ist (vgl. S. 186), kann die Ansicht,
daß Produkte innerer Sekretion, speziell das Hypophysenprinzip,
derartige, dem Histidin entstammende Imidazolderivate enthalten,
nur als Hypothese gelten. Werden größere Mengen von Histidin
subkutan verabreicht, so wird offenbar die Hauptmenge verbrannt,
und zwar unter Aufspaltung des Imidazolrings. Nach Verfütterung
von 10 g und nach intravenöser Infusion von 5 g Monochlorhydrat
ließ sich auch am Hungerhund keine Zunahme der Harnsäure
(Purin) und der Allantoinwerte des Harns beobachten (Abderhalden, Einbeck und Schmidt), hingegen trat eine Zunahme
der Harnstoffbildung und nach intravenöser Eingabe positive
Diazoreaktion des Harnes auf. Im Organismus des Pflanzen-
fressers erfolgt die Aufspaltung des Imidazolringes mit etwas
größerer Schwierigkeit. Nach subkutaner Verabreichung von
Histidin an Kaninchen ist die Diazoreaktion des Harns bedeutend
verstärkt; zum Teil durch unverändertes Histidin, vielleicht auch
durch dessen unvollständig verbrannte Abbauprodukte (Engeland). Bei der künstlichen Durchblutung der Hundeleber konnte
nach Zugabe von Histidin zur Durchströmungsflüssigkeit eine
Erhöhung der Acetessigsäurebildung (bis 60% der in den Kontroll-
versuchen erhaltenen Werte) beobachtet werden (Dakin und
Watermann). Es wird vermutet, daß hierbei der Abbau über
Imidazolbrenztraubensäure und Imidazolessigsäure erfolgt. Letztere
würde dann unter Aufspaltung des Imidazolringes die Bildung von
Acetessigsäure veranlassen.

Imidazol selbst wird nach subkutaner und oraler Verabreichung im
Organismus des Kaninchens und des Menschen nicht vollständig verbrannt.
Gegen 25% lassen sich im Harne noch nachweisen. Eine Zunahme der Oxal-
säureausscheidung, herrührend von einer Oxydation des Imidazolkerns,
ließ sich nicht feststellen. Benzimidazol scheint dagegen vollständig verbrannt zu werden (Auvermann).

Beim bakteriellen Abbau des Histidins entsteht außer Imidazolyläthylamin, Imidazolylessigsäure und Imidazolylpro-
pionsäure (Ackermann, vgl. auch Knoop und Windaus).
Doch wird auch hier ein Teil der Aminosäure auf unbekanntem
Wege weiter oxydiert.

Ein nur in vereinzelten Fällen aufgefundenes Stoffwechselprodukt des Histidins ist die Urocaninsäure (Imidazolyl-

acrylsäure) $HC\diagup^{NH-CH}_{\diagdown N-CH}$ $\cdot CH=CH\cdot CO_2H$ $\qquad$ Diese Säure wurde
von Jaffé in beträchtlicher Menge im Harn eines mit Nitrotoluol
vergifteten Hundes vorgefunden. Sie ist jedoch kein normales
Stoffwechselprodukt und konnte seither nur noch von Siegfried
aus dem Harn eines mit tellursaurem Natron vergifteten Hundes
isoliert werden. Diese Vergiftung scheint aber zum Auftreten der
Urocaninsäure in keiner Beziehung zu stehen, ebensowenig wie die
Nitrotoluolvergiftung des Jafféschen Versuchstieres. Außerdem
ist es bisher nur Hunter gelungen, die biologische Entstehung
der Imidazolacrylsäure bei langdauernder tryptischer Verdauung
von Casein nachzuweisen. Auch hier ist es bei einer einzigen
Beobachtung geblieben. Eine Synthese der Urocaninsäure ist
bis jetzt noch nicht durchgeführt worden (vgl. Barger und Dakin).
Hingegen gelangten Barger und Ewins vom Ergothionein

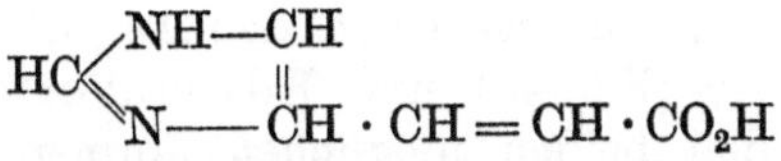

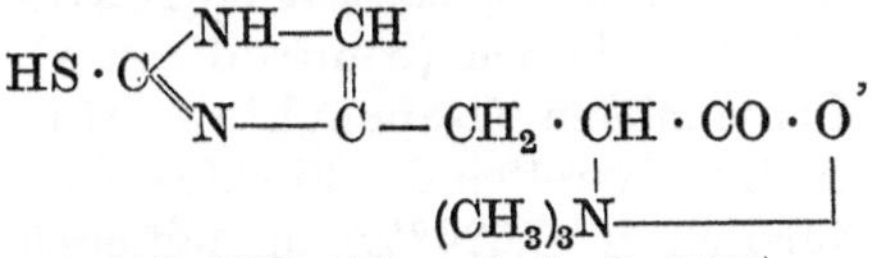

$$HS\cdot C\diagup^{NH-CH}_{\diagdown N-C}-CH_2\cdot CH\cdot CO\cdot O \quad , \text{ eines betainartigen Derivates}$$
$$(CH_3)_3N\rule{2cm}{0.4pt}$$

vates des Histidins (vgl. S. 221) zu einem mit der Urocaninsäure
identischen Produkt.

Carnosin. Das im Fleischextrakt enthaltene Carnosin besitzt
die Zusammensetzung $C_9H_{14}N_4O_3$. Bei der Barythydrolyse liefert
es β-Alanin und Histidin (Gulewitsch). Die Verkettung dieser
beiden Aminosäuren ist in zweifacher Weise möglich, indem entweder das Histidin oder das β-Alanin als Acylrest auftreten kann,
d. h. Carnosin ist entweder β-Alanylhistidin oder Histidyl-β-Alanin

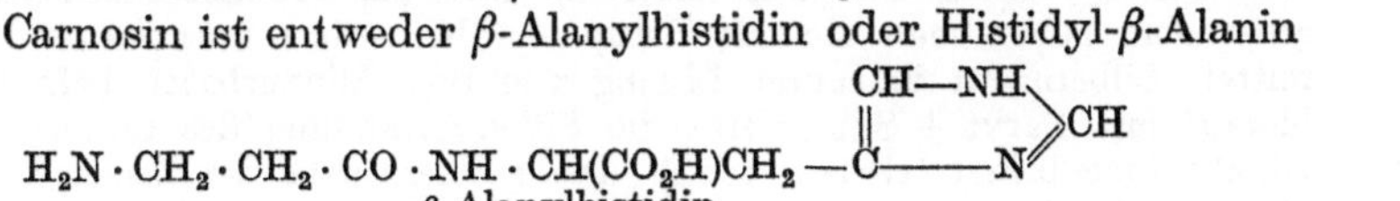

$$H_2N\cdot CH_2\cdot CH_2\cdot CO\cdot NH\cdot CH(CO_2H)CH_2-C\diagup^{CH-NH}_{\diagdown N}\diagdown CH$$
$$\beta\text{-Alanylhistidin}$$

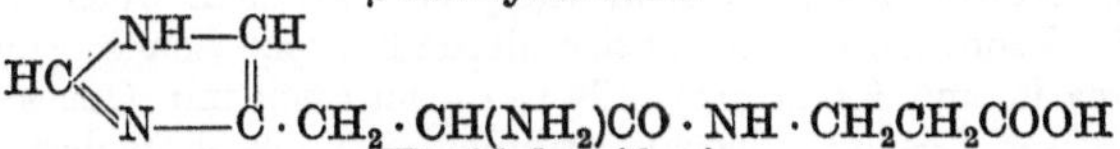

$$HC\diagup^{NH-CH}_{\diagdown N-C}\cdot CH_2\cdot CH(NH_2)CO\cdot NH\cdot CH_2CH_2COOH$$
$$\text{Histidyl-}\beta\text{-Alanin}$$

Da Carnosin sich beim Benzoylieren nach Schotten-Baumann
ähnlich verhält wie Histidin, d. h. seinen Imidazolring intakt
läßt, so ist das Vorhandensein eines unbesetzten Histidincarboxyls
anzunehmen und die Annahme, daß der Alanylrest die Acyl-
funktion besitzt, gerechtfertigt. Doch ist es nicht ausgeschlossen,
daß auch im Histidinalanin der Imidazolrest des Histidins durch

die Carboxylgruppe des β-Alanins gegen den Angriff des Benzoylchlorids geschützt wird (Kossel und Edlbacher). Eine Entscheidung zwischen den beiden möglichen Formen ist kürzlich von Baumann und Ingwaldsen getroffen worden. Sie erhielten bei der Spaltung von Carnosin, das sie mit salpetriger Säure vorbehandelt hatten, 70% Histidin. Die Amidogruppe des Histidins war also bei der Einwirkung der salpetrigen Säure intakt geblieben, offenbar weil sie nicht freilag, sondern durch den β-Alanylrest besetzt war. Eine Bestätigung dieser Vermutung ergab sich durch die Synthese des Carnosins, welche sich dadurch ausführen ließ, daß Histidin mit Jodpropionylchlorid gekuppelt und das entstandene β-Jodpropionylhistidin amidiert wurde.

Carnosin ist in den Muskelextrakten verschiedener Säugetiere aufgefunden worden: im Schaffleisch $0,096\%$ (Smorodinzew), im Kalbfleisch $0,17\%$ (Skworzow, Dietrich), im Ochsenfleisch $0,264\%$ (Smorodinzew), im Pferdefleisch $0,182\%$ (Smorodinzew), im Leberextrakt ist es nicht enthalten (Smorodinzew), auch nicht im Extrakt von Ochsennieren (Bebeschin). Hingegen findet es sich unter den Extraktivstoffen des Fischfleisches, und zwar im trockenen Bonitofleisch zu $0,036\%$, im Aalfleisch $0,067\%$ (Suzuki, Yoshimura und Irie). Nach den colorimetrischen Bestimmungen von v. Fürth und Hryntschak beträgt der Gehalt etwa $0,3\%$ des frischen Fleisches. Das ziemlich reichliche Vorkommen von Carnosin unter den Extraktivstoffen karzinomatöser Gewebe ist auf die Einschmelzung von Körpereiweiß zurückzuführen (Drummond).

Zur Isolierung des Carnosins kann man das Kosselsche Verfahren anwenden, indem man die mit Phosphorwolframsäure ausgefällten Basen mittels Silbernitrat in saurer Lösung von den Alloxurbasen befreit und hierauf mit Baryt + Silbernitrat die Silberverbindung des Carnosins zur Abscheidung bringt (Gulewitsch). Diese liefert nach der Zersetzung mit H_2S und Entfernung des Baryts mit CO_2 das Carnosin, welches als Nitrat isoliert werden kann. Im Gegensatz zu anderen Fleischbasen (Methylguanidin, Carnitin, Kreatin und Kreatinin) fällt Carnosin auch mit Quecksilbersulfat in schwefelsaurer Lösung. Darauf gründet sich ein einfaches Verfahren, zu dessen Isolierung aus Fleischextrakten, welches die Fällungen mit Phosphorwolframsäure umgeht (Dietrich).

Das freie Carnosin ist sehr leicht löslich in Wasser. Es scheidet sich aus der wäßrigen Lösung auf Zusatz von Alkohol ab, mikroskopische, flache Nädelchen. Schmelzpunkt $241-245^{0}$ unter Zersetzung. Die spezifische Drehung einer $13,004\%$igen Lösung beträgt $+25,0^{0}$ (Gulewitsch).

Das Carnosin ist in subkutanen Dosen von 0,02 g am Frosch, 0,02 g an der Maus, 0,3 g am Kaninchen ohne Wirkung (Kutscher und Lohmann). Durch Extrakte von Hunde-Leber und -Muskeln wird das Carnosin nicht gespalten (Baumann und Ingwaldsen).

Bestimmung und Nachweis von Imidazolderivaten.

Um die Imidazolderivate aus dem mit Phosphorwolframsäure fällbaren Basengemisch zu isolieren, kann man entweder die Schwerlöslichkeit der Quecksilber- oder der Silberverbindung benützen. Die Methoden sind namentlich für das Histidin ausgearbeitet worden.

Die Silberverbindungen der Histidingruppe fallen mit barytalkalischer Silbernitratlösung schon bei einer geringeren Alkalinität als die Silberverbindungen der Guanidingruppe. Auf diesem Umstand beruht die Trennung dieser beiden Gruppen, die schon früher (S. 176) besprochen worden ist.

Auf die Fällbarkeit der Quecksilberverbindung in neutraler oder schwach alkalischer Lösung beruht die S. 202 beschriebene Darstellung des Histidins aus den Eiweißhydrolysaten. Eine unvollständige Fällung wird mit dem Engelandschen Reagens — Quecksilberchlorid + Natriumacetat — erzielt. Nach der Zerlegung dieser Quecksilberfällungen erhält man das Histidin als Monochlorhydrat.

Das l-Histidinmonochlorhydrat krystallisiert aus Wasser und verdünnter Salzsäure in rhombischen durchsichtigen Tafeln mit 1 Molekül Krystallwasser, welches erst bei 140° weggeht. Löst man das Monochlorhydrat in warmer konzentrierter Salzsäure, so krystallisiert beim Erkalten das Dichlorhydrat aus. Es enthält kein Krystallwasser und schmilzt bei 231—233° unter Zersetzung (Kossel und Kutscher, Bauer), bei 245° nach Abderhalden und Einbeck.

Die wenig selektive Fällungswirkung des Quecksilberchlorids wird aber in dem Quecksilberniederschlag noch andere basische Substanzen bringen, so daß aus einem komplizierteren Gemisch von basischen Produkten, selbst wenn der Quecksilberfällung eine Phosphorwolframsäurefällung vorausgegangen ist, nicht nur Histidin gefällt wird. Dessen Krystallisation wird durch diese Beimengungen oft verhindert. Zur Abtrennung des Histidins aus den Mutterlaugen kann seine Eigenschaft mit Quecksilbersulfat in schwefelsaurer Lösung auszufallen (Kossel und Platten) herbeigezogen werden. Auch die Darstellung der schwer löslichen Pikrolonate führt zum Ziele.

Das Histidindipikrolonat $C_6H_9N_3O_2 \cdot 2C_{10}H_8N_4O_5$ bildet hellgelbe, konzentrisch gruppierte Nadeln, löslich in heißem Wasser. Schmelzpunkt bei 225° (Abderhalden und Einbeck).

Das Histidinmonopikrolonat $C_6H_9N_3O_2 \cdot C_{10}H_8N_4O_5$ bildet gelbe mikroskopische Nadeln aus Wasser, Schmelzpunkt 232°. Es löst sich in kaltem Wasser 1:300 und in heißem Wasser 1:80 (Steudel, Brigl).

Das Pikrolonat der Imidazolaminoessigsäure $C_5H_7N_3O_2 \cdot C_{10}H_8N_4O_5$ ist heller als das des Histidins und bildet kürzere Nädelchen. Zersetzt sich, ohne zu schmelzen, bei 244° (Engeland).

Die Isolierung des Carnosins aus den Muskelextrakten erfolgt entweder nach dem Gange der Kossel- und Kutscherschen Methode über die Phosphorwolframsäurefällung mit barytalkalischer Silbernitratlösung, oder man ersetzt die Phosphorwolframsäurefällung durch eine Fällung mit Quecksilbersulfat in 5%iger Schwefelsäure (vgl. S. 206). Charakteristisch ist außer der S. 206 beschriebenen freien Base das

Carnosinnitrat $C_9H_{14}N_4O_3 \cdot HNO_3$, strahlig, krystallinische Masse oder sternförmige Drusen, in Wasser sehr leicht löslich. Schmelzpunkt 212° bis 213°. In wäßriger Lösung ist es rechtsdrehend $[\alpha]_D^{20} = +22{,}3°$ (Gulewitsch).

Zur Isolierung des Imidazolyläthylamins kann man oft ohne vorhergehende Fällungen mit Phosphorwolframsäure oder Silbernitrat + Baryt oder Quecksilbersalzen direkt das schwer lösliche Pikrat herstellen.

Das Monopikrat $C_5H_9N_3 \cdot C_6H_3O_7N_3$ bildet Nadeln aus Wasser. Schmelzpunkt 233—234°.

Das Dipikrat $C_5H_9N_3 \cdot 2C_6H_3O_7N_3$ bildet tiefgelbe, rhombische Prismen aus Wasser. Schmelzpunkt 239° unter Zersetzung, ziemlich wenig löslich in heißem Wasser.

Das Dipikrolonat $C_5H_9N_3 \cdot 2C_{10}H_8N_4O_5$ krystallisiert in gelben, büschelförmig angeordneten Nadeln aus siedendem Wasser. Schmelzpunkt 266° unter Zersetzung. Nach Ewins und Pyman schmilzt das aus Alkohol krystallisierende Pikrolonat bei 262—264°.

Zum biologischen Nachweis des Imidazolyläthylamins eignet sich seine tonussteigernde Wirkung auf die glatte Muskulatur überlebender Organe, speziell des Uterus und des Meerschweinchendünndarms (Guggenheim und Löffler). Es läßt sich mit diesen Testobjekten noch in einer Verdünnung von 1:200000000 deutlich nachweisen. Die kontraktionsfördernden Eigenschaften werden durch Einwirkung von Alkalien nicht vernichtet (Unterschied von Acetylcholin).

Zum qualitativen Nachweis von Imidazolderivaten verwendet man vor allem die Paulysche Diazoreaktion, welche darauf beruht, daß Imidazolderivate mit einer alkalischen Lösung diazotierter Sulfanilsäure eine kirschrote Farbe geben. Diese Reaktion tritt mit Histidin noch in einer Verdünnung von 1:100 000 auf (Inouje). Da auch Tyrosin unter den gleichen Bedingungen einen braunroten Farbstoff liefert, ist es nötig, bei gleichzeitiger Anwesenheit dieser Aminosäure ein Differenzierungsverfahren auszuüben. Friedmann und Gutmann erstrebten dies auf Grund der Verschiedenartigkeit der beiden Farbstoffe. Filtrierpapier färbt sich mit dem Histidinfarbstoff in alkalischer Lösung orangerot, in saurer citronengelb, mit der Azoverbindung des Tyrosins rotbraun in alkalischer Lösung, gelbbraun in saurer. Ein eindeutigeres Resultat läßt sich nach dem Verfahren von Inouje erhalten, welcher Tyrosin nach Schotten und Baumann in Benzoyltyrosin überführt, in welchem Zustand es mit der Diazolösung keinen Farbstoff mehr bildet, während das gleichfalls entstandene Benzoylhistidin in unveränderter Weise mit der Diazobenzolsulfosäure reagiert.

Da das an der Carboxylgruppe besetzte Histidin durch Benzolsulfochlorid in alkalischer Lösung aufgespalten wird, ist das Differenzierungsverfahren von Inouje bei solchen Histidinderivaten nicht anwendbar, bei welchen die Carboxylgruppe besetzt ist. Dies ist bei allen Eiweißkörpern der Fall. Um auch in diesem Falle Histidin neben Tyrosin nachweisen zu können, reduzierte Totani die gebildeten Azofarbstoffe mit Zinkstaub und Salzsäure. Macht man die reduzierten Lösungen mit Ammoniak alkalisch, so wird die histidinhaltige Lösung goldgelb, die tyrosinhaltige rosa. Die goldgelbe Farbe tritt noch auf in einer Verdünnung von 1:100000, sie ist spezifisch für Histidin, deutlich aber nur in einer Verdünnung von 1:20 000. Die Rosafarbe des Tyrosins ist nicht spezifisch, sie wird mit H_2O_2 zerstört, während die goldgelbe Farbe des Histidins diesem Reagens gegenüber beständig ist.

Weiß und Ssobolew haben die Paulysche Diazoreaktion zu einem quantitativen Bestimmungsverfahren ausgearbeitet.

Zur Ausführung muß zunächst Histidin nach dem von Kossel und Kutscher angegebenen Verfahren tunlichst isoliert werden. Als Reagens dient ein frisch bereitetes Gemenge einer salzsauren, 1%igen Sulfanilsäurelösung mit ½%iger Natriumnitritlösung (1:2). 1½ ccm davon werden mit 10 ccm der zu prüfenden, entsprechend verdünnten Flüssigkeit gemengt, dann 3 ccm 10%ige Na_2CO_3-Lösung hinzugefügt. Die entstehende Rotfärbung wird mit einer analog behandelten Standardlösung von salzsaurem Histidin 1:10 000 (1,5 ccm Reagens + 10 ccm Histidinlösung + 3 ccm Na_2CO_3-Lösung) colorimetrisch verglichen, indem derjenige Verdünnungsgrad ermittelt wird, bei dem Probe und Testflüssigkeit die gleiche Farbintensität aufweisen.

Lautenschläger hat in neuester Zeit drei Verfahren zur titrimetrischen Bestimmung von freiem und intraprotein gebundenem Histidin ausgearbeitet, die auch auf andere Imidazolderivate anwendbar sind. Ihr Prinzip soll nachstehend kurz beschrieben werden.

1. Das Silberverfahren: Es beruht darauf, daß man zu der neutralen Lösung, deren Histidingehalt bestimmt werden soll, Silbernitratlösung von bekanntem Gehalt aus einer Bürette hinzutropfen läßt, bis eine Tüpfelprobe mit einer sodaalkalischen Lösung von p-Diazobenzolsulfosäure keine Rotfärbung mehr ergibt. Da nur die freie Base mit Diazokörpern unter Bildung von Farbstoffen reagiert, während die Silbersalze keine Farbenreaktionen geben, so kann der Endpunkt der Titration an dem Ausbleiben der Rotfärbung erkannt werden, je 1 Molekül Imidazol entspricht 1 Atom Ag, 1 Molekül Histidin 2 Atomen Ag., 1 Molekül Histidinmethylester 3 Atomen Ag. Bei Gegenwart von anderen Aminosäuren — Glykokoll, Alanin, Arginin — ist die Methode nicht anwendbar, da sich diese ebenfalls mit Ag-Nitrat umsetzen; hingegen können auch andere mit Diazolösung kuppelnde Imidazolverbindungen wie Guanin, Theophyllin, Adenin, ziemlich genau titriert werden. Die Titration erfolgt mit $^1/_{10}$ -n. oder mit $^1/_{100}$-n. Ag.-Lösung, entweder analog dem Mohrschen Verfahren direkt, oder nach Volhardt.

2. Titration mit Diazolösungen. Sie beruht auf der Fähigkeit der Imidazolverbindungen mit Diazolösungen unter Bildung von Azofarbstoffen zu kuppeln. Man fügt eine Lösung von p-Diazobenzolsulfosäure zu der zu bestimmenden Lösung der Imidazolverbindungen und ermittelt durch Tüpfelproben den Moment, wo sich überschüssige Diazolösung vorfindet. Die Tüpfelproben werden mit technischem K-Salz (1:8:4:6-amidonaphtholdisulfosaures Natrium) oder H-Salz (1:8:3:6-amidonaphtholdisulfosaures Natrium) ausgeführt, welche mit p-Diazobenzolsulfosäure einen bedeutend dunkleren (tiefvioletten) Farbstoff liefern als die Imidazolverbindungen. Die zur Titration verwendete p-Diazobenzolsulfosäurelösung wird dadurch hergestellt, daß man kurz vor der Titration eine $^1/_5$-n. Sulfanilsäurelösung und eine $^1/_5$-n. $NaNO_2$-Lösung mischt. Die $^1/_{10}$-n. Diazolösung läßt man aus einer Eisbürette allmählich unter Umrühren in die auf 0^0 gekühlte sodaalkalische Lösung der zu titrierenden Substanz eintropfen.

3. Titanverfahren: Man fügt zu der Lösung, in welcher man das Histidin bestimmen will, die Diazolösung im Überschuß hinzu, so daß das Histidin völlig unter Farbstoffbildung umgewandelt wird. Die überschüssige Diazolösung wird sodann durch Alkohol in der Siedehitze zersetzt, während der gebildete Farbstoff unverändert bleibt. Zur Ermittlung der Farbstoffmenge dient die oxydierende Wirkung welche der Farbstoff in der Siedehitze

auf eine Lösung von $TiCl_3$ von bekanntem Gehalt ausübt. Diese wird hierbei zu $TiCl_4$ oxydiert, aus der titrimetrisch ermittelten Menge des oxydierten Titans ergibt sich die Menge des Farbstoffs, somit auch bei Kenntnis des Bindungsverhältnisses die Menge der Farbstoffkomponenten — in diesem Falle des Histidins, Imidazols usw. Das Verhältnis, in welchem p-Diazobenzolsulfosäure und Imidazolverbindung, Histidin, Histidinmethylester, Imidazol, Guanin, Theophyllin — sowie auch das gleichfalls kuppelnde Tyrosin zusammentreten, wurde als 1:1 ermittelt.

Die indirekte Bestimmung des Histidins durch Ermittlung der Stickstoffverteilung im Phosphorwolframsäureniederschlag ist in ihren Grundzügen bereits S. 176 erwähnt worden. Auch das Jodadditionsvermögen der Proteinkörper dürfte unter Umständen Schlüsse auf deren Histidingehalt erlauben. Allerdings müßten in diesem Falle andere jodbindende Substanzen und Eiweißbausteine (Tyrosin, Tryptophan) ausgeschlossen sein (Pauly).

VII. Gruppe.

Die Betaine und ω-Aminosäuren.

Durch erschöpfende Methylierung (vgl. S. 10) der Aminosäuren gelangt man zu einer Gruppe von quaternären Ammoniumderivaten vom Typus $R \cdot CH - COOH$, die nach ihrem einfachsten

$$(CH_3)_3 \overset{|}{N} - OH$$

Vertreter dem Glykokollbetain CH_2COOH als Betaine bezeichnet

$$(CH_3)_3 \overset{|}{\equiv} N - OH$$

werden. Auf synthetischem Wege gelingt es von den meisten der als Eiweißbausteine auftretenden Aminosäuren die entsprechenden, am Stickstoff trimethylierten Derivate herzustellen, sei es, daß man die Aminosäuren mit Jodmethyl oder mit Dimethylsulfat behandelt, sei es, daß man die Halogenfettsäuren mit Trimethylamin umsetzt. In der Natur hat man bis jetzt außer dem Glykokollbetain nur einige dieser Betaine nachgewiesen. Es bildet sich

Stachydrin   aus   Prolin

$$\text{Betonicin bezw. Turicin} \qquad \text{aus} \qquad \text{Oxyprolin}$$

$$\text{Herzynin} \qquad \text{aus} \qquad \text{Histidin}$$

$$\text{Hypaphorin} \qquad \text{aus} \qquad \text{Tryptophan}$$

vielleicht auch das

$$(CH_3)_3N \cdot CH_2 \cdot CH_2 \cdot CH_2 \cdot CH \cdot CO \cdot O \qquad \text{aus} \qquad H_2N \cdot CH_2 \cdot CH_2 \cdot CH_2 \cdot CH \cdot COOH$$

$$\text{Myokinin} \qquad\qquad\qquad \text{Ornithin}$$

Nicht aufgefunden sind die Betaine des α-Alanins, des Serins, des Valins, des Leucins, des Lysins, der Glutaminsäure, der Trioxydiaminododecansäure, des Arginins, des Dioxyphenylalanins, des Tyrosins, des Phenylalanins und der Asparaginsäure. Letztere drei Aminosäuren lassen sich auch in vitro mit den üblichen Methoden nicht methylieren. Sie spalten unter der Einwirkung des Methylierungsmittels Trimethylamin ab und gehen in ungesättigte Säuren über,

$$\text{Phenylalanin} \qquad \text{in} \qquad \text{Zimmtsäure}$$

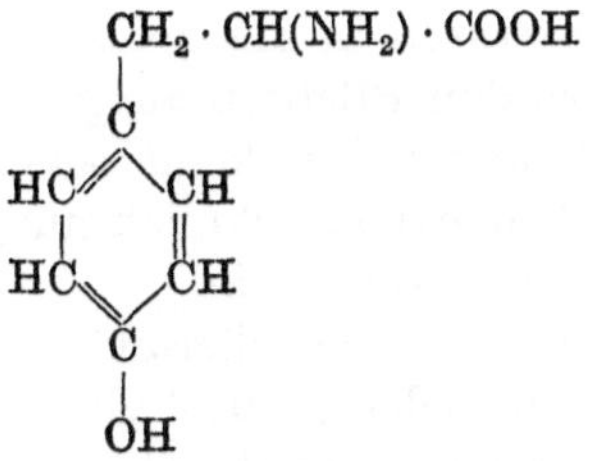

$$CH_2 \cdot CH(NH_2) \cdot COOH \qquad\qquad CH = CH \cdot COOH$$

Tyrosin $\qquad$ in $\qquad$ p-Oxycumarsäure

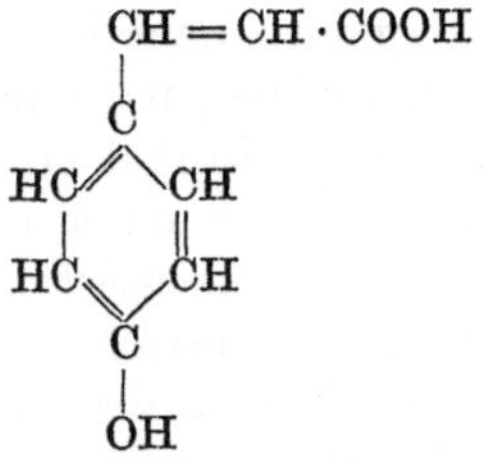

$$HOOC \cdot CH_2 \cdot CH(NH_2)COOH \quad in \quad HOOC \cdot CH : CH \cdot COOH$$

Asparaginsäure $\qquad\qquad$ Fumarsäure

Diese ungesättigten Säuren werden häufig als Pflanzenbestandteile angetroffen.

In einzelnen Fällen vollzieht sich der Vorgang der erschöpfenden Methylierung nicht an den unveränderten Eiweißbausteinen, sondern an deren Umwandlungsprodukten. Von solchen sekundär veränderten Aminosäuren ist das Trigonellin

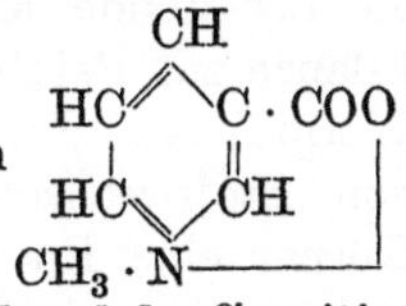

das γ-Butyrobetain $(CH_3)_3N \cdot CH_2 \cdot CH_2 \cdot CH_2 \cdot COOH$ und das Carnitin

$$(\alpha\text{-}Oxy\text{-}\gamma\text{-}butyrobetain) \quad (CH_3)_3N \cdot CH_2CH_2CHOH \cdot COOH \quad das$$

$$\beta\text{-Homobetain } (CH_3)_3N \cdot CH_2 \cdot CH_2 \cdot COOH \text{ abzuleiten. Das } \gamma\text{-Butyro-}$$

betain, sowie das Carnitin sind Derivate der γ-Aminobuttersäure $H_2N \cdot CH_2 \cdot CH_2 \cdot CH_2 \cdot COOH$, das β-Homobetain, ein Abkömmling des β-Alanins $H_2N \cdot CH_2 \cdot CH_2 \cdot COOH$. Beide sind ω-Aminosäuren, d. h. sie enthalten eine endständige Aminogruppe, welcher kein Carboxyl benachbart ist. Dieser Umstand bedingt, daß in ihnen die basische Natur weit mehr ausgeprägt ist, als in den α-Aminosäuren, bei welchen das benachbarte Carboxyl einen neutralisierenden Einfluß ausübt. Eine Besprechung der in der Natur auftretenden ω-Aminosäuren an dieser Stelle ist daher sowohl aus diesem Grunde wie auch wegen ihren Beziehungen zu den Betainen gerechtfertigt.

Die Fähigkeit, die primären Aminosäuren in die quaternären Betaine überzuführen, ist namentlich bei den Pflanzen ausgeprägt. Betaine finden sich in fast sämtlichen Familien der Phanerogamen, und zwar tritt bei der einen und derselben Art gewöhnlich nur ein Betain auf. Am verbreitesten ist das Glykokollbetain.

Aber auch die tierische Zelle ist imstande Methylierungen auszuführen und Betaine zu bilden. Einem solchen Methylierungsprozeß verdankt ja auch das Kreatin seine Entstehung, welches offenbar in der Muskelzelle aus einem vom Arginin entstammenden Guanidinderivat (Guanidinessigsäure) durch Eintritt einer Methylgruppe hervorgeht. Der Methylierungsvorgang, der sich beim Kreatin mit der Einführung einer Methylgruppe begnügt, kann aber auch weitergehen und zur Betainbildung führen. Die methylierende Fähigkeit des tierischen Protoplasmas wird mit Hinblick auf das vorzugsweise Auftreten der betainartigen Verbindungen unter den Muskelextraktivstoffen von Ackermann speziell in die arbeitende Muskelzelle verlegt. Der Kaltblüter ist wie die Pflanze zur Betainbildung eher befähigt, als der calorienbedürftige Warmblüter. Dieser vermeidet die Anhäufung und Methylierung von Stoffwechselendprodukten. Einerseits weil hierdurch dem Körper eine Energiequelle verloren geht, andererseits, weil dem Organismus infolge der rapideren Oxydationsvorgänge die methylierenden Agenzien (Formaldehyd, Methylalkohol) in minderem Maße zur Verfügung stehen, als der Pflanze und dem Kaltblüter (Ackermann und Kutscher).

Im Zusammenhang mit der Frage nach den Vorstufen der Betaine ist namentlich von Pflanzenchemikern vielfach auch das Problem der biologischen Bedeutung der Betainbildung eingehend studiert worden. Schulze und Trier kommen im Gegensatz zu Stanek zu der Entscheidung, daß die Methylierungsprodukte, speziell aber die Betaine, Stoffwechselendprodukte darstellen, d. h. daß sie nach ihrer Bildung aus den Aminosäuren an den Lebensvorgängen keinen weiteren Anteil mehr nehmen. Nach Stanek jedoch sind die Betaine intermediäre Stoffwechselprodukte, denen eine nennenswerte physiologische Rolle zukommt. Er stützt seine Ansicht auf das Studium der Verteilung des Glykokollbetains in verschiedenen Pflanzen (Lycinum barbarum, Zuckerrübe, Weizen, Atriplex canescens, Amarantus retroflexus) und auf sein Verhalten während der Keimung, dem Wachstum und dem Absterben.

Die Trockensubstanz der jungen Blätter enthält mehr Betain als die Trockensubstanz der alten Blätter derselben Pflanze und auch das Verhältnis zum Gesamtstickstoff stellt sich bei den ersten höher. Auch die jungen, grünen Sprößlinge sind ziemlich betainreich. Die Rinde (bei Lycinum und Atriplex) hat schon weniger davon, und im Holz findet man nur noch unbedeutende Mengen. Die Wurzel von Amarantus hat nur 0,48%, 2,16% in den Blättern, während die Wurzel der Zuckerrübe, welche als Reserveorgan fungiert, 0,95—1,2% enthält gegen 2,62% in den Blättern desselben Exemplares, alles in Prozent der Trockensubstanz.

Bei dem Reifen und Absterben der Pflanzenorgane verschwindet das Betain gleichzeitig mit den anderen Stickstoffverbindungen. Doch vermindert sich dabei zugleich das Verhältnis zwischen Betain- und Gesamtstickstoff. Da das wahrscheinlichste Zersetzungsprodukt von Betain, das Trimethylamin, gleichzeitig nicht nachgewiesen werden konnte, ist es annehmbar, daß das Betain nach Beendigung der vegetativen Fähigkeit der Organe in die Mutterpflanze zurückwandert. Während des Keimens der Samen wird Betain gebildet, bei der Sprossung in den Blättern angehäuft, indem es aus den Wurzeln verschwindet. Ein Anhäufung oder Bildung von Betain findet auch ohne Lichtwirkung in etiolierten Blättern statt.

Nach diesen Feststellungen findet sich das Betain am reichlichsten an den Stellen der regsten physiologischen Tätigkeit. Dieser Umstand, sowie die allgemeine Verbreitung des Betains in den Samen und Pflanzen stützen Staneks Hypothese von der physiologischen Bedeutung des Betains, das nach ihm vielleicht eine stabile Vorstufe biologisch wichtiger aber labiler Verbindungen (Cholin) darstellt, vielleicht auch selber ein Baustein komplizierterer Verbindungen (Lecithin) bildet.

Schulze und Trier konnten die Befunde Staneks über die Betainverteilung und den Betaingehalt junger und alter Pflanzen im großen und ganzen zwar wohl bestätigen, sie fanden, daß junge Blätter von Citrus aurantium L. einen bedeutend höheren prozentualen Gehalt an Stachydrin zeigten als alte, daraus ist aber nicht zu schließen, daß während der Weiterentwicklung der jungen Blätter ein Verbrauch von Stachydrin stattfand, dies würde nur anzunehmen sein, wenn z. B. 100 Stück junge Blätter eine größere absolute Menge Stachydrin einschlössen als 100 Stück alte Blätter, was aber nicht der Fall ist. Dieselben Verhältnisse zeigten sich auch beim quantitativen Studium des Glykokollbetaingehaltes von Vicia sativum und des Trigonellingehaltes von Pisum sativum. Von ersteren lieferten 1000 Stück Samen 0,132 g, 1000 Stück Pflanzen (ohne die Wurzel) 0,700 g Betain, also mehr als 5 mal soviel Betain als die Samen, aus denen sie entstanden waren. Von Pisum sativum lieferten 1000 Stück

Samen 0,140 g, 1000 Stück Pflanzen (ohne Wurzeln) 0,731 g Trigonellin.

Dieselbe Streitfrage hat sich ja auch für die Alkaloide ergeben und ist in ähnlichem Sinne entschieden worden. Wenn sich die Auffassung Schulze und Triers auch für den pflanzlichen Stoffwechsel rechtfertigt, so gilt dies keineswegs in gleichem Maße für das Verhalten der Betaine im Tierkörper und im Stoffwechsel der Bakterien. Betaine, speziell das Glykokollbetain, können im Tierkörper verbrannt und entmethyliert werden (Kohlrausch). Die Oxydation dieser quaternären Base erfolgt allerdings in weit geringerem Maße, als die der zugrunde liegenden primären (Aminosäuren). In erheblicherem Maße besitzen die Mikroorganismen die Fähigkeit den methylierten Stickstoff anzugreifen und zu verwerten (Ehrlich und Lange). Hier sei auch nochmals auf die von Rießer vermuteten Beziehungen zwischen Betain und Kreatin (vgl. S. 162) hingewiesen. Berücksichtigt man noch den Umstand, daß die Betaine eine mehr oder minder ausgesprochene alkalische Reaktion besitzen und daß ihre elektropositive Natur auf den Verlauf der vitalen Prozesse einen nicht unwesentlichen Einfluß auszuüben vermag, so dürfen die Betaine, selbst wenn man deren Verwertung als Lecithinbausteine (Schulze und Pfenninger, Stanek) oder als Eiweißbausteine (Abderhalden und Kautsch) ausschließt, nicht als indifferente Abfallstoffe bezeichnet werden.

Es sei hier mit allem Vorbehalt die Hypothese geäußert, daß die Betainbildung im tierischen, wie auch im pflanzlichen Organismus als Entgiftungsvorgang zu deuten ist. Nicht nur in dem Sinne, daß ein toxisches primäres, sekundäres oder tertiäres Amin in die mindergiftige quaternäre Base übergeführt wird — was ja schon wiederholt angenommen worden ist —, sondern daß da, wo durch assimilatorische oder oxydative Vorgänge Formaldehyd oder Methylalkohol entsteht, diese giftigen Produkte durch die vorhandenen Aminoderivate abgefangen und in eine unschädliche Methylgruppe verwandelt werden. Die Methylierung wäre also ein ähnlicher Entgiftungsvorgang für den Methylalkohol und die Formaldehydgruppe, wie die Hippursäurebildung für die Benzoesäure.

Das Betain.

Die Entdeckung des Betains erfolgte unabhängig voneinander durch Husemann und Marmé und durch Scheibler. Erstere fanden es in der Solanace Lycinum babarum und nannten es daher Lycin. Letzterer isolierte es aus dem eingedickten Saft der Zuckerrübe (Beta vulgaris), daher sein Name. Seither ist es in den verschiedensten Pflanzen, und zwar sowohl in den Samen, wie auch in Blättern, Wurzeln und Stengeln aufgefunden worden. Über seine Verbreitung im Reiche der Phanerogamen orientiert nachstehende Zusammenstellung, die größtenteils den Arbeiten von Schulze und Trier, sowie von Stanek entnommen ist.

Vorkommen von Betain in Pflanzen.

Material (Trockensubstanz)	Gewichtsprozent	Autor
Topinambur (Knollen)	0,008	Schulze
Erbsen	0,016	Stanek
Gerste	0,040	Stanek
Weizenkeimling	0,05—0,06	Schulze
45 Tage alte Rübenpflanzen	0,082	Stanek
Weizen	0,092	Stanek
Rübenblätter	0,100—0,590	Stanek
Pferdebohnen	0,173	Stanek
Malzkeime	etwas weniger als 0,2	Schulze u. Frankfurter
Weizenkeime	0,2	Schulze u. Frankfurter
Linsen	0,294	Stanek
Kornpflanzen, ca. 20 Tage alt	0,3	Stanek
Wickensamen	0,6	Schulze
Rübensamenknäule	0,9—1,153	Stanek
Zuckerrübenwurzeln	0,95—1,2	Stanek
Amanthus (Blätter)	2,16	Stanek
Zuckerrübenblätter	2,62	Stanek
Alte Rübenblätter	2,974	Stanek

Außerdem fand es sich in Atriplex canescens (Stanek), in der Wurzel von Amarantus retroflexus (Stanek), in Chenopodiaceen (Stanek und Domin), im Hafergrieß (Trier,) in Bambusschößlingen (Totani), in Reisschalen (Funk, Drummond und Funck), in grünen Tabakblättern (Deleano und Trier), in Baumwollsamen (Ritthausen und Wegner), in Lycinum barbarum (Stanek), in Blüten und Samen von Helianthus annus und Helianthus tuberosus (Buschmann, Schulze und Trier), in grünen und etiolierten

Wickenkeimlingen und Wickenhülsen, in den Knollen, Blättern und Stengeln von Topinambur (Schulze und Trier), in Kolanüssen (Polstorff), in der Wurzel von Althaea officinalis (Orlow), in den Samen von Lathyrus sativa und Lathyrus cicera (Jahns), im Samen von Artemisia cina (Jahns).

Gemäß seinem Vorkommen im Rübensaft findet es sich reichlich, bis zu 11,5%, in den Melasserückständen der sogenannten Schlempe (Andrlick). Es wird fabrikmäßig aus dieser hergestellt. Auch in den bei der Herstellung von Baumwollsamenöl verbleibenden Preßkuchen ist es in nicht unbeträchtlicher Menge enthalten.

Das Betain kommt auch in verschiedenen Pilzen vor; in der Hefe (Abderhalden und Schaumann), im Mutterkorn (Kraft, Rieländer), im Champignon (Kutscher), in Boletus edulis (Reuter) und in Amantia muscaria (Küng).

Schon Brieger hatte aus dem Fleisch von Miesmuscheln Betain isolieren können. In neuerer Zeit mehren sich die Beobachtungen, die auch auf ein häufiges Vorkommen des Betains im Tierreich hindeuten. Es wurde bisher aufgefunden in Speicheldrüsen und Muskelextrakten von Cephalopoden (Henze), im Muskelextrakt des japanischen Tintenfisches (Suzuki, Yoshimura, Jamakowa und Irie), in Kammuscheln, Strandmondschnecke und Neunauge (Wilson), im Fleisch des Kabeljau (0,44 g), Hydrochlorid aus 1 kg lufttrockenem Material (Yoshimura und Kanai), im Fleisch des Dornhaies (Suwa), im Krabbenextrakt (Ackermann und Kutscher), im Flußkrebs (Kutscher), in Mytilus edulis (Jansen). Auch über das Auftreten von Betain in der Ochsenniere liegt eine Beobachtung vor (Bebeschin).

Ein fast regelmäßiger Begleiter des Betains ist das Cholin, so daß der Gedanke an genetische Beziehungen zwischen diesen beiden, auch chemisch sehr nahe verwandten Substanzen, gerechtfertigt erscheint. Quantitative Untersuchungen, welche bei der Entwicklung der Keimlinge und Pflanzen nach dieser Richtung ausgeführt worden sind (Schulze und Trier), haben aber keine sicheren Grundlagen für das Bestehen eines engeren Zusammenhanges ergeben. Daß auch im Tierkörper Cholin nicht in Betain verwandelt wird, ist bereits S. 72 erwähnt worden. Hingegen gelingt es durch Oxydationsmittel das Cholin zu Betain zu oxydieren. Über die Entstehung von Betain aus Glucosaminsäure vgl. S. 106.

Zur Darstellung des Betains aus den Melasserückständen kann man die mit Salzsäure angesäuerte Schlempe bei einer 60° nicht übersteigenden Temperatur zur Trockne dampfen, den Rückstand in warmem Methylalkohol aufnehmen, wobei die anorganischen Salze ungelöst bleiben und das Betainchlorhydrat zur Krystallisation bringen (Agfa)

Zur synthetischen Darstellung eignet sich die Umsetzung der Chloressigsäure mit Trimethylamin. Man erhitzt zu diesem Zwecke ein Alkalisalz der ersteren in alkoholischer oder wäßriger Lösung mit Trimethylamin im Autoklaven, oder im eingeschlossenen Rohr und säuert das Reaktionsprodukt mit Salzsäure an. Das gebildete salzsaure Betain läßt sich durch Extraktion mit Alkohol isolieren.

Das freie Betain krystallisiert aus Alkohol in großen Krystallen. Aus der alkoholischen Lösung fällt es mit Äther in Blättchen. Es enthält 1 Molekül Krystallwasser, welches bei 100° über konzentrierter Schwefelsäure weggeht. Bei 14,3° lösen sich in 100 g Wasser 157,1 g wasserfreies Betain, bei 21,1° in 100 g Methylalkohol 54,36 g, bei 18,3° in 100 g Äthylalkohol 8,59 g.

Mit stärkeren Säuren bildet das Betain Salze, jedoch nicht mit Alkalien.

Die Bedeutung des Betains im Stoffwechsel der Pflanze ist schon weiter oben (vgl. S. 214) eingehend besprochen worden, dort wurde auch erwähnt, daß im Tierkörper die Betaine sich nicht indifferent verhalten. Der Abbau des Betains kann auf zweierlei Wegen erfolgen. Nach der einen Möglichkeit wird das Trimethylamin durch einen hydrolytischen Prozeß losgelöst und entweder als solches oder nach partieller Entmethylierung ausgeschieden. Die gleichzeitig entstandene Glykolsäure wird verbrannt oder synthetisch verwertet. Dieser Vorgang würde mit den Befunden von Andrlik, Velich und Stanek sowie von Völtz übereinstimmen und wäre analog dem von Ehrlich und Lange, sowie von Ackermann und Ackermann und Schütze beobachteten Verhalten des Betains gegenüber Mikroorganismen. Während aber Ehrlich und Lange in den Kulturen ihrer Pilze und Hefen in der Regel kein Trimethylamin nachweisen konnten — nur bei Penicillium glaucum und Aspergillus niger, ließ sich in einzelnen Fällen Ammoniakbildung feststellen — dieses also verwertet wurde, scheint im Tierorganismus eine Assimilation des Betainstickstoffes nicht stattzufinden. Es wird auch nur ein Teil des Betains abgebaut (Kohlrausch). Bei der Katze fanden sich nach oraler Eingabe 50% des Betains unzersetzt im Harn, nach subkutaner Darreichung 10%, beim Hund 25% resp. 18%, beim

Kaninchen 10% nach oraler und subkutaner Eingabe. Vom Pflanzenfresser wird demnach das Betain stärker abgebaut als vom Fleischfresser. Das nicht zersetzte Betain geht bei den Säugetieren in die Milch über (Rolle). Es verleiht ihr einen unangenehmen Geschmack und bedingt infolge Bindung von Milchsäure eine verzögerte Gerinnungsfähigkeit.

Das Betain kann als pharmakologisch indifferent bezeichnet werden. Die Gegenwart eines Carboxyls wirkt hier wie in so vielen anderen Fällen entgiftend und löscht die curareartigen Eigenschaften, welche der quaternären Ammoniumgruppe sonst eigen sind, völlig aus. Eine gewisse Toxizität ist zwar von Waller und Plimmer, sowie von Waller und Sowton in Versuchen an Ratten, am überlebenden Froschherzen und in Blutdruckversuchen an Hunden festgestellt worden. Velich aber hat dargetan, daß die beobachteten Wirkungen (Blutdrucksenkung, Pulsverlangsamung) der Acidität des verwendeten Chlorhydrats zuzuschreiben sind. Verwendet man eine sorgfältig neutralisierte Betainlösung, so können selbst große Dosen — 0,5 g bei der Ratte, 1 g beim Meerschweinchen, 5 g beim Hund — ohne merkliche Symptome intravenös injiziert werden. Auch beim Menschen rief Genuß von 5—10 g Betain keine unangenehmen Wirkungen hervor.

Das Histidinbetain (Herzynin).

Das α-Trimethylamino-β-Imidazolpropionsäurebetain (Formel vgl. S. 212) ist zuerst von Kutscher in einem Champignon, Agaricus campestris, dessen Extraktivstoffe unter dem Namen Herzynia in den Handel kommen, entdeckt worden. Dieselbe Base fand auch Reuter in Boletus edulis. Im Gegensatz zu anderen Imidazolderivaten gelangt das Herzynin bei der Aufteilung des Phosphorwolframsäureniederschlages nicht in die Histidinfraktion. Kutscher fand es ausschließlich unter den mit Silbernitrat + Baryt nicht fällbaren Basen (Lysinfraktion), während Reuter es zum größten Teil in der Argininfraktion nachwies. Aus einem wäßrigen Extrakt konnte er von $2^1/_2$ kg Boletus edulis 8 g der Goldverbindung isolieren. Die Konstitution der Verbindung wurde durch die Synthese aus α-Chlor-β-Imidazolpropionsäure und Trimethylamin bewiesen (Engeland und Kutscher). Bei der direkten Methylierung des Histidins wird auch der Imidazolkern methyliert. Es entstehen Tetramethyl- und Pentamethylderivate des Histidins (Engeland und Kutscher).

Daß das von Tanret aus Mutterkorn isolierte Ergothionein eine dem Herzynin sehr nahestehende Verbindung ist, haben Barger und Ewins festgestellt, indem es ihnen gelang, durch Oxydation den Schwefel aus dieser Verbindung abzuspalten und sie so in das Histidinbetain zu verwandeln. Sie geben dem Ergothionein nachstehende Konstitutionsformel:

$$HS-C{<}^{NH-CH}_{N-C}-CH_2\cdot CH\cdot COO$$
$$N(CH_3)_3$$

Das Histidinbetain ist optisch aktiv. $[\alpha]_D$ des Chlorhydrates in $0,39\%$iger Lösung und im 2 dm Rohr $= +46,5^0$ (Barger und Ewins). Winterstein und Reuter fanden für das Dichlorhydrat bei Gegenwart von 6 Molekülen freier HCl $[\alpha]_D = +30,0^0$, für die freie Base bei Gegenwart von 8 Molekülen freier HCl $[\alpha]_D = +41,1^0$.

Das **Ergothionein** $C_9H_{15}O_2N_3S \cdot 2\,H_2O$ wird aus Mutterkorn dargestellt (Tanret). Die Isolierung erfolgt über die Sublimatverbindung, welche man aus dem alkoholischen Extrakt der Droge nach Entfernung der Farbstoffe und nach einer Reinigung mit Bleisubacetat herstellt. Aus 1 kg der Droge erhält man 1 g des Dichlorhydrates. Die freie Base kann aus dem Chlorhydrat abgeschieden werden, wenn man dieses in wenig Wasser gelöst mit etwas mehr als der berechneten Menge $CaCO_3$ versetzt und aufkocht. Sie krystallisiert dann aus dem Filtrat in farblosen, monoklinen Nadeln oder Lamellen. Diese sind sehr leicht löslich in heißem Wasser, löslich in 8,6 Teilen Wasser von 20^0, ziemlich löslich in verdünntem, sehr wenig löslich in starkem Alkohol, kaum löslich in heißem Methylalkohol und Aceton, unlöslich in Äther und Chloroform. $[\alpha]_D = +110^0$. Schmelzpunkt 190^0 unter Zersetzung. Die Base nimmt beim Aufbewahren einen unangenehmen Geruch an. Sie reagiert gegen Lackmus neutral; die Salze reagieren sauer. Durch Eisenchlorid wird die Sulfhydrylgruppe wegoxydiert und es entsteht Histidinbetain. Kalilauge spaltet die Trimethylamingruppe ab, es bildet sich Thioimidazolacrylsäure, welche mit Eisenchlorid in Imidazolacrylsäure, d. h. in die bereits S. 204 erwähnte Urocaninsäure übergeht.

Das Tryptophanbetain (Hypaphorin).

Das Hypaphorin, das Betain des Tryptophans, (Formel vgl. S. 212) ist von Greshoff in Erythrina Hypaphorus Boerl. entdeckt worden. Seither ließ sich kein anderes Vorkommen mehr beobachten. Ein mit Betain identisches Produkt erhielten van Rombourgh und Barger beim Kochen von Tryptophan mit Jodmethyl in methylalkoholischer alkalischer Lösung.

Das Hypaphorin schmilzt bei 255⁰ unter Zersetzung. $[\alpha]_D =$ + 91—93⁰. Beim Erhitzen verbrennt das Hypaphorin unter Entwicklung indolartig riechender Dämpfe. Auch mit wäßriger KOH wird Hypaphorin zersetzt unter Bildung von Trimethylamin und Indol.

Hypaphorin wirkt wie Tryptophan reduzierend und gibt die Adamkiewizcsche Reaktion, unterscheidet sich aber von diesem dadurch, daß es 1. die Reaktion mit Triketohydrindenhydrat nicht gibt, 2. daß es nicht glatt, wenn überhaupt, durch $FeCl_3$ zu β-Indolaldehyd oxydiert wird. Auch die leichte Spaltbarkeit durch Alkalien unterscheidet es vom Tryptophan.

Das Ornithinbetain (Myokynin).

Das Myokynin (Formel vgl. S. 212) wurde von Ackermann aus Hunde- und Pferdemuskeln isoliert. Es ist darin nur in sehr geringer Menge enthalten. Aus 30 kg frischem Pferdefleisch konnten 3 g des Platinsalzes gewonnen werden. Das Myokynin findet sich nach der üblichen Aufarbeitung der Extrakte (vgl. S. 17) in der Lysinfraktion. Seine Eigenschaften sowie die seiner Doppelsalze stimmen in mancher Beziehung mit denen des synthetischen Ornithinbetains (Ackermann) überein. Eine völlige Identität konnte jedoch nicht festgestellt werden. Die Unterschiede beruhen voraussichtlich auf Stereoisomerie (Ackermann).

Das Myokyninplatinchlorid $C_{11}H_{30}O_4N_2PtCl_6$ ist in Äthylalkohol unlöslich, in Wasser nicht allzu leicht löslich und zersetzt sich unter Aufschäumen bei 233—234⁰.

Das Golddoppelsalz ist in Wasser schwer löslich und bildet nach Art des Cholinaurats ein auf der Oberfläche schwimmendes Häutchen. Der Schmelzpunkt liegt unscharf bei 204—205⁰. Das Krystallwasser des Platin- und Golddoppelsalzes entweicht nicht bei 120⁰.

Die aus den Edelmetallsalzen dargestellten Chlorhydrate sind hygroskopisch, sie drehen das polarisierte Licht nach links, und zwar ist $[\alpha]_D$ des aus Hundemuskeln dargestellten Myokynins $= -11,07^0$, $[\alpha]_D$ des aus Pferdemuskulatur dargestellten $-13,5^0$. Die Base spaltet bei der Destillation mit Baryt 2 Moleküle Trimethylamin ab. Mit Zinkstaub destilliert entwickeln sich keine Pyrroldämpfe.

Das synthetische Ornithinbetain ist rechtsdrehend. Die beim Erhitzen mit Zinkstaub sich entwickelnden Dämpfe geben Pyrrolreaktion. Das Platinsalz krystallisiert mit 1 Molekül H_2O und schmilzt bei $232-233^0$. Das Goldsalz verhält sich ähnlich wie das Myokyningold.

Die Betaine des Prolins, Oxyprolins und andere Pyrrolidinbasen.

Schon ehe in der Pyrrolidincarbonsäure, dem Prolin, eine einfache Vorstufe der pyrrolidinkernigen Alkaloide aufgefunden wurde, hatten von Planta und Schulze das Betain dieser Aminosäure, allerdings ohne Kenntnis seiner Konstitution, aus den Knollen von Stachys isoliert. Bald darauf wurde das Stachydrin von Jahns auch in Orangeblätter aufgefunden. Schulze und Trier erhielten aus 95 kg frischen Stachysknollen 42—43 g Stachydrinchlorid. 100 Teile trockne Orangeblätter lieferten 0,19 Teile Stachydrin. Über die Verteilung des Stachydrins in jungen und alten Orangeblättern vgl. S. 214. Dieses Betain findet sich auch in den Blättern und Stengeln von Stachys, in den Blättern und Blüten von Chrysanthemum sinense Sabin und Chrysanthemum cinerifol., in Galeopsis grandifolium (Yoshimura und Trier), in Citrus medica und Citrus aureantium amara (Yoshimura und Trier), in Betonica officinalis (Schulze und Trier) und in Alfalfa-Heu (Steenbock).

In naher Beziehung zum Stachydrin steht der Methylester

$$\text{der Hygrinsäure} \quad \begin{array}{c} H_2C\!-\!\!-\!CH_2 \\ | \qquad | \\ H_2C \diagdown \ \diagup CH\!-\!COOH \\ N\cdot CH_3 \end{array}, \quad \text{ein Abbauprodukt des}$$

$$\text{Hygrins} \quad \begin{array}{c} H_2C{-}{-}CH_2 \\ | \qquad | \\ H_2C \quad CH \cdot CO \cdot CH_3 \\ \diagdown \diagup \\ CH_3 \cdot N \end{array} \quad \text{eines neben den Tropa- und}$$

Cocaalkaloiden vorkommenden einfacheren Pyrrolidinalkaloides.
Ähnlich wie das Betain beim Erhitzen sich in den Dimethyl-
aminoessigsäuremethylester umlagert, verwandelt sich auch das
Stachydrin beim Erhitzen in den Methylester der Hygrinsäure
(Trier)

$$\begin{array}{c} H_2C{-}{-}CH_2 \\ | \qquad | \\ H_2C \quad CH \cdot COO \\ \diagdown \diagup \\ N{-}{-}{-}{-}| \\ CH_3 \diagup \diagdown CH_3 \\ \text{Stachydrin} \end{array} \rightleftarrows \begin{array}{c} H_2C{-}{-}CH_2 \\ | \qquad | \\ H_2C \quad CH \cdot COOCH_3 \\ \diagdown \diagup \\ N \\ \diagdown CH_3 \\ \text{Hygrinsäuremethylester} \end{array}$$

Diese zuerst von Schulze und Trier aufgefundenen Beziehungen haben die Konstitution des Stachydrins festgestellt.
Die Synthese durch erschöpfende Methylierung des Prolins (Engeland) hat diese Auffassung bestätigt.

Das aus Eiweißkörpern und Leim darstellbare Oxyprolin
(E. Fischer), welches die Konstitution des γ-Oxy-α-Prolins

$$\text{besitzt,} \quad \begin{array}{c} HO \cdot H\overset{*}{C}{-}{-}CH_2 \\ | \qquad | \overset{*}{} \\ H_2C \quad CH \cdot COOH \\ \diagdown \diagup \\ NH \end{array} \quad \text{enthält zwei asymmetrische Kohlen-}$$

stoffatome, welche in der Formel mit * bezeichnet sind. Diese
doppelte Asymmetrie bedingt die Existenz zweier Betaine des
l-Oxyprolins, des linksdrehenden Betonicins und des rechtsdrehenden Turicins. In der Natur finden sich die beiden Betaine
nebeneinander. Ihre Entdeckung erfolgte durch Schulze und
Trier in Betonica officinalis. Der Gehalt trockener Herba
betonica an diesen beiden Basen beträgt ungefähr $1\,^0/_0$. Sie
finden sich auch in den Blättern und Stengeln von Stachys
silvatica neben Trigonellin. Bei der erschöpfenden Methylierung
des l-Oxyprolins entstehen die beiden stereoisomeren Formen
nebeneinander (Küng). Die Trennung der beiden Betaine gelingt
sowohl bei ihrer natürlichen wie ihrer künstlichen Gewinnung
auf Grund der verschiedenen Löslichkeit der Chlorhydrate (das
Turicinchlorhydrat ist in Alkohol leicht löslich) oder der freien
Basen (das Turicin ist in Alkohol wenig löslich), am besten, indem

man abwechselnd die verschiedene Löslichkeit der Basen und der Chlorhydrate zunutze zieht.

Durch Abspaltung der α-ständigen Carboxylgruppe gelangt man von Prolin zu Pyrrolidin $\begin{smallmatrix} H_2C\!-\!-\!CH_2 \\ | \qquad | \\ H_2C \quad CH_2 \\ \diagdown N \diagup \\ H \end{smallmatrix}$. Vom Stachydrin ausgehend führt der gleiche Prozeß über den Hygrinsäureester und die Hygrinsäure zu N-Methylpyrrolidin:

$$\begin{array}{ccc}
\text{Stachydrin} & \text{Hygrinsäuremethylester} & \text{Hygrinsäure}
\end{array}$$

N-Methyl-pyrrolidin

Es gelingt allerdings in vitro nicht, das Stachydrin glatt in Methylpyrrolidin zu verwandeln. Die Reaktion geht im wesentlichen nicht weiter als bis zum Hygrinsäuremethylester. Nur in ganz geringer Menge entsteht bei Destillation des Stachydrins im Vakuum N-Methylpyrrolidin (Trier). Immerhin erklärt sich so das Auftreten einfacher Pyrolidinbasen, z. B. des Pyrrolidins und des N-Methylpyrolins in den Pflanzen. Eine einfache Pyrolidinbase ist auch das von Tanret aus Galega officinales isolierte Galegin. Seine Konstitution ist wahrscheinlich die eines 3-Methylpyrolidinharnstoffs

Ein Derivat des Pyrolins ist vermutlich auch das Isoguvacin $C_6H_9NO_2$ eines der Nebenalkaloide der Arekanuß (Winterstein und Weinhagen).

Das **Stachydrin** bildet farblose, zerfließliche Krystalle, leicht löslich in Wasser und Alkohol, wenig löslich in heißem Chloroform, unlöslich in kaltem Chloroform und in Äther. Es schmilzt bei 235° unter Umlagerung in den isomeren Hygrinsäuremethylester. Sowohl das natürliche Stachydrin, wie das aus l-Prolin hergestellte ist optisch aktiv. Beim Kochen mit Baryt wird die Base racemisiert. Die spezifische Drehung des Chlorhydrates in wäßriger Lösung beträgt — 26,5°.

Im menschlichen Körper geht ungefähr ein Dritteil des eingenommenen Stachydrins (2 g) unverändert in den Harn über. Bei der Fäulnis von Stachydrin konnte Ackermann keine Entwicklung von Trimethylamin feststellen.

Das **Betonicin** bildet vierseitige, kurze Prismen aus Alkohol (Küng). Es schmilzt bei 243° unter Zersetzung. Die wäßrige Lösung reagiert neutral und schmeckt süß. Die Base ist linksdrehend $[\alpha]_D = - 36,60°$. in 4,88% wäßriger Lösung.

Das **Turicin** bildet durchsichtige, nicht hygroskopische Prismen, Schmelzpunkt 249° unter Zersetzung. Die Base reagiert neutral, sie verliert ihr Krystallwasser leicht. $[\alpha]_D$ in 3,46%iger wäßriger Lösung $= + 34,97°$ (Küng).

Das **Pyrrolidin** entsteht bei der trockenen Destillation des Putrescinchlorhydrates (Ackermann) neben Salmiak. Pictet und Court konnten es mit anderen Pyrrolderivaten in geringer Menge aus den leicht flüchtigen Bestandteilen des Rohnicotins und der Mohrrübenblätter isolieren. Das Pyrrolidin findet sich in diesen Materialien vorgebildet und ist kein bei der Verarbeitung entstehendes Kunstprodukt Aus den Mohrrübenblättern wird es mit Soda in Freiheit gesetzt und mit Wasserdampf abdestilliert. Das Pyrrolidin ist ein basisches Öl, das bei 86° siedet.

Das **Galegin** = 3-Methyl-Pyrrolidinharnstoff $C_6H_{13}N_3$ findet sich in dem Samen von Galega officinalis zu etwa 0,5% (Tanret). Es wird daraus mit 60%igem Alkohol extrahiert. Die freie Base bildet sehr hygroskopische Krystalle vom Schmelzpunkt 60—65°. Leicht löslich in Wasser und absolutem Alkohol, löslich in Äther. Die Base zieht aus der Luft CO_2 an und bildet gut krystallisierende Salze. Beim Erhitzen mit Barytwasser auf 100° spaltet sich das Galegin quantitativ in 3-Methylpyrrolidin und Harnstoff.

Das **N-Methylpyrrolidin** wurde von Löffler und Freytag aus n-Butylmethylamin dargestellt. Es ist eine leicht bewegliche, piperidinartig riechende Flüssigkeit vom Kochpunkt 78,5—79°.

Das **N-Methylpyrrolin** findet sich neben Pyrrolidin in Rohnicotin Es siedet bei 79—80°.

Stachydrin kann wie das Prolin und die Hygrinsäure als völlig ungiftig bezeichnet werden. 1 g per os ruft am Menschen keine merklichen Symptome hervor (Trier). Wird aber die entgiftende Carboxylgruppe abgespalten oder außer Funktion gesetzt, so resultieren stark giftige Basen; dies zeigt sich schon bei der Überführung des Stachydrins in den Hygrinsäuremethylester, welcher sich als Krampfgift erwies (Trier). Injektion von 0,05 g Pyrrolinchlorhydrat bewirkt am Frosch allgemeine Lähmung, Ödem und Tod nach 10 Tagen. Bei Katzen riefen subkutane Gaben von 0,5 g siebentägiges Unwohlsein (Würgbewegungen, Erbrechen, Pyrrolreaktion im Harn) hervor; die Dose von 1 g (3,3 kg Körpergewicht) war tödlich (Tumicliffe und Rosenheim). Pyrrolidin, in Dosen von einigen Milligramm unter die Rückenhaut injiziert, brachte an Fröschen in wenigen Minuten Nicotinstellung hervor. Subkutane Gaben von 0,01—0,026 g N-Methylpyrrolidinchlorhydrat und -tartrat verursachten bei Fröschen fast augenblicklich „Nicotinstellung", hierauf vollständige Lähmung. Dosen von 0,2 g waren für Katzen von 3—4 kg Gewicht letal; der Tod erfolgte unter Lähmungserscheinungen und Krämpfen durch Atmungsstillstand $^1/_2$ Stunde nach der Injektion. Bei erhaltenem Vagus trat nach intravenöser Injektion von 0,025—0,05 g zunächst Blutdruckerniedrigung, dann starke und anhaltende Blutdrucksteigerung auf; diese Steigerung unterblieb nach Durchschneidung beider Vagi. Am Menschen verursachen die Dämpfe des N-Methylpyrrolidins Kopfschmerzen und Übelkeit. Auch das Pyrrolidon (vgl. S. 237) ist giftig. Galegin ruft an Kalt- und Warmblütern Paralyse des Gehirns und der Nervenzentren hervor. In geringen Dosen setzt es den Blutdruck vorübergehend, in toxischen dauernd stark hernieder (Tanret).

Das Betain der Nicotinsäure und andere Pyridinbasen.

Das nächst höhere Ringhomologe der Pyrrolidincarbonsäure würde einen hydrierten Pyridinring enthalten, somit eine Piperidincarbonsäure darstellen:

15*

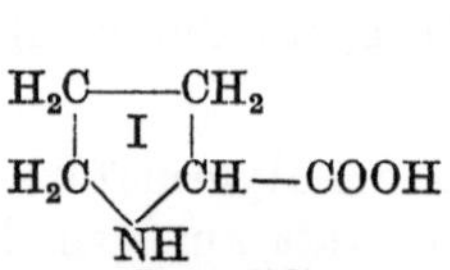

$$\begin{array}{ccc}
\begin{array}{c}
\text{H}_2\text{C}\text{---}\text{CH}_2 \\
\text{I} \\
\text{H}_2\text{C}\quad\text{CH---COOH} \\
\text{NH} \\
\alpha\text{-Pyrrolidin-} \\
\text{carbonsäure}
\end{array}
&
\begin{array}{c}
\text{CH}_2 \\
\text{H}_2\text{C}\quad\text{CH}_2 \\
\text{II} \\
\text{H}_2\text{C}\quad\text{CH}\cdot\text{COOH} \\
\text{NH} \\
\alpha\text{-Piperidincarbon-} \\
\text{säure}
\end{array}
&
\begin{array}{c}
\text{CH} \\
\text{HC}\quad\text{C}\cdot\text{COOH} \\
\text{III} \\
\text{HC}\quad\text{CH} \\
\text{N} \\
\text{Nicotinsäure}
\end{array}
\end{array}$$

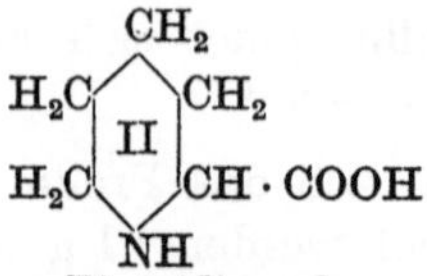

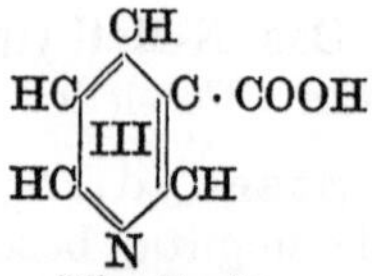

Piperidincarbonsäure ist bis jetzt in der Natur nicht aufgefunden
worden, wohl aber findet sich eine Carbonsäure mit dem nicht
hydrierten Pyridinring ziemlich verbreitet als Baustein der Alkaloide, nämlich die Nicotinsäure (III). Von ihr leitet sich
denn auch ein häufig vorkommendes Betain, das Trigonellin ab:

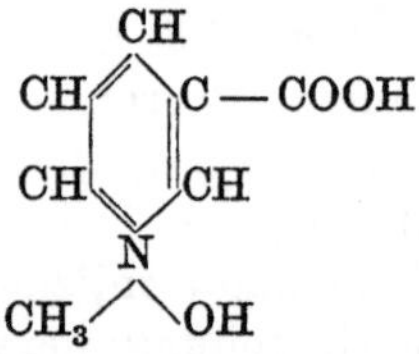

$$\begin{array}{c}
\text{CH} \\
\text{CH}\quad\text{C---COOH} \\
\text{CH}\quad\text{CH} \\
\text{N} \\
\text{CH}_3\diagup\diagdown\text{OH}
\end{array}$$

Schon wiederholt sind wir stickstoffhaltigen Alkylderivaten
begegnet, die in sechsgliedrige, cyclische Stickstoffderivate überzugehen vermögen, wir erwähnen hier die Bildung von Piperidin
aus Pentamethylendiamin (vgl. S. 129), die Bildung von Amino-
piperidon aus Ornithin, von Piperidoncarbonsäure aus Lysin (vgl.
S. 134), so daß es mit Hinblick auf die bereits aufgedeckten
nahen Beziehungen zwischen den einfachen Pyrrolidinderivaten
und den Eiweißbausteinen gerechtfertigt erscheint, auch für die
Nicotinsäure und ihr Betain, das Trigonellin, einen aliphatischen
Ursprung zu vermuten. Dies darf um so mehr angenommen
werden, als unter den Alkaloiden der Arecanuß neben dem Trigonellin gewisse partiell hydrierte Pyridinderivate, das Arecolin
und Arecaidin, vorkommen,

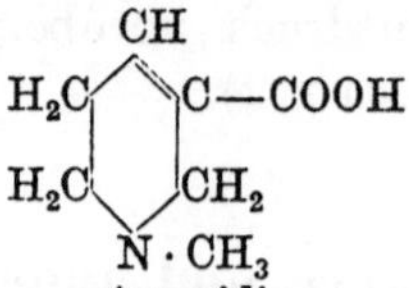

$$\begin{array}{cc}
\begin{array}{c}
\text{CH} \\
\text{H}_2\text{C}\quad\text{C---COOH} \\
\text{H}_2\text{C}\quad\text{CH}_2 \\
\text{N}\cdot\text{CH}_3 \\
\text{Arecaidin}
\end{array}
&
\begin{array}{c}
\text{CH} \\
\text{H}_2\text{C}\quad\text{C---COO}\cdot\text{CH}_3 \\
\text{H}_2\text{C}\quad\text{CH}_2 \\
\text{N}\cdot\text{CH}_3 \\
\text{Arecolin}
\end{array}
\end{array}$$

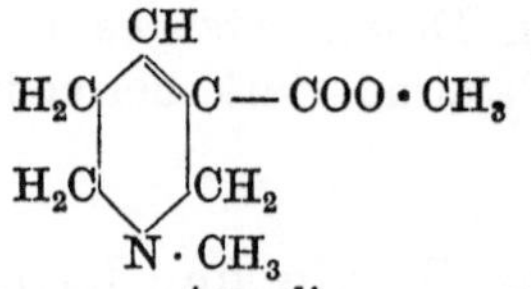

die als intermediäre Stufen zwischen proteinogenen Piperidin-
derivaten und den Abkömmlingen der Nicotinsäure betrachtet
werden können. Auch das Guvacin und das Arecain stellen nach
den neuesten Untersuchungen (Winterstein und Weinhagen,

Freudenberg, Heß und Leibbrandt) ähnliche tetrahydrierte Nicotinsäuren dar.

CH
H$_2$C   C·CO$_2$H
H$_2$C   CH$_2$
NH
Guvacin

C·CO$_2$H
H$_2$C   CH
H$_2$C   CH$_2$
N·CH$_3$
Arecain
nach Heß und Leibbrandt

Ob das Trigonellin in den Pflanzen als unmittelbare Vorstufe die Nicotinsäure hat, oder ob sie sich aus einem methylierten und hydrierten Produkt vom Typus des Arecaidins und Arecolins bildet, ist unentschieden Den Übergang der Nicotinsäure in Trigonellin im Tierkörper hat Ackermann bewiesen.

Das **Trigonellin** wurde von Jahns aus dem Samen des Bockshorns, Trigonella foenum graecum, isoliert. Es findet sich darin neben Cholin in einer Menge von 0,13% des Trockengewichtes. Ferner findet es sich in den Samen und Keimlingen von Pisum sativum (Schulze, Schulze und Trier) zu etwa 0,017% der Trockensubstanz, in jungen Blättern von Morus alba (Yoshimura), in den Knollen von Stachys tubifera zu 0,02% (Schulze und Trier), in den Schwarzwurzeln (Yoshimura und Trier), in den Kartoffeln (Schulze), in den Dahlienknollen (Yoshimura und Trier), in Mirabilis jalapa (Yoshimura und Trier), in Stachys sylvatica und Betonica officinalis (Schulze und Trier) neben Betonicin und Turicin, und in Strophantussamen (Thoms).

Trigonellin läßt sich synthetisch aus Nicotinsäure darstellen, indem man deren Kaliumsalz mit Jodmethyl in methylalkoholischer Lösung auf 150° erhitzt. Es bildet sich dabei der Methylester des Methyljodids der Nicotinsäure. Durch Behandeln mit Silberoxyd wird der Ester verseift und das Trigonellin in Freiheit gesetzt (Winterstein und Weinhagen).

CH
HC   C·COOH
HC   CH
N
   J·CH$_3$ →
CH
HC   C·COO·CH$_3$
HC   CH
N
J   CH$_3$
   Ag$_2$O →
CH
HC   C·COOH
HC   CH
N
OH   CH$_3$

Es bildet aus Wasser leicht lösliche flache Prismen oder Nadeln, wenig löslich in kaltem Alkohol. Die wäßrige Lösung reagiert neutral. Schmelzpunkt (wasserfrei) 215—216⁰. Mit 1 Molekül Krystallwasser, schmilzt es bei 130⁰.

Im Anschluß an das Trigonellin soll das Vorkommen von Pyridin und einigen einfachen Pyridinderivaten — Picolin (I), Methylpyridiniumhydroxyd (II) und das Piperidin (III) — kurz besprochen werden:

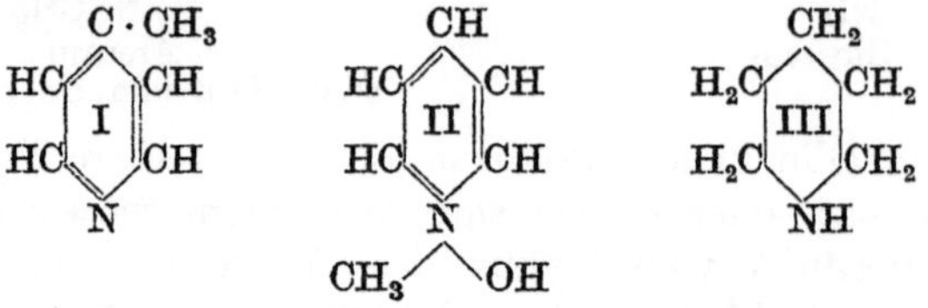

$$
\begin{array}{ccc}
\mathrm{C\cdot CH_3} & \mathrm{CH} & \mathrm{CH_2} \\
\mathrm{HC}\overset{\mathrm{I}}{\diagup\diagdown}\mathrm{CH} & \mathrm{HC}\overset{\mathrm{II}}{\diagup\diagdown}\mathrm{CH} & \mathrm{H_2C}\overset{\mathrm{III}}{\diagup\diagdown}\mathrm{CH_2} \\
\mathrm{HC}\diagdown\diagup\mathrm{CH} & \mathrm{HC}\diagdown\diagup\mathrm{CH} & \mathrm{H_2C}\diagdown\diagup\mathrm{CH_2} \\
\mathrm{N} & \mathrm{N} & \mathrm{NH} \\
& \mathrm{CH_3}\diagup\diagdown\mathrm{OH} &
\end{array}
$$

da diese Verbindungen als Grundsubstanz komplizierterer Alkaloide Interesse besitzen, und da sie gelegentlich als Abbau- oder Zwischenprodukte von pflanzlichen oder tierischen Materialien isoliert worden sind.

Das **Pyridin** ist die Grundsubstanz einer großen Gruppe von Alkaloiden, aus denen es häufig bei der pyrogenen Zersetzung (trockene Destillation) hervorgeht. Einem derartigen Bildungsvorgang mag sein Auftreten im Tabakrauch, im gerösteten Kaffee (0,02⁰/₀ bis 0,04⁰/₀, Bertrand und Weisweiler), in den Destillationsprodukten der Steinkohle zugrunde liegen. Sein Vorkommen im Dippelschen Knochenöl dagegen wird eher einer sekundären Bildung aus aliphatischen Verbindungen — etwa Lysin — zuzuschreiben sein, welches sich unter den bei der Destillation obwaltenden Bedingungen zunächst zu Piperidin kondensieren läßt, das dann nachträglich durch Oxydation in Pyridin übergeht.

Durch katalytische Hydrierung verwandelt sich das Pyridin in n-Amylamin (vgl. S. 37) (Sabatier und Mailhe). Im tierischen Organismus wird es am Stickstoff methyliert und bildet das quaternäre

Methylpyridiniumhydroxyd. His fand diese Base zuerst im Harn von Hunden, denen er Pyridin als Acetat verabreicht hatte (vgl. hierzu auch Cohn). Kaninchen sind zu dieser Umwandlung des Pyridins nicht befähigt (Abderhalden, Brahm und Schittenhelm), wohl aber das Huhn (Hoshiai), das Schwein und die Ziege (Totani und Hoshiai). Auch im normalen Harn findet es sich in geringer Menge vor (Kutscher und Lohmann), es entstammt hier dem mit dem Tabakrauch oder mit den Nahrungs- und Genußmitteln (Kaffee) aufgenommenen Pyridinverbindungen

Aus 10 l Harn (Männer) konnten 0,17 g, aus 10 l Frauenharn 0,26 g der Goldverbindung isoliert werden. Die Abtrennung des Methylpyridins erfolgt entweder über die Phosphorwolframverbindung und den daraus dargestellten Platinsalzen (Kutscher und Lohmann) oder durch Kaliumquecksilberjodid (His, Cohn), mit welchem es als betainartige Verbindung ein wenig lösliches Doppelsalz bildet. In normalem Harn von Katzen und Hunden kommt die Base nicht vor, wohl aber im Krabbenextrakt (Ackermann und Kutscher).

Hunde und Kaninchen scheiden verabreichtes Methylpyridinchlorhydrat unverändert wieder aus (Kohlrausch).

γ-**Picolin** wurde von Achelis und Kutscher aus Pferdeharn über die Phosphorwolframsäureverbindung, das Platin-, Quecksilber- und Goldsalz rein dargestellt. Das im Harn vorkommende Picolin ist wahrscheinlich ein Zersetzungsprodukt alkaloidartiger Bestandteile des Herbivorenfutters. Nach der Zerlegung der Phosphorwolframsäureverbindung wurden vor der Ausfällung mit alkoholischer Platinchloridlösung die mit Silbernitrat und Baryt fällbaren Basen entfernt.

Das Picolin kommt neben Pyridin in den Destillationsprodukten des Steinkohlenteeres vor. Die Base ist eine Flüssigkeit vom Kochpunkt 142,5—144,5°.

Das **Piperidin** findet sich im Senfsamen amidartig an Piperonylsäure gebunden als Piperin

$$\begin{array}{c} CH_2 \\ H_2C \diagup \diagdown CH_2 \\ H_2C \diagdown \diagup CH_2 \\ N\text{-Piperonylsäure} \end{array}$$

Der Piperingehalt beträgt in einzelnen Pfeffersorten bis 9,15%. Das Piperin spaltet sich beim Erhitzen mit alkoholischem Kali in seine Komponenten. Seine Alkylhomologen sind die längst bekannten Alkaloide der Coniingruppe, von denen nur das Gift

des gefleckten Schierlings, das Coniin

$$\begin{array}{c} CH_2 \\ H_2C \diagup \diagdown CH_2 \\ H_2C \diagdown \diagup CH \cdot CH_2 \cdot CH_2 \cdot CH_3 \\ NH \end{array}$$

α-n-Propylpiperidin hier erwähnt sei. Synthetisch gewinnt man das Piperidin aus Pyridin durch Reduktion mit Natrium und Alkohol. Das freie Piperidin ist eine nach Pfeffer und Ammoniak riechende Flüssigkeit vom Kochpunkt 105—107⁰. Leicht löslich in Wasser und organischen Lösungsmitteln.

Bei den Pyridinabkömmlingen zeigt sich wie bei den Pyrrolidinderivaten der entgiftende Einfluß der Carboxylgruppe. Nicotinsäure, Trigonellin und Arecaidin sind relativ ungiftig. Ebenso die aus dem Ornithin entstehende Piperidoncarbonsäure. Der Methylester des Arecaidins, das Arecolin, welcher die Carboxylgruppe besetzt hat, ist ein autonomes Reizgift. Das Arecolin ist daher in die Gruppe des Muscarins und Pilocarpins zu reihen. Wie das letztere bedingt es durch Reizung des Okkulomotorius einen myotischen Effekt. In der Veterinärmedizin wird es als Bandwurmabtreibmittel verwendet.

Pyridin, Piperidin und das Methylpyridiniumhydroxyd besitzen curareartige Eigenschaften. Diese sind am ausgeprägtesten bei der quaternären Methylpyridiniumbase, am wenigsten ausgesprochen beim tertiären Pyridin, welches erst in größeren Dosen seine peripherlähmenden Wirkungen entfaltet. 0,03—0,1 g verursachen nur vorübergehende zentrale Symptome. Die curareartigen Wirkungen der großen Dosen lassen sich nur an atropinisierten Tieren, an welchen der gleichzeitig bestehende, durch medulläre Reizung hervorgerufene Herz-(Vagus)-Effekt ausgeschaltet ist, demonstrieren.

Das Methylpyridiniumhydroxyd ist etwa 6—8 mal so wirksam wie Pyridin. An Katzen und Kaninchen sind Dosen von 1—1,5 g tödlich. Auch das Piperidin erzeugt in größeren Dosen, 0,1—0,15 g (Frosch) curareartige Wirkung (Santesson). Diese ist etwas stärker als beim Pyridin. Eine wesentliche Steigerung des Curareeffektes ergibt sich durch Einführung der Alkylgruppen in den Piperidinkern (Coniin), jedoch sind die Acylderivate des Piperidins (Piperin) nahezu unwirksam. 1 g wird vom Menschen ohne Nachteil vertragen.

ω-Betaine und ω-Aminosäuren.

γ-Butyrobetain, Carnitin (α-Oxy-γ-butyrobetain) und β-Homobetain, die Methylierungsprodukte der γ-Aminobuttersäure, der Oxyaminobuttersäure und des β-Alanins können zusammenfassend als ω-Betaine bezeichnet werden, da sie im Gegensatz zu den

α-Betainen ihre Betaingruppe nicht benachbart der Carboxylgruppe, sondern von ihr getrennt an einen endständigen Kohlenstoff gebunden enthalten. Als Muttersubstanz dieser Betaine können die beiden als Eiweißbausteine vorkommenden zweibasischen Aminosäuren, die Glutaminsäure $HOOC \cdot CH_2 \cdot CH_2 \cdot CH(NH_2) \cdot COOH$ und die Asparaginsäure $HOOC \cdot CH_2 \cdot CH(NH_2) \cdot COOH$ angesehen werden. Die gegenseitigen Beziehungen sind aus folgendem Schema ersichtlich:

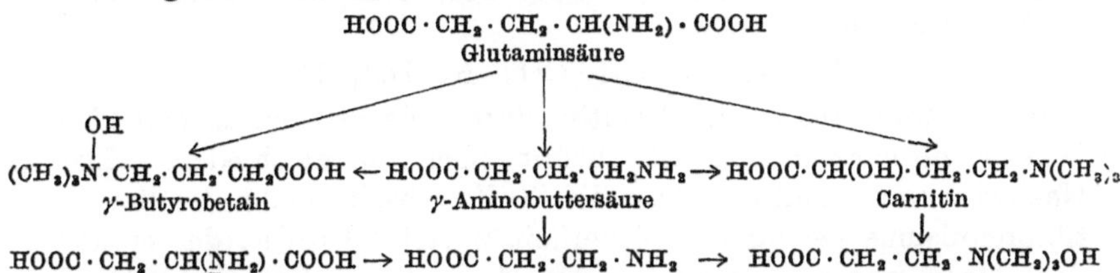

Die Decarboxylierung der Glutaminsäure zur γ-Aminobuttersäure erfolgt bei deren Fäulnis (Abderhalden und Kautsch). Die Ausbeuten an Aminobuttersäure sind, wenn die Fäulnis bei sodaalkalischer Reaktion durch Mischkulturen in einer glucosehaltigen Nährflüssigkeit stattfindet, recht schwankend; bald beträchtlich (Ackermann), bald gering (Abderhalden, Fromme und Hirsch), bald entsteht gar keine Aminobuttersäure (Abderhalden und Kautsch), unter anderen Bedingungen wird nur Buttersäure gebildet (Borchardt). Das Betain der γ-Aminobuttersäure, das Butyrobetain, ist ebenfalls als bakterielles Abbauprodukt nachgewiesen worden. Brieger isolierte es aus faulem Pferdefleisch und schrieb ihm die Formel $C_7H_{17}NO_2$ zu, doch besitzt das von ihm gewonnene Produkt in seinen Eigenschaften und Salzen mit dem γ-Butyrobetain große Ähnlichkeit, so daß an einer Identität nicht mehr gezweifelt werden kann. Weniger sicher stimmt das Butyrobetain mit dem gleichfalls von Brieger aus den Kulturen von Typhusbazillen dargestellten Typhotoxin und mit dem aus Fäulnisprodukten von Stockfischen abgetrennten Gadinin der gleichen elementaren Zusammensetzung überein.

Typhotoxin $C_7H_{17}NO_2$ aus Kulturen von Typhusbazillen und aus Fleischbrei. Aus der Quecksilberchloridfällung als Platinsalz isoliert. Das Platinat bildet leicht lösliche Nadeln, das Goldsalz schwer lösliche Prismen, Schmelzpunkt 176°. Das Pikrat ist schwer löslich (Unterschied vom Cadinin und Carnitin).

Gadinin $C_7H_{17}NO_2$ im faulen Dorsch (Brieger) und aus gefaultem Leim, aus faulen Heringen durch Destillation (Bocklisch), aus Reinkulturen von Proteus vulgaris aus Fleisch (Carbone). Das Chlorid bildet dicke farblose Nadeln, unlöslich in Alkohol, leicht löslich in Wasser, das Platinat ist schwer löslich in Wasser, Schmelzpunkt 214°, Goldsalz nicht krystallisierend.

Ob das von Kutscher aus normalem Frauenharn gewonnene Reduktonovain ebenfalls identisch mit dem Butyrobetain ist, oder ob es, wie der Entdecker glaubt, eine ungesättigte Verbindung von der Formel

$$HOOC \cdot CH{:}CH \cdot CH_2 \cdot N(CH_3)_3OH$$

darstellt und aus dem Carnitin durch Verlust eines Moleküls Wasser hervorgegangen ist, bleibt noch unentschieden. Der Nachweis von γ-Butyrobetain als Stoffwechselprodukt des Säugetierorganismus gelang mit Sicherheit zuerst Takeda, der es aus dem Harn phosphorvergifteter Hunde isolierte (vgl. Engeland und Kutscher). Später fand es Engeland im Harn von Kaninchen nach Eingabe von Carnitin.

Das Oxybutyrobetain, das Carnitin, ist ein normaler Bestandteil des Säugetiermuskels (Gulewitsch und Krimberg, Krimberg). Im frischen Ochsenfleisch findet es sich zu 0,029 % (Demianowski, Smorodinzew), im Schaffleisch 0,19 % (Smorodinzew), im Pferdefleisch 0,17 % (Smorodinzew). Abwesend ist es im Leberextrakt (Smorodinzew) und in den Extrakten von Ochsennieren (Bebeschin). In den letzteren findet sich an seiner Stelle Glykokollbetain. Identisch mit dem Carnitin ist das von Kutscher aus Fleischextrakt isolierte Novain. Der Carnitingehalt von Fleischextrakt beträgt etwa 1,3 % (Gulewitsch und Krimberg). Oblitin, aus Fleischextrakt und Harn isoliert, (Kutscher), ist Carnitinäthylester, welcher sich bei der Isolierung gebildet hatte (Krimberg).

Weniger vollständig bekannt sind die im obigen Schema angegebenen Umwandlungsprodukte der Asparaginsäure. Das β-Alanin ist als Fäulnisprodukt der Asparaginsäure (Ackermann) nachgewiesen worden, doch ist es ebenfalls kein beständiges Stoffwechselprodukt der Fäulnisbakterien. Abderhalden und Fodor konnten bei der Fäulnis von Asparaginsäure nur Propionsäure und Buttersäure feststellen, ebenso Neuberg und Cappezuoli, sowie Borchardt. β-Alanin findet sich auch im Fleischextrakt (Kutscher, Engeland). Vielleicht entstammt es dem Carnosin (vgl. S. 205), das ja als β-Alanylhistidin ebenfalls ein Derivat des β-Alanins darstellt.

Die erste in der Natur aufgefundene ω-Aminosäure ist die δ-Aminovaleriansäure. Sie wurde von E. und H. Salkowski aus den Fäulnisprodukten von Fibrin und Muskelfleisch isoliert. Sie bildet sich auch bei der Fäulnis von Gelatine (H. Salkowski), bei der Fäulnis von Pankreas (Ackermann). Die Muttersubstanz der δ-Aminovaleriansäure ist das Arginin, dieses verwandelt sich zunächst durch Abspaltung von Harnstoff in Ornithin und geht dann durch reduktive Desamidierung in δ-Aminovaleriansäure über:

$$H_2N \cdot C(:NH) \cdot NH \cdot CH_2 \cdot CH_2 \cdot CH_2 \cdot CH(NH_2) \cdot CO_2H \rightarrow$$
$$\text{Arginin}$$

$$H_2N \cdot CH_2 \cdot CH_2 \quad CH_2 \cdot CH(NH_2)CO_2H \rightarrow H_2N \cdot CH_2 \cdot CH_2 \cdot CH_2 \cdot CH_2 \cdot CO_2H$$
$$\text{Ornithin} \qquad\qquad\qquad\qquad\qquad \delta\text{-Aminovaleriansäure}$$

δ-Aminovaleriansäure entsteht tatsächlich aus Arginin durch Mischkulturen in glucosehaltiger Nährflüssigkeit, neben Ornithin und Putrescin (Ackermann). Sie bildet sich auch aus Prolin durch reduktive Aufspaltung (Neuberg):

$$\begin{array}{c} H_2C\text{----}CH_2 \\ | \qquad\quad | \\ H_2C \diagdown \quad CH \cdot COOH \\ \diagdown\diagup \\ NH \\ \text{Prolin} \end{array} \longrightarrow H_2N \cdot CH_2 \cdot CH_2 \cdot CH_2 \cdot CH_2 \cdot COOH$$

Das der δ-Aminovaleriansäure entsprechende ω-Betain (δ-Valerobetain) ist nur synthetisch dargestellt worden (Willstätter und Kahn). Ebenfalls gelang es nicht, die ε-Aminocapronsäure ε-Leucin $H_2N(CH_2)_5CO_2H$ als Umwandlungsprodukt des Lysins aufzufinden. Bei der Fäulnis von 98 g Lysin erhielt Ackermann vorzugsweise Cadaverin.

Er hält es jedoch für möglich, daß im Mydatoxin Briegers diese Aminosäure vorgelegen hat.

Mydatoxin $C_6H_{13}NO_2$ findet sich unter den Fäulnisprodukten menschlicher Leichenteile. Es läßt sich von den übrigen mit alkoholischer Sublimatlösung fällbaren Basen auf Grund seiner großen Löslichkeit in Wasser abtrennen. Es wird dabei von einer Base $C_7H_{17}NO_2$ begleitet, welche sich als Golddoppelsalz abscheiden läßt. Die Base reagiert alkalisch und zersetzt sich bei der Destillation. Das Platindoppelsalz ist in Wasser sehr leicht löslich. Mit Goldchlorid entsteht keine Fällung. Die Base zeigt sich gegen weiße Mäuse toxisch, besitzt aber sonst eine geringe Giftigkeit.

Das Carnitin. Seine Darstellung erfolgt aus frischem Muskelextrakt oder aus Fleischextrakt. Die Isolierung geschieht entweder nach dem Kutscherschen Verfahren oder nach der Methode von Gulewitsch und Krimberg (vgl. S. 17). Die Synthese ist nur bis zur racemischen Verbindung durchgeführt worden (E. Fischer und Gödderz).

α-Brom-γ-Phthaliminobuttersäure wird durch Kochen mit Wasser und $CaCO_3$ in die γ-Phthalimino-α-oxybuttersäure $C_6H_4(CO)_2N \cdot CH_2 \cdot CH_2 \cdot CH(OH) \cdot CO_2H$ umgewandelt. Aus ihr entsteht bei der Hydrolyse die γ-Amino-α-oxybuttersäure $H_2N \cdot CH_2 \cdot CH_2 \cdot CH(OH) \cdot CO_2H$, welche bei der erschöpfenden Methylierung in die Racemform des Carnitins übergeht.

Das freie Carnitin ist nicht krystallisiert erhalten worden, es reagiert alkalisch und löst sich in Alkohol. Das aus dem Goldsalz dargestellte Carnitin dreht in salzsaurer Lösung das polarisierte Licht nach links. Auf freies Carnitin berechnet sich $[\alpha]_D$ zu $-20,91^0$.

Im Organismus des Kaninchens unterliegt das Carnitin einer Reduktion, es bildet sich Butyrobetain (Engeland). Ein Umsetzungsprodukt des Carnitins, das vielleicht mit dem Butyrobetain identisch ist und im Frauenharn aufgefunden wurde, ist das Reduktonovain, vielleicht auch die von Dombrowski isolierte Base $C_7H_{17}NO_2$. Der Carnitinsäureäthylester, das Oblitin, wird im Organismus der Katze in Novain zurückverwandelt. Auch bei bakterieller Spaltung entsteht aus dem Oblitin Carnitin (Kutscher).

Das **Butyrobetain.** Seine Isolierung erfolgt ebenfalls nach der für die Betaine üblichen Methode (vgl. S. 239). Über die Isolierung aus Harn vgl. Takeda. Synthetisch gelangt man zum γ-Butyrobetain durch erschöpfende Methylierung der γ-Aminobuttersäure (Willstätter).

Das Butyrobetain krystallisiert aus Alkohol $+$ Äther in weißen Blättchen, die an der Luft verwittern und wahrscheinlich 3 Moleküle H_2O enthalten. Es erweicht in wasserfreiem Zustand bei ca. 130^0, schrumpft dann allmählich zusammen und schäumt bei ca. 220^0 auf, doch ist dies kein eigentlicher Schmelzpunkt, sondern die sich verflüchtigende Substanz gerät bei dieser Temperatur in das Sieden.

Das **β-Homobetain** wurde als mutmaßliche Beimengung aus der Mutterlauge von Carnitin (Novain) aus Fleischextrakt isoliert (Engeland). Er erhielt es auch bei der Oxydation von Carnitin vgl. (S. 235) mit Calciumpermanganat:

$$(CH_3)_3 \cdot N \cdot CH_2 \cdot CH_2 \cdot CHOH \cdot COOH \overset{O_2}{\rightarrow}$$
$$(CH_3)_3N \cdot CH_2 \cdot CH_2 \cdot COOH + CO_2 + H_2O.$$

Die Darstellung gelingt durch Zusammenbringen von β-Jodpropionsäure mit Trimethylamin (Weiß).

Das freie Homobetain bildet schneeweiße, seidenglänzende, feine Prismen aus Alkohol + Äther. Es ist in Wasser und Alkohol sehr leicht löslich. Schmelzpunkt 126° unter Aufschäumen. Beim Kochen mit Wasser ist es beständig, beim Erwärmen mit Alkali wird es in Acrylsäure und Trimethylamin gespalten.

Das β-Alanin. Es krystallisiert aus Alkohol + Äther in Tafeln vom Schmelzpunkt 206—207°, es schmeckt süß, sehr leicht löslich in Wasser, wenig löslich in absolutem Alkohol. Zerfällt bei höherer Temperatur in Ammoniak und Acrylsäure. In alkalischer Lösung erfolgt diese Spaltung schon bei 37°.

Die γ-Aminobuttersäure. Die Säure bildet sich bei der Oxydation von Pyridin (vgl. Abderhalden und Kautsch). Synthetisch gewinnt man sie mittels der Phthalimidsynthese (Gabriel), indem man Brompropylphthalimid mit Cyankali zu Phthalimidbutyronitril umsetzt und dieses mit Schwefelsäure verseift. Die Säure krystallisiert aus Methylalkohol + Äther in Blättchen. Schmelzpunkt 183—184° (203° nach Abderhalden und Kautsch), sehr leicht löslich in Wasser. Beim Schmelzen zerfällt sie in Pyrrolidon und H_2O, umgekehrt kann man Pyrrolidon in alkalischer Lösung zur γ-Aminobuttersäure aufspalten.

Die δ-Aminovaleriansäure. Aus den Fäulnisprodukten isoliert man die Säure über die Phosphorwolframsäureverbindung, und zwar geht sie bei der Aufarbeitung nach Kossel und Kutscher in die Lysinfraktion, aus welcher sie durch fraktionierte Krystallisation der Schwermetallsalze abgetrennt werden kann. Synthetisch erhält man sie nach Gabriel, indem man Malonester mit Brompropylphthalimid kuppelt und den entstandenen Phthalimidpropylmalonester mit konzentrierter Salzsäure spaltet.

Die δ-Aminovaleriansäure bildet perlmutterglänzende Blättchen vom Schmelzpunkt 157—158°, sie ist sehr leicht löslich in Wasser, fast unlöslich in absolutem Alkohol, unlöslich in Äther. Die wäßrige Lösung schmeckt adstringierend und gibt kein Kupfersalz und kein Pikrat.

Die δ-Aminovaleriansäure zerfällt beim Erhitzen mit festem Natron in CO_2, Butylamin, Ammoniak usw. Beim Schmelzen spaltet sie Wasser ab und verwandelt sich in das Piperidon.

ε-Aminokapronsäure $C_6H_{13}NO_2$ wurde zuerst von Gabriel durch Spaltung und Verseifung des Phtaliminobutylmalonesters

$$C_6H_4 \begin{matrix} CO \\ CO \end{matrix} \Big\rangle N \cdot CH_2 \cdot CH_2 \cdot CH_2 \cdot CH_2 \cdot CH \begin{matrix} COO-C_2H_5 \\ COO-C_2H_5 \end{matrix}$$ erhalten.

Bequemer darstellbar ist sie nach **Wallach** aus Cyclohexanon

$$H_2C \begin{matrix} CH_2-CH_2 \\ CH_2-CH_2 \end{matrix} \Big\rangle CO,$$ dessen Oxim $$H_2C \begin{matrix} CH_2-CH_2 \\ CH_2-CH_2 \end{matrix} \Big\rangle C=N \cdot OH$$

sich leicht in das isomere Lactam des ε-Leucins

$$H_2C \begin{matrix} CH_2-CH_2-NH \\ CH_2-CH_2-CO \end{matrix}$$ verwandelt. Dieses läßt sich durch Salz-

säure in das ε-Leucinchlorhydrat aufspalten. Das ε-Leucin ist
in Wasser leicht löslich, in Alkohol und Äther sehr wenig löslich.
Schmelzpunkt 202—203°. Das Lactam bildet ein aus verdünnter
Salzsäure krystallisierendes Chlorhydrat vom Schmelzpunkt 73°.

Während in den α-Betainen trotz der quaternären Natur
des Stickstoffs jede Toxizität erloschen ist, treten bei den
ω-Betainen die den Ammoniumbasen eigenen Giftwirkungen
wieder auf. Das Carboxyl vermag offenbar in der entfernteren
Stellung seine neutralisierende Wirkung nicht mehr auszuüben.
Das β-Homobetain ist ungiftig. An Fröschen wirkt das
Oblitin in Dosen von 0,03 und 0,1 g kaum merklich (Kutscher
und Lohmann). Eine Maus wird durch 0,05—0,1 g getötet,
während sie 0,025 g Oblitin verträgt. 0,6 g bewirken auch am
Kaninchen Krankheitserscheinungen. An der Katze wird durch
1 g starker Durchfall, Speichelfluß und schließlich Tod verursacht.
Nach Zugabe von Oblitin zum überlebenden Katzendarm zeigten
sich statt der regelmäßigen Pendelbewegungen Tonusschwankungen
und Gruppenbildungen. Der Blutdruck wird durch 4—6 mg
Oblitin deutlich herabgesetzt. Froschherz und Säugetierherz er-
schlaffen unter der Wirkung des Oblitins. — Das Carnitin
verhält sich im großen ganzen ähnlich wie das Oblitin, doch ist
es weniger giftig als dieses. 0,5 g rufen am Kaninchen keine
merklichen Symptome hervor.

Das Butyrobetain besitzt curareartige Eigenschaften (Brieger,
Takeda). An Fröschen bewirkt es diastolischen Herzstillstand,
letale, subkutane Dosis für Mäuse 15 mg, 5 mg bewirken Durchfall, Dyspnoe, Salivation. Die ω-Aminosäuren sind pharmakologisch
unwirksam. Hingegen sind die cyclischen Anhydride der Aminobuttersäure und der Aminovaleriansäure, das Pyrrolidon und das
Piperidon, giftig (vgl. S. 227).

Isolierung und Bestimmung der Betaine und ω-Aminosäuren.

Die Betaine werden bei der Durchführung der Methode von Kossel, Kutscher und Ackermann mit Silbernitrat und Baryt nicht abgeschieden und gelangen deshalb in die Lysinfraktion (vgl. S. 17). Zu ihrer Isolierung können dieselben Methoden verwendet werden, welche S. 86 für das Cholin beschrieben worden sind. Bei phytochemischen Untersuchungen ist vorzugsweise das Sublimatverfahren von Schulze angewendet worden (vgl. S. 86). Die Trennung des Cholinchlorids vom Betain- und Trigonellinchlorid erreicht man durch kalten absoluten Alkohol, in dem fast nur Cholinchlorid löslich ist. Die Trennung des Stachydrins vom Cholin kann beim Vorwiegen des ersteren in gleicher Weise erfolgen. Sonst empfiehlt sich das Verfahren von Stanek, nach dem Cholin in alkalischer Lösung mit KJ_3 fällt, während Stachydrin erst in angesäuerter Lösung eine Fällung gibt (Schulze und Trier). Die Gegenwart von Cholin neben Betainen kann man dadurch erkennen, daß sein Phosphorwolframat in sodaalkalischer Lösung im Gegensatz zu dem des Stachydrins und anderer Betaine nur unvollkommen löslich ist (Yoshimura und Trier). Bei der Isolierung der Betaine aus den kompliziert zusammengesetzten tierischen Extrakten führt das Sublimatverfahren von Schulze nicht ohne weiteres zum Ziele und es ist oft eine langwierige fraktionierte Fällung der Pikrate, Platin-, Gold- und Cadmiumdoppelsalze nötig, um Betaine und andere in der Lysinfraktion vorhandene mit Sublimat fällbare Basen vollständig voneinander zu trennen (vgl. hierzu Kutscher, Ackermann, Engeland). Für die Isolierung der Betaine aus Muskel- und Fleischextrakt ist von Gulewitsch und seinen Schülern auch die Ausfällung mit Krautschem Reagens vielfach mit günstigem Erfolg angewendet worden.

Bei gleichzeitiger Anwesenheit von Cholin lassen sich diejenigen Betaine, welche schwerer lösliche Chlorhydrate geben, durch absoluten Alkohol leicht von den in diesem Lösungsmittel auch in der Kälte leicht löslichen Cholinchlorhydrat trennen.

Das Betainchlorhydrat $C_5H_{11}O_2N \cdot HCl$ bildet monokline Tafeln aus Wasser und Prismen aus Weingeist. Schmelzpunkt 227—228° unter Zersetzung, es ist unlöslich in kaltem absolutem Alkohol.

Das Stachydrinchlorhydrat $C_7H_{13}O_2N \cdot HCl$ große durchsichtige Prismen, leicht löslich in Wasser, löslich in 12,7 Teilen absolutem Alkohol bei 17—18°. Schmelzpunkt unter Zersetzung 235° $[\alpha]_D = -26,5°$.

Das Betonicinchlorhydrat $C_7H_{13}O_3N \cdot HCl$ feine Prismen aus Wasser. Es ist sehr leicht löslich in Wasser, löslich in heißem, wenig löslich in kaltem absolutem Alkohol. Es reagiert sauer und ist nicht hygroskopisch $[\alpha]_D$ in 0,925%iger wäßriger Lösung $= -24,79^0$.

Das Turicinchlorhydrat bildet feine Nadeln aus absolutem Alkohol, es schmilzt bei 222^0 unter Zersetzung. $[\alpha]_D$ in 7,10%iger wäßriger Lösung $= +24,65^0$.

Das Trigonellinchlorhydrat $C_7H_7O_2N \cdot HCl$ krystallisiert wasserfrei in Säulen und Tafeln, leicht löslich in Wasser, wenig löslich in Alkohol. Die Lösung reagiert sauer, Schmelzpunkt $257-258^0$.

Das Ergothioneinchlorhydrat $C_9H_{15}O_2N_3S \cdot HCl \cdot 2 H_2O$, rhombische Krystalle, verliert das Krystallwasser bei 105^0, schmilzt entwässert bei 250^0. Es ist sehr leicht löslich in heißem Wasser und Methylalkohol, leicht löslich in verdünntem Alkohol, $[\alpha]_D = +88,5^0$.

Das Carnitinchlorhydrat, $C_7H_{15}O_3N \cdot HCl$ strahlig erstarrende krystallinische Masse aus Alkohol, fällt aus Alkohol $+$ Äther.

Das Butyrobetainchlorhydrat $C_7H_{15}NO_2 \cdot HCl$ krystallisiert in Nadeln, die in absolutem Alkohol wenig löslich sind, schmilzt bei 200^0, bei 195^0 fängt es an zu sintern, es schmeckt süßsauer.

Nachstehend seien noch die zur Isolierung und Charakterisierung vielfach verwendeten Pikrate, Platin- und Golddoppelsalze kurz beschrieben.

Pikrate:

Glykokollbetain: $C_5H_{11}O_2N \cdot C_6H_2(NO_2)_3OH$, gelbe Nadeln vom Zersetzungspunkt $180-181^0$.

Stachydrin: $C_7H_{13}O_2N \cdot C_6H_2(NO_2)_3OH$ Rechtwinklig begrenzte Nadeln, ziemlich leicht löslich in Wasser, Schmelzpunkt $195-196^0$.

Trigonellin: $C_7H_7O_2N \cdot C_6H_3O_7N_3$ Prismen, Schmelzpunkt $198-200^0$. Leicht löslich in Wasser und Methylalkohol. Schwer löslich in absolutem Alkohol, fast unlöslich in Äther.

Herzynin: $C_9H_{15}N_3O_2$. Es bildet ein Dipikrat und ein Monopikrat. Das Dipikrat löst sich in 25 Teilen Wasser und krystallisiert in rechtwinkligen, langgestreckten Nadeln mit 2 Molekülen H_2O, welche lufttrocken bei $123-124^0$ schmelzen. Außer dem bei 123^0 schmelzenden Dipikrat, welches 2 Moleküle H_2O enthält, existiert ein wasserfreies Dipikrat, das bei 205^0 bis 206^0 schmilzt. Aus Alkohol krystallisiert, schmilzt es bei $213-214^0$. Das aus dem Dipikrat dargestellte Monopikrat bildet feine, weiche Nädelchen. Es schmilzt bei $201-202^0$.

Butyrobetain: Das Pikrat ist leicht löslich.

Platinsalze:

Glykokollbetain: $2 C_5H_{11}O_2N \cdot H_2PtCl_6 + 4 H_2O$ reguläre, orangefarbige Krystalle. Schmelzpunkt $254,5^0$ unter Zersetzung, nach Trier feine Nadeln, die sich beim Stehen in rhombische Tafeln umwandeln, die leicht verwittern.

$2 C_5H_{11}O_2N \cdot H_2PtCl_6 + 3 H_2O$ monokline orangefarbige, leicht verwitternde Krystalle. Schmelzpunkt des wasserfreien Salzes $255-260^0$ unter Zersetzung. Nach Jahns krystallisiert dasselbe Salz auch wasserfrei und mit einem Molekül H_2O.

$5\,C_5H_{11}O_2N \cdot 4\,H_2PtCl_6$ reguläre, orangefarbige Krystalle, Schmelzpunkt 246^0 unter Zersetzung.

$C_5H_{11}O_2N \cdot PtCl_4 + 3\,H_2O$ reguläre Krystalle, Schmelzpunkt 209^0 unter Zersetzung, sehr leicht löslich in Wasser, unlöslich in Alkohol.

Stachydrin: $(C_7H_{12}NO_2HCl)_2PtCl_4 + 4\,H_2O$ kleine Krystallaggregate, sehr leicht löslich in Wasser und verdünntem Alkohol, wenig löslich in 80%igem, unlöslich in absolutem Alkohol. Schmelzpunkt inkonstant bei $210-220^0$.

Betonicin: Dichromatische Prismen aus Wasser, meist zu Zwillingen verwachsen, Schmelzpunkt 226^0 unter Zersetzung.

Turicin: $(C_7H_{13}NO_3)_2H_2PtCl_6 + H_2O$ Krystalle, Schmelzpunkt 223^0 unter Zersetzung.

Trigonellin: $[C_7H_7O_2N \cdot HCl]_2PtCl_4$. Bildet derbe wasserfreie Prismen. Trier beschreibt ein Doppelsalz mit 1 Molekül Krystallwasser, welches erst bei höherer Temperatur weggeht.

Ergothionein: Orangerot, ziemlich leicht löslich in Wasser.

Carnitin: $C_{14}H_{32}N_2O_6Cl_4Pt$ krystallisiert aus Alkohol in sehr kleinen kurzen, orangeroten Prismen, sehr leicht löslich in kaltem Wasser. Schmelzpunkt $214-218^0$ unter starker Zersetzung.

Butyrobetain: $C_{14}H_{32}N_2O_4Cl_6Pt$ hellrote, vier- oder sechsseitig begrenzte Täfelchen und flächenreiche Prismen ohne Krystallwasser aus konzentrierter wäßriger Lösung. Es ist in kaltem Wasser ziemlich löslich, in heißem Wasser sehr leicht löslich, in kaltem und heißem Alkohol fast unlöslich. Schmelzpunkt $224-225^0$ unter Zersetzung (Willstätter, Engeland und Kutscher), $225-228^0$ (Takeda), $212-213^0$ (Krimberg).

Myokynin: vgl. S. 223.

Golddoppelsalze:

Glykokollbetain: $C_5H_{11}O_2N \cdot HAuCl_4$ gelbe rhombische Prismen, Schmelzpunkt $230-235^0$.

$2\,C_5H_{11}O_2N \cdot HAuCl_4$ hellgelbe reguläre Krystalle. Schmelzpunkt 169^0 unter Zersetzung. Nach Bebeschin $204-212^0$, nach Trier 240^0.

$C_5H_{11}O_2N \cdot AuCl_3$ lehmgelber Niederschlag, Schmelzpunkt $172-175^0$.

Stachydrin: Bildet vierseitige Blättchen von rhombischem Habitus, wenig löslich in kaltem, ziemlich löslich in heißem Wasser, Schmelzpunkt ca. 225^0.

Betonicin: Krystallisiert aus Wasser in gelben, zu Drusen vereinigten Krystallblättchen, Schmelzpunkt 242^0 unter Zersetzung.

Turicin: Glänzende zu Drusen vereinigte Prismen aus Wasser. Schmelzpunkt 232^0 unter Zersetzung.

Trigonellin: $C_7H_7O_2N \cdot HCl \cdot AuCl_3$ entsteht aus Trigonellinchloridlösung mit Goldchlorid im Überschuß bei Wasserbadtemperatur, Schmelzpunkt 198^0 ohne Zersetzung. Beim Umkrystallisieren aus Wasser oder verdünnter HCl bildet sich das basische Salz $(C_7H_7O_2NHCl)_4(AuCl_3)_3$ vom Schmelzpunkt $185-186^0$ ohne Zersetzung.

Herzynin: Das Goldsalz schmilzt bei 184^0.

Carnitin: $C_7H_{16}O_3N \cdot AuCl_4$ kleine Nädelchen, schiefe vierseitige, oft unregelmäßig gebildete Täfelchen. Bei langsamen Erkalten der Lösung wurden zweierlei Krystalle des Goldsalzes erhalten, hellgelbe Nädelchen und viel dunklere, orangefarbene bis zu 1 ccm lange große Nadeln oder Prismen, Schmelzpunkt 153—154°.

Butyrobetain: $C_7H_{16}NO_2 \cdot AuCl_4$ krystallisiert aus Wasser in langen, flachen, glänzenden Nadeln (Willstätter), Schmelzpunkt 176° (Takeda), 182—184° (Krimberg).

Myokynin: Vgl. S. 223.

Die ω-Aminosäuren, welche im Gegensatz zu den α-Aminosäuren mit Phosphorwolframsäure schwer lösliche Verbindungen geben, gelangen mit den Betainen in die Lysinfraktion. Mit Sublimat allein bilden sie keine Niederschläge, wohl aber mit Quecksilberchlorid und Natriumacetat (Ackermann).

Der Nachweis des β-Alanins gelingt am einfachsten auf Grund seiner leichten Zersetzlichkeit in Ammoniak und Acrylsäure. Man verwandelt das Betain zu diesem Zwecke in den Äthylester und destilliert denselben, wobei sich die stechenden Dämpfe der Acrylsäure bemerkbar machen (Abderhalden und Fodor).

Das Chlorhydrat des β-Alanins bildet mikroskopische Tafeln vom Schmelzpunkt 122,5°, das Kupfersalz dunkelblaue, rhombische Prismen, das Platinsalz $(C_3H_7O_2N:HCl)_2PtCl_4$ hellgelbe Blättchen aus HCl-haltigem Alkohol.

Die Isolierung der γ-Aminobuttersäure gelingt durch Destillation des Äthylesters (Abderhalden und Kautsch).

Das Chlorhydrat der γ-Aminobuttersäure bildet derbe Prismen aus Alkohol. Es ist leicht löslich in Wasser und Alkohol. Seidenartig, federförmig verwachsene Krystalle vom Schmelzpunkt 135—136°. Das Platinsalz $(C_4H_9O_2N \cdot HCl)_2PtCl_4$ bildet große, glänzende Prismen, Schmelzpunkt 220°. Es ist sehr leicht löslich in Wasser, wenig löslich in Methylalkohol, nur wenig löslich in Alkohol. Das Golddoppelsalz bildet Tafeln vom Schmelzpunkt 138°, es ist löslich in Wasser und Alkohol. Das Pikrat und das Pikrolonat sind leicht löslich.

Die δ-Aminovaleriansäure wird aus der Lysinfraktion durch Krystallisation der Edelmetallsalze isoliert (Ackermann).

Das Chlorhydrat bildet rhombische Tafeln oder Prismen, es ist sehr leicht löslich in Wasser und Alkohol. Das Platindoppelsalz $(C_5H_{11}O_2NHCl)_2PtCl_4$ bildet lange rhombische Tafeln. Es ist leicht löslich in Wasser. Das Golddoppelsalz bildet orangefarbene, monokline Krystalle, schmilzt bei 86—87°. Beim Kochen reduziert es sich zu dem Salz $C_5H_{11}O_2N \cdot AuCl_3$ blaßgelbe, zu sternförmigen Drusen vereinigte, doppelbrechende Krystalle, schwer löslich in kaltem Wasser, wird beim Lösen in Salzsäure in das normale Salz zurückverwandelt.

VIII. Gruppe.

Phenylalkyl- und Phenylalkanolamine.

Die biogenen Amine dieser Gruppe sind ausgezeichnet durch das Vorhandensein eines Phenylrestes, durch dessen Eintritt nicht nur die chemischen, sondern auch die biologischen und namentlich die pharmakologischen Eigenschaften der aliphatischen Alkyl- und Alkanolamine erheblich verändert werden. Die in der Natur auftretenden fettaromatischen Amine entstammen voraussichtlich dem Eiweiß. Nachgewiesen ist dies aber bis jetzt nur für das Phenyläthylamin und das Oxyphenyläthylamin, welche in den beiden aromatischen Aminosäuren, dem Phenylalanin und dem Tyrosin ihre natürliche Vorstufe besitzen.

$CH_2CH(NH_2)CO_2H$
Phenylalanin

$CH_2CH_2NH_2 + CO_2$
Phenyläthylamin

$CH_2CH(NH_2)CO_2H$
Tyrosin

$CH_2 \cdot CH_2 \cdot NH_2 + CO_2$
p-Oxyphenyläthylamin

Für die anderen natürlichen Vertreter dieser Gruppe, das Adrenalin (Dioxyphenyläthanolamin) (I), sowie auch für das Ephedrin (II) und das Hordenin (III) ist ein direkter Zusammenhang mit dem Eiweiß noch nicht festgestellt worden.

$CHOH \cdot CH \cdot CH_3$

$NH \cdot CH_3$

I $\cdot OH$

II

III

$CHOH \cdot CH_2 \cdot NH \cdot CH_3$

$CH_2 \cdot CH_2 \cdot N(CH_3)_2$

16*

Die Konstitution der Aminosäure, welche als unmittelbare Vorstufe für das Adrenalin in Betracht käme, wäre die einer 3.4-Dioxyphenyl-α-methylamino-β-oxypropionsäure

$$CHOH \cdot CH \cdot COOH$$
$$| \quad NH \cdot CH_3$$

Eine solche Substanz ist weder synthetisch dargestellt, noch in der Natur aufgefunden worden. Wohl aber gelang es Guggenheim in der von Torquati aus Vicia faba isolierten stickstoffhaltigen Substanz ein 3.4-Dioxyphenylalanin

$$CH_2CH(NH_2) \cdot CO_2H$$

zu erkennen, dessen Konstitution der hypothetischen Adrenalinmuttersubstanz immerhin als recht nahestehend bezeichnet werden muß.

Die Phenylalkylamine, und zwar speziell die mit zweigliedriger Seitenkette, können auch als Übergangsstufen zu einfachen Alkaloiden der Isochinolingruppe betrachtet werden. Die nahe Verwandtschaft ist durch eine Nebeneinanderstellung der Formeln des Phenyläthylmethylamins und des Tetrahydroisochinolins ohne weiteres ersichtlich:

Phenyläthylmethylamin   Tetrahydroisochinolin

In der Natur wird sich dieser Übergang wahrscheinlich unter der Mitwirkung von Formaldehyd vollziehen (Pictet und Spengler, Pictet und Gams). Es gelingt z. B. Phenyläthylamin in salzsaurer Lösung durch Methylal in Tetrahydroisochinolin überzuführen

Dieselbe Reaktion verläuft auch mit der Muttersubstanz des Phenyläthylamins, dem Phenylalanin. Es entsteht dabei eine

Tetrahydrochinolincarbonsäure , ein Alkaloid, das in Syndesmon thalictroides vorkommt.

Auch am Tyrosin, der Muttersubstanz des p-Oxyphenyläthylamins ließ sich vermittels Formaldehyd eine Ringschließung vollziehen. Läßt man auf dessen Lösung in konzentrierter Schwefelsäure Methylal bei Wasserbadtemperatur einwirken, so entsteht

7-Oxytetrahydroisochinolin-2-carbonsäure

Die Beziehungen zu den Isochinolinalkaloiden sind noch zahlreicher bei jenen Phenylalkylaminen, die wie das Adrenalin einen Brenzkatechinrest enthalten. Tatsächlich ist es auch gelungen, von Dioxyphenylalkylaminen ausgehend, zu einigen wichtigen Alkaloiden der Isochinolinreihe zu gelangen. Erwähnt sei nur die Darstellung des Hydrastinins H_2C aus Homopiperonylamin (Decker) und die Synthese des Papaverins (Pictet und Gams, Pictet und Finkelstein).

Als Derivate der Phenylalkylamine können auch einige Senföle betrachtet werden. Diese lassen sich durch hydrolytische Spaltung wieder in die Amine überführen. So liefert das Glykonasturtiin ein in Nasturtium officinalis vorkommendes Senföl bei der Hydrolyse Phenyläthylamin

$$C_6H_5 \cdot CH_2 \cdot CH_2 \cdot N : CS + 2\,H_2O = C_6H_5 \cdot CH_2 \cdot CH_2 \cdot NH_2 + CO_2 + H_2S$$

Phenyläthylsenföl — Phenyläthylamin

Die chemischen Eigenschaften der Alkylamine variieren weitgehend, je nachdem der Benzolkern oder die Seitenkette substituiert ist. Die Anwesenheit von Phenolhydroxylen bedingt natürlich eine weit größere Oxydationsfähigkeit. Diese wird ebenfalls erhöht durch die Gegenwart von alkoholischen Hydroxylen in der Seitenkette. Durch diese chemischen Unterschiede sind auch erhebliche Differenzen im biochemischen und pharmakologischen Verhalten bestimmt.

Bei den Phenylalkylaminen sind die pharmakologischen Eigenschaften, welche bereits bei den höheren Gliedern der Alkylamine sich zeigten und die von Barger und Dale als sympathomimetisch bezeichnet worden sind, viel markanter ausgeprägt, sie erreichen ihr Optimum im Adrenalin, dessen Konstitution offenbar die günstigsten physikalisch chemischen und biochemischen Bedingungen schafft, um einen der Sympathicusreizung analogen Effekt zu erzielen. Jede Änderung der Zusammensetzung, welche andere Phenylalkylamine dem Adrenalin in chemisch konstitutioneller Hinsicht nähert, bedingt eine Vervollkommnung der sympathomimetischen Wirksamkeit.

Phenyläthylamin.

Wie Alanin durch Decarboxylierung in Äthylamin übergeht (vgl. S. 33) verwandelt sich sein Phenylhomologes, das Phenylalanin, in das Phenyläthylamin. Die Anwesenheit des Benzolringes scheint die Beständigkeit der Decarboxylierungsprodukte eher zu erhöhen, wenigstens ist Phenyläthylamin viel häufiger und auch früher beobachtet worden, als Äthylamin. Nencki hat die Base zuerst nach fünftägiger Fäulnis eines Gemenges von Gelatine und Ochsenpankreas bei 40° isolieren und charakterisieren können. Er nannte sie Collidin. Dieselbe Base fanden Janneret in faulem Leim, Gautier und Oechsner de Coninck in faulen Fischen. Erst nach der Entdeckung des Phenylalanins durch Schulze und Barbieri ist es Spiro gelungen, der Nenckischen Base mit Sicherheit die Konstitution des β-Phenyläthylamins zuzuschreiben. Späterhin ist die Bildung von Phenyläthylamin wiederholt bei der bakteriellen Zersetzung von Eiweiß beobachtet worden. Emmerling fand es bei dreiwöchentlicher anaerober Fäulnis von Fibrin durch Streptococcus longus. Winterstein und Bissegger machten seine Entstehung bei der Reifung des Emmentalerkäses wahrscheinlich, und Barger und Walpole fanden es unter den Fäulnisprodukten von Pferdefleisch.

In höheren Pflanzen ist bis jetzt Phenyläthylamin nur von Le Prince und von Grawford mit einiger Sicherheit in der

Mistel nachgewiesen worden. Im Autolysat von Boletus edulis fand es Reuter. Da aber Phenyläthylamin immerhin durch die oxydativen Kräfte der lebenden Zelle ziemlich leicht desamidiert und oxydiert wird (vgl. weiter unten), so kann man auch da, wo Umwandlungsprodukte, wie Phenyläthylalkohol und Phenylessigsäure, auftreten, auf eine intermediäre Entstehung von Phenyläthylamin schließen. In der gleichen Weise läßt sich auch das Vorkommen von Phenyläthylsenföl in der Resedawurzel und Nasturtium officinalis deuten (Bertram und Walbaum).

Identisch mit dem Phenyläthylamin sind wahrscheinlich einige Basen der Zusammensetzung $C_8H_{11}N$ und $C_8H_{13}N$, die bei der Fäulnis von Eiweißmaterial von Gautier und Etard erhalten worden sind.

Base $C_8H_{11}N$ aus faulem Oktopusfleisch (Oechsner de Coninck). Unangenehm riechendes Öl, wenig löslich in Wasser, löslich in Äther, Alkohol und Aceton. Kochpunkt 202⁰. Chlorhydrat und Bromhydrat sind leicht löslich. Das Platinat dunkel orangegelbes Pulver, sehr wenig löslich in kaltem, leicht löslich in heißem Wasser, Chloraurat hellgelb, Platin- und Golddoppelsalz zersetzen sich in der Wärme.

Base $C_8H_{11}N$ aus Fibrin bei der Zersetzung durch Streptokokken (Emmerling). Pyridinartig riechender Sirup. Das Platinat ist leicht löslich, das Pikrat bildet Nadeln.

Hydrocollidin $C_8H_{13}N$. Aus faulen Makrelen-, Pferde- und Rindfleisch (Gautier und Etard). Die im Vakuum eingedampfte Fäulnisflüssigkeit wurde mit Äther extrahiert, der Ätherrückstand mit verdünnter Schwefelsäure aufgenommen und von abgeschiedenen Fettsäuren getrennt, worauf nach Alkalinisierung mit Kalilauge die Base abermals in ätherische Lösung übergeführt wurde. Die Trennung von beigemengtem Scombrin erfolgte mittels des Platinsalzes. Farbloses nach Hollunder riechendes Öl. Siedepunkt 210⁰. Das Chlorid ist löslich in Alkohol und Wasser, Platinat wenig löslich, Chloraurat leicht löslich und leicht reduzierbar.

Homologe des Phenyläthylamins sind vielleicht die Basen $C_9H_{13}N$, $C_{10}H_{13}N$ und $C_{10}H_{15}N$, die zwar von ihren Entdeckern als Pyridinderivate angesprochen wurden.

Parvolin $C_9H_{13}N$ aus faulem Pferdefleisch und faulen Makrelen (Gautier und Etard). Bernsteinfarbene nach Weißdorn riechende, in Wasser nur wenig lösliche Flüssigkeit, das Chloraurat ist sehr leicht löslich, das Platinat schwer löslich und zersetzlich.

Coridin $C_{10}H_{13}N$ aus 5monatlicher Fäulnis von Fibrin (Guareshi und Mosso), alkalisch reagierendes, schwach pyridinartig riechendes, an der Luft verharzendes Öl. In Wasser wenig löslich, Platinat in Wasser und Alkohol schwer löslich.

$C_{10}H_{15}N$ aus den Fäulnisprodukten der Seespinne (Oechsner de Coninck) vielleicht identisch mit der obigen Base; gelbliche, klebrige, rasch verharzende Flüssigkeit, Kochpunkt 230⁰ ohne Zersetzung, wenig löslich in Wasser, leicht löslich in Alkohol. Chlorid gelbe zerfließliche Nadeln, Platinat in Wasser unlöslich.

$C_{10}H_{17}N$. Durch Züchtung eines aus faulen Zwiebeln isolierten Bacteriums auf Pepton-, Agar-Agar (Griffith). Zerfließliche, mikroskopische, prismatische Nadeln, löslich in Wasser, Chloroform und Alkohol. Das Platinat ist schwer löslich in kaltem Wasser, unlöslich in Alkohol.

Zur Darstellung des Phenyläthylamins geht man vom Benzylcyanid $C_6H_5 \cdot CH_2CN$ aus, welches durch Umsetzung von Benzylchlorid $C_6H_5CH_2Cl$ mit Cyankali beim Kochen in alkoholischer Lösung leicht erhältlich ist. Man reduziert das Nitril in alkoholischer Lösung mittels Natrium, säuert mit Salzsäure an, destilliert den Alkohol ab, nimmt in Wasser auf, macht natronalkalisch und löst das abgeschiedene Phenyläthylamin in Äther, nach dem Abdestillieren des Äthers verbleibt das Phenyläthylamin als Öl (Johnson und Guest, Wohl und Berthold).

Das Phenyläthylamin ist ein farbloses Öl, vom spez. Gew. 0,9580 bei 24^0, ziemlich löslich in Wasser mit stark alkalischer Reaktion, sehr leicht löslich in Alkohol und Äther. Es siedet bei gewöhnlichem Druck bei 198^0 ohne Zersetzung. Mit Wasserdampf ist es flüchtig.

Das Phenyläthylsenföl $C_6H_5 \cdot CH_2CH_2N : CS$ kommt als Glucosid im Resedawurzelöl und in Nasturtium officinalis vor (Bertram und Walbaum). Aus 1300 kg Resedawurzeln ließen sich mit Wasser 300 g überdestillieren. Das Öl ist in Petroläther löslich und besitzt eine geringe spezifische Drehung. Es siedet unter Zersetzung bei 255^0. Das Benzylsenföl $C_6H_5CH_2N : CS$, welches als Glucosid in Tropaeolum maius auftritt, läßt sich in analoger Weise als Derivat des Benzylamins betrachten.

Als Homologe des Phenyläthylamins, und zwar als 1-Phenyl-1-oxy-2-methylaminopropan $C_6H_5 \cdot \overset{*}{C}H \cdot (OH) \cdot \overset{*}{C}H \cdot CH_3$ sind in

$$NH \cdot CH_3$$

neuester Zeit auch das **Ephedrin** und das **Pseudoephedrin** erkannt worden (Schmidt, Emde, Rabe, vgl. auch Mannich und Thiele). Beide Basen finden sich in Ephedra vulgaris (Nagai, Merck, Ladenburg und Ölschlägel). Sie sind strukturidentisch. Ihre Verschiedenheiten sind durch stereoisomere Verhältnisse bedingt, welche auf dem Vorhandensein der beiden in der Formel mit * bezeichneten Kohlenstoffatomen beruhen, und zwar liegt nach Gadamer und Schmidt die Ursache der Stereoisomerie namentlich in einer verschiedenen räumlichen Stellung des alkoholischen Hydroxyls, vgl. nachstehende Formeln:

$$
\begin{array}{cc}
C_6H_5 & C_6H_5 \\
| & | \\
HO \cdot CH & HC \cdot OH \\
| & | \\
CH_3 \cdot NH \cdot CH & CH_3 \cdot HN \cdot CH \\
| & | \\
CH_3 & CH_3 \\
\text{Ephedrin} & \text{Pseudoephedrin}
\end{array}
$$

Es liegen darnach zwei asymmetrische Systeme vor, das eine ist durch das in 2-Stellung befindliche asymmetrische Kohlenstoffatom bedingt, das andere durch das in 1-Stellung zum Phenylrest stehende. Das erstere asymmetrische System ist rechtsdrehend, es findet sich auch in dem 2-Methylaminopropan $C_6H_5CH_2 \cdot CH \cdot CH_3$,

$$
\begin{array}{c}
| \\
NH \cdot CH_3
\end{array}
$$

welches durch Reduktion des Pseudoephedrins und des Ephedrins hervorgeht, und das gleichfalls eine rechtsdrehende Verbindung darstellt. Beim Ephedrin addiert sich zu diesem rechtsdrehenden System das linksdrehende der asymmetrischen Carbinolgruppe, während beim Pseudoephedrin die durch die Carbinolgruppe hinzugebrachte asymmetrische Komponente ebenfalls rechtsdrehend wirkt.

Zur Darstellung des Ephedrins und Pseudoephedrins wird das Kraut der Pflanze mit Alkohol ausgezogen. Der Alkoholextrakt wird ammoniakalisch gemacht und mit Chloroform ausgeschüttelt. Der Rückstand des Chloroformextraktes wird in das salzsaure Salz verwandelt und aus Alkohol + Äther umkrystallisiert. Die Base wird durch Carbonate in Freiheit gesetzt und läßt sich durch Äther extrahieren. Das Ephedrin ist in kaltem Wasser wenig löslich, in Alkohol und Äther leicht löslich. Es schmilzt bei 38—40°, $[\alpha]_D^{20} = -6,3°$. Das Pseudoephedrin krystallisiert aus Alkohol in Tafeln. Schmelzpunkt 117°. Es besitzt einen angenehmen blumigen Geruch. $[\alpha]_D$ in ca. 5%iger alkoholischer Lösung $= +49,07°$ (Flächer).

Phenyläthylamin wird im tierischen Organismus entsprechend dem S. 25 für das Trimethylamin gegebenen Schema desamidiert und oxydiert. Bei den Oxydationsversuchen in der überlebenden Leber konnte Phenyläthylalkohol als intermediäres Abbauprodukt nicht gefaßt werden, wohl aber bildete sich quantitativ Phenylessigsäure. Da auch Phenyläthylalkohol in der Säugetierleber vollständig in Phenylessigsäure verwandelt wird, so ist die intermediäre Entstehung dieses Produktes wahrscheinlich. Ob sich dabei primär Phenylacetaldehyd bildet, welcher durch die in der Leber enthaltene Aldehydmutase (Parnas) eine Cannizzorische Umlagerung in Phenyläthylalkohol und Phenyläthylessigsäure erfährt, ist unentschieden. In der Hefe scheint ein derartiges, den Phenylacetaldehyd umlagerndes Ferment vorzukommen (Neuberg und Welde). Phenyläthylalkohol entsteht auch direkt aus Phenylalanin bei der Einwirkung von Mikroorganismen, wahrscheinlich unter intermediärer Bildung von Phenyläthylamin. Sein verbreitetes Vorkommen in ätherischen Ölen (Rosenöl) ist vielleicht auf eine ähnliche Entstehungsweise zurückzuführen.

Per os verabreichtes Phenyläthylamin ist relativ wenig giftig. Auch nach Eingabe von 3 g des Chlorhydrates an ein mittelschweres Kaninchen wurden keine merklichen Vergiftungssymptome beobachtet. Unzersetztes Phenyläthylamin oder Phenyläthylalkohol ließ sich im Harn auch nach Verabreichung hoher Dosen nicht feststellen (Guggenheim und Löffler).

Die S. 43 beschriebenen sympathomimetischen Symptome — Pupillenerweiterung, Blutdrucksteigerung, Erschlaffung der Harnblase (Katze), Hemmung des Tonus und Rhythmus des virginellen Katzenuterus — finden sich beim Phenyläthylamin in derselben, jedoch viel ausgesprocheneren Weise als bei den aliphatischen Aminen. Die zweigliedrige Kette erwies sich als optimal; eine Verlängerung — Phenylpropylamin —, wie eine Verkürzung — Benzylamin, Anilin — hatte eine erhebliche Abschwächung der Wirkung zur Folge. Es zeigte sich also, dieselbe Erscheinung wie beim Imidazolyläthylamin (vgl. S. 196); sie wird auch beim Oxyphenyläthylamin (vgl. S. 259) wieder kehren. Auch eine Verschiebung der Aminogruppe aus der 2- in die 1-Stellung zum Benzolrest — α-Phenyläthylamin — vermindert die Wirksamkeit in erheblichem Maße. Die sekundäre Base, — Phenyläthylmethylamin — und die Alkanolamine, — Phenyläthanolamin und Phenyläthanolmethylamin — wirken etwa gleich stark wie Phenyläthylamin (Barger und Dale).

Ephedrin, Phenyl-(2)-Methylaminopropanol-(1) ist ziemlich giftig. Bei subkutaner Darreichung beträgt die letale Dosis pro 1 kg Kaninchen 0,3—0,46 g und pro 1 kg Hund 0,72 g. Charakteristisch ist die mydriatische Wirkung, die sowohl bei subkutaner Verabreichung, wie beim Einträufeln in den Konjunktivalsack eintritt, dagegen wirkt das Pseudoephedrin nicht beim Auftropfen, wohl aber nach oraler Eingabe (Ladenburg und Ölschlägel). Atem und Puls werden durch das Ephedrin bedeutend verstärkt, um später ohne Verlangsamung plötzlich stillzustehen. Der Blutdruck wird anfangs herabgesetzt, später treten klonische Krämpfe ein, während welcher ein Druckanstieg erfolgt.

Die Einführung einer Ketogruppe in den Alkylrest, — Aminoacetophenon — setzt die Blutdruckwirkung der Base ebenfalls herab (Barger und Dale). Infolge seiner mydriatischen Wirkung soll es sich als Atropin- bezw. Homoatropinersatz verwenden lassen (Pitini und Paterno).

Nach Barbour und Fränkel ist die Blutdruckwirkung des Phenyläthylamins im wesentlichen auf eine Beeinflussung der Herztätigkeit zurückzuführen. Versuche am überlebenden Frosch-, am isolierten Katzen- und Kaninchenherz führten zu dem Schluß, daß Phenyläthylamin ein Gift für den Herzmuskel ist, welches ihn in kleinen Mengen anregt, in großen lähmt. In allen Dosierungen scheint es die Verengerung der Kranzgefäße anzuregen, nach großen Dosen folgt dieser Wirkung eine Erschlaffung.

Die Wirkung der quaternären Base — Phenyläthyltrimethyliumhydroxyd — ist von curareartigem Typus und mit der der primären, sekundären und tertiären Alkylamine nicht direkt vergleichbar.

Hingegen besitzt die Wirkung des Tetrahydronaphthyl-amins, welches als ein cyclisches Derivat des Phenyläthylamins angesehen werden kann, große Ähnlichkeit mit der Wirkung dieser Base. Es wirkt erregend auf die Vaguszentren und zentral und peripher erregend auf sympathisch innervierte glatte Muskelfasern. Dies sind, mit Ausnahme der Darmmuskulatur, solche, welche fördernde sympathische Impulse erhalten. Die Blutdruckwirkung ist stärker als die des Phenyläthylamins. Die Blutgefäße zeigen starke Konstriktion in den Extremitäten, schwache im Splanchnikusgebiet. Auf die Drüsen (Speicheldrüse, Pankreas) wird kein Einfluß ausgeübt (Jonescu). Auf eine Reizung des Wärmezentrums ist die bekannte fiebererzeugende Wirkung des β-Tetrahydronaphthylamins zurückzuführen. Sie wird durch Ergotoxin nicht aufgehoben, sondern verstärkt (Cloëtta und Waser). Nach subkutaner Injektion und in der überlebenden Leber wirkt es wie Adrenalin infolge sympathischer Reizung zuckermobilisierend (Morita). Die beiden optischen Antipoden des β-Tetrahydronaphthylamins und die racemische Verbindung zeigen keinen Unterschied in ihrer physiologischen Wirkung.

Eine raschere und kräftigere Fieberwirkung als das β-Tetrahydronaphthylamin besitzt sein N-Methylderivat, das β-Tetrahydronaphthylmethylamin. Das N-Äthylderivat wirkt dagegen ungefähr gleich stark, wie β-Tetrahydronaphthylamin. Eine einmalige Injektion von β-Tetrahydronaphthylamin immunisiert die Tiere gegen die fiebererzeugende Wirkung einer nachfolgenden Injektion von β-Tetrahydronaphthylamin, -methyl- und äthylamin. Die Monomethylverbindung immunisiert dagegen nur für sich selbst und für die Monoäthylverbindung, letztere nur für sich selbst. — Die Anlagerung von Acylgruppen an das β-Tetrahydronaphthylamin bewirkt eine Umkehrung von dessen Wirkungsweise. Das Acetyl-β-tetrahydronaphthylamin verursacht z. B. am Warmblüter Pupillenverengerung, geringen Abfall der Temperatur und des Blutdruckes, also gerade die gegenteiligen Effekte wie β-Tetrahydronaphthylamin. Ein ähnliches Verhalten zeigen auch die Formyl- und die Benzoylverbindung, sowie die, durch Anlagern negativer Gruppen, wie $- COO \cdot C_2H_5$, $- CO \cdot NH \cdot C_6H_5$, $- CS \cdot NH \cdot C_6H_5$, $- CS \cdot NH \cdot C_2H_5$ entstehenden Verbindungen. Bei am N alkylierten und acylierten Verbindungen machte sich eine Kombination der Grundwirkungen der beiden reinen Monosubstitutionsprodukte geltend. So erzeugte Injektion von Methylacetyl- und Methylformyl-β-tetrahydronaphthylamin, sowie Äthylacetyl-β-tetrahydronaphthylamin beim Kaninchen einesteils Pupillenerweiterung (Wirkung der Monomethylverbindung), andererseits Senkung der Temperatur (Wirkung des Monoacetyl-β-tetrahydronaphthylamins). Offenbar wird ein Teil der Substanz im Organismus des Warmblüters verseift. Es entsteht dabei eine gewisse Menge des Monomethylderivates oder selbst des β-Tetrahydronaphthylamins, die nicht nur genügt, die myotische Wirkung der Acetyl- oder der Formylgruppe aufzuheben, sondern sie sogar ins Gegenteil zu verwandeln. Sie ist aber ungenügend, um auch auf die Temperatur einzuwirken (Cloëtta und Waser).

Charakteristisch für das Phenyläthylamin und seine Homologen ist nach Bry eine Beeinflussung der Atmung, die speziell einer zentralen Wirkung zugeschrieben wird. Nach einer kurzen Phase der Atmungsbeschleunigung tritt eine mehr oder weniger andauernde Periode der Verlangsamung ein, die nur allmählich wieder in den normalen Rhythmus übergeht. Auch das Methylaminohydrinden, das ebenfalls als ein cyclisches Derivat des Phenyläthylamins gelten kann, besitzt diese Eigenschaft in ausgesprochenem Maße. Die Wirkung auf die glatte Muskulatur (Uterus) ist bei dieser Verbindung gleichfalls sehr ausgeprägt, jedoch fehlt eine Beeinflussung des Blutdruckes.

p-Oxyphenyläthylamin (Tyramin).

Auch das Decarboxylierungsprodukt des Tyrosins ist zuerst als unbekannte Base, und zwar als Mydin $C_8H_{11}NO$ von Brieger aus faulen menschlichen Leichen, sowie aus Typhuskulturen, die auf peptonisiertem Serumalbumin gezüchtet waren, isoliert worden. Auch neuerdings ist das p-Oxyphenyläthylamin als Fäulnisprodukt bei der Zersetzung von Pferdefleisch wieder aufgefunden worden (Barger und Walpole). Ein Produkt bakterieller Tätigkeit ist wahrscheinlich auch das von Emmerson bei lange fortgesetzter Selbstverdauung des Pankreas und das von Langstein bei prolongierter peptischer Verdauung von Hühnereiweiß erhaltene p-Oxyphenyläthylamin, denn trotz der verwendeten Antisepticis erscheint in diesen beiden letzteren Fällen die Mitwirkung von Bakterien nicht ausgeschlossen. Einem ähnlichen bakteriellen Abbau des Tyrosins verdankt auch das von Winterstein und Küng im reifen Emmentalerkäse aufgefundene p-Oxyphenyläthylamin seine Entstehung. Es findet sich nach F. Ehrlich und Lange im normalen ausgereiften Käse in nicht unbeträchtlicher Menge. Aus 1,8 kg Emmentalerkäse konnte z. B. 1,37 g p-Oxyphenyläthylamin in Substanz gewonnen werden. Welcher Erreger aus der gemischten Bakterienflora des gereiften Käses diese Umwandlung des Tyrosins herbeiführt, ist noch nicht festgestellt. F. Ehrlich gelang es jedoch aus Käse ein aminbildendes Bakterium rein zu züchten, welches wahrscheinlich zu dem von Freudenreich beschriebenen stäbchenförmigen Milchsäurebakterien der Gruppe des Bacillus casei gehört. Doch scheinen auch hier verschiedene Bakterienarten zur Decarboxylierung von Tyrosin befähigt zu sein. Barger und Walpole konnten Tyrosin durch ubiquitäre Fäulniserreger mit allerdings sehr geringer Ausbeute (ca. 0,3%) in p-Oxyphenyläthylamin verwandeln. Vermittels Bact. coli commune kann man dagegen bis zu 70% des verwendeten Tyrosins als p-Oxyphenyläthylamin erhalten, während Bacillus proteus wenig oder kein Tyramin bildet (Sasaki).

Einem höheren Pilz (Claviceps purpurea) verdankt das im Mutterkorn vorkommende p-Oxyphenyläthylamin seine Entstehung (Barger). Intermediär mag es sich bei der Bildung des als Gärungsprodukt allgemein verbreiteten Tyrosols (F. Ehrlich) beim Stoffwechsel der Hefepilze gebildet haben. Auch höhere Pflanzen scheinen zur Decarboxylierung des Tyrosins befähigt zu sein; so ist es Crawford und Watanabe gelungen, in verschiedenen amerikanischen Mistelarten (Phoradendron flavescens, Phoradendron villosum, Phoradendron californicum) p-Oxyphenyläthylamin nachzuweisen. In Viscum album jedoch scheint neben der von Leprince beobachteten, wahrscheinlich mit Phenyläthylamin identischen Base $C_8H_{11}N$ kein p-Oxyphenyläthylamin aufzutreten. Offenbar ist die Bildung dieses Amins auch abhängig von der Wirtspflanze, auf welcher sich die parasitäre Phanerogame entwickelt.

Als tierisches Stoffwechselprodukt tritt das p-Oxyphenyläthylamin im Speichelsekret des Tintenfisches auf (Henze). Von großem Interesse ist auch die Entstehung eines N-Dimethylderivates

$$CH_2 \cdot CH_2 \cdot N(CH_3)_2$$

des p-Oxyphenyläthylamins, des Hordenins in den Keimlingen der Gerste (Léger, Gaebel). In ungekeimter Gerste findet sich diese Base noch nicht (Torquati). Der größte Hordeningehalt zeigte sich in den ersten vier Tagen der Keimung; er beträgt in den Würzelchen ca. 0,4—0,45% der Trockensubstanz, im Keimling 0,10%. Der Hordeningehalt nimmt mit zunehmendem Alter der Keimpflanzen ab. Nach 25 Tagen ist er gleich Null. Bei der Keimung der Samen von Weizen, Erbsen und Lupinen konnte kein Hordenin gefunden werden.

Als Homologe bezw. Isomere des p-Oxyphenyläthylamins betrachtet Gautier drei verschiedene Basen C_7H_8NO, $C_9H_{11}NO$, $C_9H_{13}NO$, welche er aus den Zersetzungsprodukten des Lebertrans neben Isoamylamin zu isolieren vermochte. In der einen von ihnen, $C_9H_{13}NO$, vermutet er ein Abbauprodukt des Ratanins, einer dem Tyrosin homologen Aminosäure; doch sind alle diese drei Produkte sehr wenig und ungenau charakterisiert. Ein ähnliches Abbauprodukt gewannen Blau sowie Goldschmiedt aus Surinamin

$$CH_2CH(NH \cdot CH_3)CO_2H$$

(N-Methyltyrosin), beim Erhitzen über den Schmelzpunkt.

$$OH$$

In der entstehenden Base würde demnach p-Oxyphenyläthyl-methylamin $HO \cdot C_6H_4 \cdot CH_2CH_2NH \cdot CH_3$ vorliegen.

Nach den in neuester Zeit gemachten Angaben von Spaet sind auch zwei der von Heffter isolierten Kakteenalkaloide, das Anhalin und das Mezcalin, als Derivate des p-Oxyphenyläthylamins aufzufassen, und zwar soll das Anhalin $C_{10}H_{17}NO$ identisch sein mit dem Hordenin. Das Mezcalin $C_{11}H_{17}NO_3$ dagegen ist Trimethoxyphenyläthylamin

$$CH_2 \cdot CH_2 \cdot NH_2$$
$$CH_3O \cdot \quad \cdot OCH_3$$
$$OCH_3$$

Mit Hinblick auf das Vorkommen von p-Oxyphenyläthylamin-bildenden Fäulniserregern in der Darmflora (Sasaki, Berthelot) scheint es möglich, daß das p-Oxyphenyläthylamin auch im Organismus der höheren Tiere und des Menschen auftritt. Da aber das p-Oxyphenyläthylamin im Organismus der Säugetiere auch noch in ziemlich hohen Dosen rasch verändert wird, kann ein solches Auftreten nur ein vorübergehendes sein (vgl. S. 259). Auch ein Übertritt der Base in den Harn ist aus den gleichen Gründen sehr wenig wahrscheinlich und würde nur durch ein völliges Darniederliegen der oxydativen Funktionen und eine profuse Überschwemmung des Organismus mit Aminen erklärbar sein.

Der bakterielle Abbau des Tyrosins kann unter geeigneten Umständen gute Ausbeuten liefern. Trotzdem wird man zur

Gewinnung dieser Base den biochemischen Weg vermeiden, da der Verlauf der bakteriellen Decarboxylierung von vielen Nebenumständen abhängig ist, die man wenigstens zur Zeit noch nicht überblickt. Im Gegensatz zu anderen Aminosäuren verläuft die chemische Decarboxylierung beim Tyrosin äußerst günstig. Schon beim Erhitzen über den Schmelzpunkt werden merkliche Mengen der Base gebildet. Am besten verfährt man wohl nach F. Ehrlich und Pistschimuka.

Synthetisch ist man auf verschiedenen Wegen zum p-Oxyphenyläthylamin und seinen Homologen gelangt. Als Ausgangspunkt der Synthese wählt man entweder das Oxybenzylcyanid $HO \cdot C_6H_4CH_2CN$ (Barger, Barger und Walpole, Barger und Ewins), das Phenyläthylamin (Barger und Walpole), die p-Oxyphenylpropionsäure $HO \cdot C_6H_4CH_2CH_2COOH$ (Barger und Walpole, Bayer, Rosenmund) oder den p-Anisaldehyd (Rosenmund).

Aus den in der einen oder anderen Weise gewonnenen Salzen des p-Oxyphenyläthylamins wird die freie Base durch Zugabe der berechneten Menge Alkali oder überschüssigem Ammoniak in nicht zu verdünnter wäßriger Lösung ausgeschieden. Sie bildet hexagonale Blättchen oder Nadeln aus Benzol oder Xylol, Schmelzpunkt 160—161⁰. Siedet bei 2 mm Druck bei 160—163⁰, bei 8 mm Druck bei 175—181⁰. Die Base löst sich in 10 Teilen siedendem Alkohol, sie ist wenig löslich in Wasser und Äther, ziemlich löslich in heißem, wenig löslich in kaltem Xylol, löslich in Amylalkohol und Toluol. Die wäßrige Lösung reagiert lackmusalkalisch.

Das **Hordenin** (p - Oxyphenyläthyldimethylamin) $OH \cdot C_6H_4CH_2CH_2N(CH_3)_2$ läßt sich aus Malzkeimen bei sodaalkalischer Extraktion mit Äther extrahieren (Léger, Gäbel). Die lufttrockenen Keime zeigen einen Gehalt von $0{,}2^0/_{00}$. Synthetisch gewinnt man es durch Methylierung von p-Oxyphenyläthylamin (Rosenmund, Bayer) oder besser nach einem von Barger ausgearbeiteten Verfahren, das vom Phenyläthylchlorid ausgeht.

Die freie Base bildet rhombische, stark doppelbrechende, farblose Prismen aus Alkohol, Schmelzpunkt 117,8⁰ (korr.); bei 140⁰ bis 150⁰ sublimiert es, leicht löslich in Alkohol, Chloroform, Äther, weniger löslich in Benzol, wenig löslich in Toluol und Xylol, fast unlöslich in Petroläther. Die Salze, mit Ausnahme des Chlorhydrates krystallisieren leicht aus wäßriger Lösung.

Die Untersuchungen von Ewins und Laidlaw haben über das Verhalten von p-Oxyphenyläthylamin und seiner N-Homologen im Säugetierorganismus wertvolle Aufschlüsse gebracht. Die nicht sehr giftigen Basen unterliegen wie das Phenyläthylamin (vgl. S. 249) vorzugsweise einer oxydativen Umwandlung, deren Endprodukt die Oxyphenylessigsäure darstellt; bis zu 40% des verabreichten Amins können in Form dieser Säure aus dem Harn der Versuchstiere isoliert werden. Sie findet sich darin entweder in freiem Zustande, oder gepaart mit Glykokoll als Oxyphenylacetursäure. Unverändertes Amin wird im Harn nicht ausgeschieden. Diejenige Menge (60%), welche nicht als Oxyphenylessigsäure wiedergewonnen werden konnte, ist offenbar einer weitergehenden Oxydation anheimgefallen. Daß die Oxyphenylessigsäure nicht unverändert den Organismus passiert, sondern noch weiter oxydiert werden kann, ist bereits von Schotten und von E. und H. Salkowski festgestellt worden. Es sind aber Anhaltspunkte vorhanden, daß ein Teil des Oxyphenyläthylamins überhaupt nicht über die Oxyphenylessigsäure oxydiert wird. In Perfusionsversuchen am überlebenden Herzen verschwand das zur Perfusionsflüssigkeit zugesetzte p-Oxyphenyläthylamin, ohne daß in der Perfusionsflüssigkeit p-Oxyphenylessigsäure oder eine andere die Millonsche Reaktion gebende Substanz nachzuweisen war. Eine intermediäre Bildung von p-Oxyphenylessigsäure erschien in diesem Fall ausgeschlossen, weil diese Säure am überlebenden Herzen bei der Durchströmung kaum verändert wird.

In der überlebenden Leber hingegen findet eine fast quantitative Umwandlung des Amins zu p-Oxyphenylessigsäure statt. Die Verbrennung bleibt bei dieser Stufe stehen. Eine mittelgroße Kaninchenleber oxydiert pro Stunde 120 mg p-Oxyphenyläthylamin und liefert dabei ca. 100 mg p-Oxyphenylessigsäure. Die Umwandlung erfolgt hier über den Alkohol, das Tyrosol, welches von Guggenheim und Löffler in geringer Menge neben der Säure isoliert werden konnte. Der überlebende Uterus vermag bei der Perfusion des in Ringerlösung gelösten p-Oxyphenyläthylamins p-Oxyphenylessigsäure zu bilden. Hingegen ist die Lunge hierzu nicht imstande. Es scheint, daß vorzugsweise die sympathisch innervierten Organe, auf welche das p-Oxyphenyläthylamin ja hauptsächlich einwirkt (vgl. S. 259), auch die chemische Umwandlung herbeiführen.

Die am Stickstoff methylierten Derivate des p-Oxyphenyläthylamins, das N-Methyl-p-oxyphenyläthylamin und das

Hordenin, werden nur zum geringen Teil in Oxyphenylessigsäure
verwandelt, und zwar das tertiäre noch weniger als das sekundäre.
Ein großer Teil der verabreichten Basen ist aber auch hier nicht
mehr nachweisbar. Sie sind wahrscheinlich einem anderen nicht
zu Oxyphenylessigsäure führenden Oxydationsprozeß anheim ge-
fallen.

Einen ähnlichen Abbau erleidet das p-Oxyphenyläthylamin
auch durch Mikroorganismen (Hefe, Schimmelpilze). Bei Gegenwart einer Kohlenhydratquelle (Glucose oder Glycerin) wird das
p-Oxyphenyläthylamin desamidiert und es bildet sich Tyrosol
(Ehrlich und Pistschimuka). Dieses wird aber nicht weiter
oxydiert und läßt sich aus den Kulturflüssigkeiten leicht isolieren.
Da Tyrosin ebenfalls durch Hefe und Schimmelpilze unter Bildung
von Tyrosol verändert wird, ist es naheliegend, auch in diesem
Falle eine intermediäre Entstehung von p-Oxyphenyläthylamin
anzunehmen. Die Umwandlung gelingt mit wachsender und mit
gärender Hefe. Gewöhnliche Brennerei- und Brauereihefe wirken
weniger günstig, auch wenn sie in Form von Preßhefe angewandt
werden. Mit wilden Hefen, Kahmhefe und ähnlichen hautbildenden
Heferassen, z. B. Willia anomala Hansen, läßt sich eine fast quantitative Überführung des Amins in Alkohol erzielen. Auch das in
den gewöhnlichen Gärprodukten (Wein und Bier) sich vorfindende
Tyrosol verdankt voraussichtlich seine Entstehung einem derartigen
biochemischen Abbau.

Aus Hordenin wird durch Oidium lactis und Willia anomala
die N-Gruppe in gleicher Weise abgespalten und es entsteht in
reichlicher Menge Tyrosol, zweifellos nach der S. 26 angegebenen
Gleichung. Wiewohl sich Dimethylamin in der Kulturflüssigkeit
nicht nachweisen läßt, darf seine intermediäre Bildung dennoch angenommen werden. Wahrscheinlich wird es entmethyliert und der
Stickstoff zum Aufbau des Protoplasmas verwendet. Interessanter-
weise entsteht beim Wachstum von Penicillium glaucum in horde-
ninhaltiger Nährflüssigkeit nur wenig Tyrosol, dagegen eine in Äther
lösliche, die Millonsche Reaktion gebende Säure, wahrscheinlich
p-Oxyphenylessigsäure. Bei noch längerem Wachstum verschwindet
auch dieses Abbauprodukt des Hordenins, welches also durch
Mikroorganismen unter bestimmten Verhältnissen ebenso weitgehend abgebaut werden kann, wie durch den Säugetierorganismus.

Nach Camus bedingt Zusatz von Hordenin eine Hemmung
des Wachstums gewisser Bakterien. Der Bacillus Coli und der

Vibrio von Massaouah wachsen nicht mehr in einer Bouillon, welche 4% Hordeninsulfat enthält. Die Entwicklung des Bacillus Ebert und des Vibrio Finkler und Prior sistiert in einer 5%igen Lösung.

Es ist nicht ausgeschlossen, daß die chronische Vergiftung mit p-Oxyphenyläthylamin, wie sie mit Hinblick auf das Auftreten Tyramin bildender Bakterien im Darmkanal möglich erscheint (Sasaki, Berthelot) eine schwere Schädigung des Warmblüterorganismus veranlassen kann. Iwao konnte durch wiederholte Subkutaninjektion von p-Oxyphenyläthylamin an Meerschweinchen schwere Anämie von perniziösem Charakter hervorrufen. Zu ähnlichen Resultaten sind auch Heß und Müller gelangt.

Die bereits beim Phenyläthylamin vorhandene ausgesprochene sympathomimetische Wirkung ist beim p-Oxyphenyläthylamin infolge der Einführung eines phenolischen Hydroxyls erheblich gesteigert. Eine eingehende Untersuchung der Base verdanken wir Dale und Dixon. Ihre Wirkung entspricht vorzugsweise einer peripheren Reizung der sympathischen, fördernden Fasern, während die hemmenden weniger beeinflußt werden. Daneben besteht auch eine Reizung der hemmenden medulären Zentren, weshalb nach Durchschneidung des Rückenmarks (Decerebrierung) die fördernde, sympathische Wirkung des p-Oxyphenyläthylamins in stärkerem Maße zum Ausdruck gelangt. Werden die präganglionären Zentren durch Nicotin gelähmt, so wird die Wirkung nur wenig abgeschwächt. p-Oxyphenyläthylamin wirkt etwa 10 mal so stark wie Isoamylamin und etwa 5—6 mal so stark wie β-Phenyläthylamin. Die Blutdrucksteigerung ist auch hier zum Teil auf ein vermehrtes Schlagvolumen des Herzens zurückzuführen. p-Oxyphenyläthylamin verursacht am isolierten Herzen fast unmittelbar eine Zunahme der Frequenz und der Amplitude und des Herzschlages. An den isolierten Organen zeigt sich nach Zusatz von p-Oxyphenyläthylamin eine Volumverkleinerung und eine Verminderung der Ausflußgeschwindigkeit aus den Venen. Die periphere Wirkung ist auch an den überlebenden Gefässen ersichtlich, welche sich bei Zusatz von Tyramin kontrahieren (Cow). Am Läwen-Trendelenburgschen Froschpräparat läßt sich keine nennenswerte Beeinflussung erkennen (Handowski und Pick), wohl aber zeigt sich ein gefäßerweiternder Effekt nach Vorbehandlung mit konstriktorischen Mitteln (Adrenalin). An den Lungenarterien wird keine Kontraktion hervorgerufen. An

dem mit Thyrodelösung durchströmten überlebenden Meerschwein-
chenlungenpräparat wird infolge peripherer Nervenerregung Bron-
chialspasmus erzeugt (Bähr und Pick), welcher durch Atropin
und Adrenalin wieder gelöst werden kann. Der Kaninchenuterus
kontrahiert sich unter dem Einfluß von Tyramin in allen funk-
tionellen Stadien, während sich der Katzenuterus im virginellen
Zustand entspannt, im graviden kontrahiert; der fördernde Effekt
ist jedoch ausgeprägter. Die Uteruswirkung des p-Oxyphenyläthylamins wird durch vorhergehende Behandlung mit Pepton
Witte und Imidazolyläthylamin verhindert (Fröhlich und Pick).
Adrenalin und Hypophysenextrakt zeigen nach Vorbehandlung
mit p-Oxyphenyläthylamin ihre normale Uteruswirkung.

Am isolierten Kaninchendarm, wie an dem in situ befindlichen, wird durch Tyramin eine wenig ausgesprochene sympathische Hemmung erzeugt, am isolierten Meerschweinchendarm jedoch eine Kontraktion (Guggenheim und Löffler). Tonus und
Rhythmus der Katzenblase werden gelähmt. Peripherer Natur
ist auch die Wirkung am Auge (Pupillenerweiterung, Retraktion
der Nickhaut, Tränensekretion hervorquellender Augäpfel), auch
die Pupille des enukleierten Froschauges wird maximal erweitert.
0,1 g verursachen an der Katze Sekretion der Submaxillaris und
der Schweißdrüsen. Atropin vermindert diese Wirkung, hebt sie
jedoch nicht auf. Die Pankreassekretion wird nicht beeinflußt.
Eine Diurese wird namentlich bei niedrigem Blutdruck veranlaßt.
Nach vorhergehender Verabreichung von Ergotoxin werden die
fördernden sympathischen Elemente besetzt und es gelangen nur
noch die hemmenden zum Ausdruck.

In einem Selbstversuch beobachteten Dale und Dixon nach
Eingabe von 0,01 g Steigerung des Blutdruckes, Dumpfheit des
Kopfes, Rötung des Gesichtes, Vertiefung der Atmung, Verstärkung
des Herzschlages, vermehrten Harndrang, keine Pupillenerweiterung,
keine Nausea, kein Zucker oder Eiweiß im Harn. Nach Clark
erzeugen 30—100 mg bei oraler Verabreichung eine geringe,
mehrere Stunden anhaltende Blutdrucksteigerung, bei subkutaner Eingabe wird in Dosen von 20—50 mg ein rascher,
etwa 20 Minuten andauernder Anstieg des Blutdruckes beobachtet. Die relativ geringe Giftigkeit empfiehlt das p-Oxyphenyläthylamin als Reizmittel des Sympathicus in verschiedenen
pathologischen Zuständen. Es befindet sich als Tyramin und
Uteramin im Handel.

Das m-Oxyphenyläthylamin ist ungefähr so stark wirksam, wie die p-Verbindung. Iso-p-oxyphenyläthylamin (p-Oxyphenyl-α-äthylamin) ist weniger aktiv. Methylierung des Ringes — Kresyläthylamin — hat keine Verstärkung zur Folge. Die Wirkung des o-Oxyphenyläthylamins beträgt etwa die Hälfte der p-Verbindung, die des p-Oxy-ω-aminoacetophenons jedoch nur $^1/_{10}$. Die Einführung einer Hydroxylgruppe in die Seitenkette — p-Oxyphenyläthanolamin — bedingt eine Abschwächung, doch ist diese geringer als bei den genannten Verbindungen. Gleichzeitig wird die Wirkung vorübergehender, was wohl mit der leichteren Verbrennbarkeit zusammenhängt. Auch die Überführung des p-Oxyphenyläthylamins in eine sekundäre Base — p-Oxyphenyläthylmethylamin und p-Oxyphenyläthyläthylamin — bedingt kaum eine Verstärkung. Hingegen scheint beim p-Oxyphenyläthylbenzylamin die Uteruswirkung etwas ausgeprägter zu sein (Bry).

Der Einfluß des Hordenins auf den Blutdruck ist bedeutend geringer als der des p-Oxyphenyläthylamins (Camus). 2—5 mg rufen eine geringe Blutdruckwirkung hervor. Die Herztätigkeit wird dabei, je nach der Dosierung, vermindert oder vermehrt. Bei einer starken Dosis zeigt sich gewöhnlich eine Beschleunigung des Pulses und Verminderung der Pulshöhe. Schwache Dosen bewirken das Gegenteil (Cámus). Dieses Verhalten beruht offenbar auf einer Beeinflussung des Vagus, welcher durch kleine Dosen gereizt, durch große gelähmt wird. An den Bronchiolen wird durch Hordenin Dilatation hervorgerufen (Jackson).

Die periphere sympathische Wirkung ist noch mehr abgeschwächt, wenn sich in der Seitenkette eine Ketogruppe befindet wie beim p-Oxy-dimethylaminoacetophenon. Verwandelt man das p-Oxyphenyläthylamin in ein quaternäres Ammoniumderivat, Hordeninmethyljodid, so verschwinden die adrenalinähnlichen sympathomimetischen Wirkungen während nicotinähnliche Eigenschaften in den Vordergrund treten. Ein Milligramm bewirkte kurz vorübergehende Lähmung des Herzens, gefolgt von einem raschen Anstieg und Absturz des Blutdruckes. Der Effekt auf die unwillkürliche Irismuskulatur variiert mit dem Anästheticum. 2—5 mg bewirkten an einer mit Äther narcotisierten Katze in der Regel eine kurz vorübergehende Erweiterung. Injektion in den Konjunktivalsack bedingte Verengerung der Pupille. Auch in anderen Wirkungen (Kontraktion der Harnblase, rasch

gefolgt von einer Hemmung; Lähmung der Respiration, die durch
künstliche Atmung rasch wieder belebt werden konnte, Förderung der Speichelsekretion, hemmbar durch Atropin und Lähmung
der präganglionären Fasern) nähert sich das Hordeninmethyljodid
dem Nicotin. Dünndarm und Katzenuterus, in 250 ccm Ringer
suspendiert, werden durch 1—2 mg kontrahiert. Am Frosch
zeigt sich curareartige Lähmung, erkennbar an der charakteristischen kataleptischen Lage der Muskeln und Vorderbeine.

Adrenalin.

Die Konstitution des von Vulpian schon im Jahre 1856 in
den Nebennieren entdeckten aktiven Prinzips ist erst in neuerer
Zeit als die des 1-3.4-Dioxyphenyläthanolmethylamins erkannt
worden, nachdem durch die Reindarstellung (Takamine) eine
sichere Grundlage für die analytische und synthetische Bearbeitung dieses Körpers geliefert worden war (Abel, von
Fürth, Friedmann, Pauly, Abderhalden und Bergell).
Die systematischen Forschungen wurden im Jahre 1903 durch die
Synthese der Racemverbindung gekrönt (Stolz) und fanden durch
die von Flächer ausgeführte optische Spaltung in die d- und
l-Verbindung ihren Abschluß.

Die biologische Entstehungsweise dieser Substanz ist jedoch
bis heute ein Problem geblieben. Zwar liegt es nahe, in einem
Eiweißbaustein die Vorstufe des Adrenalins zu suchen. Unter
den bekannten war dabei namentlich an das Tyrosin zu denken,
von dem aus durch eine Reihe von Umwandlungen, die durch
folgendes Schema gekennzeichnet seien, die Bildung des Adrenalins
möglich erscheint.

$$CH_2 \cdot CH(NH_2) \cdot COOH \qquad CH_2 \cdot CH(NH_2) \cdot COOH \qquad CH(OH) \cdot CH(NH_2) \cdot COOH$$

$$CH(OH) \cdot CH(NH \cdot CH_3) \cdot COOH \qquad CH(OH) \cdot CH_2 \cdot NH \cdot CH_3$$

Halle glaubte in der Tat die Bildung von Adrenalin aus Tyrosin bewiesen zu haben, indem es ihm gelang, nach Digestion von Tyrosin mit Nebennierenbrei bei 37⁰ aus dem konzentrierten eiweißfreien Extrakt mit Ammoniak eine größere Menge Substanz niederzuschlagen, als aus Extrakten von Nebennierenbrei ohne Tyrosinzusatz. Zu ähnlichen Schlußfolgerungen kamen Abelouse, Soulié und Toujan auf Grund von colorimetrischen Adrenalinbestimmungen in frischem und autolysiertem Nebennierenbrei. Als Muttersubstanz des Adrenalins betrachten sie das Tryptophan. Diese Feststellung ist aber inzwischen vollständig entkräftet worden. Ewins und Laidlaw vermißten mit der viel empfindlicheren und exakteren physiologischen Methode (Blutdruckbestimmung) eine Zunahme von Adrenalin nicht bloß nach Zusatz von Tyrosin zu Nebennierenbrei, sondern auch nach Digestion mit Oxyphenyläthylamin und Dioxyphenyläthylmethylamin

$$CH_2 \cdot CH_2 \cdot NH \cdot CH_3$$

$\cdot OH$

$\ddot{O}H$

Substanzen, bei denen weit geringere Umwandlungen vorausgesetzt werden müssen als beim Tyrosin. Trotzdem ist es natürlich nicht ausgeschlossen, daß das Adrenalin zu einer Aminosäure in genetischer Beziehung steht. Die Umwandlung dieser hypothetischen Aminosäure in Adrenalin braucht ja nicht ausschließlich in der Nebenniere zu erfolgen und wenn dies auch der Fall wäre, so böte ein negativer Versuch in vitro keinen Gegenbeweis, da manche biologische Reaktionen, wir nennen z. B. nur die Harnstoffbildung aus Aminosäuren, an das intakte Organ gebunden sind. Schließlich können die Oxydations- und Methylierungsprozesse, die vom Tyrosin zum Adrenalin hinüberleiten, am carboxylfreien Amin (Oxyphenyläthylamin, Dioxyphenyläthylmethylamin) ausbleiben und an den Aminosäuren in der (S. 262) skizzierten Reihenfolge dennoch stattfinden.

Durch die Entdeckung des Dioxyphenylalanins in der Vicia faba (Guggenheim) ist das Vorkommen von Brenzcatechinaminosäuren wenigstens in der Pflanzenwelt bewiesen worden. Die Arbeiten von Bloch haben interessante Beziehungen spezifischer, tierischer Oxydasen (Dopase) zu dieser Substanz aufgedeckt, so daß es nicht ausgeschlossen erscheint, daß ähnliche

Brenzcatechinaminosäuren, auf welche diese Dopase eingestellt ist, auch im Tierkörper vorkommen und vielleicht die Muttersubstanz des Adrenalins darstellen. Einen Beweis hierfür bietet auch die bei Morbus Addisonii (Nebennierentuberkulose) auftretende Pigmentierung der Haut. Nach Bloch und Löffler ist diese Erscheinung so zu erklären, daß die biologische Vorstufe des Adrenalins — eine Aminosäure vom Typus des Dioxyphenylalanins — nicht mehr in Adrenalin verwandelt werden kann, weil ihm infolge der tuberkulösen Degeneration der Nebenniere, die normale Ablagerungsstätte fehlt. Statt dessen wird diese Vorstufe durch die Dopase der Hautepithelzellen oxydativ unter Pigmentbildung verändert.

Das Adrenalin findet sich in den Nebennieren sämtlicher Vertebraten aufgestapelt, und zwar fast ausschließlich im Markteil (Medullarteil) dieses Organes. Die Rindenschicht enthält bei sorgfältig ausgeführter Abtrennung kaum Adrenalin. Das in ihr überwiegende aktive Prinzip ist das gegenüber dem Adrenalin zum Teil antagonistisch wirkende Cholin (Lohmann). Die durch colorimetrische oder biologische Methoden in ihr nachgewiesenen Adrenalinmengen (Abelouse, Soulié und Toujan, Kawashima) sind wahrscheinlich bei der Präparation aus dem Medullarteil in die Rindenzone gelangt.

Der Gehalt der Nebennieren an Adrenalin läßt sich nur schwierig genau angeben, nicht nur, weil er bei den verschiedenen Tierarten und bei verschiedenen physiologischen Zuständen ein sehr wechselnder ist, sondern auch, weil sichere Methoden zur gravimetrischen Bestimmung des Adrenalins fehlen. Den durch colorimetrische und pharmakologische Bestimmungen ermittelten Zahlen haften immer große Unsicherheiten an, wiewohl bei deren Ausarbeitung viel Mühe verwendet worden ist. Am zuverlässigsten berechnet man den Adrenalingehalt aus den Blutdruckerhöhungen, welche die zu untersuchenden Extrakte im Vergleich zu einer Standardlösung an demselben Versuchstier hervorrufen[1]). Die ca. 5 g schwere Nebenniere des normalen erwachsenen Menschen enthält ungefähr $0,1\%$ Adrenalin (Elliot), die normale ca. 0,2 g schwere Nebenniere der Katze $0,11\%$ (Elliot), 0,12 bis

---

[1]) Die folgenden Angaben sind zum Teil der Monographie von Barger entnommen (The Simpler Natural Bases, London 1914, Longmans Green & Co.), wo sich auch noch weitere quantitative Angaben über den Adrenalingehalt von Nebennieren finden.

0,15 % (Folin, Canon und Denis), des Hundes und des Affen
0,2—0,25 %, des Kalbes 0,25—0,35 %, des Schafes, des Rindes und
des Kaninchens 0,3 %, des Pferdes 0,106 % (Bertrand).

Bei der Geburt ist die menschliche Nebenniere fast frei von Adrenalin;
der weitaus größte Teil findet sich im Paraganglion aorticum. Der normale
Adrenalingehalt (ca. 5 mg) der menschlichen Nebenniere vermindert sich
rasch bei Fieberzuständen, nach Pneumonie und Septikämie sank er bis
auf 1—2 mg, bei Nierenkrankheiten (mit hohem Blutdruck) betrug er 2 bis
3 mg. Die von Ingier und Schmorl an normalen und pathologischen
Nebennieren ausgeführten Bestimmungen ergaben in 517 untersuchten
Fällen eine durchschnittliche Adrenalinmenge von 4,22 mg pro Nebenniere.
Im Alter von 0—9 Jahren betrug der Gehalt 1,52 mg, im Alter von 10 bis
89 Jahren 4,59 mg. Bei Infektionskrankheiten ließ sich meist keine Verminderung nachweisen. Bei Arteriosklerose war der Adrenalingehalt nur
wenig erhöht, bei akuter Nephritis, Schrumpfniere und chronischen Herz-
krankheiten bestand eine Erhöhung. Bei Morbus Addisonii war der Adrenalingehalt Null, bei Diabetes bestand eine geringe Herabsetzung, ebenso
bei Status lymphaticus. Bei sonstigen plötzlichen Todesfällen fand sich
meist ein erhöhter Adrenalingehalt, bei Todesfällen innerhalb 24 Stunden
nach einer Narkose war der Adrenalinwert etwas unter der Norm, ebenso
nach Krampfanfällen. Comessati fand mittels einer colorimetrischen
Methode (vgl. S. 287) zwischen dem 5. und 6. Lebensjahr einen maximalen
Adrenalingehalt von 0,0015 g und einen minimalen von 0,00045 g, zwischen
dem 1. und 3. Jahr ein Maximum von 0,0007 g, und ein Minimum von
0,00001 g.

Das im Markteil der Nebenniere aufgespeicherte Adrenalin
steht unter der Kontrolle sympathischer vom Splanchnicus ab-
gehender Nerven (Elliot, Ehrmann, O'Connor). Unter normalen Verhältnissen wird unter dem Einfluß eines, je nach den
Zuständen des Organismus wechselnden sympathischen Reizes,
ein bestimmtes Adrenalinquantum in die Blutbahn abgegeben.
Dieses beträgt nach den Versuchen von Trendelenburg pro
Minute und pro Kilogramm Tier 0,00015—0,0002 mg. Diese
Abgabe kommt in einer erhöhten Wirksamkeit des Nebennieren-
venenblutes zum Ausdruck. Auch colorimetrisch (Eisenchloridreaktion) läßt sich die Anwesenheit von Adrenalin im Nebennieren-
blut feststellen. Im allgemeinen wird angenommen, daß das so
in den Kreislauf gelangte Adrenalin auf die sympathisch innervierten Organe einen Reiz ausübt und dem Organismus einen bestimmten Sympathicotonus verleiht. Nach Trendelenburg liegt
jedoch die Konzentration des Adrenalins im Blute unterhalb des
pharmakologischen Grenzwertes, so daß es ausgeschlossen erscheint,
daß das im normalen Organismus von der Nebenniere in den Kreis-

lauf abgegebene Adrenalin zu einer Dauererregung der Organe (Gefäße, Darm) verwendet wird.

Eine genaue Ermittlung der im Blut bestehenden Adrenalinkonzentration begegnet noch größeren Schwierigkeiten als die Bestimmungen in der Nebenniere. Es ist nicht so sehr die äußerst geringe Konzentration, welche einen exakten Nachweis entgegensteht — wir besitzen ja in den verschiedenen biologischen Methoden (vgl. S. 288) empfindliche Verfahren, die Adrenalin noch in einer Konzentration von 1:100 Millionen erkennen lassen — als die Anwesenheit anderer, ebenfalls aktiver Substanzen im Blut. Diese finden sich nach O'Connor vorzugsweise im Serum (vgl. hierzu auch Moog, Kahn), sie sind jedoch auch im Plasma vorhanden (Guggenheim und Löffler). Über die chemische Natur dieser physiologisch aktiven Substanzen ist man noch im unklaren. Pharmakologisch wirken sie an den sympathisch fördernd innervierten Organen (Uterus, Gefäße) gleichsinnig wie das Adrenalin, an den sympathisch hemmend innervierten (Darm) diesem entgegengesetzt. Diese Umstände nehmen den durch physiologische Methoden ermittelten Adrenalinkonzentrationen des Blutes jede sichere Grundlage, und auch die in gewissen pathologischen Zuständen (Morbus Basedowii, Nephritis, Infektionskrankheiten etc.) beobachteten Schwankungen (Fränkel und Trendelenburg, Ehrmann, Vögelmann, Kleczkowski) liegen keineswegs jenseits der durch die komplizierten Verhältnisse gesetzten relativ weiten Fehlergrenzen.

In Petromyzon fluviatilis, einem Fisch bei dem das, dem Nebennierenmark der Säugetiere entsprechende Medullargewebe im ganzen Körper verteilt ist, findet sich ebenfalls Adrenalin, wenigstens sind die Farbreaktionen und die pharmakologischen Eigenschaften wäßriger Auszüge die nämlichen wie die von Nebennierenextrakten. Außerdem ist Adrenalin auch im Speicheldrüsensekret einer tropischen Kröte (Bufo agna), und zwar bis zu 5% des Trockengewichtes (Abel und Macht), vorhanden, ein Vorkommen, welches an das Auftreten von p-Oxyphenyläthylamin im Speicheldrüsensekret der Cephalopoden (S. 254) erinnert.

Die Gewinnung des l-Adrenalins aus den Nebennieren beruht auf seiner Löslichkeit in angesäuertem Wasser oder wäßrigem Alkohol. Aus diesen Auszügen lassen sich Begleitsubstanzen (Inosit, Zucker, Carbonsäuren etc.) durch Bleiacetat entfernen, ohne daß das Adrenalin ausgefällt wird. Die Abscheidung des Adrenalins erfolgt aus den bleifreien, konzentrierten Filtraten durch Zugabe von Ammoniak (Bertrand, Abel, Pauly, Hofmeister und von Fürth).

Trotz vielfacher Versuche ist es bis jetzt nur Stolz geglückt, Adrenalin auf synthetischem Wege herzustellen, indem er Chloracetobrenzcatechin $Cl \cdot CH_2CO \cdot C_6H_3(OH)_2$ mit Methylamin umsetzte und das entstandene Methylaminoacetobrenzcatechin $CH_3 \cdot NH \cdot CH_2 \cdot CO \cdot C_6H_3(OH)_2$ durch Reduktion in die d.1-Form des Adrenalins überführte. Die Spaltung der Racemverbindung gelang auf Grund der verschiedenen Löslichkeit der d-weinsauren Salze des d- und des l-Adrenalins (Flächer).

Das reine natürliche l-Adrenalin bildet mikroskopische spitze Blättchen vom Schmelzpunkt 212^0. Nach Aldrich krystallisiert das Adrenalin je nach den Lösungsmitteln in 5 verschiedenen Krystallformen und schmilzt bei 207^0 unter Zersetzung. In Wasser ist es sehr wenig löslich, nach Bertrand bei 20^0 zu $0{,}0268\%$, in heißem Wasser ist es etwas leichter löslich, in Alkohol und Äther unlöslich, leicht löslich in organischen und anorganischen Säuren, in Ammoniak und Soda ist es nicht löslich. Es löst sich auch in Eisessig, in warmem Oxalsäureäthylester und in Benzaldehyd. Die Salze des optisch aktiven Adrenalins können nur schwierig krystallisiert erhalten werden. Genauer beschrieben ist nur das Tartrat (Flächer).

Das Adrenalin gibt als Brenzcatechinderivat in neutraler wäßriger Lösung mit Eisenchlorid eine schöne smaragdgrüne Färbung, die durch vorsichtigen Zusatz von Soda bei einem gewissen Alkalinitätsgrad in blau umschlägt. Ein Überschuß von Alkali bedingt Rotfärbung. Gegen Oxydationsmittel ist das Adrenalin sehr empfindlich. Schon der Luftsauerstoff genügt, um den Lösungen eine schwache Rosafärbung zu erteilen. Bei alkalischer Reaktion ist die Oxydabilität erheblich verstärkt (Venturoli und Gollerani) in saurer Lösung beträchtlich vermindert. Die große Oxydationsfähigkeit bei Gegenwart von Alkali soll nach der Ansicht von Loew auf der Reaktionsfähigkeit der Oxymethylengruppe beruhen, welche die Bildung von Kondensationsprodukten vom Typus

$$(HO)_2C_6H_3 \cdot C(OH) \cdot CH_2 \cdot NH \cdot CH_3 \quad \text{und} \quad (HO)_2C_6H_3 \cdot C \cdot CH_2 \cdot NH \cdot CH_3$$

ermöglicht. Diese Körper sollen als labile Zwischenprodukte auftreten und schließlich in Methylaminoacetobrenzcatechin übergehen.

Zur Haltbarmachung von Adrenalinlösungen empfiehlt sich ein geringer Überschuß von Säure, evtl. auch ein Zusatz von schwefeliger Säure (Macadie). Natürliches l-Adrenalin soll sich beim Erhitzen (Sterilisieren) weniger leicht verändern als synthetisches dl-Suprarenin (Rowe). Verschiedene Oxydationsmittel (Jod, Brom und Chlorwasser), ammoniakalische Silbernitratlösungen (Ferricyankalium, Kaliumpersulfat, Wasserstoffsuperoxyd) beschleunigen die Oxydation des Adrenalins und bedingen das Auftreten von Farbstoffen, die zur colorimetrischen Bestimmung des Adrenalins dienen (vgl. S. 287).

Zur Darstellung von Adrenalinhomologen hat man entweder im Dioxyphenyl-ω-halogenacetophenon und seinen Derivaten das Halogen durch den Aminrest ersetzt und die entstandenen Ketone zu den Alkoholen reduziert, oder man ist direkt von Halogenderivaten der Alkohole (Dioxyphenylalkanolchlorid bezw. dessen Derivaten) ausgegangen und hat diese mit den Aminen in Reaktion gebracht. Ersterer Weg ist analog der von Stolz ausgeführten Synthese des Adrenalins, das zweite Verfahren kompliziert und erschwert sich einerseits infolge der Oxydations- und Polymerisationsfähigkeit der Brenzcatechinderivate (vgl. hierzu Böttcher; Pauly und Neukam; Barger und Jowett), andererseits durch den von Mannich aufgedeckten Umstand, daß die Dioxyphenylalkanolchloride bei der Einwirkung der Amine intermediär Äthylenoxyde bilden, die dann in zweifacher Weise reagieren können. Z. B. verwandelt sich das Dioxyphenylalkanolchlorid (I) in Dioxyphenyläthylenoxyd (II), das Methylamin sowohl in α- wie in β-Stellung zum Brenzcatechinrest anlagert.

$$
\begin{array}{ccccc}
CH(OH)\cdot CH_2Cl & & CH{-}CH_2 \text{ (O)} & & CH(NH\cdot CH_3)\cdot CH_2OH \\
I\ \cdot OH & \longrightarrow & II\ \cdot OH & \nearrow & \cdot OH \quad \text{Isoadrenalin} \\
OH & & OH & \searrow & CH(OH)\cdot CH_2\cdot NHCH_3 \\
 & & & & \cdot OH \quad \text{Adrenalin} \\
 & & & & OH
\end{array}
$$

Beide Reaktionen laufen nebeneinander. Es ist ein von der Konstitution abhängiger Faktor, welcher bestimmt, ob die Addition ein Gemenge von Substanzen der Iso- und Adrenalinreihe oder nur eines der beiden Isomeren liefert. Über andere Methoden zur Gewinnung von Dioxyphenylalkylaminen vgl. Pictet und Finkelstein, Tutin, Pyman, Douetteau, Tiffeneau, Fourneau, Dakin.

Die Veränderungen, welchen das Adrenalin im Organismus des Warmblüters unterliegt, beruhen auf seiner großen Oxydationsfähigkeit. Auch nach Unterbindung der Ureter verschwindet es bald aus dem Organismus, wie aus der rasch abklingenden Blutdrucksteigerung hervorgeht (Cybulski).

Die Entgiftung erfolgt daher im Organismus und nicht durch eine rasche Ausscheidung. Erst hohe und letal wirkende Dosen bedingen ein Auftreten geringer Mengen blutdrucksteigernder Substanz im Harn (Embden und v. Fürth). Diese ist mit ammoniakalischer Bleiacetatlösung fällbar, stickstoffhaltig und in Äther unlöslich. Schon in vitro wird das dem Blut zugesetzte Adrenalin beim Luftdurchleiten rasch zerstört. Die rasche Oxydation beruht auf der Alkalinität des verwendeten Blutes. Muskel- und Organbrei, die schwach saure Reaktion zeigen, zerstören das Adrenalin nicht, oder nur in unerheblichem Maße. Pankreas- und Leberpreßsaft bedingen keine Verminderung des zugesetzten Adrenalins (Comesatti). Auch die Zerstörung, welche das Adrenalin bei der künstlichen Durchblutung der Leber erfährt, ist nicht so stark, um sich in einer Abnahme der physiologischen Wirksamkeit der Durchblutungsflüssigkeit zu erkennen zu geben. Hingegen war bei der Durchblutung der Lunge eine solche konstatierbar. Nach Falta und Ivcovic soll das Adrenalin im Blute in eine physiologisch inaktive Verbindung übergehen, aus welcher es sich bei längerem Stehen bei 0^0 wieder in aktivem Zustande abzuscheiden vermag.

Welcher Art die im Körper zunächst entstehenden Oxydationsprodukte sind, ist nicht sicher festgestellt. Parisot beobachtete bei der Einwirkung von Adrenalin auf lackfarbenes Blut bei 37^0 und Sauerstoffzutritt eine Umwandlung des Blutfarbstoffes in Gallenpigmente.

Die spektroskopische Beobachtung gestattet die Unterscheidung zweier wesentlicher Reaktionsphasen: 1. ein Stadium, bei dem sich das Pigment fortwährend verändert, stets aber die Eigenschaften eines eisenhaltigen Blutfarbstoffes zeigt; 2. ein Stadium, wo der Zusatz von Reduktionsmitteln ohne Wirkung bleibt und der Farbstoff nach Verlust seines Eisens sich den Gallenfarbstoffen nähert, deren charakteristische Reaktionen positiv werden. Die gebildete Substanz besitzt ferner die Löslichkeitsverhältnisse der Gallenpigmente. Das unter der Einwirkung des Adrenalins entstandene Biliverdin läßt sich nach den üblichen Methoden isolieren. Bei Zentrifugation des veränderten Blutes setzt sich ein schwärzlicher eisenhaltiger Niederschlag ab.

Bei der künstlichen Durchsäuerung des Organismus gelingt es, das Adrenalin in diesem länger wirksam zu erhalten (Kretschmer).

Um aber im Serum den Adrenalingehalt dauernd zu erhöhen, ist es nötig, eine verdünnte Adrenalinlösung kontinuierlich zu infundieren.

Eine rasche oxydative Zerstörung erfolgt auch durch die Einwirkung oxydierender Fermente. Die Oxydase von Russula delica z. B. bedingt eine rasch einsetzende Rosafärbung, die bei längerer Einwirkung sich ins Braune vertieft (Abderhalden und Guggenheim). Ein ähnliches Verhalten zeigt sich auch gegenüber Kartoffeltyrosinase (Ransom). Diese Reaktion tritt noch mit einer 0,0004%igen Adrenalinlösung ein. Die mit Oxydase behandelten Adrenalinlösungen sind physiologisch unwirksam.

Das Adrenalin soll Diphtherie- und Tetanustoxin entgiften (Abramow und Mischennikow).

Der Grad der Entgiftung hängt von der Dauer der Berührung und von der Temperatur, bei welcher er vor sich geht, ab. Bei 37° entgiftet 1,0 Adrenalin in 24 Stunden vollkommen die zehnfache Dosis letalis Diphtherietoxin, und 0,05 die gleiche Menge Tetanustoxin. Auch gegenüber Abrin und Ricin soll Adrenalin antitoxische Eigenschaften besitzen (Marie). Einige Tropfen einer 1%igen Adrenalinlösung neutralisierten bei 37° innerhalb 24 Stunden bis drei (für Mäuse) letale Dosen dieser Pflanzengifte. Die neutralisierende Wirkung des Adrenalins auf pflanzliche und tierische Toxine wird durch 10 Minuten langes Bestrahlen mit ultraviolettem Licht vermindert, in 3 Stunden völlig aufgehoben (Savapol). Nach Stutzer ist aber der hemmende Einfluß, welchen käufliche Adrenalinlösungen auf das Wachstum von Bakterien ausübt, sowie deren neutralisierende Wirkung auf die Toxine, bedingt durch den Säuregehalt dieser Präparate, der in den Kulturen und Aufschwemmungen eine Ausflockung hervorruft. Neutrale Lösungen von Adrenalin wirken nach ihm auf Diphtherietoxin nicht ein.

Auf jeden Fall beruht die entgiftende Funktion der Nebenniere, die bei vielen Infektionskrankheiten und auch bei Vergiftung mit pflanzlichen Toxinen (Curare, Morphium, Strychnin) zutage tritt, nicht auf einen bloßen chemischen Antagonismus zwischen Adrenalin und diesen Toxinen. Einerseits sind in der Nebenniere außer dem Adrenalin noch andere aktive Substanzen enthalten, andererseits zieht die Injektion von Adrenalin eine ganze Reihe von indirekten Bedingungen nach sich, worunter vor allem die durch Reizung des gesamten sympathischen Nervensystems hervorgerufenen mannigfaltigen Erscheinungen in den Vordergrund treten.

Ein indirekter Effekt ist die durch Adrenalin bewirkte Beschleunigung der Blutgerinnung (Cannon und Gray). Sie ist wahrscheinlich bedingt durch eine Reizwirkung des injizierten

Adrenalins auf Darm und Leber, welche zur vermehrten Abgabe von koagulationsfördernden Substanzen veranlaßt wird. In
vitro tritt die Wirkung nicht auf. Durch kleine intravenöse
Dosen (0,001 mg pro Kilogramm) oder durch größere subkutane
wird die Koagulationszeit auf die Hälfte oder ein Drittel der vor-
herigen Dauer eingeschränkt. Nach Ausschaltung des Darms und
der Leber aus dem Kreislauf bleibt die Gerinnungsbeschleunigung
aus. Kompliziert ist auch der Einfluß von Adrenalin auf die Blut-
konzentration (Donath), im wesentlichen ist sie bedingt durch
die Permeabilität der Gefäßwände. Die Durchlässigkeit der Gefäße
ist nach Nebennierenexstirpation erhöht, es erfolgt Bluteindickung.
Die im Gegensatz hierzu in einzelnen Fällen nach Adrenalininjektion auftretende Blutverdünnung ist eine Folge der Abdichtung der Gefäße. Sie bleibt dann aus, wenn infolge des
gesteigerten Blutdruckes ein vermehrter Flüssigkeitsaustritt stattfindet, noch ehe die Abdichtung der Gefäße erfolgt ist (Donath).
Auch die vermehrte Empfindlichkeit bei Nebenniereninsuffizienz
oder nach Nebennierenexstirpation (Camus und Porak) ebenso
wie die erhöhte Resistenz nach Adrenalininjektion (Guber,
Balint und Molnar) kann nicht einfach auf eine Verminderung
oder Vermehrung des Adrenalins zurückgeführt werden. Für die
erhöhte Giftempfindlichkeit bei Tieren mit geschädigter Nebenniere und bei Nebenniereninsuffizienz muß man die allgemeine
Störung des Kreislaufs, des Arteriendruckes, der Vasomotoren-
wirkung, der Sekretion und der Ausscheidungsfunktion verant-
wortlich machen.

Nach subkutaner Injektion kleinerer Adrenalinmengen zeigt
sich eine Veränderung des Blutbildes, welche nach 6 Stunden
wieder zur Norm zurückkehrt (Hatiegan). In der ersten Re-
aktionsphase beobachtet man eine kurzdauernde ausgesprochene
lymphocytäre Leukocytose, welche in der zweiten in eine lang
andauernde, nicht immer von Leukocytose begleitete Neutro-
philose übergeht. Durch wiederholte Pilocarpingaben kann diese
Adrenalinleukocytose progressiv gesteigert werden.

Wird das Adrenalin dem tierischen Organismus in größeren
Dosen verabreicht, so wirkt es als intensives Gift, und zwar ent-
falten sich sowohl akute wie chronische Vergiftungssymptome.
Nach subkutaner Injektion beobachtete Vincent an Fröschen,
Ratten, Mäusen, Meerschweinchen und Kaninchen eine von rück-
wärts nach vorn fortschreitende zentrale Lähmung, Blutungen

aus Maul und Nase, Hämaturie, Dyspnoe und Krämpfe, sowie prämortale Temperatursenkungen. Am Kaninchen zeigten sich nach subkutaner Eingabe von 0,1 g Suprarenin nach Ablauf einer Minute Verlangsamung der Herzaktion und Vergrößerung der Pulse, dann langsamer Anstieg des Druckes, bei Vermehrung der Frequenz und Verkleinerung der Pulse. Höhepunkt des Druckes nach 8 Minuten, stark entwickelte Lungenödem und Lungenblutung, Tod unter Respirationslähmung (v. Fürth). Auch nach oraler Eingabe von 0,1—0,5 g gehen die Kaninchen schnell oder nach einiger Zeit zugrunde. Hunden können größere Dosen nicht per os verabreicht werden, da sie Erbrechen verursachen (Embden und von Fürth). Injiziert man Mäusen 0,1 mg l-Suprarenin, so treten fast ausnahmslos schwere Erscheinungen auf, die unter starker Herabsetzung der Körpertemperatur rasch zum Tode führen (Abderhalden und Slavu). Das d-Suprarenin verursacht in denselben Dosen nur geringe Temperatursenkung und führt erst bei Anwendung verhältnismäßig großer Quantitäten (0,005 g) zum Tode. Nach Cushny beträgt die letale Dosis von l-Adrenalin bei subkutaner Verabreichung für weiße Ratten 1—2 mg pro 100 g Körpergewicht, für d-Adrenalin 8—12 mg. Natürlich bestehen je nach der Art der Versuchstiere unter Verabreichung erhebliche Unterschiede der Toxizität. Für Meerschweinchen, Kaninchen und Hunde beträgt die letale Dosis bei intravenöser Verabreichung $^1/_4$ mg pro Kilogramm, für Katzen 0,5—0,8 mg. Bei subkutaner Eingabe 10—20 mg für weiße Ratten (Cushny), für Mäuse 8 mg (Schultz). Nach Loewe stellt am Kaninchen 0,25—0,5 mg sowohl intravenös wie subkutan die tödliche Dosis dar, während sie für Meerschweinchen bei subkutaner Darreichung 0,8 mg, bei intravenöser 0,08—0,15 mg pro kg beträgt. Subkutan erwiesen sich auch bis 100 mal größere Dosen als unwirksam.

Im Vordergrund der akuten Adrenalinwirkungen steht die Reizung des sympathischen Nervensystems, welches sich durch typische Wirkungen an allen sympathisch innervierten Organen äußert. Ist ein Organ vorzugsweise mit fördernden sympathischen Fasern innerviert, so zeigt sich als Effekt eine Kontraktion; ist die Innervation hauptsächlich hemmender Natur, so tritt Erschlaffung ein. Eine auf sympathischer Reizung beruhende kontrahierende Wirkung ließ sich in den meisten Gefäßbezirken nachweisen, und zwar sowohl durch Versuche an isolierten künstlich durchströmten

Organen wie an den überlebenden in Ringerlösung suspendierten
Gefäßstücken. Über das Verhalten der Darm- und Hautgefäße
vgl. z. B. Ogawa, über die Beeinflussung der Nierenzirkulation
Pentimalli und Quercia. Versuche an überlebenden Gefäßen
sind von Cow, de Bonis und Susanna, sowie von Barbour
ausgeführt worden. Der Lungenkreislauf, der keine sympathischen
Elemente enthält, zeigt gegenüber Adrenalin ein anderes Verhalten wie die anderen Gefäße, indem dieses keine Verengerung,
sondern eine geringe Erweiterung hervorruft. Dasselbe zeigt sich
auch an isolierten Ringen der Lungenarterien. Auch die Koronar-
arterien besitzen eine geringe, wenn überhaupt vorhandene gefäßverengernde Innervation, daher bedingt Adrenalin keine ausgesprochene Wirkung auf den Koronarkreislauf (Dale). An isolierten
Ringen der Koronargefäße wird durch Adrenalin eine Erschlaffung
hervorgerufen. Das gleiche Verhalten ergibt sich am isolierten
Gefäßsystem des Gehirns (Wiggers).

Am den isolierten Gefäßen der Froschhinterextremitäten
bewirkt Adrenalin noch in einer sehr großen Verdünnung bis
1:1000 Millionen eine Kontraktion (Laewen). Die Empfindlichkeit der Froschgefäße gegenüber verdünnten Adrenalinlösungen
ist von Trendelenburg zu einer quantitativen Bestimmungsmethode kleiner Adrenalinmengen ausgearbeitet worden.

Injektion von Adrenalin in eine Lebervene bedingt eine
Steigerung des Druckes und eine Volumvergrößerung der Leber,
welche auf eine Hemmung des Ausflusses in das Hauptsystem des
Kreislaufes zurückzuführen ist. Als wahrscheinlichste Ursache des
Widerstandes wird eine Verengerung der kapillaren Kanäle durch
Schwellung der Leberzellen angesehen (Bainbridge und Trevan).
Die Gefäße der Meerschweinchen-, Frosch- und Hechtleber reagieren
gegenüber Adrenalin wie die meisten Gefäßgebiete mit Kontraktion
(Beresin). An der Froschniere sind die Gefäße des Glomerulus-
teiles erregbar, nicht die der gewundenen Kanälchen (Zucker-
stein).

Das Adrenalin ist ein typisches Erregungsmittel der Herztätigkeit. Dies zeigt sich namentlich am isolierten Warmblüterherzen, dessen Pulse durch Adrenalin verstärkt und beschleunigt
werden (Gottlieb, Lohmann). Die Wirkung beruht auf einer
Reizung der Akzeleratoren-Endigungen. Auch die Tätigkeit der
isolierten Herzen von Frosch und Schildkröte wird durch Adrenalin verstärkt und beschleunigt (Lussana). Eine Erweiterung

der Kranzarterien und eine vermehrte Durchströmung des Herzens konnte Meyer auch in Versuchen an den in situ schlagenden Säugetierherzen beobachten.

Nach Meek und Eyster wird am gesunden nicht narkotisierten Hunde durch physiologische Dosen (2—3 ccm einer Lösung von 1:50000 — 1:500000 intravenös) keine Beschleunigung, sondern eine auf Reizung des Vagus beruhende Verlangsamung des Herzschlages erzielt. Die Wirkung des Adrenalins ist demnach eine zweifache, es beschleunigt den Herzschlag durch direkte Reizung und hemmt ihn gleichzeitig durch den Vagus. Erst bei übertriebener Beanspruchung des Herzens, bei welcher der Vagustonus geschwächt ist, würde sich eine stimulierende Wirkung geltend machen, unter physiologischen Umständen jedoch findet eine solche nicht statt.

Wiederholte intravenöse Adrenalininjektionen führen beim Kaninchen zu einer meist herdförmigen Zerstörung der glatten Muskelzellen der Media der Kaninchenaorta und haben rasch eine Verkalkung und charakteristische Veränderung an den elastischen Gewebsteilen zur Folge. Das histologische Bild ist von dem der menschlichen Arteriosklerose deutlich verschieden, ähnelt dagegen dem der Mediaverkalkung großer Extremitätenarterien (Erb).

Bei chronischer Adrenalinverabreichung zeigte sich eine Hypertrophie des Herzmuskels, welche große Ähnlichkeit mit der Veränderung des Myokards bei Diphtherie und Typhus besitzt (Stewart). Diese beruht nicht auf einer echten Hypertrophie der Muskelfasern in allen ihren Elementen, sondern in einer mit Schwellung, Verlust der Querstreifung und Vacuolisierung einhergehenden Degeneration der Muskelfasern neben ödematöser Durchtränkung des Myokards und folgender Bindegewebsneubildung als Folgen einer toxischen Schädigung (vgl. hierzu auch von Leersum und Rassers).

Das durch Chloroform oder Chloral vergiftete Säugetierherz kann durch Adrenalin wieder belebt werden, wobei zuerst sein amplitudeerhöhender, dann sein frequenzsteigernder Effekt in Erscheinung tritt. Das durch Chloralhydrat in diastolischen Stillstand versetzte Herz kann durch Adrenalin wieder zur rhythmischen Tätigkeit angeregt werden. Der Chloroformstillstand jedoch bleibt unbeeinflußt (Gunn).

Als Folge der vorzugsweise gefäßverengernden Wirkung des Adrenalins ergibt sich nach subkutaner oder intravenöser Injektion des Amins schon in Bruchteilen von Milligrammen 0,0003 g pro Kilogramm Tier ein rasch einsetzender starker Druckanstieg, der aber nur kurze Zeit höchstens 5—6 Minuten anhält, langsam absinkt und von einer geringen Blutdrucksenkung gefolgt ist (Olivier und Schäfer). Letztere beruht auf einer Erschlaffung der Gefäße, die fast immer nach dem Abklingen der konstringierenden Wirkung auftritt.

Die Wirkungen des Adrenalins auf den Kreislauf und den Blutdruck erklären sich in einheitlicher Weise durch die Annahme, daß das Adrenalin gleichzeitig die rezeptiven Substanzen der Vasokonstriktoren und der Vasodilatatoren in Erregungszustand versetzt (Dale). Bei hoher Konzentration des Adrenalins überwiegt immer die Erregung der verengernden Apparate. Bei Anwendung bestimmter Konzentrationen oder nach längerer Einwirkung gewinnt die Erregung der Dilatatoren die Oberhand und führt zur Erweiterung (Ogawa, Hartmann). Nach subkutaner Verabreichung tritt die blutdrucksteigernde Wirkung nur langsam und unvollständig ein, weil die intensive Verengerung der Capillaren eine Resorption verhindert. Diese ist noch weit geringer, wenn das Adrenalin oral verabreicht wird (Loewe).

Adrenalin wirkt auf den Uterus wie eine Reizung der Nervi hypogastrici (Cushny). Am Kaninchenuterus verursacht Adrenalin entweder Kontraktion oder Kontraktion gefolgt von Lähmung. Bei der nicht trächtigen Katze, bei welcher der Uterus von hemmenden Fasern innerviert ist, verursacht Adrenalin nur Hemmung, bei trächtigen Katzen erfolgt, entsprechend dem Vorwalten fördernder Fasern, Kontraktion. Die kontraktionsfördernde Wirkung zeigt sich bisweilen auch noch nach der Schwangerschaft. Auf den nach Magnus isolierten trächtigen Katzenuterus reagiert das Adrenalin noch in einer Konzentration von 1:550000000 (Kehrer). Auf den isolierten, in Ringerlösung befindlichen menschlichen Uterus, sowie auf die Tuba Fallopii übt das Adrenalin eine starke motorische Wirkung aus (Gunn).

Die rhythmischen Darmbewegungen werden infolge peripherer Reizung der hemmenden sympathischen Elemente durch Adrenalin noch in sehr großer Verdünnung aufgehoben. An isolierten Stückchen des Kaninchendarms ist die Grenzkonzentration, bei welcher diese Lähmung stattfindet, etwa 1:1000000, am isolierten Meerschweinchendarm 1:100000000 bis 1:200000000 (Guggenheim und Löffler).

Ebenfalls durch sympathische Reizung wird eine Entspannung der Blasenmuskulatur bedingt. Die Reizung des Dilatator pupillae verursacht eine ausgesprochene Mydriasis, die sich auch am enukleierten Auge geltend macht (Meltzer). Bei Verwendung enukleierter Froschaugen läßt sich auf Grund dieses Verhaltens der Adrenalingehalt unbekannter Lösungen ermitteln (Ehrmann). Die durch Adrenalin geförderte Sekretion der Speicheldrüsen und des Pankreas (Langley) ist nach Edmunds keine direkte Reizung, sondern eine Folge der Gefäßwirkung und des veränderten Blutdrucks.

18*

An der isolierten Bronchialmuskulatur ruft Adrenalin Erschlaffung hervor (Trendelenburg). Auch bei der Durchströmung der überlebenden Meerschweinchenlunge bewirkt Adrenalin Dilatation (Bär und Pick). Der durch Muscarin, Pilocarpin, Pepton etc. verursachte Bronchiospasmus wird durch Adrenalin behoben, nicht aber der durch Imidazolyläthylamin verursachte Bronchialkrampf, welcher durch eine Stauung im Lungenkreislauf veranlaßt ist (Januschke).

Die entspannende Wirkung des Adrenalins auf die Bronchialmuskulatur beruht nicht auf einer Zirkulationsänderung, sondern auf einer Reizung der sympathischen Bronchodilatatoren. Im Gegensatz hierzu beobachteten Golla und Symes als primäre Wirkung des Adrenalins auf normale Bronchiolen eine Kontraktion, die von einer Dilatation gefolgt wird. Plethysmographische Messungen an Kaninchen und Hunden ergaben eine Verminderung der Atemtiefe, welcher bisweilen ein kurzes Exzitationsstadium vorausgeht (Pentimalli). Diese Wirkung wird auf eine Beeinflussung des arteriellen Blutdruckes zurückgeführt. Ähnliche Feststellungen machten auch Nice, Rock und Courtright.

Behandelt man die sympathisch innervierten Organe vor der Adrenalininjektion mit Ergotoxin, so werden die fördernden sympathischen Elemente ausgeschaltet, während die hemmenden durch Adrenalin unverändert reizbar bleiben (Dale). Hierdurch kann der Adrenalineffekt wesentlich beeinflußt werden, je nachdem die sympathische Innervation des beobachteten Organes eine vorzugsweise hemmende oder fördernde ist. In den Gefäßgebieten des großen Kreislaufes z. B. werden die überwiegend kontraktionsfördernden Fasern, deren Reizung unter normalen Verhältnissen die Blutdrucksteigerung zur Folge hat, außer Funktion gesetzt, die Drucksteigerung bleibt aus und man beobachtet als Effekt der Adrenalininjektionen nur eine Blutdrucksenkung, welche auf eine Reizung der durch das Ergotoxin nicht beeinflußten dilatierenden sympathischen Fasern zurückzuführen ist. Diese von Dale zuerst beobachtete „sympathische Umkehrung" zeigt sich auch an anderen fördernd innervierten Organen, z. B. am trächtigen Katzenuterus, der nach Vorbehandlung mit Ergotoxin oder den ergotoxinhaltigen Mutterkornextrakten gegen Adrenalin nicht mehr mit einer Kontraktion, sondern einer Entspannung reagiert (Cushny). Die dilatierende Wirkung auf die hemmend innervierte Muskulatur der Bronchien und des Darmes, wird jedoch durch Ergotoxin nicht beeinflußt.

Infolge chemischer Reizung des Wärmezentrums bedingt Adrenalin, wie das Tetrahydronaphthylamin (S. 251), eine Steigerung der Körpertemperatur, das Adrenalinfieber (Hirsch, Cloëtta und Waser).

Durch thermoelektrische Messungen ergab sich, daß eine intravenöse Injektion von 0,2 mg Suprarenin bei Kaninchen schon nach etwa 10 Sekunden ein Ansteigen der Temperatur im Vorderhirn und einige Sekunden später ein ebensolches im Bereich der Temperaturzentren verursacht. Das Maximum der Steigerung, das in 4 Minuten erreicht wird, beträgt etwa 0,6 Grad. Darauf beginnt die Kurve wieder zu fallen. Reinjektion bewirkt Wiederholung derselben Erscheinung. Während des Anstieges sinkt jeweils die Hauttemperatur. Durch andauerndes Einfließenlassen der Lösung kann die Temperaturerhöhung auf einem Maximum erhalten werden. Die intracerebrale Injektion von $^1/_5$ mg bewirkt ebenfalls Steigerung, aber ohne nachherigen Abfall. Ergotoxin hat keine hemmende Wirkung auf das Adrenalinfieber. Auch thermische Reizung der Wärme- und Kühlzentren sind ohne Einfluß (Hashimoto).

Adrenalin vermindert den Muskeltonus in den willkürlichen Muskeln und schwächt die Energie der spinalen Reflexe (Lussana). Die Kontraktionsfähigkeit und der Tonus des curarisierten Muskels werden nicht verändert. Nach Cannon und Nice wird durch Adrenalininjektion die Arbeitsleistung eines mit dem Blutgefäßsystem in Zusammenhang belassenen Nervmuskelpräparates (Katzen, Hunde) bis zu 100% gesteigert, wesentlich infolge vermehrter Durchblutung, zum geringen Teil auch infolge einer spezifischen Wirkung des Adrenalins, welche die Reizübertragung vom Nerven auf den Muskel erleichtert.

Von großer Wichtigkeit ist der Einfluß des Adrenalins auf den Kohlenhydratstoffwechsel. Das von der Nebenniere sezernierte oder in den Kreislauf gebrachte Adrenalin übt auf die Leberzellen einen Reiz aus, welcher sie veranlaßt, das in ihnen aufgestapelte Glykogen in der Form von Glucose an das Blut abzugeben (Blum). Der zuckerbildende Impuls vermag auch im glykogenarmen und glykogenfreien Organ Glucose zu mobilisieren (Eppinger, Falta und Rudinger, Pollak). Die durch das Adrenalin bedingte Zuckerbildung in der Leber veranlaßt zunächst eine Hyperglucämie (Zuelzer, Metzger, Pollak) und dann, bei normalem Zustand der Niere eine Glucosurie. Blutdrucksteigerung und Zuckerausschwemmung treten fast gleichzeitig auf (Hari). Ergotoxin hemmt die Glucosurie (Morita). Die zur Hervorrufung einer Adrenalinglucosurie nötige Dosis ist von individuellen Umständen abhängig. Nach Kleissel scheint die Blutalkaleszenz eine Rolle zu spielen und imstande zu sein, bei höheren Graden eine Adrenalinglucosurie zu verhindern. Nach Watermann genügen 0,4 mg um an einem 2 kg schweren Kaninchen eine deutliche Glucosurie hervorzurufen (vgl. Nardelli). Auch beim Menschen erzeugt subkutane Adrenalininjektion Glucosurie; leichter und stärker bei solchen, die Merkmale eines erhöhten Sympathicotonus haben, während es andere Individuen gibt, bei denen Adrenalin viel schwerer Glucosurie auslöst (Eppinger). Die mittlere Dosis, die beim Menschen zur Glucosurie führt, ist 1 mg.

Die durch Adrenalin hervorgerufene Glucosurie erreicht ihr Maximum nach etwa 4 Stunden, dauert gewöhnlich 6—8 Stunden und selten länger als 24 Stunden. In gewissen Fällen — bei Vorbehandlung mit kleinen Adrenalindosen (Pollak, Watermann) und nach großen Nicotingaben (Cannon, Aub und Binger, King) kommt es infolge Nierendichtung nicht zu einer Glucosurie, sondern nur zu einer Hyperglykämie (vgl. hierzu auch Bierry und Fandard).

Auch experimentelle Eingriffe — Piqûre, Morphiuminjektion, Schreck — können indirekt eine Glucosurie hervorrufen (Cannon und de la Paz, Cannon, Shohl und Wright), die als Adrenalinglucosurie aufzufassen ist, da diese Momente eine plötzliche Ausschüttung des Nebennierenadrenalins in den Kreislauf veranlassen. Erhalten die Versuchstiere vor der Adrenalininjektion Ergotoxin, so erfolgt keine Mobilisierung des Leberglykogens, die Hyperglucämie bleibt aus (Miculicich, Morita). Auch die durch Phosphorvergiftung geschädigte Leber kann sich der Adrenalininjektion gegenüber passiv verhalten (Franc und Isaak). Exstirpation der Nebennieren bedingt naturgemäß eine Verminderung des Blutzuckergehaltes, eine Hypoglucämie (Porges, Nishi). Diese ist auch charakteristisch für Erkrankungen der Nebenniere und besitzt speziell diagnostischen Wert für die als Addisonsche Krankheit bekannte Nebennierentuberkulose (Porges, Bernstein). Die durch Sympathicusreizung der Leber auftretende Adrenalinglucosurie und Adrenalinhyperglykämie wird durch gleichzeitige Injektion autonomer nervenerregender Substanzen — Cholin und Pilocarpin — nicht beeinflußt. Antipyretika vermögen die Adrenalinglucosurie abzuschwächen (Starkenstein), hingegen läßt sich aus diesem antagonistischen Verhalten nicht auf eine periphere Lähmung der Sympathicusendigungen schließen (Mansfeld und Purjesz).

Eine Verhinderung der Adrenalinglucosurie und -Hyperglykämie findet nach Stenström ebenfalls statt, wenn die Versuchstiere subkutan oder oral mit Hypophysenextrakt vorbehandelt werden. Auch nach Kepinow scheint eine Wechselbeziehung zwischen Hypophysenextrakt und Adrenalin zu bestehen. Allerdings in umgekehrtem Sinne, indem Vorbehandlung mit ersterem eine durch Sensibilisierung der Angriffspunkte bedingte Potenzierung der Adrenalinwirkung verursacht. Diese am Läwen-Trendelenburgschen Froschpräparat am enukleierten Froschauge und in Blutdruckversuchen gemachte Beobachtung läßt sich jedoch, was den Blutdruck anbetrifft, als Folge der durch den Hypophysenextrakt hervorgerufenen Kreislaufstörung (Herzschädigung) und der dadurch bedingten Konzentrationserhöhung des Adrenalins im Blut erklären (Börner).

Die innersekretorischen Wechselwirkungen zwischen Adrenalingehalt des Serums bezw. Adrenalinglucosurie zu den Sekreten der Schilddrüsen und der Epithelkörper haben sich als nicht spezifisch herausgestellt (Blum und Marx, Gley und Guinguand). Ein enger Konnex scheint jedoch zwischen der Pankreasfunktion und der Adrenalinglucosurie zu bestehen (Eppinger, Falta, Rudinger). Vom Pankreas wird wahrscheinlich ein Sekret abgegeben, welches an der Leber gegenüber dem Adrenalin antagonistisch wirkt und dessen zuckermobilisierende Fähigkeit bremst. Der Wegfall dieses Sekretes nach Pankreasexstirpation und bei Diabetes mellitus macht die Leber gegenüber dem Adrenalin empfindlicher (Fröhlich und Pollak).

Auch an der isolierten Leber bewirkt Adrenalin eine vermehrte Zuckermobilisation (Fröhlich und Pollak). Bei der Hundeleber blieb die Steigerung des Zuckergehaltes der Durchströmungsflüssigkeit nach Adrenalinzusatz aus, wenn vorher Pankreasextrakt zugesetzt wurde (Dresel und Piper). Pankreasextrakt für sich allein war ohne Wirkung.

Die durch Adrenalin mobilisierte Glucose fällt einer raschen Verbrennung anheim, was in einer Steigerung des Respirationsquotienten zum Ausdruck kommt (Fuchs und Roth). Die den Respirationsquotienten steigernde Adrenalinwirkung erfolgt nicht unmittelbar nach der Mobilisation, sondern ist an die Tätigkeit anderer Vorgänge bezw. an die Mitwirkung anderer Hormone (Pankreashormon?) gebunden. Bei Diabetikern, wo diese sekundäre Verbrennung nicht erfolgen kann, wird durch Adrenalin wohl Zucker mobilisiert, eine Steigerung des Respirationsquotienten bleibt aus (Fuchs und Roth, Bernstein und Falta). Nach den

an curarisierten Hunden ausgeführten Versuchen ist die Vergrößerung des Respirationskoeffizienten bedingt durch einen verminderten
Sauerstoffverbrauch und durch eine Zunahme der Kohlensäureproduktion (Hari). Auch an den überlebenden Organen (Herz,
Drüsen, Speicheldrüsen) wird durch Adrenalin eine Steigerung
des Glucoseumsatzes hervorgerufen. Dieser ist aber keine spezifische
Wirkung des Adrenalins, sondern verursacht durch die vermehrte
energetische Leistung und die damit gesteigerten Stoffwechselvorgänge (Wilenko, Evans und Ogawa, Barcroft und Piper).

Neben der charakteristischen Beeinflussung des Zuckerstoffwechsels veranlaßt eine Vermehrung des kreisenden Adrenalins
auch eine vermehrte Ausscheidung von Purinkörpern. Speziell
die Alantoinausscheidung ist erheblich erhöht (Falta); diese
Stoffwechselbeeinflussung ist in letzter Linie auf eine Änderung
des Splanchnicotonus zurückzuführen.

Bei chronischer Behandlung von Meerschweinchen und
Kaninchen mit subletalen Adrenalindosen konnten im Blut der
behandelten Tiere keine Antikörper nachgewiesen werden (Elliot
und Durham, Halpern). Das Adrenalin unterscheidet sich in
dieser Hinsicht vom Nebennierenextrakt, welcher am Meerschweinchen bei intraperitonealer Injektion das Auftreten von
gefäßerweiternden antagonistischen Substanzen im Serum bedingt (Halpern). Auch im Harn der mit Adrenalin behandelten
Tiere waren keine anormalen Bestandteile nachzuweisen, außer
den durch die jeweiligen Injektionen veranlaßten Zuckerausscheidungen. Der Blutdruck der Versuchstiere war normal, die
Blutgefäße und auch andere sympathisch innervierte Organe
reagierten in gleicher Weise auf Adrenalin wie bei normalen Tieren.
Die Nebennieren waren etwas vergrößert, Leber und Nieren zeigten
am meisten Veränderungen, erstere Schrumpfungen und fettige
Degeneration. Am Meerschweinchen verursacht die chronische
Verabreichung von Adrenalin Nekrosen der Haut, die sympathisch
innervierten Organe waren kaum angegriffen. Über die Veränderung des Herzens und der Gefässe bei chronischer Adrenalinvergiftung vgl. S. 274.

Trotzdem eigentliche Immunitätsreaktionen nicht erzielbar
sind, so lassen sich doch durch Vorbehandlung mit sehr kleinen
Dosen l-Adrenalin oder noch besser mit dem synthetischen
d-Adrenalin gewisse Resistenzerscheinungen hervorrufen, die wahrscheinlich sehr komplizierter Natur sind. Eine Maus, die während

5 Tagen mit steigenden Mengen d-Suprarenin (bis 0,005 g) vor-
behandelt worden war, erholte sich nach subkutaner Injektion
der 10fachen letalen Dosis von l-Adrenalin (0,001 g) innerhalb
150 Minuten vollständig. Auch von d-Adrenalin wurde nach dieser
Vorbehandlung die 10—20fache Dosis vertragen. Größere Ver-
suchstiere, Kaninchen und Hunde, lassen sich auch in dieser
Weise an Adrenalin gewöhnen (Abderhalden und Kautsch,
Abderhalden und Slavu, Abderhalden und Thies). Die
Gewöhnung tritt auch darin zutage, daß die vorbehandelten
Kaninchen auf eine sicher glucosurisch wirkende Dosis l-Adrenalin
(0,2 mg pro kg) keine Zuckerausscheidung im Harn zeigten
(Watermann). Die Resistenz der gewöhnten Tiere ist keine
rasch vorübergehende und bleibt mehrere Tage bestehen. Die
Hemmung der zuckertreibenden Wirkung ist nach Pollak nur
eine scheinbare, da trotz fehlender Glucosurie erhöhte Blutzucker-
werte bestehen. Immerhin bleiben diese bei den vorbehandelten
Tieren um etwa 40 % hinter denen der normalen Tiere zurück
(Watermann). Auch die Blutdruckwirkung hoher Dosen
l-Adrenalin kann nach Vorbehandlung mit d-Adrenalin an Hunden
und Katzen ausbleiben (Fröhlich). Die Hemmung beruht auf
einer, durch die Vorbehandlung mit den hohen Giftdosen verursachten Unerregbarkeit der sympathischen Nervenendigungen.
Diese Unempfindlichkeit ist keine spezifische, sondern ist auch
gegenüber anderen Aminen, wie Tyramin und Histamin, sowie
gegenüber Wittepepton scharf ausgeprägt (Fröhlich und Pick,
vgl. auch Abderhalden und Müller).

Eine vergleichende Untersuchung verschieden modifizierter
Dioxyphenylalkylamine hat als eindeutiges Resultat ergeben, daß
zur Erzeugung der chemischen Sympathicusreizung diejenige
Konfiguration am geeignetsten ist, welche dem Adrenalin zugrunde
liegt. Schon eine sterische Änderung in der Anordnung der Atome
bedingt eine bedeutende Abschwächung der Adrenalinwirkung.
Der Effekt des d-Adrenalins verhält sich zu dem des natürlichen
l-Adrenalins wie etwa 1:12 bezw. 1:15 (Cushny, Abderhalden
und Müller, Schulz), ein Verhältnis, das am genauesten durch
Blutdruckbestimmung ermittelt wurde, das aber auch in anderen
meßbaren Symptomen der Adrenalinwirkung (Pupillenverengerung
des Froschauges, Glucosurie, Toxizität) zum Ausdruck gelangte.
Das Verhalten des dl-Adrenalins entspricht in quantitativer Hinsicht seiner Komponenten. Cushny fand das Wirkungsverhältnis

von dl- zu l-Adrenalin wie 16:30, Barger und Dale 6,5:10 und Schulz 10:15.

Eine weitgehende Abschwächung tritt ein, wenn die Aminogruppe aus der β-Stellung in die α-Stellung zum Benzolkern tritt. Das sogenannte Isoadrenalin (vgl. S. 268) ist pharmakologisch sehr wenig wirksam (Mannich). Die Aktivität erhöht sich auch nicht, wenn diese α-Verbindungen in ihre optische Isomeren gespalten werden, wie dies Moore für das l- und d-α-p-Oxy-m-methoxyphenyläthylamin dargetan hat. Auch die Brenzcatechinstellung der beiden Oxygruppen im Benzolkern ist von wesentlicher Bedeutung. Befindet sich die eine Phenolgruppe zur anderen in 1.3-Stellung (Resorcinstellung), so wird die Wirkung abgeschwächt. ω - Aminoacetoresorcin ist nicht wirksamer als p-Oxyaminoacetophenon (Barger und Dale). Von Bedeutung ist auch die Stellung des Alkylrestes zu den beiden Phenolgruppen. Hier scheint die 1.3.4-Stellung am günstigsten zu sein. 1.2.3-Dioxybenzylamin ist weniger wirksam als 1.3.4-Dioxybenzylamin (Tiffeneau).

Mit dem Ersatz der sekundären Alkoholgruppe der Seitenkette des Adrenalins durch eine Ketogruppe geht ebenfalls eine weitgehende Abschwächung parallel. Die Aminoacetobrenzcatechine sind erheblich schwächer als die Aminoäthanolbrenzcatechine (Loewi und Meyer). Ein quantitativer Vergleich der einzelnen Basen untereinander und mit dem Adrenalin ist nicht leicht möglich, weil die Wirkung qualitativ nicht immer gleich ist. Nimmt man die Blutdruckwirkungen als Maßstab, so erweist sich Äthylaminoacetobrenzcatechin am wirksamsten. Das primäre Aminoacetobrenzcatechin ist etwas weniger aktiv; als Wirkungsverhältnis ergab sich etwa 3:1 oder 1,5:1. Individuelle Empfindlichkeit kann aber auch eine Umkehr dieser Verhältnisse bedingen. Weniger wirksam als Amino- und Äthylaminoacetobrenzcatechin ist Methylaminoacetobrenzcatechin. Dessen Blutdruckwirkung differiert qualitativ etwas von der der ersteren Verbindungen, indem es wie diese zwar einen raschen Anstieg aber nur einen allmählichen Abstieg zeigt. Noch geringer ist die Aktivität des Propylaminoacetobrenzcatechins (Barger und Dale).

Die am Aminoalkylrest nicht substituierten Brenzcatechinderivate zeigen eine länger dauernde Blutdruckwirkung als die Keto- oder Alkoholbasen. Am stärksten wirksam erwies sich in dieser Reihe Methylaminoäthylbrenzcatechin. Seine Blutdruckwirkung verhält sich zu der des dl- und l-Adrenalins wie 1:7:10. Das nicht methylierte Aminoäthylbrenzcatechin ist etwa 5—10 mal weniger wirksam. Die Äthylaminoverbindung wirkt wieder etwas stärker als die Aminoverbindung (Wirkungsverhältnis 1,5:1). Die Propylaminobase ist auch hier am wenigsten wirksam (Barger und Dale). Andere Gesetzmäßigkeiten ergeben sich, wenn man statt des Blutdruckes den virginellen Katzenuterus als Testobjekt wählt. Hier ist die Reihenfolge fast immer Methylamino-, Äthylamino-, Amino-Propylamino. Mit den nichtträchtigen aber multiparen Organen ist die Reihenfolge anders: Die Aminobase hat fast keinen hemmenden Effekt, auch die Äthylaminowirkung ist gering. Wieder eine andere Skala zeigt sich, wenn man die Substanzen am isolierten Retractor penis prüft.

Die je nach der Wahl des Prüfungsobjektes auftretenden quantitativen Unterschiede erklären sich durch die verschiedene sympathische Innervation der betreffenden Organe, welche in dem einen (Gefäßmuskulatur) mehr fördernder, in dem anderen (virgineller Uterus) mehr hemmender Natur ist. Die Wirkung eines Präparates repräsentiert sich als die Resultante der Reizungen der Dilatatoren und der Konstriktoren. Die sympathomimetischen Substanzen werden nun je nach der Struktur mehr auf die konstriktorischen oder dilatatorischen Elemente eingestellt sein. Mißt man den hemmenden Effekt wie bei der Uteruswirkung, so werden natürlich diejenigen Amine am stärksten wirken, welche zu den Dilatatoren die größte Affinität besitzen; dies sind die Methylaminobasen (Barger, Dale).

Die Einführung einer weiteren Oxygruppe in den Benzolkern — Aminoacetopyrogallol, Aminoäthylpyrogallol — erhöht die Wirksamkeit der Basen nach keiner Richtung (Barger und Dale). Die Blutdruckwirkung ist etwas geringer, die hemmende Wirkung nicht größer als die der entsprechenden Brenzcatechinverbindungen (Barger und Dale).

Neben diesen an glatt muskulären Organen ausgeführten Vergleichsversuchen hat Morita einige Brenzcatechinderivate — Äthylaminoacetobrenzcatechin, Monoäthanolaminoacetobrenzcatechin, Phenetidoäthanolbrenzcatechin, Dimethylaminoacetobrenzcatechin, Diäthylaminoacetobrenzcatechin, Aminoacetobrenzcatechin und Piperidoacetobrenzcatechin — auf ihre glucosurische Wirkung an Kaninchen und an überlebenden, künstlich durchströmten Froschlebern geprüft. Am wirksamsten erwiesen sich Äthylaminobrenzcatechinchlorhydrat und Monoäthanolaminoacetobrenzcatechin, dann folgen Phenetidoäthanolbrenzcatechin, Dimethylaminoacetobrenzcatechinchlorhydrat, Diäthylaminoacetobrenzcatechin und Aminoacetobrenzcatechin. Eine präventive Ergotoxininjektion hemmt die Glucosurie sämtlicher Amine.

Bestimmung und Nachweis der Phenylalkylamine.

Die systematische Aufteilung des Phosphorwolframsäureniederschlages, welche in den übrigen Gruppen die wesentliche methodische Grundlage darstellt, ist für die biogenen Amine der fettaromatischen Reihe nur ausnahmsweise angewendet worden. Für Adrenalin erweist sich dieses Verfahren von vornherein als unbrauchbar, da schon die Phosphorwolframsäure das leicht oxydable Brenzcatechinderivat zerstören würde. Phenyläthylamin und Oxyphenyläthylamin gehen unter den Bedingungen des Verfahrens von Kossel und Kutscher in die Lysinfraktion und müssen daraus durch fraktionierte Krystallisation ihrer Salze oder Doppelsalze abgetrennt werden. Einige derselben seien nachstehend kurz beschrieben.

Phenyläthylamin:

Das Chlorhydrat $C_6H_5 \cdot CH_2 \cdot CH_2 \cdot NH_2$, HCl krystallisiert aus Alkohol + Äther in glänzenden Blättchen vom Schmelzpunkt 217^0, 100 Teile Wasser von 14^0 lösen 79,5 Teile Salz. Es ist leicht löslich in Alkohol (Bertram und Walbaum).

Das saure Oxalat $C_8H_{11}N \cdot C_2H_2O_4$ schmilzt bei 181^0, das neutrale Oxalat, Blättchen, schmilzt bei 218^0.

Das Platindoppelsalz $(C_6H_5C_2H_4NH_2, HCl)_2PtCl_4$ krystallisiert aus salzsäurehaltigem Alkohol in goldgelben Blättchen oder orangefarbenen Schuppen, sehr wenig löslich in Wasser, es schwärzt sich bei 225^0 und zersetzt sich bei 246—248^0.

Das Golddoppelsalz $C_8H_{11}N \cdot HCl \cdot AuCl_3$ hellgelbe breite Nadeln, Schmelzpunkt 98—100^0, leicht löslich in Wasser, Alkohol und HCl (Emde).

Oxyphenyläthylamin:

Das Chlorhydrat schmilzt bei 268—269^0 (Sasaki). Es ist in reinem Zustande in absolutem Alkohol wenig löslich, leichter löslich in Methylalkohol, es krystallisiert daraus in glänzenden Blättchen.

Das Pikrat, Prismen aus Wasser, schmilzt bei 200^0.

Das Platindoppelsalz krystallisiert aus wäßriger Lösung in Nadeln oder sechsseitigen Blättchen (Winterstein und Küng).

Hordenin:

Das Chlorhydrat krystallisiert aus 90%igem Alkohol in feinen, wasserfreien Nadeln, das Sulfat prismatische, glänzende Nadeln, leicht löslich in Wasser, wenig löslich in Alkohol.

Die Isolierung von Phenyläthylamin und p-Oxyphenyläthylamin aus der Lysinfraktion, die Winterstein und seinen Mitarbeitern in einigen Fällen gelungen ist, ist nicht nur sehr kompliziert, sondern voraussichtlich auch sehr verlustreich.

Phenyläthylamin ist mit Wasserdämpfen flüchtig. Wiewohl keine eindeutigen Versuche vorliegen, ob sich hierauf eine Abtrennung des Phenyläthylamins aus den Gemischen von Extraktivstoffen und Fäulnisprodukten gründen läßt, so ist doch zu vermuten, daß es unter gewissen Bedingungen gelingen wird, durch Destillation alkalischer Lösungen das Phenyläthylamin gemeinsam mit anderen flüchtigen Aminen abzudestillieren. Eine Trennung von den anderen flüchtigen Basen, unter welchen namentlich Ammoniak und die proteinogenen Alkylamine (Methyl-, Äthyl-, Trimethyl- und Isoamylamin) in Betracht zu ziehen sind, hätte dann auf Grund der verschiedenen Löslichkeit der Salze und Doppelsalze zu erfolgen. Nach dieser Methode gelang es z. B. Leprince aus dem eingeengten sodaalkalischen Extrakte von Misteln eine Base $C_8H_{11}N$ über zu destillieren, die wahrscheinlich Phenyläthylamin war.

Barger und Walpole gewannen Phenyläthylamin aus gefaultem Fleisch, indem sie die schwach salzsauren Extrakte zur Trockne dampften, die Rückstände mit Sand aufsogen und mit Aceton erschöpften. Der von Fettsäure befreite Acetonrückstand wurde mit verdünnter Salzsäure ausgezogen, die Lösung alkalisch gemacht und mit Äther extrahiert. Der ätherische Extrakt enthielt Phenyläthylamin neben Isoamylamin, welche durch Krystallisation ihrer Oxalate voneinander getrennt wurden. Größere Mengen lassen sich auch durch fraktionierte Destillation der Basen reinigen.

Ist unter den Extraktivstoffen gleichzeitig noch Oxyphenyläthylamin anwesend, so läßt sich eine Trennung von Phenyläthylamin dadurch erzielen, daß man die wäßrige Lösung erst bei natronalkalischer, dann bei sodaalkalischer Reaktion mit Amylalkohol ausschüttelt. Bei natronalkalischer Reaktion bleibt das Oxyphenyläthylamin in der wäßrigen Lösung zurück, während das Phenyläthylamin in den Amylalkohol übergeht. Säuert man die natronalkalische Mutterlauge mit Salzsäure an, macht dann wieder sodaalkalisch, so läßt sich auch das Oxyphenyläthylamin mit Amylalkohol extrahieren.

Unter bestimmten Umständen, namentlich bei Anwesenheit anderer biogener Amine, ist es angebracht, die obige Trennung von

Phenyläthylamin und Oxyphenyläthylamin erst nach vorhergegangener Sublimatfällung des alkoholischen basenhaltigen Extraktes vorzunehmen. Die Quecksilberverbindungen der Phenylalkylamine, welche ziemlich leicht löslich sind, verbleiben in der Mutterlauge, diese wird vom Quecksilber befreit und mit Amylalkohol in der angegebenen Weise fraktioniert extrahiert (Barger).

Zur Isolierung der Basen aus Harn empfiehlt Bain die Adsorption an Kohle. Schüttelt man den Harn mit Blutkohle, so gehen die Amine mit dieser eine adsorptive Bindung ein, die beim Kochen mit verdünnter Salzsäure wieder gelöst wird. Der so erhaltene salzsaure Extrakt ist farblos und eignet sich leichter zur Verarbeitung als der ursprüngliche Harn. Die Isolierung von p-Oxyphenyläthylamin aus Käse gelingt in einfacher Weise durch langdauernde Extraktion des schwach alkalischen wäßrigen Extraktes (Ehrlich und Lange). In ähnlicher Weise erfolgt auch die Isolierung von Oxyphenyläthylalkohol (Tyrosol) aus Gärprodukten (Wein und Bier).

Zum Nachweis des Hordenins in Malzkeimen extrahierte Torquati das Material mit verdünnter Weinsäure, dampfte bis zur Sirupdicke ein und nahm diesen mit Gips auf. Die pulverisierte Gipsmasse wurde mit Alkohol erschöpft. Der Alkoholextrakt wird bei saurer Reaktion mit Äther von Farbstoffen und Fettsäuren befreit, dann mit Kaliumcarbonat alkalisch gemacht und abermals mit Äther extrahiert. Aus diesem Auszug ließ sich reines Hordenin gewinnen.

Für den qualitativen Nachweis des Oxyphenyläthylamins können selbstverständlich alle colorimetrischen Methoden dienen, die zur Bestimmung von Phenolen angewendet werden. Mit Millons Reagens z. B. entsteht Rotfärbung je nach der Konzentration mit und ohne Niederschlagbildung; mit Mörners Reagens (formaldehydhaltige Schwefelsäure) Grünfärbung, mit Folins Reagens (salzsaure Lösung von Phosphorwolframsäure und Phosphormolybdänsäure) Blaufärbung, ebenso mit Frödes Reagens. Selbstverständlich sind diese Farbreaktionen nur wenig spezifisch und deuten nur an gereinigten Präparaten, bei welchen die Anwesenheit anderer Phenolderivate (Tyrosin, Phenol, Oxyphenylessigsäure, Tyrosol) ausgeschlossen ist, auf das Vorhandensein von p-Oxyphenyläthylamin oder Hordenin.

Die direkte Isolierung des Adrenalins (vgl. S. 267) eignet sich wohl zur Gewinnung größerer Quantitäten der Base aus

Nebennieren, ist aber für den Nachweis kleiner Mengen, der namentlich bei physiologischen Versuchen oft in Frage kommt, kaum verwertbar. Mit Hinblick auf die große Veränderlichkeit des Adrenalins wird man in diesen Fällen überhaupt von einer gravimetrischen Bestimmung absehen und zu den colorimetrischen oder biologischen Methoden greifen. Der colorimetrische Nachweis von Adrenalin beruht einerseits auf der grünen Eisenchloridreaktion des Brenzcatechinrestes, d. h. auf Komplexsalzbildung, andererseits auf der rosa bis roten Oxydationsfärbung, welche das Adrenalinmolekül unter dem Einfluß verschiedener Agenzien annimmt und schließlich auf der Reduktionsfärbung, die das sauerstoffgierige Adrenalin an Lösungen von Metallsalzen (Goldchlorid, ammoniakalisches Silbernitrat) und Säuren (Phosphorwolframsäure, Phosphormolybdänsäure) hervorruft.

Die Eisenchloridreaktion. Neutrale oder schwachsaure Lösungen von Adrenalin geben mit einer verdünnten Eisenchloridlösung wie andere Brenzcatechinderivate eine intensive Smaragdgrünfärbung. Sie ist noch in einer Verdünnung 1 : 30 000—1 : 100 000 bemerkbar. Gegenwart von freier Säure vermindert jedoch die Empfindlichkeit, vorsichtiger Zusatz von Alkali bedingt erst einen Umschlag in blau, dann in violett und rot. Zur Ausführung colorimetrischer Bestimmungen mittels der Eisenchloridreaktion müssen daher die zu vergleichenden Adrenalinlösungen stets annähernd dieselbe Wasserstoffionenkonzentration besitzen, eine Bedingung, die nicht immer leicht zu erfüllen ist. Dazu kommt die Unbeständigkeit der grünen Färbung. Alle diese Umstände bedingen, daß die Eisenchloridreaktion sich nur zum qualitativen Nachweis des Adrenalins eignet. Auch die Modifikation von Fürths, welche die beständige Rotfärbung in sodaalkalischer Lösung zum Nachweis herbeizieht, macht die Methode wohl empfindlicher aber nicht exakter. Das gleiche gilt auch von der Abänderung Bayers, welcher durch Zugabe von Sulfanilsäure die grüne Farbe in eine rotbraune oder braungelbe verändert und dabei gleichzeitig die Empfindlichkeit um das Zehnfache erhöht.

Oxydationsfärbung. Das Adrenalin nimmt unter dem Einfluß von Oxydationsmitteln eine Rosa- bis Rotfärbung an. Diese erfolgt an neutralen Lösungen schon unter der Einwirkung des Luftsauerstoffs, rascher und intensiver unter dem Einfluß von Oxydasen — Tyrosinase aus Russula delica (Abderhalden und Guggenheim) und aus Kartoffeln (Ransom), Oxydase aus Sepia (Neuberg) — wobei sich die Färbung bis ins Braun vertieft. Schwache Oxydationsmittel, wie verdünnte Jodlösungen (Vulpian, Abelouse, Krauß, Fränkel und Allers), Persulfate (Ewins), Sublimat (Comesatti, Ewins), Mangandioxyd (Seidell, Zanfroguini) verschärfen diese Oxydationsfärbungen und eignen sie für quantitative Bestimmungen. Wesentlich für die von den verschiedenen Autoren auf Grund dieses Verhaltens ausgearbeiteten colorimetrischen Verfahren, ist die Vermeidung eines zu starken Oxydationsmittels, oder eines zu großen Überschusses desselben, weil beide Umstände die Oxydationsfarbe zu zerstören oder zu verdecken vermögen.

Auch verschiedene andere Dioxyphenylalkamine geben die beschriebenen Oxydationsfärbungen. Die Empfindlichkeitsgrenze ist für die einzelnen Substanzen verschieden (Ewins). Von Interesse ist, daß die Ketonbasen Aminoaceto-, Methylaminoaceto-, Äthylaminoaceto-, Propylaminoacetobrenzcatechin und Aminoacetopyrogallol, die beschriebenen Oxydationsreaktionen nicht zeigen. Auch bei den primären und sekundären Dioxyphenylalkylaminen und -Alkanolaminen, welche die Reaktion geben, zeigen sich Verschiedenheiten in der Geschwindigkeit, mit welcher die Oxydationsfärbung unter den verschiedenen Bedingungen auftritt. Diese Differenzen, welche mit der Oxydabilität der Verbindungen in keinem direkten Zusammenhang stehen, verdienen Beachtung mit Hinblick auf die Spezifität, die bei biologischen Oxydationsprozessen im allgemeinen und bei der von Bloch studierten fermentativen Veränderung von Brenzcatechinderivaten im besonderen festgestellt worden ist.

Reduktionsfärbung. Hier ist namentlich die Reaktion von Folin und Denis in Erwägung zu ziehen. Sie beruht auf der Reduktion der Phosphorwolframsäure zu einer intensiv blaugefärbten niedrigeren Oxydationsstufe. Die Reaktion ist sehr empfindlich und zeigt $^{1}/_{300}$—$^{1}/_{400}$ mg Adrenalin an. Sie ist jedoch nicht spezifisch. Auch andere reduzierende Substanzen, namentlich Phenol und Harnsäure geben mit dem Phosphorwolframsäurereagens eine Blaufärbung, die geringe Beständigkeit der Reduktionsfärbung kann die Resultate ebenfalls trüben. Immerhin sind die mit der Methode von Folin, Cannon und Denis erzielten Resultate relativ genau und stimmen mit den durch die Blutdruckbestimmung ermittelten Adrenalinwerten ziemlich gut überein.

Der Umstand, daß die Intensität der S. 273 u. ff. beschriebenen pharmakodynamischen Wirkungen des Adrenalins unter gewissen Bedingungen proportional der Adrenalinmenge ist, gewährt eine vielfache Möglichkeit, um diese Base mit Hilfe biologischer Testobjekte nachzuweisen und zu bestimmen. Die Wirkungen auf den Blutdruck, auf die überlebenden Gefäße, auf den isolierten Uterus, auf das enukleierte Froschauge, auf den Zuckerstoffwechsel, sie alle stellen sowohl in quantitativer, wie in qualitativer Hinsicht ein Maßstab für das Vorhandensein von Adrenalin dar. Während aber die Messung der Uteruswirkung (Fränkel), der Mydriasis der Froschpupillen (Meltzer, Ehrmann, Abderhalden und Thieß, Schultz, Comesatti), der Glucosurie (Abderhalden und Kautsch, Watermann) sich für genaue Bestimmungen weniger gut eignet, erwiesen sich die steigernde Wirkung auf den Karotisblutdruck narkotisierter oder decerebrierter Tiere (Dale, Barger und Dale, Elliot) und der vasokonstringierende Einfluß auf die isolierten Froschgefäße (Trendelenburg) als ziemlich sichere Grundlagen einer physiologischen Adrenalinbestimmung.

Da auch andere gefäßverengernde Stoffe, wie sie in physiologischen Extrakten vorkommen am Läwen - Trendelenburgschen Präparat Adrenalin vorzutäuschen vermögen (O'Connor) kann in einzelnen Fällen durch die tonussenkende Wirkung des Adrenalins auf den überlebenden Meerscheinchendarm (Guggenheim und Löffler) als Kriterium herbeigezogen werden. An diesem Testobjekt zeigt sich die Wirkung ebenfalls noch in sehr großer Verdünnung (1:200 Millionen bis 1:500 Millionen), jedoch scheint die pharmakologische Grenzkonzentration je nach dem Zustand des Testobjektes zu variieren.

IX. Gruppe.

Das Indoläthylamin.

Der natürliche Mittelpunkt aller Betrachtungen über biogene Indolderivate ist die von Hopkins und Cole entdeckte Indolaminopropionsäure, das Tryptophan

$$\begin{array}{c} \text{CH} \\ \text{HC} \diagdown \quad \text{C} \text{---} \text{C} \text{---} \text{CH}_2 \cdot \text{CH(NH}_2) \cdot \text{COOH} \\ \text{HC} \diagup \quad \text{C} \diagdown \text{CH} \\ \text{CH} \quad \text{NH} \end{array}$$

Der natürliche Aufbau dieser eigenartig konstituierten Aminosäure ist uns ebensowenig bekannt, wie ihre spezielle biologische Funktion; wir wissen nur, daß sie in verschiedenen Eiweißkörpern als Baustein auftritt, und zwar in weit geringerer Menge als die meisten anderen Aminosäuren, doch ist ihre Anwesenheit offenbar unbedingt notwendig, wenn ein für den Tierkörper vollwertiges Eiweiß aufgebaut werden soll. Was wir von sekundären Umwandlungsprodukten des Tryptophans außer der Kynurensäure

$$\begin{array}{c} \text{CH} \quad \text{C(OH)} \\ \text{HC} \diagdown \quad \text{C} \diagdown \text{CH} \\ \text{HC} \diagup \quad \text{C} \diagup \text{C} \text{---} \text{COOH} \\ \text{CH} \quad \text{N} \end{array}$$

sicher kennen, sind bakterielle Stoffwechselprodukte bezw. ihre Derivate. Auch die Kynurensäure deutet wahrscheinlich nur einen Seitenweg der Tryptophanverwertung im Tierkörper an. Sie ist bis jetzt nur als Stoffwechselprodukt des Hundes und des südamerikanischen Steppenwolfes nachgewiesen worden, und auch bei diesen kennzeichnet sie nach den Arbeiten von Homer nur die Richtung, in welcher ein für das Bedürfnis des Organismus nicht verwertbarer Überschuß der Aminosäure eliminiert wird und sie ist keineswegs eine für die Bildung lebenswichtiger Substanzen notwendige Zwischenstufe.

Es ist zwar naheliegend, daß die ausgesprochene chromogene Natur des Indolkomplexes mit der Entstehung tierischer Pigmente und Farbstoffe in Zusammenhang gebracht wird, doch kann dieser Gedanke ebenso wie die Vorstellung, der im Indol enthaltene Pyrrolkern werde für den Aufbau des Hämatinkomplexes verwertet, bis zur Ermittlung sicherer Tatsachen nur als Arbeitshypothese aufgefaßt werden.

Auch über die Entstehung des Indolkerns im pflanzlichen Organismus besitzen wir keine Anhaltspunkte. Wir wissen noch nicht, ob die Indoxylbildung indigoführender Pflanzen (Isatis tinctoria, Indigo indigofera) den Weg über das Trypthophan nimmt, auch die Herkunft der in vielen Blumendüften exhalierten Indolderivate (Indol, Skatol) ist ungeklärt. Nur in der tropischen Erythrina Hypaphorus ist ein Umwandlungsprodukt des Tryptophans, das Hypaphorin (vgl. S. 222) aufgefunden worden, doch ist die hier vorliegende erschöpfende Methylierung des Tryptophans zweifellos ein Ausnahmefall.

Während das biochemische Verhalten des Tryptophans in den höheren Organismen nur in wenigen Punkten aufgeklärt ist, sind im Stoffwechsel der Mikroorganismen eine Reihe von Abbauprodukten, das Indol, die Indolcarbonsäure, die Indolessigsäure, die Indolpropionsäure, das Skatol, die Indolmilchsäure, der Indoläthylalkohol, bekannt geworden. Zu diesen hat sich in neuester Zeit auch ein Amin, das Indoläthylamin gesellt. Dieses ist das einzige Abbauprodukt, welches ausgesprochenen basischen Charakter besitzt.

Eine nur unvollkommen charakterisierte Indolbase ist das **Skatosin** $C_{10}H_{12}O_2N_2$, von Braun und von Swain aus autolysiertem Pankreas nach umständlichem Verfahren als Benzoylderivat isoliert. Das Hydrochlorid $C_{10}H_{16}O_2N_2 \cdot 3\,HCl$ (?) schiefwinklige Blättchen aus konzentrierter, wäßriger Lösung vom Schmelzpunkt 345—355⁰. Die Benzoylverbindung $C_{10}H_{12}O_2N_2$ $(C_6H_5CO)_4$ schmilzt bei 169⁰, wenig löslich in Äther, unlöslich in Benzol.

Das Indoläthylamin bildet sich aus Tryptophan durch Abspaltung des endständigen Carboxyls

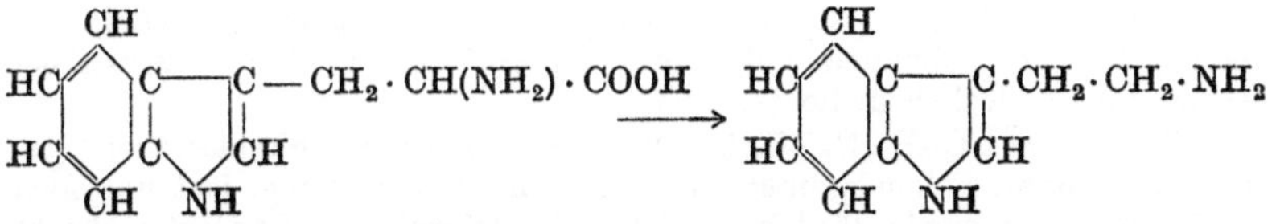

$$HC\underset{CH}{\overset{CH}{\underset{C}{\underset{|}{C}}}}\;C\!-\!C\!-\!CH_2\cdot CH(NH_2)\cdot COOH \;\longrightarrow\; HC\underset{CH}{\overset{CH}{\underset{C}{\underset{|}{C}}}}\;C\!-\!C\cdot CH_2\cdot CH_2\cdot NH_2$$

Diese Abspaltung wird durch gewisse Bakterienarten erzielt, und zwar sind hierzu besonders solche Organismen befähigt, welche auch das Histidin und das Tyrosin zu decarboxylieren vermögen (Ewins und Laidlaw). Eine intermediäre Bildung von Indoläthylamin kann man jedoch auch bei jenen biologischen Prozessen annehmen, bei welchen es gelungen ist, Indoläthylalkohol, Tryptophol:

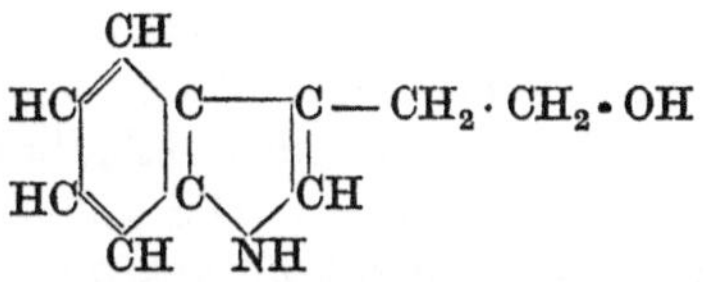

$$HC\underset{CH}{\overset{CH}{\underset{C}{\underset{|}{C}}}}\;C\!-\!C\!-\!CH_2\cdot CH_2\cdot OH$$

nachzuweisen, da die Bildung dieses Körpers voraussichtlich über die Aminstufe erfolgt (F. Ehrlich). Auch die in den Fäulnisprodukten und auch im Harn höherer Tiere und des Menschen nachgewiesene Indolessigsäure

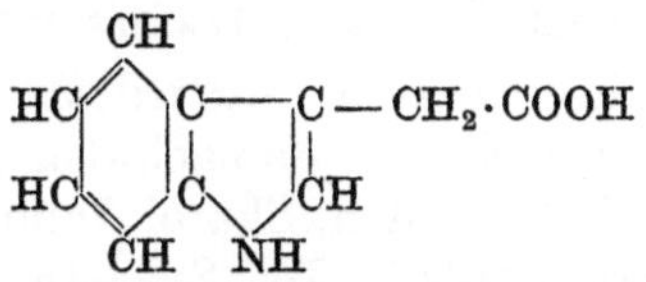

$$HC\underset{CH}{\overset{CH}{\underset{C}{\underset{|}{C}}}}\;C\!-\!C\!-\!CH_2\cdot COOH$$

mag aus dem gleichen Grunde als Indicator für intermediär gebildetes Indoläthylamin aufgefaßt werden. Auch durch Erhitzen über den Schmelzpunkt gelingt es unter geeigneten Bedingungen das Tryptophan in das entsprechende Amin zu verwandeln. Die Indolaminopropionsäure verhält sich also in dieser Hinsicht gleich wie das Tyrosin. Die Synthese des Amins gelang Ewins und Laidlaw in Anlehnung an die Fischersche Indolsynthese.

Das Amin bildet farblose Nadeln aus Alkohol + Benzol. Schmelzpunkt 145—146°, sehr leicht löslich in Alkohol, Aceton, fast unlöslich in Wasser, Äther, Chloroform. Es zersetzt sich beim Erhitzen unter gewöhnlichem Druck. Gibt mit Glyoxylsäure und konzentrierter H_2SO_4 die blauviolette Färbung des Tryptophans noch bei einer Verdünnung von 1 : 300 000; die Bromreaktion des Tryptophans bleibt aus.

Das Chlorhydrat $C_{10}H_{12}N_2 \cdot HCl$, farblose Prismen aus 95%igem Alkohol + Äther. Schmelzpunkt 256°, löslich in ca. 12 Teilen Wasser bei 18°, sehr leicht löslich in heißem Wasser.

Das Pikrat $C_{10}H_{12}N_2 \cdot C_6H_3O_7N_3$ bildet dunkelrote Krystalle aus verdünntem Aceton, Schmelzpunkt 242—243° unter Zersetzung, fast unlöslich in Wasser, sehr wenig löslich in Alkohol, Chloroform, Essigester, leicht löslich in Aceton.

Das Pikrolonat, chromgelbe Prismen aus Wasser, schmilzt bei 231° unter Zersetzung.

Analog dem Phenyläthylamin (vgl. S. 249) und dem Oxyphenyläthylamin (vgl. S. 257) erfolgt der Abbau des Indoläthylamins im Organismus der Säugetiere über den Indoläthylalkohol zur Indolessigsäure. Ewins und Laidlaw haben dies in Perfusionsversuchen an der überlebenden Leber und in Fütterungsversuchen am Hund in eindeutiger Weise demonstriert. Den als Zwischenprodukt gebildeten Indoläthylalkohol haben Guggenheim und Löffler nachgewiesen. Die gebildete Indolessigsäure wird im Organismus an Glykokoll gekuppelt und gelangt als Indolacetursäure zur Ausscheidung. Die in pathologischen Harnen auftretende Uroroseinreaktion (Rotfärbung bei Zusatz von $^1/_{10}$ Volumen 25%iger Salzsäure bei Gegenwart eines Oxydationsmittels) ist durch die Anwesenheit dieser gepaarten Indolsäure bedingt (vgl. auch Herter, Ewins und Laidlaw).

Ein Teil der Indolessigsäure wird jedoch weiter oxydiert und gelangt nicht zur Ausscheidung. Je nach den Bedingungen mögen hierbei verschiedene Abbaustufen, Skatol, Indol, Indolcarbonsäure, Indolaldehyd passiert werden. Im Säugetierorganismus scheint eine völlige Aufspaltung des Indolringes zu erfolgen, da neben der Indolessigsäure kein anderes Indolderivat im Harn ausgeschieden wurde. Offenbar geht der Abbau auch nicht über die Kynurensäure (Ewins und Laidlaw).

Indoläthylamin wird von den Versuchstieren in ziemlich großen Dosen vertragen. Einem Hund konnten 0,5 g per os verabreicht werden. Größere Dosen bewirkten Erbrechen. Subkutane Dosen rufen an Kaninchen und Katzen in kleineren Gaben keine merklichen Symptome hervor; nach Dosen von 100 mg konnten an Katzen bisweilen schnellerer Herzschlag, Nausea und Salivation beobachtet werden. Nach intravenöser Eingabe von 10 mg zeigten sich bei einem Kaninchen spastische Kontraktion der Glieder, denen ein Tremor folgte. Die Erscheinungen gingen in etwa einer Minute wieder vorüber. Injektion von 20 mg verursachte an einer kleinen Katze innerhalb 30 Sekunden heftige tonische und klonische Krämpfe, Tremor, Dilatation der Pupille und Speichelsekretion. Die Vergiftung erreichte ihren Höhepunkt in einer Minute, das Tier erholte sich nach 3 Minuten. Die krampferregende Wirkung, die auch an Kaltblütern zutage tritt, beruht auf einer Reizung des Zentralnervensystems; sie bleibt aus nach dessen Zerstörung. Der Blutdruck der Katze wird von Indoläthylamin bei intravenöser Injektion erheblich vermehrt. Der rapide Anstieg wird begleitet von einer Zunahme des Herzschlages, er kehrt rasch wieder zum normalen zurück. Die Blutdruckerhöhung ist zum Teil zentraler Natur und auf die krampferregende Wirkung zurückzuführen, welche eine Erhöhung des Abdominaldruckes bedingen. An ätheranästhesierten Tieren ist die Blutdrucksteigerung weniger hoch als an decerebrierten. Bei jenen wird schon nach relativ kleinen Dosen (5 mg) die Respiration stillgestellt, eine Wirkung, die vorzugsweise der Beeinflussung des Respirationszentrums durch das Narkoticum zuzuschreiben ist.

Die Blutdruckwirkung wird namentlich durch Gefäßverengerung und vermehrte Herztätigkeit (Beschleunigung des Herzschlages und des Koronarkreislaufes) bedingt. Die gefäßverengernde Wirkung beruht auf einer Beeinflussung der glatten Muskulatur und zeigt sich auch noch nach Eingabe von großen Dosen Atropin und Curare. Nicotin verringert die Gefäßwirkung auf etwa die Hälfte. Auch Ergotoxin setzt die drucksteigernde Wirkung herab.

Gleichzeitig mit der Blutdrucksteigerung zeigt sich eine Erschlaffung des Uterus, welche auch nach Durchschneidung des Hypogastricus weiter besteht. Dagegen wird am ausgeschnittenen Katzenuterus, sowohl am graviden als am nichtgraviden, eine motorische Wirkung ausgelöst. Am Kaninchen- und Meerschweinchenuterus ist die Base ohne ausgesprochenen Effekt.

Der Darm und die Blase der Katze werden durch Indoläthylamin in geringem Maße erregt; ebenso der isolierte Retractor penis. Die Pankreassekretion wird nicht beeinflußt. Eine Förderung der Speichelsekretion ist zentralen Ursprungs.

Nach intravenöser Eingabe von 10—20 mg an eine decerebrierte Katze erfolgt maximale Pupillenverengerung, die eine Minute lang anhält. Eine weitere Dose von 20 mg bewirkt Erweiterung, die wieder in eine Myosis übergeht. Atropin verhindert diese Myosis nicht, sie ist offenbar eine direkte Muskelwirkung. Die Dilatation

bei Reinjektion beruht auf einem zeitweisen Vorwiegen eines
motorischen Effektes auf den Dilatator über die gleichzeitig aus-
geübte, aber erst nachher zur Geltung kommende, motorische
Wirkung auf den Sphinkter. An einer anästhesierten Katze wird
diese Wirkung nicht beobachtet, auch nicht nach subkutaner Verabreichung der Base (Laidlaw).

Schlußbetrachtungen.

In den vorstehenden Kapiteln ist versucht worden, eine große
Zahl in der Natur vorkommender und synthetisch hergestellter
basischer Substanzen vom chemischen Gesichtspunkte aus in
wenige Gruppen einzureihen und deren chemisches Verhalten,
pharmakologische Eigenschaften und physiologische Bedeutung
zusammenfassend und erschöpfend darzustellen.

Das Bestreben, einen Einklang zu finden zwischen chemischer
Konstitution, pharmakologischer Wirkung und biologischer Wertigkeit war um so schwieriger zu erfüllen, als neben den unausgleich-
baren Differenzen, welche diese verschiedenen Arten der Natur-
betrachtung zur Zeit voneinander trennen, trotz den großen Fort-
schritten der letzten Jahrzehnte noch zahlreiche Lücken klaffen.
Zukünftige chemische und biologische Forschungen werden diese
zweifellos ausfüllen.

Die Chemie wird in systematischer Weise Homologe und Derivate der natürlichen Verbindungen aufbauen, deren Untersuchung
zur Beantwortung pharmakologischer oder physiologischer Frage-
stellungen nötig erscheint. Die Pharmakologie wird in immer
präziserer Form versuchen, die Gesetzmäßigkeiten zu ermitteln,
welche zwischen diesen chemischen Variationen und den Wirkungen
am Tierkörper bestehen, und sich bemühen, daraus Schlüsse zu
ziehen auf die Struktur und die Reaktionsfähigkeit vitaler Systeme.
Die vergleichende Biochemie der Pflanzen und Tiere wird immer
mehr die Einheitlichkeit der Gesetze erkennen, welche die Vorgänge in der belebten Materie beherrschen. Wo auf den ersten
Blick prinzipielle Ungleichheiten zu bestehen scheinen, werden sich
beim näheren Zusehen nur quantitative Unterschiede herausstellen.
Die synthetischen und abbauenden Fähigkeiten der arbeitenden
Zelle werden sich, chemisch betrachtet, immer mehr als das eine,
nach innerer Struktur und nach äußeren Bedingungen unendlich

fein abgetönte, Vermögen der lebendigen Substanz zur oxydativen Hydrolyse und zur reduktiven Dehydratation herausstellen.

Die zukünftige Arbeit wird aber nicht bloß die Erkenntnis der biogenen Amine vertiefen und zusammenhängender gestalten, sondern befruchtend auf die Gebiete der Physiologie und Pathologie übergreifen und deren Probleme in ihren Bereich ziehen. Die in neuester Zeit mit soviel Begeisterung wieder in Angriff genommenen Fragen der Ernährung und des Wachstums dürften sicher aus dem Gebiete der biogenen Amine manche, wenn auch nicht die ausschließliche Antwort erhalten. Der unklare Begriff „Vitamine" wird sich auflösen in eine Summe hemmender und fördernder Wachstums- und Diätfaktoren, woran eine große Zahl anorganischer und organischer Substanzen teilnehmen. Daß neben Salzen und bestimmten Aminosäuren, wie Tryptophan, auch Lysin, Arginin, Histidin, d. h. Substanzen, die hier den biogenen Aminen zugeteilt sind, eine hervorragende Rolle spielen, ist schon S. 6 betont worden. Auch andere zu stickstoffreichen basischen Produkten in enger Beziehung stehende cyclische Körper (Pyrimidinderivate, Nicotinsäure) vermögen einen wesentlichen Einfluß auszuüben (Funk, Williams).

Die Bakteriologie und Mykologie wird aus der genauen Kenntnis der biogenen Amine wertvolles Material schöpfen. Die Möglichkeit der Isolierung und Bestimmung dieser stickstoffhaltigen Stoffwechselprodukte mit chemischen oder biologischen Methoden mag nicht nur ein diagnostisches Merkmal abgeben, sondern auch die biologischen Gesetze der Mikroorganismenwelt erschließen helfen und neue Kenntnisse über Virulenz und pathologischen Charakter und vielleicht auch therapeutische Hinweise bringen.

Die Lehre von der inneren Sekretion ist durch die Entdeckung und Erforschung des Adrenalins in weitgehendster Weise gefördert worden. Wohl die nächste Zukunft wird uns durch die Isolierung und die Konstitutionsermittlung des Hypophysenprinzips weitere Aufklärung bringen. Es besteht gewiß kein Zweifel mehr daran, daß die von Olivier und Schäfer in der Hypophyse entdeckte pharmakologisch aktive Substanz zu den biogenen Aminen gehört. Sie ist wasserlöslich, kochbeständig, difundierbar und fällt mit Phosphorwolframsäure und mit Quecksilbersalzen (Fühner, Höchst). Ihre überaus große Empfindlichkeit gegen Alkalien weist auf das Vorhandensein ester- oder anhydridartiger Bindungen. Die positive Reaktion mit Diazobenzolsulfosäure

(Paulys Reaktion) deutet auf die Anwesenheit einer Imidazolgruppe (Aldrich), die optische Aktivität (Höchst) auf ein asymmetrisches Kohlenstoffatom. Schlüssig für die chemische Konstitution können alle diese Beobachtungen erst dann werden, wenn es gelungen ist, den oder die aktiven Körper rein darzustellen, dann werden auch die eigenartigen pharmakologischen Eigenschaften (Dale, Fühner, Guggenheim), welche das Hypophysenprinzip als peripher, jenseits der sympathischen Endigungen, auf die glatte Muskulatur einwirkendes Agens charakterisieren, richtig bewertet werden.

Ein komplizierter aufgebautes biogenes Amin glaubt Robertson aus dem Vorderlappen der Hypophyse isoliert zu haben. Es ist wasser- und alkohollöslich, phosphor- und inosithaltig und soll auch einen Imidazolkern einschließen. Neben zwei nach van Slyke bestimmbaren Aminogruppen ist noch eine dritte, Imidogruppe, vorhanden, die erst nach der Hydrolyse mit Baryt titrierbar wird. Die Gewinnung des amorphen Produktes erfolgte durch Fällung eines konzentrierten alkoholischen Extraktes mit wasserfreiem Äther. Die Tetellin genannte Substanz darf wohl kaum als chemisches Individuum angesprochen werden. Es soll in kleinen Dosen das Wachstum junger Mäuse in eigenartiger Weise beeinflussen.

Definierter und sicherer sind unsere Kenntnisse über ein anderes innersekretorisches Produkt, das Sekretin (Dixon und Hamlin, Bayliß und Starling, Lalou, Forster, Dakin und Ransom, Popielski). Es findet sich vorzugsweise in der Duodenalschleimhaut und in den oberen Teilen des Dünndarms in einer unlöslichen Form. Durch Behandlung mit verdünnter Salzsäure wird das Prinzip löslich und resorbierbar. In dieser Form übt es auf die sekretorische Tätigkeit des Pankreas eine spezifisch fördernde Wirkung aus. Auch die peptolytischen, amylolytischen und lipolytischen Fermente von Pankreasbrei werden durch das Sekretin aktiviert. Das Sekretin ist thermostabil, difundierbar, beständig gegen verdünnte Säuren und Alkalien, nicht fällbar durch Gerbsäure und Alkohol, durch Metallsalze wird es gefällt, dabei aber gleichzeitig inaktiviert. Auch Pankreassaft macht das Prinzip unwirksam, ebenso oxydierende Agenzien. Von dem in der Darmwand normalerweise enthaltenen blutdrucksenkenden Prinzip (β-Imidazolyläthylamin, vgl. S. 187) ist es verschieden, auch von Cholin unterscheidet es sich durch die Unbeeinflußbarkeit seiner Wirkung durch Atropin. Nach Popielski ist die Sekretinwirkung nicht einem spezifischen Prinzip der Duodenalschleimhaut zuzuschreiben, sondern die Wirkung eines in allen Teilen des Verdauungstraktus und auch in anderen Organen (Gehirn, Blut) enthaltenen Prinzips, des Vasodilatins. Kürzlich hat le Heux nachweisen können, daß die vom isolierten Darm verschiedener Säugetiere sezernierten, die Darmtätigkeit, durch Reizung des Auerbachschen Plexus, automatisch erregenden Substanzen zum größten Teil aus Cholin bestehen. Er hat daher das Cholin als Hormon der Darmbewegung angesprochen.

Es erscheint nicht ausgeschlossen, daß auch andere Organe innerer Sekretion (Schilddrüse, Thymus, Ovarien, Hoden) in die Blutbahn relativ einfach konstituierte aminartige Bestandteile abgeben, die, mindestens zum Teil, Träger spezifischer Funktionen dieser Organe darstellen. Wenigstens sind mit den aus diesen Drüsen gewonnenen eiweißfreien wäßrigen Extrakten Thyreoglandol, Thymoglandol, Luteoglandol Effekte erzielt worden, die auf das Vorhandensein spezifischer Körper hindeuten (Abelin, Asher, Romeis). Im eiweißfreien Milchextrakt fand Berlin neben Cholin, eine auf die Darmmuskulatur sehr stark wirksame Base, welche sich mit Histamin nicht identisch erwies. Auch die Versuche von Abderhalden mit fermentativ hydrolysierten abiureten Abbauprodukten der drüsigen Organe sprechen dafür, daß nicht, wie dies früher geglaubt wurde, die hochmolekularen Eiweißkomplexe die alleinigen Träger des physiologischen Effektes innersekretorischer Drüsen sind und daß die Hormone wie das Adrenalin vielleicht aus dem Eiweißverband losgelöste und modifizierte Bruchstücke des Proteinmoleküls darstellen.

Auf das Vorkommen von unbekannten aktiven Substanzen im Serum und Plasma verschiedener Blutarten ist schon S. 265 aufmerksam gemacht worden, hier seien noch ergänzend die Arbeiten von Gubary, Guber, Kaufmann, Vögtlin und Macht, Dittler erwähnt, welche ähnliche Beobachtungen enthalten. Eine aktive Substanz ist von Le Sourd und Pagnier aus Blutplättchen, ein mit Cholin nicht identisches Prinzip von Vincent und Sheen und von Kaufmann in Nervenextrakten bezw. Liquor cerebrospinalis festgestellt worden. Berlin und Kutscher fanden ein mit β-Imidazolyläthylamin nicht identisches Imidazolderivat in pathologischer Lumbalflüssigkeit. Es wird in diesen Fällen bei der geringen Quantität der in Betracht kommenden Substanzen für den Chemiker eine äußerst schwierige Aufgabe sein, die beobachteten pharmakologischen Effekte auf eine definierte materielle

Grundlage zurückzuführen. Wenn aber eindeutige pharmakologische und analytische Methoden zu Hilfe gezogen werden, scheint ein Erfolg dennoch nicht ausgeschlossen. Die Ergebnisse, welche die systematische Aufteilung der Harnbestandteile und der Extraktivstoffe der Muskeln durch Kutscher und Gulewitsch und deren Schüler gebracht haben, werden den Weg zeigen, der über unbestimmte Begriffe hinaus zu definierten chemischen Körpern und damit zu wissenschaftlich und praktisch verwertbaren Resultaten führt. Auch die seit Bouchardt immer wieder beachtete Giftigkeit des Harns — wir verweisen auf die von Pfeiffer und Albrecht studierte Toxurie bei Schwangerschafts- und anderen Krankheiten, auf die Toxizität des Harns bei Masern (Aronson und Sommerfeld), auf das Vorkommen von Pressor- und Depressorsubstanzen (Abelous und Bardier, Taylor und Pearce) kann unter Berücksichtigung der aus dem Studium der biogenen Amine gewonnenen Daten den Ausgangspunkt wertvoller Forschungen ergeben.

Wenn auch die Bildung von endogenen und exogenen Toxinen ein sehr kompliziertes Phänomen darstellt, so mag doch die Entstehung stark toxischer Spaltprodukte aus Eiweiß oder Phosphatiden wie sie nach Vorstehendem möglich erscheint, ein Licht auf diese bis jetzt so wenig geklärten Erscheinungen werfen. Dabei kann man sehr wohl eine innige Verknüpfung kolloid chemischer Vorgänge mit der Toxinbildung annehmen (Handowsky und Pick). Denkt man an die große Adsorptionsfähigkeit gewisser Amine, an Körper mit hoch entwickelter Oberfläche, so erscheint die Annahme Dörrs gerechtfertigt, daß infolge einer Änderung der Oberflächenbeschaffenheit ein an die Kolloide adsorbiertes Toxin bei der experimentellen oder pathologischen Schädigung frei wird. Mit gleicher Berechtigung kann man aber dieses freiwerdende Toxin, ebenso wie die Kolloidentmischung als Ursache von Vergiftungserscheinungen resp. von Krankheitssymptomen ansehen. Auf jeden Fall wird das Studium der chemischen neben dem der physikalischen Veränderung fruchtbringend sein.

Literaturverzeichnis.

Vorbemerkungen.

Für jedes der einzelnen vorstehenden 11 Kapitel ist der
Übersichtlichkeit halber ein besonderes alphabetisches Literaturverzeichnis zusammengestellt worden. Arbeiten, die bei den verschiedenen Gruppen erwähnt werden mußten, sind nur einmal mit
dem vollen Titel und Zitat angeführt. Auf diese wird gegebenen-
falls zurückverwiesen. Z. B. wird die im 2. Kapitel zitierte Arbeit
von Ackermann und Schütze im Literaturverzeichnis der
Betaine nicht mehr angeführt, doch ist dort unter Ackermann
und Schütze durch die Bemerkung „siehe 2" angegeben, daß die
betreffende Arbeit im 2. Kapitel bereits zitiert worden ist. Wenn
sich im gleichen Kapitel verschiedene Publikationen desselben
Autors vorfinden, so ist es möglich, durch die in den Klammern „["
angegebenen Zahlen, welche sich auf die Seite beziehen, wo die
betreffende Arbeit erwähnt ist, zu entscheiden, welche der verschiedenen Arbeiten an der betreffenden Stelle in Betracht kommt.
Die Titel der französischen und englischen Originalarbeiten sind
ins Deutsche übertragen worden.

---

1. Einleitung und Allgemeines.

Ackermann, siehe 5.

Barger und Walpole, Isolierung der drucksteigernden Substanzen im
faulen Fleisch. Jl. of Physiol. 38 (1909), 343 [16].

Baumann und Udrantzki, Über das Vorkommen von Diaminen, sogenannten Ptomainen bei Cystinurie. Zeitschr. f. physiol. Chem. 13
(1889), 562 [5].

Bergmann und Schmiedeberg, Über das schwefelsaure Sepsin (das
Gift faulender Substanzen). Zeitschr. f. d. med. Wissensch. 1868,
497 [3].

Berthelot, Jahresbericht über die Fortschritte der Chemie 1852, 551 [10].

Berthelot und Bertrand, Über einige Eigenschaften des Bacillus Aminophilus intestinalis. C. r. de l'Acad. 154 (1912), 1826 [5, 187].

Bertrand und Berthelot, Über Ptomain produzierende Bakterien in der menschlichen Darmflora. The Lancet 1913, 8 [5, 187, 188].
— — siehe auch 7 und 9.
Bouchard, Experimentelle Untersuchungen über die Giftigkeit des normalen Harns. C. r. de la Soc. de Biol. 1884, S. 665 [4, 298].
— Über die normal im Organismus existierenden Gifte und besonders über die Giftigkeit des Harns. C. r. de l'Acad. 102 (1886), 727 [4, 298].
— Einfluß der Abstinenz, der Muskelarbeit und der komprimierten Luft auf die Schwankungen der Giftigkeit des Harns. C. r. de l'Acad. 102 (1886), 1127 [4, 298].
— Lecons sur les autointoxications. Paris 1887 [4, 298].
v. Braun, Die Einwirkung von Bromcyan auf tertiäre Amine. Ber. d. Deutsch. chem. Gesellsch. 33 (1900), 1428 [24].
Brieger, Über Ptomaine. I. Hirschwald, Berlin 1885 [4, 18, 26, 34, 48].
— Weitere Untersuchungen über Ptomaine. II. Hirschwald, 1885 [4, 18, 26, 34, 48].
— Untersuchungen über Ptomaine. III. Hirschwald, 1886 [4, 18, 26, 34, 48, 75, 167, 218, 233, 234, 235, 238, 253].
Brochet und Cambier, Bull. Soc. Chim. de Paris 13 [3], 534 [10, 50].
Drummond, J. C., Beobachtungen über die Phosphorwolframate gewisser Basen und Aminosäuren. Biochem. Journal 12 (1918) 5—24 [16].
Dupré, Über eine dem Chinin gleichende fluoreszierende Substanz. Proc. Royal 15 (1866), 73 [3].
— Über den alkaloidartigen Körper im Organismus. Ber. d. Deutsch. chem. Gesellsch. 7 (1874), 1491 [3].
Engeland und Kutscher, Über Liebigs Fleischextrakt. Zeitschr. f. Unters. von Nahrungs- u. Genußmittel 16 (1908), 658 [18].
Erdmann, Über Alkylamine als Produkte der Kjeldahl-Verbrennung. Journ. of Biol. Chem. 8 (1910), 42 [23].
Folin, Das Auftreten und die Bildung von Alkylharnstoffen und Alkylaminen. Journ. Biol. Chem. 3 (1916), [20, 23].
Fränkel und Elfer, Über das Trocknen von Geweben und Blut für die Darstellung von Lipoiden. Biochem. Zeitschr. 40 (1912), 138—44 [16].
Gautier, Über die Entdeckung von tierischen Eiweißkörpern entstammenden Alkaloiden. C. r. de l'Acad. 94 (1882), 1119—1122 [3, 31, 246].
— Über den Mechanismus der fauligen Gärung und über die dabei entstehenden Alkaloide. C. r. de l'Acad. 94 (1882), 1357 [4, 31, 246].
Gautier und Etard, Über den Mechanismus der fauligen Gärung und die dabei entstehenden Alkaloide. C. r. de l'Acad. 94 (1882), 1598 [31, 36, 51].
— — Über die Produkte, welche der bakteriellen Gärung der Eiweißsubstanzen entstammen. C. r. de l'Acad. 97 (1883), 263—267 [31, 51].
Griffith, Ein aus Urin in einem Falle infektiöser Krankheit ausgezogenes Ptomain. Chem. news 61, S. 87 [4].
— Ptomaine aus dem Urin bei einigen Infektionskrankheiten. C. r. de l'Acad. 113 (1891) 656 vgl. auch C. r. de l'Acad. 114, 497, 1382; 115, 185, 668; 116, 1205; 117, 744 [4].

Guareschi und Mosso, Die Ptomaine, chemische, physiologische und
  gerichtlich-medizinische Untersuchungen. (1883) [247].
Gulewitsch, siehe 6.
— und Krimberg, siehe 8.
Herter, Über bakterielle Vorgänge im Darmkanal einiger Fälle vorge-
  schrittener Anämie, mit spezieller Berücksichtigung des Bacillus
  acrogenes Capsulatus (Gas-Bacillus). Jl. of Biol. Chem. 2 (1916),
  1 [5].
Herzig und Meyer, Analyse und Konstitutionsermittlung organischer
  Verbindungen. Berlin, Julius Springer [23].
Heß und Müller, Über Anämien. Wien. klin. Wochenschr. 11 (1904),
  261 [5, 187, 259].
Hopkins und Willock, Die Bedeutung individueller Aminosäuren im
  Stoffwechsel. Journ. of Physiol. 35 (1907), 88—102 [6].
— siehe auch 6 Acroyd und Hopkins.
Jakobs, Über die Entfernung der Phosphorwolframsäure aus wäßrigen
  Lösungen. Jl. of Biol. Chem. 12 (1912), 429—430 [17].
Kossel, Einige Bemerkungen über die Bildung der Protamine im Tier-
  körper. Zeitschr. f. physiol. Chem. 44 (1905), 347 (siehe auch 5, 6
  und 7 [6].
— und Kutscher, siehe 5.
Krimberg, siehe 8.
Kutscher, Über Liebigs Fleischextrakt. Zeitschr. f. Unters. d. Nahrungs-
  u. Genußmittel 10 (1905), 528; 11 (1906), 582 [14, 17].
— siehe auch 4 und 7.
Löb, Die Methylierung des Glykokolls mittels Formaldehyd. Biochem.
  Zeitschr. 51 (1913), 116—127 [10].
Mellanby und Twort, siehe 7.
Öchsner de Conink, Über die Produkte der bakteriellen Gärung der
  Tintenfische. Assoc. franc. pour l'avanc. d. Sciences C. R. XV Nancy I
  (1886), 112 [4, 247].
— — Beitrag zum Studium der Ptomaine. C. r. de l'Acad. 106 (1888),
  858; 108 (1889), 58—59; 110 (1890), 1339—1341; 117 (1895), 1097
  bis 1098 [4].
— — Über die Ptomaine. C. r. de l'Acad. 112 (1891), 584—585 [4].
— — Über ein Oxyptomain. C. r. de l'Acad. 126 (1898) 651 [4, 246].
Osborn-Ferry und Wakemann, Der vergleichende Nährwert gewisser
  Proteine und die Frage des Eiweißminimums. Jl. Biol. Chem. 20
  (1915), 351—378 [6].
Osborne und Mendel, Das Wachstum von Ratten bei Kostsätzen aus
  isolierten Nährsubstanzen. Biochem. Jl. 10 (1916), 534—538 [6].
— — siehe auch 5.
Pictet, Die Molekularstruktur und das Leben. Arch. des sciences physiques
  et naturelles 40 (1915), 181 [10, 125].
Pouchet, Untersuchungen über die Ptomaine und analoge Verbindungen.
  C. r. de l'Acad. 97 (1883), 1560—1562 [4].
Rettger, Fäulnisstudien. Journ. of Biol. Chem. 2 (1906), 71 [5].
Sabatier und Mailhe, Neue allgemeine Methode zur Darstellung der Alkyl-
  amine. C. r. de l'Acad. 148 (1909), 898—901 [10, 230].

Schulze, Zur Kenntnis der Zusammensetzung und des Stoffwechsels der
    Keimpflanzen. Zeitschr. f. physiol. Chem. 38 (1903), 199—258 (siehe
    auch Histidin, Arginin und Lysin) [6].
Selmi, Gazz. chimic. 1872—1881; vgl. auch Guareschi, Die Alkaloide.
    Berlin (1896), 550 u. ff. [6].
van Slyke, Abderhaldens Handbuch der biochemischen Arbeitsmethoden
    V, S. 995, Urban u. Schwarzenberg, Berlin [19].
— Die Analyse der Proteine durch Bestimmung der für die verschiedenen
    Aminosäuren charakteristischen chemischen Gruppen. Jl. of Biol.
    Chem. 10 (1911/12), 15—65 [17, 19, 175, 176].
Sörensen und Anderson, Läßt sich der Stickstoffgehalt in Lysin und
    ähnlichen Verbindungen nach Kjeldahl bestimmen? Zeitschr. f.
    physiol. Chem. 44 (1905), 429 [23].
Thompson, siehe 6.
Torquati, T., Untersuchungen über die Bildung von Hordenin während
    der Keimung der Gerstensamen. Arch. sperim. farmacol. 10 (1910),
    62—70 [16].
Wechsler, Zur Technik der Phosphorwolframsäurefällungen. Zeitschr.
    f. physiol. Chem. 73 (1911), 138—143 [16].
Werner, siehe 2.
Züelzer und Sonnenschein, Über das Vorkommen eines Alkaloids in
    putriden Flüssigkeiten. Berl. klin. Wochenschr. 1869, 121 [3].

2. Die Alkylamine.

Abderhalden und Weil, Über die Identifizierung der aus Proteinen der
    Nervensubstanz gewonnenen Aminosäuren von der Zusammensetzung
    $C_6H_{13}NO_2$. II. Mitteilung. Zeitschr. f. physiol. Chem. 88 (1913),
    272—275 [37].
Abelous und Bardier, Über die blutdruckerniedrigende und myotische
    Wirkung des normalen menschlichen Harns. C. r. de l'Acad. 148
    (1909), 1471—1472 [43, 298].
— — Wirkung des Urohypotensins auf den arteriellen Blutdruck. C. r.
    de l'Acad. 149 (1909), 142—143 [43, 298].
— — siehe auch 11.
Ackermann, Über die Darstellung von ω-Aminosäuren aus Eiweiß auf
    biologischem Wege. Deutsche med. Wochenschr. 8 (1912), 391 [37,
    242].
— Die Sprengung des Pyrrolidinringes durch Bakterien. Zeitschr. f. Biol.
    57 (1912), 104 [35].
— Über das Verhalten der Betaine bei der Fäulnis. Zeitschr. f. Biol. 64
    (1914), 44—50 [31, 226].
— siehe auch 5 und 8.
— und Schütze, Über die Bildung von Trimethylamin durch Bacterium
    prodigiosum. Zentralbl. f. Physiol. 24 (1909), 210—211 [31, 76].
— — Über Art und Herkunft der flüchtigen Basen von Kulturen des Bac-
    terium prodigiosum. Arch. d. Hygiene 73 (1910), 145—152 [28, 31,
    76, 219].

Bain, Weitere Mitteilungen über die Pressorbasen des Harns. Lancet 1910, 1190 [36, 40, 286].
— Die Pressorbasen des normalen Harns. Quart. Jl. Exp. Phys. VIII, H. 2/3 (1914), 229—245 [36, 40, 286].
Barger und Dale, Aktive Prinzipien aus Mutterkorn. Journ. of Physiol. 38 (1909), [37].
— — Sympathomimetische Amine. Journ. Physiol. XLI (1911) [43, 246, 250, 251, 282, 283, 288].
— und Walpole, Isolierung der drucksteigernden Substanzen aus faulem Fleisch. Journ. of Physiol. 38 (1909), 343 [36, 52, 246, 253, 254, 285].
Bauer, Der chemische Nachweis der degenerativen Nervenkrankheiten. Beitrag zur chem. Physiol. u. Path. 11 (1908), 502 [32].
— Methode zur quantitativen Bestimmung des Ammoniaks und Trimethyl-amins. Zeitschr. f. physiol. Chem. 86 (1913), 107—121 [50].
Bertheaume, Über die Trennung des Ammoniaks und der Amine mit Hilfe von siedendem, absolutem Alkohol. C. r. de l'Acad. 146 (1908), 1215—1217 [49].
— Chlorplatinate und Perjodide des Di- und Trimethylamins; Kritik über ihre Anwendung zur Trennung dieser Basen. C. r. de l'Acad. 150 (1910), 1063—1065 [48].
— Über eine neue Methode zur Bestimmung der 3 Methylamine und des Ammoniaks im Gemisch. C. r. de l'Acad. 150 (1910), 1251—1253 [49].
— Über die Bestimmung der Methylamine im Gemisch mit einer großen Menge von Ammoniak. C. r. de l'Acad. 151 (1910), 146—149 [49].
Bigelow und Bacon, Zinnsalze in Konserven mit niedrigem Säuregehalt unter besonderer Berücksichtigung von Garneelenkonserven. Journ. of Ind. and Engin. Chem. 3 (1912), 832—834 [27].
Bocklisch, Über Fäulnisbasen (Ptomaine) aus Fischen. Ber. d. Deutsch. Chem. Gesellsch. 18 (1885), 86 und 1920 [27, 30, 31, 39, 48].
Brasch, Über den bakteriellen Abbau primärer Eiweißspaltprodukte. Biochem. Zeitschr. 18 (1909), 380 [41].
Brieger, Die Quelle des Trimethylamins im Mutterkorn. Zeitschr. f. physiol. Chem. 11 (1887), 184 [31, 66].
— siehe 1.
— Zur Kenntnis der Ätiologie des Wundstarrkrampfes nebst Bemerkungen über das Cholerarot. Deutsch. med. Wochenschr. 1887, 303—469 [27, 122].
Brochet und Cambier, siehe 1.
Brown und Fraser, Über den Zusammenhang zwischen chemischer Kon-stitution und physiologischer Wirkung. Proceed. of the Royal Soc. Edingburgh 1869, 556 [42].
Burn, Herzig und Meyers Reaktion auf Proteine und Aminosäuren ange-wendet. Biochem. Journal 8 (1914), 154—156 [28].
Carbone, Über die von Proteus vulgaris erzeugten Gifte. Zentralbl. f. Bakteriol. 8 (1890), 768; Riforma medica 202 (1890); Zentralbl. f. klin. Med. 12 (1891), 594 [31].

Charitschkow, Zur Chemie der substituierten Merkurammoniumver-
bindungen. Journ. Russ. Phys. Chem. Ges. **39** (1907), 230—240
[46].

Ciamician und Ravenna, Untersuchungen über die Bildung der Alkaloide
in den Pflanzen. Atti R. Accad. dei Lincei **20** (1911), I, 614—624
[37, 123].

— und Silber, Chemische Lichtwirkungen. Ber. d. Deutsch. chem. Gesellsch. **48** (1914), 181—187 [28].

Czapek, Untersuchung über die Stickstoffgewinnung und Eiweißbildung
der Pflanzen. Beitr. zur chem. Physiol. u. Pathol. **1** (1902), 538 bis
560, [39].

— Untersuchungen über die Stickstoffgewinnung und Eiweißbildung der
Schimmelpilze. 2. Über die Verwendbarkeit von Aminen, Amiden
und Ammoniaksalzen zum Eiweißaufbau bei Aspergillus niger von
Tiegh. Beitr. zur Chem. Physiol. u. Pathol. **2** (1902), 557—590
[39].

Dale und Dixon, Die Wirkung von Pressorbasen, welche bei der Fäulnis
entstehen. Jl. of Physiol. **39** (1909), 25 [44, 259, 260].

Delépine, Über eine neue Methode zur Trennung der Methylamine. C. r.
de l'Acad. **122** (1896), 1064—1066 [50].

Desgrez und Dorléans, Einfluß einer Amingruppe auf den arteriellen
Blutdruck. C. r. de l'Acad. **156** (1913), 832—842 [42].

Dessaigne, Trimethylamin aus Menschenharn. Liebigs Annalen **100**,
218 [31].

Dorée und Golla, Trimethylamin als normaler Bestandteil von menschlichem Blut, Harn und Cereprospinalflüssigkeit. Biochem. Jl. **5**
(1910), 306 [31, 46, 50].

Ehrenberg, Über einige in einem Falle von sogenannter „Wurstvergiftung"
aus dem schädlichen Material dargestellte Fäulnisbasen. Zeitschr.
f. physiol. Chem. **11** (1887), 239 [30, 34].

Ehrlich, F., Über die Vegetation von Hefen und Schimmelpilzen auf
heterocyclischen Stickstoffverbindungen und Alkaloiden. Biochem.
Zeitschr. **79** (1907), 152 [28].

— Über das natürliche Isomere des Leucins. Ber. d. Deutsch. chem.
Gesellsch. **40** (1907), 2538 [37, 38].

— Über den biochemischen Abbau sekundärer und tertiärer Amine durch
Hefen und Schimmelpilze. Biochem. Zeitschr. **75** (1916), 417 [28,
30, 39].

— und Lange, Über die Einwirkung von Mikroorganismen auf Betain.
Zeitschr. Ver. Deutsch. Zuckerind. 1914, 158—171 [31, 216, 218].

— — Zur Kenntnis der Biochemie der Käsereifung. I. Über das Vorkommen.
von p-Oxyphenyläthylamin im normalen Käse und seine Bildung
durch Milchsäurebakterien. Biochem. Zeitschr. **63** (1914), 156 [31,
36, 253, 286].

— und Pistschimuka, Überführung von Aminen in Alkohole durch
Hefe- und Schimmelpilze. Ber. d. Deutsch. Chem. Gesellsch. **45**
(1912), 1006 [37, 41, 256, 258].

Emmerling, Beitrag zur Kenntnis der Eiweißfäulnis. Ber. d. Deutsch.
chem. Gesellsch. **29** (1896), 2721 [31, 48].

Emmerling, Die Zersetzung von Fibrin durch Streptokokken. Ber. d. Deutsch. Chem. Gesellsch. 30 (1897), 1863 [27, 48, 246, 247].
— und Reißer, Zur Kenntnis eiweißspaltender Bakterien. Ber. d. Deutsch. chem. Gesellsch. 35 (1902), 701 [27, 31, 48].
Erdmann, Über das angebliche Auftreten von Trimethylamin im Harn. Jl. Biol. Chem. 8 (1910), 57—60 [29, 32].
— siehe 1.
Eschweiler, Ersatz von an Stickstoff gebundenen Wasserstoffionen durch die Methylgruppe mit Hilfe von Formaldehyd. Ber. d. Deutsch. chem. Gesellsch. 38 (1905), 880 [50].
Filippo de Filippi, Das Trimethylamin als normales Produkt des Stoffwechsels nebst einer Methode für dessen Bestimmung im Harn und Kot. Zeitschr. f. physiol. Chem. 49 (1906), 433 [31, 49].
Fleck, Die Trennung des Trimethylamins von Ammoniak. Jl. Amer. Chem. Soc. 18 (1896), 670—672 [48].
Folin, Das Auftreten und die Bildung von Alkylharnstoffen und Alkylaminen. Journ. Biol. Chem. 3 (1916) [29, 41].
François, Über den Nachweis und die Bestimmung des Ammoniaks in Monomethylamin und den stark flüchtigen, aliphatischen Aminen. C. r. de l'Acad. 144 (1907), 857—859 [47].
— Über eine scharfe Methode zur Trennung von Ammoniak und Monomethylamin. C. r. de l'Acad. 144 (1907), 567—569 [47].
— Über das Monomethylaminomagnesiumdoppelphosphat. C. r. de l'Acad. 146 (1908), 1284 [47].
Gadamer, Über rechtsdrehendes sekundäres Butylamin. II. Mitteilung. Arch. der Pharm. 242 (1904), 48 [36].
Gautier, A., Traité de Chimie biologique 1892, S. 262 [51].
Gautier, siehe 1.
— und Etard, siehe 1.
— und Mourgues, Über die Alkaloide des Lebertrans. C. r. de l'Acad. 107 (1888), 110; 626 (1889) [31, 34, 38, 51].
Guggenheim, M. und Löffler, W., Das Verhalten proteinogener Amine im Organismus. Biochem. Zeitschr. 72 (1916), 325 [36, 40, 191, 250, 257, 266].
— — Biologischer Nachweis proteinogener Amine in Organextrakten und Körperflüssigkeiten. Biochem. Zeitschr. 72 (1916), 303—324 [44, 126, 208, 260, 275, 289, 292].
— — Über das Vorkommen und das Schicksal des Cholins im Tierkörper. Eine Methode zum Nachweis kleiner Cholinmengen. Biochem. Zeitschr. 74 (1916), 209 [32].
Hasebroeck, Über das Schicksal des Lecithins im Körper und eine Beziehung zum Sumpfgas im Darmkanal. Zeitschr. f. physiol. Chem. 12 (1888), 148 [39, 76, 108].
Henze, Über das Vorkommen des Trimethylaminoxyds bei Cephalopoden. Zeitschr. f. physiol. Chem. 91 (1914), 230 [32].
Hibbert und Wise, Eine neue Methode zur Trennung tertiärer von sekundären und primären Aminen. Journ. Chem. Soc. London, 101 (1912), 344—347 [51].

Hildebrandt, H., Untersuchungen über die Wirkungsweise einiger sekundärer Amine der Fettreihe und ihre Beeinflussung durch Einführen von Atomkomplexen der aromatischen und aliphatischen Reihe. Arch. f. exp. Path. 54 (1906) 123 [42].

Hinsberg und Keßler, Über die Trennung der primären und sekundären Aminbasen. Ber. d. Deutsch. chem. Gesellsch. 38 (1905), 906 [51].

Hunt, siehe 3.

Iwanoff, Über die flüchtigen Basen der Hefeautolyse. Biochem. Zeitschr. 58 (1913), 37 [27].

Jordan, Beiträge zur Kenntnis der pharmakologischen Gruppe des Muscarins Arch. f. exp. Path. 8 (1878), 15 [114].

Kauffmann und Vorländer, siehe 3.

Kinoshita, Über das Auftreten und die quantitative Bestimmung des Trimethylamins im menschlichen Harn. Zentralbl. f. Physiol. 24 (1910), 776—779 [32].

Knudsen, Zur Plöchelschen Reaktion zwischen Formaldehyd und Ammoniak. Ber. d. Deutsch. chem. Gesellsch. 47 (1914), 2094 bis 2098 [50].

Kohlrausch, Untersuchungen über das Verhalten von Betain, Trigenollin und Methylpyridylammoniumhydroxyd im tierischen Organismus. Zeitschr. f. Biol. 57 (1912), 273 [31, 216, 218, 231].

Löffler, Desamidierung und Harnstoffbildung im Tierkörper. Biochem. Zeitschr. 85 (1918), 230 [40].

— und Freytag, Eine neue Bildungsweise von N-alkylierten Pyrrolidinen. Ber. d. Deutsch. chem. Gesellsch. 42 (1909), 3428 [42, 226].

Malenchini, V., Über Ptomaine im Käse. Zeitschr. f. Nahrungsmittelunters. u. Hygiene 7 (1892) 7 [31].

Mörner, Über ein eigentümliches Nahrungsmittel nebst einigen Beobachtungen über darin angetroffene Fäulnisbasen. Zeitschr. f. physiol. Chem. 22 (1896/97), 514 [30].

— Über aus Proteinstoffen bei tiefgreifender Spaltung mit Salpetersäure erhaltenen Verbindungen. Zeitschr. f. physiol. Chem. 98 (1916), 93—96 [34].

Molliard, Bilden die Amine ein Nahrungsmittel für die höheren Pflarzen? C. r. de l'Acad. 149 (1909), 685—687 [40].

Müller und Hesse, Fäulnisprodukte der Hefe. Journ. f. prakt. Chem. 70 (1857), 65 [31, 33, 36, 38].

Nebelthau, Über die Wirkungsweise einiger aromatischer Amide und ihre Beeinflussung durch Einführen der Methyl- oder Äthylgruppe. Arch. f. exp. Path. 36 (1895), 451 [42, 43].

Nencki, Zur Kenntnis der Fäulnisprozesse. Ber. d. Deutsch. chem. Gesellsch. 10 (1877), 1032—34 [37].

Neuberg, Biochemische Umwandlung von a-Pyrrolidincarbonsäure in n-Valeriansäure und d-Aminovaleriansäure. Biochem. Zeitschr. 37 (1911), 490 [35, 41, 235].

— Über die Herkunft der optisch-aktiven Valeriansäure bei der Eiweißfäulnis. Biochem. Zeitschr. 37 (1911), 501 [41].

Neuberg und Blumenthal, Über die Bildung von Isovaleraldehyd und Aceton aus Gelatine. Beitr. z. chem. Physiol. u. Pathol. 2 (1902), 238—250 [41].

— und Brasch, Biochemische Umwandlung der Glutaminsäure in n-Buttersäure. Biochem. Zeitschr. 13 (1908), 299 [41].

— und Karczag, Verhalten von d-, -α-Aminoisovaleriansäure (d-Valin) bei der Fäulnis. Biochem. Zeitschr. 18 (1909), 435 [35].

— und Cappezzuoli, Biochemische Umwändlung von Asparagin und Asparaginsäure in Propionsäure und Bernsteinsäure. Biochem. Zeitschrift 18 (1909), 424 [41].

Pohl, Über die Oxydation des Methyl- und Äthylalkohols im Tierkörper. Arch. f. exp. Path. u. Pharm. 31 (1893), 281 [41].

Rabuteau, Die toxischen Wirkungen des Tetramethylammonium- und Tetraamylammoniumjodhydrats. C. r. de l'Acad. 76 (1873), 887 [43, 45].

Reuter, Beiträge zur Kenntnis der stickstoffhaltigen Bestandteile der Pilze. Zeitschr. f. physiol. Chem. 78 (1912), 167—245 [37, 247].

Rosenheim, Das drucksteigernde Prinzip von Plazenta-Extrakten. Jl. of Physiol. 38 (1909), 337 [36].

Sabatier und Mailhe, Über die Anwendung der Methode der direkten Hydrierung auf das Pyridin. C. r. de l'Acad. 144 (1907), 784—786 [37].

Salkowski, E., Vorgang der Harnstoffbildung im Tierkörper und Einfluß der Ammoniaksalze auf denselben. Zeitschr. f. physiol. Chem. 1 (1877/78), 1—59 [41].

Santesson und Koraen, Über die Curarewirkung einiger einfacher Basen. Skandinav. Arch. f. Physiol. 10 (1900), 203 [45, 46, 232].

Schiffer, Über das Vorkommen und die Entstehung von Methylamin und Methylharnstoff im Harn. Zeitschr. f. physiol. Chem. 4 (1880), 237 [29].

Schittenhelm und Schröter, Über die Spaltung der Hefennucleinsäure durch Bakterien. Zeitschr. f. physiol. Chem. 39 (1903), 203 [28].

Schmiedeberg, Über das Verhältnis des Ammoniaks und der primären Monaminbasen zur Harnstoffbildung im Tierkörper. Arch. f. exp. Path. und Pharm. 8 (1878), 1 [41].

Schotten, Über die flüchtigen Säuren des Pferdeharns und das Verhalten der flüchtigen Fettsäuren im Organismus. Zeitschr. f. physiol. Chem. 7 (1882/83), 375 [41].

van Slyke, siehe 1.

Ssadikow, Biologische Spaltung des Glutins. Biochem. Zeitschr. 41 (1912), 287—297 [27].

Sudborough und Hibbert, Unterscheidung primärer, sekundärer und tertiärer Amine. Journ. Chem. Soc. London 95 (1909), 477 [51].

Sullivan, Jahresbericht über die Fortschritte der Chemie. J. 1858, S. 231 [33].

Suwa, Die Muskelextraktstoffe des Dornhaies. Pflügers Arch. der Physiol. 128 (1909), 421—426 [32, 218].

— Über die Organextrakte der Selachier. Über das aus den Muskelextraktstoffen des Dornhaies gewonnene Trimethylaminoxyd. Pflügers Arch. d. Physiol. 129 (1909), 231—239 [32, 39, 40].

Takeda, Der Nachweis von Trimethylamin im Harn. Pflügers Arch.
d. Physiol. **129** (1909), 82—88 [32].

Thomé, Über die optisch-aktiven Formen des sekundären Butylamins.
Ber. d. Deutsch. chem. Gesellsch. **36** (1903), 582 [36].

Thoms und Thümen, Über das Fagaramid, einen neuen stickstoffhaltigen
Stoff aus der Wurzelrinde von Fagara xanthoxyloides. Ber. d. Deutsch.
chem. Gesellsch. **44** (1911), 3715—3730 [35].

Trier, Über einfache Pflanzenbasen und ihre Beziehungen zum Aufbau der
Eiweißstoffe und Lecithine. Gebr. Bornträger, Berlin 1912 [28].

Tsalaptani, Nachweis der Methylamine neben Ammoniak. Bull. Societ.
de Stiinte din Bucaresci **16** (1907), 67—69 [47].

Watermann, Die Stickstoffnahrung der Preßhefe. Folia microbiologica,
Holländ. Beitr. z. ges. Mikrobiol. **2** (1913) [39].

Werner, Methylierung mit Hilfe von Formaldehyd. I. Teil. Der Mechanismus der Reaktion zwischen Formaldehyd und Ammoniumchloride,
die Darstellung von Methylamin und Dimethylamin. Journ. Chem.
Soc. London **111** (1917), 844—853 [10, 50].

Wicke, Liebigs Analen der Chemie. **91**, 121 [31].

Yoshimura, siehe 5.

Zopf, Zur Kenntnis der Flechtenstoffe. Ann. d. Chem. u. Pharm. **297**
(1897) [31]

3. Die Alkanolamine.

Abderhalden, E. und Fodor, A., Über den Abbau von d-Glukosamin
durch Bakterien. Zeitschr. f. physiol. Chem. **87** (1913) 214—219
[106].

— und Markwald, Über die Verwertung einzelner Aminosäuren im Organismus des Hundes unter verschiedenen Bedingungen. Zeitschr.
f. physiol. Chem. **72** (1911), 63—77 [104].

— und Müller, Die Blutdruckwirkung des reinen Cholins. Zeitschr. f.
physiol. Chem. **65** (1910), 420—430 [78, 80].

— — Weitere Beiträge über die Wirkung des Cholins (Cholinchlorhydrat)
auf den Blutdruck. Zeitschr. f. physiol. Chem. **74** (1911), 253—272
[78, 80].

Abel, J. J. und Ford, W., Über das Gift von Amanita phalloides, ein
glucosidartiges, stickstoffhaltiges Hämolysin. Journ. Biol. Chem. **2**
(1906), 273 [92].

Ackermann, D. und Kutscher, F., siehe 5.

Ackermann und Schütze, siehe 2.

Araki, Über das Chitosan. Zeitschr. f. physiol. Chem. **20** (1895), 498
[102].

Babo und Hirschbrunn, Über das Sinapin. Liebigs Annalen **82** (1852),
10 [64, 66].

Baumann, Über den stickstoffhaltigen Bestandteil des Cephalins. Biochem.
Zeitschr. **54** (1913), 30—39 [57, 58].

Batelli und Stern, Die Aldehydase in den Tiergeweben. Biochem. Zeitschr.
29 (1910) 130—51 [62].

v. Bergmann, Die Überführung von Cystin in Taurin im tierischen
Organismus. Beitr. z. chem. Physiol. u. Pathol. 4 (1903), 192
[53].
Berlin, Über eine neue Synthese des γ-Homocholins. Zentralbl. f. Physiol.
24 (1910), 779—780 [81].
— Homocholin und Neosin. Zeitschr. f. Biol. 57 (1912), 1 [78, 81].
Berlinerblau, Über Muscarin. Ber. d. Deutsch. chem. Gesellsch. 17
(1884), 1139 [90, 95].
Bode, Über einige Abkömmlinge des Neurins und Cholins. Liebigs An-
nalen 267 (1892), 268 [68].
Böhm, Beiträge zur Kenntnis der Hutpilze in chemischer und toxikologischer
Beziehung. Arch. f. experimentelle Path. u. Pharm. 19 (1885), 60
[66, 87, 90].
— Über das Vorkommen und die Wirkungen des Cholins und die Wirkungen
der künstlichen Muscarine. Arch. f. exp. Path. u. Pharm. 19 (1885),
89 [66, 73, 76].
— Über die Wirkungen des Curarins und Verwandtes. Arch. f. exp. Path.
u. Pharm. 63 (1910), 177—227 [77, 112].
Bokay, Über die Verdaulichkeit des Nucleins und des Lecithins. Zeitschr.
f. physiol. Chem. 1 (1877/78) 157 [61].
Brach, Untersuchungen über den chemischen Aufbau des Chitins. Biochem.
Zeitschr. 38 (1911), 468 [103].
v. Braun, Synthese von Oxybasen und homologen Cholinen. Ber. d.
Deutsch. chem. Gesellsch. 49 (1916), 966—977 [81].
— und Müller, Allylbetain und Allylhomocholin. Ber. d. Deutsch. chem.
Gesellsch. 50 (1917), 156 [81].
Breuer, Über das freie Chitosamin. Ber. d. Deutsch. chem. Gesellsch. 31
(1898), 2193]104].
Brieger, siehe 1.
— siehe 2.
Brugsch und Masuda, Über das Verhalten des Dünndarmsaftes und
-extraktes, ferner des Extraktes einiger Bazillen (Coli, Streptokokken)
gegenüber Casein, Lecithin usw. Ein Beitrag zur funktionell dia-
gnostischen Prüfung der Fäces auf Fermente des Pankreas. Zeitschr.
f. exp. Path. u. Therap. 8 (1911), 617—623 [61].
Buschmann, Über die basischen Bestandteile von Helianthus annuus L.
Arch. f. Pharm. 249 (1911), 1—6 [66, 217].
Carter, Die physiologische Wirkung von drei giftigen Pilzen, Amantia
muscaria, Amantia verna und Amantia phalloides. Journ. of Physiol.
5 (1901), 158 [90].
Cathcart, Das Verhalten von Glucosamin und Chitose im Tierkörper.
Zeitschr. f. physiol. Chem. 39 (1903) [106].
Cervello, Über die physiologische Wirkung des Neurins. Arch. Ital. de
Biol. 7 (1886), 173 [76, 79].
Coppola, Gazz. chim. 15 (1886), 330 [80, 113].
Cousin, Über die Natur der stickstoffhaltigen Produkte des Cephalins.
Journ. Pharm. et Chim. [6] 25 (1910), 177—180 [58].
Cremer und Seuffert, Beiträge zur Frage der Zuckerbildung. Beitr. z.
Physiol. 1 (1916), 255 [64].

Cushny, Über die Wirkung des Muscarins auf das Froschherz. Arch.
f. exp. Path. 31 (1893), 432 [93].

Dale, Das Vorkommen von Acetylcholin im Mutterkorn und seine Wirkung.
Journ. of Physiol. 48 (1914), 3 [98].

— und Ewins, Cholinester und Muscarin. Journ. of Physiol. 48 (1914),
24 [99].

— und Richards, A. N., Die gefäßerweiternde Wirkung von Histamin
und einigen anderen Substanzen. Journ. of Physiol. 52, 110—65
[99, 195].

Darrah und Mc Arthur, Stickstoffhaltige Bestandteile des Gehirnlecithins.
Journ. Americ. chem. Soc. 38 (1916), 922 [57].

Delezenne und Fourneau, Konstitution des durch Wirkung von Cobragift auf Hühnereigelb entstehenden hämolysierenden Phosphatids.
Bull. soc. chim. 4, 15 (1914), 421 [60, 98].

Desgrez, Über den Einfluß des Cholins auf die Drüsenausscheidungen.
C. r. de l'acad. 135 (1902), 52—54 [79].

— und Chevalier, Wirkung des Cholins auf den Blutdruck. Comptes
rendus de l'Acad. 146 (1908), 89—91 [78, 79, 80].

Diakonow, Jahresber. für die Fortschr. der Chem. 1876, 804 [68].

Donath, Das Vorkommen und die Bedeutung des Cholins in der Cerebrospinalflüssigkeit bei Epilepsie und organischen Erkrankungen des
Nervensystems, nebst weiteren Beiträgen zur Chemie. Zeitschr. f.
physiol. Chem. 39 (1903), 526—544 [67, 82].

Dunham und Jacobson, Über Carnaubon, ein glycerinfreies Phosphatid,
lecithinähnlich konstruiert mit Galactose als Kern. Zeitschr. f.
physiol. Chem. 64 (1910), 302—315 [58].

Ehrlich, P., siehe Keyes.

Ellinger, Über die Verteilung injizierten Cholins im Tierkörper. Münch.
med. Wochenschr. 49 (1914), 2336 [73].

Engeland und Kutscher, Über einige physiologisch wichtige Substanzen.
Zeitschr. f. Biol. 57 (1912), 527 [79].

Erlandsen, Untersuchungen über die lecithinartigen Substanzen des
Myocardiums und der quergestreiften Muskeln. Zeitschr. f. physiol.
Chem. 51 (1907), 71 [56, 57, 58].

Ewins, A. J., Die Konstitution von Pseudomuscarin (synthetisches
Muscarin). Biochem. Journ. 8 (1914), 209 [86, 97].

— Acetylcholin, ein neues aktives Prinzip des Mutterkorns. Biochem.
Journ. 8 (1914), 44 [97, 98].

— Einige neue physiologisch wirksame Derivate des Cholins. Biochem.
Journ. 8 (1914), 44 und 209 [100].

Fabian, Über das Verhalten des salzsauren Glycosamins im Tierkörper.
Zeitschr. f. physiol. Chem. 27 (1899), 167 [106].

Fischer, E., Über den Amidoacetaldehyd. Ber. d. Deutsch. chem. Gesellsch. 26 (1889), 464 [90, 95, 96].

— Über den Amidoacetaldehyd. Ber. d. Deutsch. chem. Gesellsch. 27
(1894), 166 [90, 95, 96].

— Reduktion des Glykokollesters. Ber. d. Deutsch. chem. Gesellsch. 41
(1908), 1019 [95, 96].

Florence, A., Neues Verfahren zum Nachweis von Samenflecken. Chem.
    Zentralbl. 1897, II, 1161 [83].
Forschbach, Über den Glykosaminkohlensäureäthylester und sein Schick-
    sal im Stoffwechsel des pankreasdiabetischen Hundes. Beitr. z.
    chem. Physiol. u. Path. 8 (1906), 313 [106].
Fourneau und Le Page, Über die Cholinester. Bull. Soc. Chim. de France
    [4] 15 (1914), 544—553 [98].
Franchini, Untersuchungen über Lecithin, Cholin und Ameisensäure.
    Arch. d. Farmacol. sperim. 7 (1908), 371—389 [74].
Frank und Isaak, Die Bedeutung des Adrenalins und des Cholins für die
    Erforschung des Zuckerstoffwechsels. Zeitschr. f. exp. Path. u. Therap.
    7 (1909), 326—338 [80].
Fränkel, Über das Sahidin aus Menschenhirn. Biochem. Zeitschr. 24
    (1910), 268—276 [58].
— und Cornelius, M., Zur Kenntnis des β-Aminoäthylalkohols und seiner
    Derivate. Ber. Dtsch. Chem. Gesellsch. 51, 1654—62 [64, 89].
— und Dimitz, Über Lipoide. VIII. Mitteilung. Über die Spaltungspro-
    dukte des Cephalins. Biochem. Zeitschr. 21 (1909), 337 [57].
— und Kelly, Beiträge zur Konstitution des Chitins. Monatsh. für Chem.
    23 (1901), 123 [103].
— und Neubauer, VII. Mitteilung. Über das Cephalin. Biochem. Zeitschr.
    21 (1909). 321 [57].
— und Pari, Über Lipoide. 4. Mitteilung. Über die Phosphatide des
    Rinderpankreas. Biochem. Zeitschr. 17 (1909), 68 [58].
Friedmann, Beiträge zur Kenntnis der physiologischen Beziehungen der
    schwefelhaltigen Eiweißabkömmlinge. 1. Mitteilung. Über die Kon-
    stitution des Cystins. Beitr. zur chem. Physiol. u. Path. 3 (1902),
    1—46 [53].
Fühner, Die quantitative Bestimmung des synthetischen Muscarins auf
    physiologischem Wege. Arch. f. exp. Path. u. Pharm. 59 (1908),
    179 [99].
— Pharmakologische Untersuchungen über die Wirkung des Hypophysins.
    Biochem. Zeitschr. 76 (1916), 232 [100, 295].
v. Fürth und Russo, Über krystallinische Chitosanverbindungen aus
    Sepiaschulpen. Beitr. zur Kenntnis des Chitins. Beitr. zur chem.
    Physiol. u. Path. 8 (1906), 163 [102].
— und Schwarz, Über die Natur der blutdruckerniedrigenden Substanz
    in der Schilddrüse. Pflügers Arch. d. Physiol. 124 (1908). 361 [67].
— — Zusatz zu der Abhandlung: Über die Natur der blutdruckerniedrigen-
    den Substanz in der Schilddrüse. Pflügers Arch. d. Physiol. 125
    (1909), 506 [67].
Funk, C., siehe 11.
Gabriel, Über Amidomercaptan. Ber. d. Deutsch. chem. Gesellsch. 22
    (1889), 1137 [64].
— und Colmann, Zur Kenntnis des Aminosulfons und verwandter Ver-
    bindungen. Ber. d. Deutsch. chem. Gesellsch. 44 (1911), 3628 bis
    3636 [64].
Gadamer, Über die Bestandteile des schwarzen und weißen Senfsamens.
    Arch. f. Pharm. 235 (1897), 44 [64, 66, 116].

Gautrelet, Über die blutdruckerniedrigende Wirkung des Cholins im
    Organismus. C. r. de l'Acad. 148 (1909), 995 [67, 78, 80].
— und Thomas, Blutdruckerniedrigende Wirkung des Serums von Hunden
    mit exstirpierten Nebennieren. C. r. de l'Acad. 149 (1909), 150
    [67].
Gilson, E., Das Chitin und die Membranen der Pilzzellen. Ber. d. Deutsch.
    chem. Gesellsch. 28 (1895), 821 [102].
Gobley, Journ. of Pharm. Chem. 1 (1846), 5 [59].
Golowinski, Zur Frage der Cholinwirkung auf das Froschherz. Pflügers
    Arch. d. Physiol. 157, (1914) 136—146 [79].
— Über die Wirkung des Cholins auf den Zirkulationsapparat warmblütiger
    Tiere. Pflügers Arch. d. Physiol. 159 (1914) [79].
Greenwald, J., Beobachtungen über die Bedeutung von Glykolsäure,
    Glyoxal, Glykolaldehyd und Aminoaldehyd im intermediären Stoff-
    wechsel. Journ. Biol. Chem. 35, 461—72 [96].
Grieß und Harrow, Über das Vorkommen des Cholins im Hopfen. Ber.
    d. Deutsch. chem. Gesellsch. 18 (1885), 717 [65, 68].
Guggenheim und Löffler, Über das Vorkommen und das Schicksal des
    Cholins im Tierkörper. Eine Methode zum Nachweis kleiner Cholin-
    mengen. Biochem. Zeitschr. 74 (1916), 209 [61, 64, 67, 73, 75, 79,
    85, 100, 112].
Gulewitsch, Über Cholin und einige Verbindungen desselben. Zeitschr.
    f. physiol. Chem. 24 (1898), 513 [69, 86].
— Über Cadaverin und Cholin aus faulem Pferdefleisch. Zeitschr. f. physiol.
    Chem. 27 (1899), 50 [67, 139].
— Über die Leukomatine des Ochsengehirns. Zeitschr. f. physiol. Chem. 27
    (1899), 50 [67, 108].
Halliburton, Die Biochemie der peripheren Nerven. Ergebn. der Physiol.
    4 (1905), 24 [67, 78, 112].
Handelsmann, Experimentelle und chemische Untersuchungen über das
    Cholin und seine Bedeutung für die Entstehung epileptischer Krämpfe.
    Zeitschr. f. Nervenheilk. 35 (1908), 428 [67].
Harmsen, Zur Toxikologie des Fliegenschwammes. Arch. f. exp. Path. 50
    (1903), 361 [91, 93].
Hasebroek, siehe 2.
Heffter, Pflügers Arch. d. Physiol. 28 (1891), 97 [57].
v. Hößlin, Über den Abbau des Cholins im Tierkörper. Beitr. zur chem.
    Physiol. u. Path. 8 (1906), 27 [74].
Hofmann und Höbold, Die Perchlorate der Cholin- und Neuringruppe.
    Nachweis von Cholin und Neurin. Ber. d. Deutsch. chem. Gesellsch.
    44 (1911), 1766—1771 [69, 84].
Honda, Über Fliegenpilzalkaloide und das künstliche Muscarin. Arch.
    d. exp. Path. u. Pharm. 65, 454—466 [92, 93, 95, 98].
Houdas, Über die Gegenwart von Cholin oder ähnlichen Basen im Speichel
    des Pferdes. C. r. de l'Acad. 156 (1912), 824 [67].
Hunt, Eine physiologische Cholinprüfung und deren Anwendung. The
    Journ. of Pharm. and exp. Therap. Vol. III, Nr. 3 (1915), 301 [32,
    67, 85].

Hunt, und de Taveau, Journ. of Pharm. and exp. Theraup. 1 (1903), [80, 81].

Jahns, Über die Alkaloide des Bockshornsamens. Ber. d. Deutsch. chem. Gesellsch. 18 (1885), 2510 [66, 87, 229].

— Über die Alkaloide der Arekanuß II. Ber. d. Deutsch. chem. Gesellsch. 23 (1890), 2972—2978 [66].

— Vorkommen von Betain und Cholin im Wurmsamen. Ber. d. Deutsch. chem. Gesellsch. 26 (1893), 2151 [66, 218].

Isaak, Beiträge zur Kenntnis des intermediären Stoffwechsels bei der experimentellen Phosphorvergiftung. Zeitschr. f. physiol. Chem. 100 (1917), 1—33 [60].

Kauffmann, Über das angebliche Vorkommen von Cholin in pathologischer Lumbalflüssigkeit. Zeitschr. f. physiol. Chem. 66 (1910), 343 [67, 85].

— Über den Befund von Cholin im Ochsengehirn. Zeitschr. f. physiol. Chem. 74 (1911), 175 [67].

— und Vorländer, Über den Nachweis des Cholins nebst Beiträgen zur Kenntnis des Trimethylamins. Ber. d. Deutsch. chem. Gesellsch. 43 (1910), 2735 [32, 83].

Keyes, Lecithin und Schlangengift. Zeitschr. f. physiol. Chem. 41 (1904), 273—277 [61].

Kiesel, Versuche mit dem Stanekschen Verfahren zur quantitativen Bestimmung des Cholins. Zeitschr. f. physiol. Chem. 53 (1907), 215—239 [72, 84, 88].

Kikkoji, T. und Neuberg, C., Über das Verhalten von Aminoazetaldehyd im tierischen Organismus. Biochem. Zeitschr. 20 (1909) 463—67 [96].

Kinoshita, Über den Cholingehalt tierischer Gewebe. Arch. f. ges. Phys. 132 (1910), 607 [66, 67, 88].

Kitagawa und Thierfelder, Notiz betreffend das Sphingosin. Zeitschr. f. physiol. Chem. 48 (1906), 80 [101].

— — Über das Cerebron. Zeitschr. f. physiol. Chem. 49 (1906), 286 [101].

Knorr, Über den Aminoäthylalkohol (1, 2 Äthanolamin). Ber. d. chem. Ges. 30 (1897) 909—15 [63, 94].

Kobert, Über Pilzgifte. Sitzungsber. Dorp. Naturf. Vers. 9, H. 3 (1892) [94], Chem. Zentralbl. 1892, 929 [66].

— Über die Bedeutung der Muscarinwirkung am Herzen. Arch. f. exp. Path. u. Pharm. 20 (1886), 92 [94].

Koch, Zur Kenntnis des Lecithins, Cephalins und Cerebrins aus Nervensubstanz. Zeitschr. f. physiol. Chem. 36 (1902), 134 [57, 58].

— Toxische Basen im Harn parathyreoidektomierter Hunde. Jl. of Biol. Chem. 15 (1913), 43—63 [67, 167, 172, 182, 187].

Kotake und Sera, Über eine neue Glucosaminverbindung, zugleich ein Beitrag zur Konstitution des Chitins. Zeitschr. f. physiol. Chem. 88 (1913), 56—72 [102, 105].

— — Y., Über eine Glucosaminverbindung, zugleich ein Beitrag zur Konstitutionsfrage des Chitins. Zeitschr. f. physiol. Chem. 89 (1914), 482 [102].

Kraft, Über das Mutterkorn. Arch. der Pharm. **244** (1906), 336 [66, 87, 218].

Krüger und Bergell, Zur Synthese des Cholins. Ber. d. Deutsch. chem. Gesellsch. **36** (1903), 2901—2904 [68].

Kunz, Über den Alkaloidgehalt des Extractum Belladonnae. Arch. der Pharm. **223** (1885), 701 [66, 87].

Kutscher, F., Zur Kenntnis von Liebigs Fleischextrakt. Zentralbl. f. Physiol. **19** (1905) 504 [54].

Kutscher und Lohmann, Die Endprodukte der Pankreas- und Hefeselbstverdauung. Zeitschr. f. physiol. Chem. **39** (1903), 313 [61, 124, 131, 132, 201].

Ledderhose, Über Chitin und seine Spaltprodukte. Zeitschr. f. physiol. Chem. **2** (1878/79), 213 [102].

— Über Glykosamin. Zeitschr. f. physiol. Chem. **4** (1880), 139 [102].

Letsche, E., Beiträge zur Kenntnis der organischen Bestandteile des Serums. Zeitschr. f. physiol. Chem. **53** (1907), 31—112 [67].

Levene, Die Synthese der Hexosamine. Journ. of Biol. Chem. **26** (1916), 155—162 [104].

— Chondrosamin. Journ. of Biol. Chem. **26** (1916), 143—154 [104].

— und Jacobs, Über Sphingosin. Journ. of Biol. Chem. **11** (1911), 547 [101, 107].

— — Über die Cerebroside des Gehirngewebes. Journ. of Biol. chem. **12** (1911), 389 [101].

Levene, P. A. und West, C. J., Hydrolecithin und seine Beziehung zur Konstitution des Kephalins. Journ. of Biol. Chem. **33**, 111—117 [57, 58].

Liebreich, Über die chemische Beschaffenheit der Gehirnsubstanz. Liebigs Annalen **134** (1865), 29 [68, 108].

Lippmann, Über einige organische Bestandteile des Rübensaftes. Ber. d. Deutsch. chem. Gesellsch. **20** (1887), 3201 [66].

Lohmann, Cholin, die den Blutdruck erniedrigende Substanz der Nebenniere. Pflügers Arch. d. Physiol. **118** (1907), 215 [67, 78, 79, 83, 264].

— Über die Verteilung des blutdruckherabsetzenden Cholins in der Nebenniere. Zentralbl. f. Physiol. **21** (1907), 139 [67, 78].

— Über die antagonistische Wirkung der in den Nebennieren enthaltenen Substanzen, Suprarenin und Cholin. Pflügers Arch. d. Physiol. **122** (1908), 203—209 [78, 80, 264, 273].

— Über einige Bestandteile der Nebenniere, Schilddrüsen und Hoden. Zeitschr. f. Biol. **56** (1911), 1 [67].

Löning und Thierfelder, Untersuchungen über die Cerebroside des Gehirns. II. Mitteilung. Zeitschr. f. physiol. Chem. **77** (1912), 202 [102].

Mac Lean, Weitere Versuche zur quantitativen Gewinnung von Cholin aus Lecithin. Zeitschr. f. physiol. Chem. **55** (1908), 360—370 [57, 60].

— Versuche über den Cholingehalt des Herzmuskellecithins. Zeitschr. f. physiol. Chem. **57** (1908), 296 [57, 68].

Mac Lean, Die Phosphatide der Niere. Biochem. Journ. 6 (1912), 233 bis 254 [57, 58].

— Die Zusammensetzung des Lecithins nebst Beobachtungen über die Verteilung der Phosphatide in den Geweben und einer Methode zu deren Extraktion und Reinigung. Biochem. Journ. 9 (1915), 330—337 [57, 89].

Malengreau und Lebailly, Über die synthetischen Homocholine. Zeitschr. f. physiol. Chem. 67 (1910), 35—41 [83].

— und Prigent, Hydrolyse und Konstitution des Lecithins. Zeitschr. f. physiol. Chem. 77 (1912), 107—120 [60].

Mallèvre, Alfred, Untersuchung über die giftige Wirkung des Amidoazet. ls. Arch. f. ges. Physiol. 49 (1891) 484 [97].

Mansfeld, Über den Donathschen Nachweis von Cholin in Fällen von Epilepsie. Zeitschr. f. physiol. Chem. 41 (1904), 157 [67].

Maxwell, W., Über das Verhalten der Fettkörper und die Rolle der Lecithine während der Keimung. Americ. Chem. Journ. 13 (1891), 16 [59].

— Die biologische Funktion der Lecithine. Americ. Chem. Journ. 13 (1891), 428 [59].

Mendel, Lafajette und Frank Underhill, Die physiologische Wirkung des Cholins. Zentralbl. f. Physiol. 24 (1910), 251—253 [78].

Menge, Einige neue Verbindungen vom Typus des Cholins. Journ. of Biol. Chem. 10 (1911), 399 [81].

Meyer, Zum bakteriellen Abbau des d-Glucosamins. Biochem. Zeitschr. 58 (1913), 415 [106].

Modrakowski, Über die physiologische Wirkung des Cholins. Pflügers Arch. d. Physiol. 124 (1908), 601—632 [78].

Moruzzi, Versuche zur Gewinnung von Cholin aus Lecithin. Zeitschr. f. physiol. Chem. 55 (1908), 352—359 [57, 60, 68].

Mott und Halliburton, Die physiologische Wirkung von Cholin und Neurin. Philos. Transactions B. 191 (1899), 211—262 [82, 85].

Müller, Fr., Beiträge zur Kenntnis des Mucins und einiger damit verwandter Eiweißstoffe. Zeitschr. f. Biol. 42 (1901), 468 [78].

Müller, Beiträge zur Analyse der Cholinwirkung. Pflügers Arch. d. Physiol. 134 (1910), 289—310 [78, 79].

Neuberg, C., Reduktion von Aminosäuren zu Aminoaldehyden. Ber. d. Deutsch. chem. Gesellsch. 41 (1908), 956 [96].

— und Ascher, E., Notiz über Desaminocystin und Aminoäthandisulfid. I. Verwandlung von Cystin in das Disulfid der optisch aktiven α-Oxy-β-thiopropionsäure. Biochem. Zeitschr. 5 (1907), 451—455 [53, 64].

— und Wolff, Über den Nachweis von Chitosamin. Ber. d. Deutsch. chem. Gesellsch. 34 (1901), 3840 [105].

Nothnagel, Über Cholin und verwandte Verbindungen mit besonderer Berücksichtigung des Muscarins. Arch. d. Pharm. 232 (1894), 60 [92, 95, 97].

Osborne und Wakemann, Einige neue Bestandteile der Milch. I. Mitteilung. Die Phosphatide der Milch. Journ. of Biol. Chem. 21 (1915), 539 [57].

— — Einige neue Bestandteile der Milch. II. Mitteilung. Journ. of Biol. Chem. 28 (1916), 1—9 [57].

Pal, Zur Kenntnis der Cholinwirkung. Zentralbl. f. Physiol. **24** (1910), 1—2 [77, 78, 80].

— Über die Wirkung des Cholins und des Neurins. Ein Beitrag zur Kenntnis der Gefäßgifte. Zeitschr. f. exp. Path. u. Therap. **9** (1911), 191 [77, 80].

Parnas, Über fermentative Beschleunigung der Cannizarroschen Aldehydumlagerung durch Gewebssäfte. Biochem. Zeitschr. **28** (1910), 274 [62, 250].

Patta und Varisco, Untersuchungen über die kardiovaskuläre Wirkung des Cholins. Arch. d. Pharm. Sperim. **19** (1914), 109—137 [79].

Pauly, Zum Problem der natürlichen Peptidsynthese. Zeitschr. f. physiol. Chem. **99** (1917), 161 [96].

Polstorff, Über den Gehalt einiger eßbarer Pilze an Cholin. Wallach-Festschrift (1909), 579—583 [65, 87].

— siehe auch 8.

Popielski, Über die Blutdruckwirkung des Cholins. Zeitschr. f. physiol. Chem. **70** (1910), 250—252 [78].

Poulsson, Untersuchungen über Caltha palustris. Arch. f. exp. Path. u. Pharm. **80** (1916), 173—182 [66].

Pringsheim, Zur Methylierung der Glucosaminsäure. (Ein Weg vom Zucker zum Betain.) Ber. d. Deutsch. chem. Gesellsch. **48** (1915), 1158 [106].

Renshaw, Darstellung des Cholins und einige seiner Salze. Journ. Americ. Chem. Soc. **32** (1910), 128—130 [68].

Reuter, Beiträge zur Kenntnis der stickstoffhaltigen Bestandteile der Pilze. Zeitschr. f. physiol. Chem. **78** (1912), 167 [83, 102, 123, 139, 218, 220].

Riedel, J. D., Verfahren zur Darstellung von Hydrolecithin. D.R.P. Kl. **12q**. Nr. 256998 (1913) [60].

Rießer, Theoretisches und Experimentelles zur Frage der Kreatinbildung im tierischen Organismus. Zeitschr. f. physiol. Chem. **86** (1913), 415 [74, 162, 216].

— Weitere Beiträge zur Frage der Kreatinbildung aus Cholin und Betain. Zeitschr. f. physiol. Chem. **90** (1914), 221—235 [74, 216].

— und Thierfelder, Über das Cerebron. I. Mitteilung. Zeitschr. f. physiol. Chem. **77** (1912), 508 [101].

Robinson, Die Wirkung des Adrenalins und des Cholins auf die Geschlechtsbestimmung bei einigen Säugetieren. C. r. de l'Acad. **154** (1912), 1634—1636 [80].

Rooß, Der Ursprung des bei der Hydrolyse von Boletus edulis erhaltenen Glucosamins. Biochem. Journ. **9** (1915), 313—319 [102].

Rosenheim, Cholin in der Cerebrospinalflüssigkeit. Journ. of Physiol. **35** (1907), 465—472 [67, 84].

Ruckert, Über die Einwirkung von Oidium lactis und Vibrio cholerae auf Cholinchlorid. Arch. d. Pharm. **246** (1909), 676—691 [76, 108].

Salkowski, E., Über die Entstehung der Ameisensäure im Organismus. Zeitschr. f. physiol. Chem. **104** (1919) 161 [74].

Samelson, Über gefäßverengernde und erweiternde Substanzen nach Versuchen an überlebenden Froschgefäßen. Arch. f. exp. Path. u. Pharm.
66 (1911), 34 [79].
Sasaki, Zur Kenntnis des Cholinstoffwechsels. Intern. Beitr. zur Path. u.
Therap. d. Ernährungsstörungen **5** (1914), 373 [73].
Satta, Bemerkungen und Versuche über den Cholinabbau. Arch. di Farmacol. Sperim. e science aff. **17** (1914), 337 [75].
Schmiedeberg, Bemerkungen über die Muscarinwirkung. Arch. f. exp.
Path. **14** (1891), 376 [91, 92].
— und Harnack, Über die Synthese und über muscarinartig wirkende
Ammoniumbasen. Arch. d. exp. Path. **6** (1877), 101 [66, 90, 92,
97].
— und Koppe, Das Muscarin. Leipzig **1869**, 171/179 [90, 91, 92, 94].
Schmidt, E., Über das Cholin. Arch. d. Pharm. **229** (1891), 481 [76, 108].
— Über Cholin, Neurin und verwandte Verbindungen. Liebigs Annalen
337 (1904), 37 [98, 108].
— Über die Beziehungen zwischen chemischer Konstitution und physiologischer Wirkung einiger Ammoniumbasen. Arch. d. Pharm. **242**
(1904), 705 [81, 100, 113, 114].
Schoorl, N., Mikrochemische Reaktionen auf Cholin. Pharmazeutisch
Weckblad **55**, 363—69 [72].
Schulz, N. und Ditthorn, Galaktosamin, ein neuer Amidozucker, als
Spaltprodukt des Glykoproteides der Eiweißdrüse des Frosches.
Zeitschr. f. physiol. Chem. **29** (1900), 373 [104].
— — Weiteres über Galaktosamin. Zeitschr. f. physiol. Chem. **32** (1901)
428—434 [104].
Schulze, Über das Vorkommen von Cholin in Keimpflanzen. Zeitschr. f.
physiol. Chem. **11** (1887), 365 [65].
— Über einige stickstoffhaltige Bestandteile der Keimlinge von Soja hispida.
Zeitschr. f. physiol. Chem. **12** (1888), 405 [66].
— Über basische Stickstoffverbindungen aus den Samen von Vicia sativa
und Pisum sativum. Zeitschr. f. physiol. Chem. **15** (1891), 140 [65,
168, 217].
— Über einige stickstoffhaltige Bestandteile der Keimlinge von Vicia sativa.
Zeitschr. f. Physiol. Chem. **17** (1893), 193 [168].
— Über die zur Darstellung von Cholin, Betain und Trigonellin aus pflanzenverwendbaren Methoden und über die quantitative Bestimmung dieser
Basen. Zeitschr. f. physiol. Chem. **60** (1909), 155—179 [86].
— und Frankfurt, Über das Vorkommen von Betain und Cholin in
Malzkeimen und im Keim des Weizenkorns. Ber. d. Deutsch.
chem. Gesellsch. **26** (1893), 2151 [66, 217].
— und Likiernik, Über das Lecithin der Pflanzensamen. Zeitschr. f.
physiol. Chem. **15** (1891), 405 [56].
— und Pfenninger, Untersuchungen über die in den Pflanzen vorkommenden Betaine. Zeitschr. f. physiol. Chem. **71** (1911), 174 [72, 216].
— und Steiger, Über den Lezithingehalt der Pflanzensamen. Zeitschr.
f. physiol. Chem. **13** (1889) 365 [59].
— und Trier, Über die allgemeine Verbreitung des Cholins. Zeitschr. f.
physiol. Chem. **81** (1912), 53 [66, 218].

Schulze und Winterstein, E., Beiträge zur Kenntnis der aus Pflanzen
darstellbaren Lezithine. Zeitschr. f. physiol. Chem. **40** (1903) 100
bis 119 [59].

Schumoff, Simanowski und Sieber, Das Verhalten des Lecithins zu
fettspaltenden Fermenten. Zeitschr. f. physiol. Chem. **49** (1906),
50 [61].

Schwarz, G., Über die Wirkung der Radiumstrahlen. Pflügers Arch.
d. Physiol. **100** (1904), 532 [68].

Schwarz, Ein Beitrag zur Wirkung des Cholins auf die Pankreassekretion.
Zentralbl. f. Physiol. **23** (1909), 337—340 [80].

— und Lederer, Über das Vorkommen von Cholin in der Thymus, in
der Milz und in den Lymphdrüsen. Pflügers Arch. d. Physiol.
124 (1908), 353 [67].

Slowtzoff, Über die Resorption des Lecithins aus dem Darmkanal. Beitr.
zur chem. Physiol. und Path. **VII** (1906), 508 [61].

Smorodinzew, Über die stickstoffhaltigen Extraktivstoffe der Leber.
Zeitschr. f. physiol. Chem. **80** (1912), 218 [67, 72, 83, 87, 166,
182, 234].

Stanek, Über das Cholinperjodid und die quantitative Fällung von Cholin
durch Kaliumtrijodid. Zeitschr. f. physiol. Chem. **46** (1905), 280
[83, 87, 88, 216, 217].

— Über die quantitative Bestimmung von Cholin und Betain in pflanzlichen Stoffen und einige Bemerkungen über Lecithin. Zeitschr. f.
physiol. Chem. **48** (1906), 334 [65, 66, 72, 88, 216, 217].

Steudel, Eine neue Methode zum Nachweis von Glucosamin und ihre
Anwendungsweise auf die Spaltungsprodukte der Mucine. Zeitschr.
f. physiol. Chem. **34** (1901/02), 353 [105].

Straub, W., Zur chemischen Kinetik der Muscarinwirkung und des Antagonismus Muscarin-Atropin. Pflügers Arch. d. Physiol. **119** (1907),
127 [95].

Strecker, A., Beobachtungen über die Galle verschiedener Tiere. Liebigs
Annalen **70** (1849), 149—197 [65, 67].

— Über einige neue Bestandteile der Schweinegalle. Liebigs Annalen **123**
(1862), 353—360 [65, 67].

— Über das Lecithin. Liebigs Annalen **148** (1869), 77 [65, 68[.

Struve, H., Beobachtungen über das Vorkommen und über verschiedene
Eigenschaften des Cholins. Zeitschr. f. analyt. Chem. **41** (1902),
544—550 [66].

— Cholin im pflanzlichen und tierischen Gebilden. Liebigs Annalen **320**
(1904), 374—377 [66].

Suto, Über die Oxydation von Aminen. Biochem. Zeitschr. **71** (1915),
169 [64, 95].

Thierfelder, H., Untersuchungen über die Cerebroside des Gehirns.
III. Mitteilung. Zeitschr. f. physiol. Chem. **85** (1913), 35 [101].

— Untersuchungen über die Cerebroside des Gehirns. IV. Mitteilung.
Zeitschr. f. physiol. Chem. **89** (1914), 236 [101].

— V. Mitteilung. Untersuchungen über die Cerebroside des Gehirns. Zeitschrift f. physiol. Chem. **89** (1914), 247 [101].

Thierfelder, H., Acetylierung und Spaltung des Phrenosins. VI. Mitteilung. Zeitschr. f. physiol. Chem. **91** (1914), 107 [101].

— und Schulze, Ein neues Verfahren zur Abtrennung von Äthanolamin (Colamin), Phosphatidhydrolysaten. Zeitschr. f. physiol. Chem. **96** (1915), 296—308 [89].

Thomas und Thierfelder, Über das Cerebron. VI. Mitteilung. Zeitschr. f. physiol. Chem. **77** (1912), 511 [101].

Thoms, Über das Vorkommen von Cholin und Trigonellin in Strophanthussamen und über die Darstellung von Strophanthin. Ber. d. Deutsch. chem. Gesellsch. **31** (1898), 271 (66, 87].

Thudichum, J. L. W., Die chemische Konstitution des Gehirns des Menschen und der Tiere. Tübingen 1901 [101].

Totani, Über das Vorkommen von Cholin in Stierhoden. Zeitschr. f. physiol. Chem. **68** (1910), 86 [67].

— Über die basischen Bestandteile der Bambusschößlinge. Zeitschr. f. physiol. Chem. **70** (1910), 388 [66, 217].

Trier, Aminoäthylalkohol, ein Produkt der Hydrolyse des Lecithins (Phosphatids) der Bohnensamen. Zeitschr. f. physiol. Chem. **73** (1911), 383—388 [57, 63].

— Über Gewinnung von Aminoäthylalkohol aus Eilecithin. Zeitschr. f. physiol. Chem. **76** (1911/12), 496 [57, 63].

— Über die Umwandlung von Aminoäthylalkohol in Cholin. Zeitschr. f. physiol. Chem. **80** (1912), 409—411 [57, 63].

— Über einfache Pflanzenbasen und ihre Beziehungen zum Aufbau der Eiweißstoffe und Lecithine. Gebr. Bornträger, Berlin, 1912, S. 98 [57, 59, 62, 72, 95].

— Über die nach den Methoden der Lecithindarstellung aus Pflanzensamen erhältlichen Verbindungen. Zeitschr. f. physiol. Chem. **86** (1913), 141—152 [57].

Utz, Beiträge zur Kenntnis giftiger Pilze. Apotheker-Zeitung **20** (1905), 993 [66].

Wagner, Über Nebennierencephalin und andere Lipoide der Nebennierenrinde. Biochem. Zeitschr. **64** (1914), 72—81 [57].

Waser, Über die Veränderung der Blut- und Hirnzusammensetzung bei chronischem Gebrauch von Schlafmitteln. Zeitschr. f. physiol. Chem. **94** (1915), 191 [60].

Werner, R., Zur lokalen Sensibilisierung und Immunisierung der Gewebe. Deutsche med. Wochenschr. **31** (1905), 1072 [61, 68].

Werner und Szecsi, Experimentelle Beiträge zur Chemotherapie der malignen Geschwülste. Zentralbl. f. Gynäk. und Geburtsh., sowie deren Grenzgebiete **9** (1913) [61, 68].

Winterstein, E., Über ein stickstoffhaltiges Spaltungsprodukt der Pilzcellulose. Ber. d. Deutsch. chem. Gesellsch. **27** (1894), 3113 [102].

— und Hiestand, Zur Kenntnis der pflanzlichen Lecithine. Zeitschr. f. physiol. Chem. **47** (1906), 496 [58].

— und Stegemann, Beiträge zur Kenntnis der pflanzlichen Phosphatide. III. Mitteilung. Über ein Phosphatid aus Lupinus albus. Zeitschr. f. physiol. Chem. **58** (1909), 500 [58].

Wohlgemuth, Über die Herkunft der schwefelhaltigen Stoffwechsel-
produkte im tierischen Organismus. I. Mitteilung. Zeitschr. f. physiol.
Chem. 40 (1903), 81—100 [53].
— Über die Herkunft der schwefelhaltigen Stoffwechselprodukte im tierischen
Organismus. II. Mitteilung. Zeitschr. f. physiol. Chem. 43 (1904),
467—475 [53].
Wurtz, Über die Identität des künstlichen und natürlichen Neurins. Annalen
Supplementband 6, (1867), 197 [68, 69].
Yoshimura, Beiträge zur Kenntnis der Zusammensetzung der Malzkeime.
Biochem. Zeitschr. 31 (1911), 221—226 [65].
— siehe 5.
— Über die Verbreitung organischer Basen, insbesondere von Betain und
Cholin im Pflanzenreich. Zeitschr. f. physiol. Chem. 88 (1914), 334
bis 345 [65, 66, 229].
— und Kanai, Beiträge zur Kenntnis der stickstoffhaltigen Bestandteile
des Pilzes Cortinellus shutake, P. Henn. Zeitschr. f. physiol. Chem.
86 (1913), 178 [65].
— — Beiträge zur Kenntnis der stickstoffhaltigen Bestandteile des getrockneten Kabeljau (Gadus Brandita). Zeitschr. f. physiol. Chem. 88
(1913), 346—351 [65, 218].
— und Trier, Weitere Beiträge über das Vorkommen von Betainen im
Pflanzenreich. Zeitschr. f. physiol. Chem. 77 (1912), 290—302 [65,
66, 223, 229, 239].
Yoshimoto, Über den Einfluß des Lecithins auf den Stoffwechsel. Zeitschrift f. physiol. Chem. 64 (1910), 464—478 [61].

4. Neuringruppe.

Abderhalden, E. und Schaumann, Beiträge zur Kenntnis von or-
ganischen Nahrungsstoffen mit spezifischer Wirkung. Pflügers Arch.
d. Physiol. 172 (1918) 141 [107, 218].
Bode, J., Über einige Abkömmlinge des Neurins und Cholins. Liebigs
Annalen 267 (1892), 268 [109].
Böhm, siehe 3.
Coppola, siehe 3.
Gabriel, Über Vinylamin. Ber. d. Deutsch. chem. Gesellsch. 21 (1888),
1049 [107, 115].
— Über Vinylamin und Bromäthylamin. Ber. d. Deutsch. chem. Gesellsch.
21 (1888), 2664 [107, 115].
— und Eschenbach, Darstellung des Allylamins. Ber. d. Deutsch. chem.
Gesellsch. 30 (1897), 1125 [107, 116].
— — Notizen über Bromäthylamin und Vinylamin. Ber. d. Deutsch.
chem. Gesellsch. 30 (1897), 2494 [107, 116].
Gadamer, siehe 3.
Guggenheim und Löffler, siehe 3.
Gulewitsch, Über Neurin und einige Verbindungen desselben. Zeitschr.
f. physiol. Chem. 26 (1898), 180 [109, 112].
— siehe 3.
Halliburton, siehe 3.

Hasebroek, siehe 2.

Howard und Marckwald, Über Trimethylenamin. Ber. d. Deutsch. chem. Gesellsch. 32 (1899), 2031 [107, 115].

— Zur Konstitution des Vinylamins. Ber. d. Deutsch. chem. Gesellsch. 32 (1899), 2036 [107, 115].

Jordan, siehe 2.

Koch, Toxische Basen im Harn parathyreoidektomierter Hunde. Journ. of Biol. Chem. 15 (1913), 43—63 (siehe auch 3) [57].

Kutscher, Fr., Der Nachweis toxischer Basen im Harn. IV. Mitteilung. Zeitschr. f. physiol. Chem. 51 (1907), 457—463 [107].

— und Lohmann, Der Nachweis toxischer Basen im Harn. Zeitschr. f. physiol. Chem. 48 (1906), 1 [109].

Levene und Jakobs, siehe 3.

Liebreich, siehe 3.

Lohmann, Über einige Bestandteile der Nebennieren, Schilddrüsen und Hoden. Zeitschr. f. Biol. 56 (1911), 1 (siehe auch 3) [109].

Luzzatto, Pharmakologische Untersuchungen über das Vinylamin und über einige seiner Umwandlungsprodukte. Arch. d. Farmacol. sperim. 17 (1913), 455—480 [115].

Pal, siehe 3.

Ruckert, siehe 3.

Schmidt, siehe 3.

— Versuche zur Überführung des Cholins in Neurin. Arch. d. Pharm. 252 (1914), 708 [108].

— Über die Einwirkung von Jodwasserstoff und Bromwasserstoff auf Neurin und Cholin. Liebigs Annalen 267, 300 [108].

— siehe 3.

Windaus und Vogt, Synthese des Imidazolyläthylamins. Ber. d. Deutsch. chem. Gesellsch. 40 (1907), 3691 [108, 120, 189].

Zuco und Dutto, Moleschotts Untersuchungen zur Naturlehre 14 (1894), 617 [109].

5. Die Diamine.

Abderhalden, Hydrolyse des krystallisierten Oxyhämoglobins aus Pferdefleisch. Zeitschr. f. physiol. Chem. 37 (1903), 484 [131, 143, 201].

— Familiärer Cystindiabethes. Zeitschr. f. physiol. Chem. 38 (1903), 557 [123].

— und Schittenhelm, Ausscheidung von Tyrosin und Leucin in einem Falle von Cystinurie. Zeitschr. f. physiol. Chem. 45 (1905), 468 [123].

— Weitere Studien über den Stickstoffwechsel. Zeitschr. f. physiol. Chem. 96 (1915), 1—147 [133].

Ackermann, Notiz zur Kenntnis des Putrescins. Zeitschr. f. physiol. Chem. 53 (1907), 545 [128].

— Ein Beitrag zur Chemie der Fäulnis. Zeitschr. f. physiol. Chem. 54 (1907), 1—32 [14, 17, 117, 135, 174, 235].

— Ein Fäulnisversuch mit Arginin. Zeitschr. f. physiol. Chem. 56 (1908), 310 [121, 122, 135].

Ackermann, Über die Entstehung von Fäulnisbasen. Zeitschr. f. physiol. Chem. **60** (1909), 482—501 [28, 33, 37, 121, 134, 170].
— Ein Fäulnisversuch mit lysinfreiem Eiweiß. Zeitschr. f. physiol. Chem. **64** (1910), 91 [122].
— Über ein neues auf bakteriellem Wege gewinnbares Aporrhegma. Zeitschr. f. physiol. Chem. **69** (1910), 273—281 [121, 122, 233, 235].
— und Kutscher, Über Krabbenextrakt. Zeitschr. f. Unters.-, Nahrungs- und Genußmittel **13** (1907), 180 [54, 132, 146, 151, 218, 231].
— — Über das Vorkommen von Lysin im Harn bei Cystinurie. Zeitschr. f. physiol. Chem. **57** (1911), 366 [132].
— — Über die Aporrhegmen. Zeitschr. f. physiol. Chem. **69** (1910), 265 [214].
Barger, Bemerkung zum Aufsatz von Herrn D. Ackermann: Über die Entstehung von Fäulnisbasen. Zeitschr. f. physiol. Chem. **61** (1909), 188 [118].
— und Dale, siehe 2.
Behring, Deutsche med. Wochenschr. **24** (1888) [126].
Bergh, Untersuchungen über die basischen Spaltungsprodukte des Elastins. Zeitschr. f. physiol. Chem. **25** (1898), 337 [131, 141].
Bödtker, Beitrag zur Kenntnis der Cystinurie. Zeitschr. f. physiol. Chem. **45** (1905), 303 [122].
v. Braun, J., Überführung von Piperidin in Pentamethylendiamin (Cadaverin). Ber. d. Deutsch. chem. Gesellsch. **37** (1904), 3583 [117, 136, 137].
— und Müller, Synthese des Hexamethylendiamins und Heptamethylendiamins aus Piperidin. Ber. d. Deutsch. chem. Gesellsch. **38** (1905), 2020, 2204 [125].
— Synthese des inaktiven Lysins aus Piperidin. Ber. d. Deutsch. chem. Gesellsch. **42** (1909), 839 [133].
Brieger, Zur Kenntnis der Stoffwechselprodukte des Cholerabazillus. Berl. klin. Wochenschr. **44** (1887) 817 [120].
Brieger, siehe 2.
Ciamician und Ravenna, siehe 2.
Cohnheim, Weitere Mitteilungen über Eiweißresorption. Versuche an Oktopoden. Zeitschr. f. physiol. Chem. **35** (1902), 396 [131, 143, 201].
Dombrowski, siehe 8.
Drechsel, Der Abbau der Eiweißstoffe: Zur Kenntnis der Spaltungsprodukte des Kaseins. Arch. f. Anat. u. Physiol. (1891) 248 [130].
— Über die Abscheidung des Lysins. Ber. d. Deutsch. chem. Gesellsch. **28** (1895), 3189 [129, 133].
Edelbacher, Das Vorkommen der Arginase im tierischen Organismus und ihr Nachweis mittels der Formoltitration. Zeitschr. f. physiol. Chem. **95** (1915), 87 [149].
— Versuche über Wirkung und Vorkommen der Arginase. Zeitschr. f. physiol. Chem. **100** (1917), 111 [128, 149].
Ehrström, Über ein neues Histon aus Fischsperma. Zeitschr. f. physiol. Chem. **32** (1901), 350 [131, 143, 200].

Ellinger, Die Konstitution des Ornithins und des Lysins, zugleich ein Beitrag zur Chemie des Eiweiß. Zeitschr. f. physiol. Chem. 29 (1900), 334 [121, 122, 127].

Finkler und Prior, Über Ptomaine aus Reinkulturen von Vibrio Proteus. Ber. d. Deutsch. chem. Gesellsch. 20 (1887), 1441 [122].

Fischer, E., Synthese der α-δ-Diaminovaleriansäure. Ber. d. Deutsch. chem. Gesellsch. 34 (1901), 454 [127, 128].

— und Abderhalden, Notizen über Hydrolyse von Proteinstoffen. Zeitschr. f. physiol. Chem. 42 (1904), 540 [118].

— und Skita, Über das Fibroin und den Leim der Seide. Zeitschr. f. physiol. Chem. 35 (1902), 221 [131, 142, 201].

— und Weigert, Synthese der α-ε-Diaminocapronsäure (inaktives Lysin). Ber. d. Deutsch. chem. Gesellsch. 35 (1902), 3773 [133, 137].

— und Zemplèn, Neue Synthese von Aminooxysäuren und von Piperidon-Derivaten. Ber. d. Deutsch. chem. Gesellsch. 42 (1909), 4886 [128, 129].

Garcia, Über Ptomaine, welche bei der Fäulnis von Pferdefleisch und Pankreas entstehen. Zeitschr. f. physiol. Chem. 17 (1892), 543 [117, 122].

Garrod und Hurtley, Über Cystinurie. Journ. of Physiol. 34 (1906), 217 [123].

Gortner und Würtz, Vergleichende Analysen von Fibrin von verschiedenen Tieren. Journ. Americ. Chem. Soc. 39 (1917), 2239 [131, 201].

Grandis, V., Über die Zusammensetzung der krystallisierten Base der Leberzellkerne. Rend. della R. Acc. dei Lincei 6 (1890) 230 [117].

Guggenheim und Löffler, siehe 2.

Gulewitsch, siehe 3.

Hart, Über die quantitative Bestimmung der Spaltungsprodukte der Eiweißkörper. Zeitschr. f. physiol. Chem. 33 (1901), 347—362 [130, 131, 133, 142, 143, 200, 201].

Haslam, Quantitative Bestimmung der Hexonbasen in Heteroalbumose und Pepton. Zeitschr. f. physiol. Chem. 32 (1901), 54 [131, 142, 143].

Hedin, Eine Methode das Lysin zu isolieren, nebst einigen Bemerkungen über das Lysatinin. Zeitschr. f. physiol. Chem. 21 (1895), 296 [131, 201].

— Einige Bemerkungen über die basischen Spaltungsprodukte des Elastins. Zeitschr. f. physiol. Chem. 25 (1898), 344 [141, 142].

Henderson, Beitrag zur Kenntnis der Hexonbasen. Zeitschr. f. physiol. Chem. 29 (1900), 320 [133].

Herzog, Über den Nachweis von Lysin und Ornithin. Zeitschr. f. physiol. Chem. 34 (1901), 525 [138].

Jaffé, Über das Verhalten der Benzoesäure im Organismus der Vögel. Ber. d. Deutsch. chem. Gesellsch. 10 (1877), 1925—1930 [127].

— Weitere Mitteilungen über die Ornithursäure und ihre Derivate. Ber. d. Deutsch. chem. Gesellsch. 11 (1877), 406—409 [127].

Johns, C. und Jones, B., Die Proteine der Erdnuß Arachis Hypogaea. Verteilung des basischen Stickstoffs in den Globulinen Arachin und Conarachin. I. Mitteilung. Journ. of Biol. Chem. 28 (1917), 879 [130, 142, 199, 200].

Kaufler, F., Schmelzpunktsregelmäßigkeit bei den aliphatischen Diaminen. Chemiker-Zeitung 25 (1901), 133 [125].

Kleinschmitt, Hydrolyse des Hordeins. Zeitschr. f. physiol. Chem. 54 (1907), 111—120 [130, 141, 199].

Kossel, Über die Darstellung und den Nachweis des Lysins. Zeitschr. f. physiol. Chem. 26 (1899), 588 [133, 143].

— Zur Chemie der Protamine. Zeitschr. f. physiol. Chem. 69 (1910), 138 bis 142 [142, 143, 144, 145].

— und Cameron, Über die freien Aminogruppen der einfachsten Proteine. Zeitschr. f. physiol. Chem. 76 (1912), 457—463 [127, 145].

— und Dakin, Beiträge zum System der einfachsten Eiweißkörper. Zeitschr. f. physiol. Chem. 40 (1903), 565 [131, 142, 149, 200].

— — Die Wirkung von Arginase auf Guanidin und andere Guanidinderivate. Journ. of Biol. Chem. 3 (1907), 435 [128, 170].

— und Kutscher, Beiträge zur Kenntnis der Eiweißkörper. Zeitschr. f. physiol. Chem. 31 (1900), 165 [17, 130, 131, 133, 134, 141, 142, 143, 199, 200].

— und Platten, Zur Analyse der Hexonbasen. Zeitschr. f. physiol. Chem. 38 (1903), 39—45 [142, 200, 202, 207].

— und Pringle, Über Protamine und Histone. (Über das Scombrin.) Zeitschr. f. physiol. Chem. 49 (1906), 301 [130, 176].

— und Weiß, Über den Nachweis des Ornithins unter den Spaltungsprodukten der Proteinstoffe. Zeitschr. f. physiol. Chem. 68 (1910), 160—164 [128, 139].

— und Weiß, F., Über einige Nitroderivate von Proteinen. Zeitschr. f. physiol. Chem. 83 (1913), 1—10 [118, 177].

Küng, Über einige basische Extraktivstoffe des Fliegenpilzes (Amarita Muscaria). Zeitschr. f. physiol. Chem. 91 (1914), 412 [123, 218].

Kutscher, Die Endprodukte der Trypsinverdauung. Dissertation Marburg 1899 [142, 143, 200, 201].

— Chemische Untersuchungen über die Selbstgärung der Hefe. Zeitschr. f. physiol. Chem. 32 (1901), 154 [132].

— und Lohmann, siehe 3.

— — Die Endprodukte der Pankreasverdauung. Zeitschr. f. physiol. Chem. 44 (1905), 381 [132, 142, 200].

Ladenburg, A., Über die Identität des Cadaverins mit dem Pentamethylendiamin. Ber. d. Deutsch. chem. Gesellsch. 19 (1886), 2585 [125].

— Piperidin aus Pentamethylendiamin. Ber. d. Dtsch. chem. Gesellsch. 18 (1885) 3100 [125].

— und Abel, Über das Äthylenimin (Spermin?). Ber. d. Dtsch. chem. Gesellsch. 21 (1888) 758—66 [119].

Langstein, L., Zur Kenntnis der Endprodukte der peptischen Verdauung. Beitr. z. chem. Physiol. u. Path. I (1902), 50 [124, 253].

Lawrow, Über die Spaltungsprodukte der Leukocyten. Zeitschr. f. physiol. Chem. 28 (1899), 388 [131].

— Über Benzoylierung der Hexonbasen. Zeitschr. f. physiol. Chem. 28 (1899), [137].

— Zur Kenntnis des Chemismus der peptischen und tryptischen Verdauung der Eiweißkörper. Zeitschr. f. physiol. Chem. 22 (1901), 312 [124].

Levene und Alsberg, Die Spaltprodukte des Vitellins. Jl. of Biol. Chem. 2 (1906/07), 127 [130, 142, 200].

Loewy und Neuberg, Über Cystinurie. Zeitschr. f. physiol. Chem. 43 (1904), 338 [123, 136].

— — Zur Kenntnis der Diamine. Zeitschr. f. physiol. Chem. 43 (1904), 344 [123, 136, 137].

Mochizuki und Kotake, Über die Autolyse der Stierhoden. Zeitschr. f. physiol. Chem. 43 (1904/05), 163 [132].

Neuberg und Richter, Über das Vorkommen von freien Aminosäuren (Leucin, Tyrosin, Lysin) im Blute bei akuter Leberatrophie. Deutsche med. Wochenschr. 30 (1904), 499—501 [132].

Nyegovan, Beiträge zur Kenntnis der pflanzlichen Phosphatide. Zeitschr. f. physiol. Chem. 76 (1912), 1 [120].

Omeliansky und Sieber, Zur Frage nach der chemischen Zusammensetzung der Bakterienkörper von Acotobacter croococcum. Zeitschr. f. physiol. Chem. 88 (1914), 445 [131, 143, 201].

Osborne, Lafajette Mendel und Wakemann, Aminosäuren in der Ernährung und Wachstum. Journ. of Biol. Chem. 17 (1914), 325 bis 349 [133].

— und Mendel, Das Aminosäureminimum zur Aufrechterhaltung des Wachstums, belegt durch weitere Versuche mit Lysin und Tryptophan. Journ. of Biol. Chem. 25 (1916), 1—12 [133].

— und van Slyke, Einige Produkte der Hydrolyse von Gliadin, Lactalbumin und der Proteine des Reismehls. Journ. of Biol. Chem. 22 (1915), 259—280 [130, 131, 199].

Otori, J., Die Oxydation des Pseudomucins und Caseins mit Calciumpermanganat. Zeitschr. f. physiol. Chem. 43 (1904), 86—92 [118, 177].

Pictet, siehe 1.

— und Court, Über einige neue Pflanzenalkaloide. Ber. d. Deutsch. chem. Gesellsch. 40 (1907), 3771 [126, 226].

Pohl, Über Synthesehemmung durch Diamine. Arch. f. exp. Path. 41 (1898) [127].

Reed, Die Bildung von Hexonbasen und Purinbasen bei der Autolyse von Glomerella. Journ. of Biol. Chem. 19 (1914), 257 [132].

Reiner, Krystallographische Untersuchungen des inaktiven Ornithinmonopikrates. Zeitschr. f. physiol. Chem. 73 (1911), 192—193 [135].

Réuter, siehe 3.

Rieländer, Einige neue Bestandteile des Extractum secalis cornuti. Sitzungsber. d. Magdeburger Naturforsch.-Gesellsch. 7 (1908) [123, 218].

Rießer, Zur Kenntnis der optischen Isomeren des Arginins und Ornithins, Zeitschr. f. physiol. Chem. 49 (1906), 210—245 [128, 135, 147, 148, 153, 175].

Roos, Über das Vorkommen von Diaminen bei Krankheiten. Zeitschr. f. physiol. Chem. 16 (1892) [123].

Schenk, M., Über Selbstverdauung einiger Hefearten (obergärige Hefe, Brennereihefe, Kahmhefe). Wochenschr. f. Brauerei (1905), Nr. 22, S. 221—227 [123].

Schreiner, P., Über eine neue organische Basis im tierischen Organismus.
    Liebigs Annalen 194 (1878) 68—84 [119].
Schröder, Zur Kenntnis der Proteinsubstanzen der Hefe. Beitr. z. chem.
    Physiol. u. Path. 2 (1902), 389 [131, 143, 201].
Schulze, Über das Vorkommen von Histidin und Lysin in Keimpflanzen.
    Zeitschr. f. physiol. Chem. 28 (1900), 465 [132, 141, 201].
— Über den Umsatz der Eiweißstoffe in der lebenden Pflanze. Zeitschr. f.
    physiol. Chem. 29 (1900), 241 [132, 201].
— Neue Beiträge zur Kenntnis der Zusammensetzung und des Stoffwechsels
    der Keimpflanzen. Zeitschr. f. physiol. Chem. 47 (1906), 507 [132].
— und Winterstein, Über die Bildung von Ornithin bei der Spaltung
    des Arginins und über die Konstitution dieser beiden Basen. Zeitschr.
    f. physiol. Chem. 26 (1898), 1 [128, 136].
— — Nachweis von Histidin und Lysin unter den Spaltungsprodukten
    der aus Coniferensamen dargestellten Proteinsubstanz. Zeitschr. f.
    physiol. Chem. 28 (1900), 459 [130, 141, 142, 144, 199, 200].
— — Über die Ausbeute an Hexonbasen, die aus einigen pflanzlichen
    Eiweißstoffen zu erhalten ist. Zeitschr. f. physiol. Chem. 33 (1901),
    547 [130, 142, 199, 200].
— — Beiträge zur Kenntnis des Arginins und des Ornithins. Zeitschr. f.
    physiol. Chem. 34 (1901), 128—147 [127, 128, 148].
Siegfried, Notiz über Lysin. Zeitschr. f. physiol. Chem. 43 (1904), 363
    [139].
— Über Lysinplatinchlorid. Zeitschr. f. physiol. Chem. 76 (1912), 234 [139].
van Slyke und Borchard, Die Natur der freien Aminogruppen in Proteinen.
    Journ. of Biol. Chem. 16 (1914), 539—547 [134].
Sörensen, Über die Synthese des d.l-Arginins (α-Amino-δ-guanido-n-
    valeriansäure). Ber. d. Deutsch. chem. Gesellsch. 43 (1910), 643
    bis 651 [148].
— Über Synthesen von α-Aminosäuren durch Phtalimidmalonester. Zeit-
    schr. f. physiol. Chem. 44 (1905), 448—460 [127, 128].
— Studium über die Aminosäuren. Compt. rend. du Lab. de Carlsbourg
    VIe Vol. 3e livr. [127, 128, 133].
Suzuki, Yoshimura und Irie, Über die Extraktivstoffe des Fischfleisches.
    Zeitschr. f. physiol. Chem. 62 (1909), 1 [130, 132, 143, 147, 153,
    201, 206, 218].
Syöllema und Rinkas, Die Hydrolyse des Kartoffeleiweißes. Zeitschr. f.
    physiol. Chem. 76 (1911), 369—384 [130, 141, 200].
Tafel, J. und Frankland, Diaminosäuren aus Desoxyxanthinen. Ber.
    d. Deutsch. chem. Gesellsch. 42 (1909), 3138 [119].
Tamura, V. Mitteilung. Über die chemische Zusammensetzung eines
    Wasserbazillus. Zeitschr. f. physiol. Chem. 89 (1914), 286—289 [131,
    143, 201].
— Zur Chemie der Bakterien. III. Mitteilung. Über die chemische Zusam-
    mensetzung der Diphtheriebazillen. Zeitschr. f. physiol. Chem. 89
    (1914), 289—303 [131, 143, 201].
Taylor, Über Eiweißspaltung durch Bakterien. Zeitschr. f. physiol.
    Chem. 36 (1912), 487 [132, 201].

v. Udransky und Baumann, Über das Vorkommen von Diaminen, so-
gennannten Ptomainen bei Cystinurie. Zeitschr. f. physiol. Chem. 13
(1889), 562 [122, 136, 137].
— — Weitere Beiträge zur Kenntnis der Cystinurie. Zeitschr. f. physiol.
Chem. 15 (1891), 77 [122, 123, 126].
Weiß, Untersuchung über die Bildung des Lachsprotamins. Zeitschr. f.
physiol. Chem. 52 (1907), 107 [131, 176].
— Über einige Salze des inaktiven Ornithins. Zeitschr. f. physiol. Chem. 50
(1909), 502 [128, 135].
Werigo. Über das Vorkommen des Pentamethylendiamins im Pankreas.
infus. Pflügers Arch. 51 (1892), 362 [124].
Willstätter und Heubner, Über eine neue Solanaceenbase. Ber. d.
Deutsch. chem. Gesellsch. 40 (1907), 3869 [124, 125, 127].
Windaus und Vogt, siehe 4.
Winterstein, Einige Bestandteile des Emmentalerkäses. Zeitschr. f.
physiol. Chem. 41 (1904), 504 [132].
— Zur Kenntnis der aus Ricinussamen darstellbaren Eiweißsubstanzen.
Zeitschr. f. physiol. Chem. 45 (1905), 74 [118].
— und Thöny, Beiträge zur Kenntnis der Bestandteile des Emmen-
taler Käses. Zeitschr. f. physiol. Chem. 36 (1902), 28 [146, 201].
Yoshimura, Über Fäulnisbasen (Ptomaine) aus gefaulten Sojabohnen
(Glycine hispida). Biol. Zeitschr. 28 (1910), 16 [132, 139].
— Über das Vorkommen einiger organischer Basen im getrockneten Rogen
des Herings. Zeitschr. f. physiol. Chem. 86 (1913), 174 [31, 67].

6. Die Guanidinoverbindungen.

Abderhalden, siehe 5.
Achelis, Über das Vorhandensein von Methylguanidin im Harn. Zeitschr.
f. physiol. Chem. 50 (1906), 10 (166, 167].
Ackermann, Nachweis von Guanidin. Zeitschr. f. physiol. Chem. 47
1906), 366 [180, 181].
— siehe auch 1 und 5.
— Über den fermentativen Abbau des Kreatins. Zeitschr. f. Biol. 63 (1913),
78—82 [159].
— Engeland und Kutscher, Die Synthese der d-Gunidinovalerian-
säure. Zeitschr. f. Biol. 57 (1911), 179 [151].
— und Kutscher, siehe 5.
Ackroyd, H. und Hopkins, Fütterungsversuche mit Mängeln in der
Aminosäureversorgung, Arginin und Histidin als mögliche Vorläufer
der Purine. Biochem. Journ. 10 (1916), 551—576 [6, 149, 185].
Adam, Die Beziehung der Kreatinurie zur Veränderung des Blutzucker-
gehaltes. Biochem. Journ. 9 (1915), 228—239 [157].
Autenrieth und Müller, Über die colorimetrischen Bestimmungen des
Zuckers, Kreatins und Kreatinins im Harn. Münch. med. Wochen-
schr. 58 (1911) [179].
Baumann, Hines und Marker, Journ. Biol. Chem. 24 (1916) [162].
— und Ingvaldsen, Die Kreatinbestimmung im Muskel. Journ. of Biol.
Chem. 25 (1916), 195—200 [179].

Baumann und Marker, Über den Ursprung des Kreatins. Journ. of
    Biol. Chem. 22 (1915), 49—53 [161].
Baur und Trümpler, Über die colorimetrische Bestimmung von Kreatin.
    Zeitschr. f. Unters. Nahrungs- u. Genußmittel 27 (1914), 697 [152].
Benedikt, R., Studien über Kreatin und Kreatininstoffwechsel. I. Mit-
    teilung. Darstellung von Kreatin und Kreatinin aus Harn. Journ.
    of Biol. Chem. 18 (1914), 183 [163].
Benedikt, Studien über Kreatin und Kreatininstoffwechsel. II. Mit-
    teilung. Bestimmung des Kreatins. Journ. of Biol. Chem. 18 (1914),
    191 [178].
Benedikt, F. und Diefendorf, Die Harnanalyse einer hungernden Frau.
    Americ. Journ. of Phys. 18 (1907), 362 [156].
— und Myers, V. C., Die Ausscheidung von Kreatinin bei einer Frau.
    Amer. Journ. Phys. 18 (1907), 377 [178].
Bergh, siehe 5.
Binet, Defins und Rathberg, Über den Einfluß der Anwesenheit von
    Acetessigsäure auf die Kreatinbestimmung nach der kolorimetrischen
    Methode von Folin. Soc. de Biol. 77 (1914), 479 [179].
Brieger, L., siehe 1.
Brown, J., Graham und Cathcart, E., Der Einfluß der Arbeit auf
    den Kreatingehalt des Muskels. Biochem. Journ. 7 (1909), 420 bis
    425 [152, 155].
Buglia und Costantino, Beiträge zur Muskelchemie. II. Mitteilung.
    Der Stickstoff einiger Extraktivstoffe und der Purinbasen in der
    glatten, der gestreiften und der Herzmuskulatur der Säugetiere.
    Zeitschr. f. physiol. Chem. 81 (1912), 120 [153].
Burns, D., Über den Vorläufer des Kreatins im Hühnermuskel. Biochem.
    Journ. 10 (1916), 263 [145, 177].
— und Orr, J. B., Über Harnkreatinin bei Fleischdiät. Biochem. Journ. 10
    (1910), 495 [154].
Cabella, Mario, Über den Gehalt an Kreatin der Muskeln verschiedener
    Tiere und in den verschiedenen Arten des Muskelgewebes. Zeitschr.
    f. physiol. Chem. 84 (1913), 29 [153].
Cathcart, E. P., Henderson, P. S. und D. Noel Paton, Über den
    Kreatingehalt des nach Nervendegeneration entartenden Skelett-
    muskels. Journ. of Physiol. 52 (1918) 70—74 [208].
Cathcart und Taylor, Der Einfluß von Kohlenhydrat und Fett auf den
    Eiweißstoffwechsel. II. Mitteilung. Journ. of Physiol. 41 (1910),
    276—284 [157].
Chevreul, Über die chemische Zusammensetzung der Fleischbouillon.
    Journ. de Pharm. 21 (1835), 231 [151].
Cohnheim, siehe 5.
Costantino, A., Methode zur Extraktion von Kreatin und Kreatinin aus
    den Geweben und Flüssigkeiten des Körpers. Arch. de Farmacol.
    sperim. 19 (1915), 254 [179].
Czernecki, Zur Kenntnis des Kreatins und Kreatinins im Organismus.
    Zeitschr. f. physiol. Chem. 44 (1905), 294 [159].
Dakin, Die Wirkung der Arginase auf Kreatin und andere Guanidinderivate.
    Journ. of Biol. Chem. 3 (1907), 435 [159, 170].

Dale und Laidlaw, siehe 7.

Demant, Zur Kenntnis der Extraktivstoffe der Muskeln. Zeitschr. f. physiol. Chem. 3 (1879), 380 [156].

Demjanowski, Zur Kenntnis der Extraktivstoffe der Muskeln. Über die Fällbarkeit einiger stickstoffhaltiger Extraktivstoffe durch Phosphorwolframsäure und Quecksilberoxydsalze. Zeitschr. f. physiol. Chem. 80 (1912), 212 [182, 234].

Denis, Kreatin im menschlichen Muskel. Journ. of Biol. Chem. 26 (1916), 379—386 [153].

— Kramer und Minot, Der Einfluß von Eiweißzufuhr auf die Kreatinausscheidung bei Kindern. Journ. of Biol. Chem. 30 (1917), 189 [156, 157].

Denis, W. und Minot, A. S., Der Einfluß der Eiweißzufuhr auf die Ausscheidung von Kreatin beim Menschen. Journ. of Biol. Chem. 30 (1917), 47—51 [157].

Dorner, Zur Bildung von Kreatin und Kreatinin im Organismus, besonders der Kaninchen. Zeitschr. f. physiol. Chem. 52 (1907), 225—278 [160, 161, 162, 178].

Drummond, J. C., Die stickstoffhaltigen Extraktstoffe von Tumoren. Biochem. Journ. 10 (1917) 473, Biochem. Journ. 11 (1917) 246 [145, 146].

— Eine vergleichende Untersuchung des Wachstums von Tumoren und von normalem Gewebe. Biochem. Journ. 11 (1917) 325 [145].

Edlbacher, siehe 5.

Ehrström, Über ein neues Histon aus Fisch-Sperma. Zeitschr. f. physiol. Chem. 32 (1901), 350 [143].

Ellinger und Mytsuoka, Darstellung von Phenylglykocyamidin, ihr Verhalten gegen Alkalien nebst Versuche über die Veränderungen des Kreatins durch verdünntes Alkali. Zeitschr. f. physiol. Chem. 89 (1913), 441—455 [164].

Engeland, R., Über Liebigs Fleischextrakt. Zeitschr. f. Unters. Nahrungs- u. Genußmittel 16 (1908), 658 [166].

Engeland, Über den Nachweis organischer Basen im Harn. Zeitschr. f. physiol. Chem. 57 (1908), 48—64 [166, 167, 173, 182, 201].

— und Kutscher, Über einige Bestandteile des Extractum secalis cornuti. Zentralbl. f. Physiol. 24 (1910), 289 [172, 173].

— — Über eine zweite wirksame Sekalebase. Zentralbl. f. Physiol. 24 (1910), 479—480 [172, 173].

Ewins, Notiz über die Isolierung von Methylguanidin durch die Silbermethode. Biochem. Journ. 10 (1916), 102—107 [164, 166].

Feigl, J., Über das Vorkommen von Kreatinin und Kreatin im Blute bei Gesunden und Kranken. I. Mitteilung. Biochem. Zeitschr. 81 (1917), 23 [153].

— II. Mitteilung. Beobachtungen bei Jugendlichen. Biochem. Zeitschr. 84 (1918), 264—280 [153, 179].

— III. Mitteilung. Weitere Beiträge zur Kenntnis der Norm, insonderheit bezüglich des höheren Lebensalters. Biochem. Zeitschr. 87 (1918), 1—22 [153].

Feigl, J., IV. Mitteilung. Kreatinin, Kreatin und Harnsäure unter physiologischen Verhältnissen und in Beziehung zum Lebensalter, sowie über die Beteiligung dieser Stoffe am Aufbau des Reststickstoffs im nüchternen Blute. Arch. f. exp. Pathol. u. Pharm. 83 (1918) 271 bis 298 [153, 179].

Fischer, E., Oxydation des 1,7-Dimethylguanins zu Methylguanidin. Ber. d. Deutsch. chem. Gesellsch. 30 (1897), 2414 [169].

— und Skita, siehe 5.

— und Suzuki, Synthese von Polypeptiden. X. Mitteilung. Polypeptide der Diamino- und Oxyaminosäuren. Ber. d. Deutsch. chem. Gesellsch. 38 (1905), 4186 [147].

Folin, Beitrag zur Chemie des Kreatinins und Kreatins im Harn. Zeitschr. f. physiol. Chem. 44 (1904), 223—224 [152, 163, 178, 179].

— Darstellung von Kreatin, Kreatinin und Kreatininstandardlösungen. Journ. of Biol. Chem. 17 (1914), 463—468 [179].

— Bestimmung des Kreatinins und Kreatins im Blute, in der Milch und in den Geweben. Journ. of Biol. Chem. 17 (1914), 475 [153].

— und Denis, Die Darstellung von Kreatinin aus Kreatin. Journ. of Biol. Chem. 8 (1910), 399—400 [163].

Folin, O. und Buchmann, T. E., Der Kreatingehalt des Muskels. Journ. of Biol. Chem. 17 (1914), 483 [153].

— und Denis, W., Kreatin im Harn von Kindern. Journ. of Biol. Chem. 11 (1912), 253—256 [156].

— — Proteinstoffwechsel vom Standpunkt der Blut- und Gewebsanalyse. III. Mitteilung. Journ. of Biol. Chem. 12 (1912), 141—162 [159].

— — Der Kreatinin- und Kreatingehalt des Blutes. Journ. of Biol. Chem. 17 (1914), 483 [153].

— — Proteinstoffwechsel vom Standpunkt der Blut- und Gewebsanalyse. VII. Mitteilung. Die Beziehung des Kreatins und Kreatinins zum tierischen Stoffwechsel. Journ. of Biol. Chem. 17 (1914), 493—502 [153].

— und Doisy, E. A., Unreine Pikrinsäure als eine Fehlerquelle bei den Bestimmungen des Kreatins und Kreatinins. Journ. of Biol. Chem. 28 (1917), 349 [179].

— und Morris, Die Bestimmung des Kreatinins und Kreatins im Harn. Journ. of Biol. Chem. 17 (1914), 469—473 [179].

Fracy und Clark, Die Ausscheidung von Kreatinin bei normalen Frauen. Journ. of Biol. Chem. 19 (1914), 115—117 [159].

Fühner, Curarestudien. Arch. f. exp. Path. u. Pharm. 58 (1908), 1 [170, 171].

— Über den Angriffsort der peripheren Guanidinwirkung. Arch. f. exp. Path. u. Pharm. 65 (1911), 401—427 [170, 171].

Gettler, A. O. und Oppenheimer, R., Faktoren, die für die Genauigkeit der Kreatininbestimmungen im menschlichen Blut maßgebend sind. Journ. of Biol. Chem. 29 (1917), 47 [179].

Gottlieb und Stangassinger Über die Bildung und Zersetzung des Kreatins bei der Durchblutung überlebender Organe. Zeitschr. f. physiol. Chem. 55 (1907), 322 [153, 158, 159].

Gregor, Beiträge zur Physiologie des Kreatinins. Zeitschr. f. physiol. Chem. **31** (1900), 98 [155],

Gregory, W., Über den Gehalt einiger Fleischarten an Kreatin. **Liebigs** Annalen **64** (1848), 100 [151].

Grindley und Woods, Methode zur Bestimmung von Kreatin und Kreatinin in Fleisch und Fleischprodukten. Journ. of Biol. Chem. **2** (1906), 309 [152].

Griffith, Compt. rendus de l'Acad. des sciences **114** (1891) 497 [165].

Grohe, Annalen der Chem. u. Pharm. **85** (1853), 233 [151].

Gulewitsch, Über das Arginin. Zeitschr. f. physiol. Chem. **27** (1899), 178 [142, 147, 175].

— Zur Kenntnis der Extraktivstoffe der Muskeln. Zeitschr. f. physiol. Chem. **47** (1906), 471, 24 [166, 181, 182].

— und **Jochelsohn**, Zur Frage nach dem Chemismus der vitalen Harnstoffbildung. Zeitschr. f. physiol. Chem. **30** (1906), 533 [146].

Harden und Norris, Die Diacetylreaktion der Proteine. Journ. of Physiol. **42** (1911), 332—336 [174, 178].

Harding, V. J. und Fort, Ch. A., Die Aminosäuren der menschlichen reifen Plazenta. Journ. Biol. Chem. **35** (1918) 29—41 [145].

Hart, siehe 5.

Haslam, siehe 5.

Hausmann, Über die Verteilung des Stickstoffs im Eiweißmolekül. Zeitschr. f. physiol. Chem. **27** (1899), 95 [176].

Hedin, Über die Bildung von Arginin aus Proteinkörpern. Zeitschr. f. physiol. Chem. **21**, 155 [142, 143].

— siehe 5.

Henderson, P. S., Der Guanidingehalt des Muskels bei Tetania parathyreopriva. Journ. of Physiol. **52** (1918) 1—5 [167].

Heyde, Über den Verbrennungstod und seine Beziehungen zum anaphylaktischen Schock. Zentralbl. f. Physiol. **25** (1911), 441 [167, 172].

— Weitere Untersuchungen über die Beziehungen der Guanidine und Albumosen zum parenteralen Eiweißzerfall und anaphylaktischen Schock. Zentralbl. f. Physiol. **26** (1912), 401—404 [167].

van Hoogenhuyze und Verploegh, H., Weitere Beobachtungen über die Kreatininausscheidung beim Menschen. Zeitschr. f. Physiol. Chem. **57** (1908), 161—266 [154, 157, 158, 159, 160, 178].

van Hoogenhuyze, C. und Verploegh, H., Beobachtungen über Kreatininausscheidung beim Menschen. Zeitschr. f. physiol. Chem. **46** (1905), 415—471 [153, 154, 155, 159, 160].

— — Über den Einfluß von Sauerstoffarmut auf die Kreatininausscheidung. Zeitschr. f. physiol. Chem. **59** (1909), 100 [155].

Hull, Einige Beobachtungen über die Kreatininausscheidung von Frauen. Journ. of Americ. Chem. Soc. **36** (1914), 2146—2151 [159].

Hunter und Campell, Ein bisher vernachlässigter Faktor, der die Bestimmung kleiner Mengen Kreatinin beeinflußt. Journ. of Biol. Chem. **28** (1917), 335—348 [179].

Jaffé, Über den Niederschlag, welchen Pikrinsäure in normalem Harn erzeugt, und über eine neue Reaktion des Kreatinins. Zeitschr. f. physiol. Chem. **10** (1886), 391—400 [180].

Jaffé, Untersuchungen über die Entstehung des Kreatins im Organismus. Zeitschr. f. physiol. Chem. 48 (1906), 430 [161].

Janney und Blatherwick, Die quantitative Bestimmung des Kreatins im Muskel und in anderen Organen. Journ. of Biol. Chem. 21 (1915), 567—582 [178].

Jarokin, Arch. f. path. Anatomie 28 (1863), 544 [155].

Jnouje, Über die Entstehung des Kreatins im Tierkörper. Zeitschr. f. physiol. Chem. 81 (1912), 71 [161].

Johnson, T. B. und Bailey, G. C., Untersuchungen über Amine. Teil V. Struktur des Vitiatins. Synthese des Methyläthylendiamins. Journ. Americ. Chem. Soc. 38 (1916), 2135—2145 [173].

Johnson und Nicolet, Untersuchungen über Hydantoine. Teil 35. Eine neue Methode der Synthese von Glykocyamidinverbindungen und die Umwandlungen von Glykocyamidin in Isomere des Kreatinins. Journ. of Americ. Soc. 37 (1915), 2416—2426 [165].

Jons und Jones, siehe 5.

Kiesel, Über den fermentativen Abbau des Arginins in Pflanzen. Zeitschr. f. physiol. Chem. 75 (1911), 269—296 [150, 170].

Kleinschmitt, siehe 5.

Klercker, Zur Frage der Kreatin- und Kreatininausscheidung beim Menschen. Beitr. z. chem. Physiol. u. Path. 8 (1906), 59 [154].

Knoop, Über den physiologischen Abbau der Säuren und die Synthese einer Aminosäure im Tierkörper. Zeitschr. f. physiol. Chem. 67 (1910), 487 [150].

Koch, siehe 3.

Kocher, Die Hexonbasen bösartiger Geschwülste. Journ. of Biol. Chem. 22 (1915), 295 [145, 201].

Korndörfer, Über das Isokreatinin. Arch. f. Pharm. 242 (1904), 373 [165].

Kossel, Einige Bemerkungen über die Bildung der Protamine im Tierkörper. Zeitschr. f. physiol. Chem. 44 (1905), 347 [143, 144, 201].

— siehe 5.

— Über das Agmatin. Zeitschr. f. physiol. Chem. 66 (1910), 267—271 [172].

— Synthese des Agmatins. Sitzungsber. d. Heidelberger Akad. d. Wissensch. 1910 [173].

— Weitere Mitteilungen über die Proteine der Fischspermien. Zeitschr. f. physiol. Chem. 88 (1913), 163 [146].

— und Cameron, siehe 5.

— und Dakin, siehe 5.

— — siehe 5.

— und Edlbacher, Über einige Spaltungsprodukte des Thynnins und Percins. Zeitschr. f. physiol. Chem. 88 (1913), 186 [146].

— — Beiträge zur chemischen Kenntnis der Echinodermen. I. Über die Dissoziation des Spermakerns bei Echinodermen. Zeitschr. f. physiol. Chem. 94 (1915), 264 [146, 201].

— und Gawrilow, Weitere Untersuchungen über die freien Amidogruppen der Proteinstoffe. Zeitschr. f. physiol. Chem. 81 (1912), 274 [146].

— und Kennaway, Über Nitrocuplein. Zeitschr. f. physiol. Chem. 72 (1911), 457 [177].

Kossel und Kutscher, Über die Bildung von Arginin aus Elastin.
Zeitschr. f. physiol. Chem. 25 (1898), 551 [141, 143].
— — siehe 5.
— und Platten, siehe 5.
Kossel, A. und Pringle, H., siehe 5.
Kossel und Weiß, siehe 5.
— — Über das Sturin. Zeitschr. f. physiol. Chem. 78 (1912), 402—418
[146, 177].
Krause und Kramer, Vorkommen von Kreatin im diabetischen Harn.
Proc. Phys. Soc. IX (1910), Bd. 40 [157].
Krimberg, siehe 8.
Kurajeff, Über das Protamin aus den Spermatozoen der Makrele. Zeitschr.
f. physiol. Chem. 26 (1898), 524 [143, 201).
Kutscher, Über einige Extraktivstoffe des Flußkrebses. Zeitschr. f. Biol.
64, 240—246 [147, 218].
— Die Überführung des rechtsdrehenden Arginins in die optischen inaktiven
Modifikationen. Zeitschr. f. physiol. Chem. 32 (1901), 476—478 [148].
— Die Oxydationsprodukte des Arginins. Zeitschr. f. physiol. Chem. 32
(1901), 413 [177].
— Die basischen Extraktivstoffe des Champignons (Agaricus campestris).
Zentralbl. f. Physiol. 24 (1910), 775 [143. 220].
— Zur Kenntnis von Liebigs Fleischextrakt. Zentralbl. f. Physiol. 21
(1907), 33—35 [173].
— siehe 4 u. 5.
— und Lohmann, Der Nachweis toxischer Basen im Harn. Zeitschr. f.
physiol. Chem. 48 (1906), 422 [181].
— — Der Nachweis toxischer Basen im Harn. Zeitschr. f. physiol. Chem. 49
(1906), 81 [166, 230, 231].
— und Otori, Der Nachweis des Guanidins unter den bei der Selbstverdauung des Pankreas entstehenden Körpern. Zeitschr. f. physiol.
Chem. 43 (1904), 93—107 [168, 180, 181].
— und Schenk, Die Oxydation von Eiweißstoffen mit Calciumpermanganat.
Ber. d. Deutsch. chem. Gesellsch. 37 (1904), 2928 [151, 169, 177].
— und Seemann, Die Oxydation der Thymusnucleinsäure mit Calciumpermanganat. Ber. d. Deutsch. chem. Gesellsch. 36 (1903), 3023
bis 3027 [169, 177].
Lathrop, E. C., Organische Stickstoffverbindungen in Böden und Dünge-
mitteln. Journ. Franklin Inst. 183, Nr. 3, Chem. News 115 (1917),
220—222 [163].
Lawrow, Über die Wirkung des Arginins auf tryptische Verdauung der
Eiweißkörper. Zeitschr. f. physiol. Chem. 28 (1899), 302—306 [149].
Lefmann, Beiträge zum Kreatininstoffwechsel. Zeitschr. f. physiol. Chem.
57 (1908), 476—514 [158].
Levene, P. A. und Alsberg, siehe 5.
— und Kristeller, Die reduzierenden Faktoren der Kreatininausscheidung
beim Menschen. Journ. of Americ. Physiol. 244 (1909), 45 [157].
— und Senior, Die präparative Darstellung von Guanidinsulfat. Journ.
of Biol. Chem. 25 (1916), 623—624 [169].

Liebig, J., Über die Bestandteile der Flüssigkeiten des Fleisches. Liebigs Annalen 62 (1847), 257 [151, 154].

Liebig, Annalen d. Chem. u. Pharm. 70 (1847), 257 [151, 154].

v. Lippmann, E. O., Über stickstoffhaltige Bestandteile der Rübensäfte. Ber. d. Deutsch. chem. Gesellsch. 29 (1896), 2651 [168].

Löwith, Anaphylaxiestudien. IV. Mitteilung. Arch. f. exp. Path. u. Pharm. 73 (1913), 1 [172].

Lucien und Morris, Kreatinin und Kreatinbestimmungen. Journ. of Biol. Chem. 21 (1915), 201—208 [179].

Meighan, J. S., Einige Beobachtungen über die Wirkung von Guanidin auf den Froschmuskel. Journ. of Phys. 51 (1917), 51—58 [171].

Meißner, Zeitschr. f. rat. Med. 31 (1868), 330 [155].

Mellanby, Kreatin und Kreatinin. Journ. of Phys. 36 (1908), 447 [152, 153, 155, 158, 160].

Mendel und Rose, Experimentelle Studien über Kreatin und Kreatinin. I. Die Rolle der Kohlenhydrate beim Kreatin-Kreatininstoffwechsel. Jl. of Biol. Chem. 10 (1911), 213—251 [157].

— — Experimentellstudien über Kreatin und Kreatinin. II. Mitteilung. Journ. of Biol. Chem. 10 (1911), 225—264 [156].

— — III. Mitteilung. Ausscheidung von Kreatin im Kindesalter. Journ. of Biol. Chem. 10 (1911), 265—721 [156].

Mitjukoff, Arch. f. Gynäk. 49 (1895) [143].

Monari, Malys Journ. 19 (1889), 296 [155].

Myers, C. V. und Fine, M. S., Der Kreatingehalt des Muskels unter normalen Bedingungen. Die Beziehung desselben zum Harnkreatinin. Journ. of Biol. Chem. 14 (1913), 9 [153].

— — Der Einfluß des Hungerns auf den Kreatingehalt des Muskels. Journ. of Biol. Chem. 15 (1913), 283 [154, 156].

— — Der Einfluß der Verfütterung von Kreatin und Kreatinin auf den Kreatingehalt der Muskeln. Journ. of Biol. Chem. 16 (1913), 169 bis 186 [154, 159].

— — Die stickstoffhaltigen Nichtproteinverbindungen des Blutes bei Nephritis unter besonderer Berücksichtigung von Kreatinin und Harnsäure. Journ. of Biol. Chem. 20 (1915), 391—402 [154].

— — Der Stoffwechsel des Kreatins und Kreatinins. VII. Das Schicksal des Kreatins beim Menschen. Journ. of Biol. Chem. 21 (1915), 377 bis 381 [154].

— — Der Stoffwechsel des Kreatins und Kreatinins. VIII. Die Gegenwart von Kreatinin im Muskel. Journ. of Biol. Chem. 21 (1915), 383—387 [152, 154].

— — Der Stoffwechsel des Kreatins und Kreatinins. IX. Der Kreatingehalt des Muskels von Ratten, die mit isolierten Eiweißkörpern gefüttert werden. Journ. of Biol. Chem. 21 (1915) [161].

Neubauer, C., Über quantitative Kreatin- und Kreatininbestimmung im Muskelfleisch. Zeitschr. f. anorg. Chem. 2 (1863), 22 [179].

— Über Kreatinin und Kreatin. Liebigs Annalen 137 (1866), 288 [179].

— Über einige Verbindungen des Kreatins mit Metallsalzen. Liebigs Annalen 137 (1866), 298 [179].

Omeliansky und Sieber, siehe 5.

Orglmeister, Über die Bestimmung des Arginins mit Permanganat. Beiträge z. chem. Physiol. u. Path. 7 (1906), 21 [142, 143, 145, 177].

Osborne, van Slyke, Leavenworth und Vinograd, Einige Produkte der Hydrolyse des Gliadins, Laktalbumins und des Proteins des Reis. Journ. of Biol. Chem. 22 (1915), 259 [141].

Otori, siehe 5.

Palladin und Wallenburger, Bull. Acad. Imp. Sciences, Petersburg 1915 1427 [161].

Palmer, Means und Camble, Basenstoffwechsel und Kreatininausscheidung. Journ. of Biol. Chem. 19 (1914), 239—244 [159].

Paton, D. N., Kreatinausscheidung beim Vogel und seine Bedeutung. Journ. of Physiol. 39 (1910), 485—504 [158].

— und Mackie, W. C., Die Leber in ihrer Beziehung zum Kreatinstoffwechsel des Vogels. Journ. of Physiol. 45 (1912), 115—118 [158].

Pekelharing, Die Kreatininausscheidung beim Menschen unter dem Einfluß von Muskeltonus. Zeitschr. f. physiol. Chem. 75 (1911), 207—215 [155].

— und Harkink, Die Kreatininausscheidung beim Menschen unter dem Einfluß des Muskeltonus. Natk. Afdeeling 20 (1911), 179—182 [155, 156].

Pekelharing, C. A. und van Hoogenhuyze, C. J., Die Bildung des Kreatinins im Muskel beim Tonus und bei der Starre. Zeitschr. f. physiol. Chem. 64 (1910), 415 [155].

— — Die Ausscheidung von parenteral zugeführtem Kreatin bei Säugetieren. Zeitschr. f. physiol. Chem. 69 (1911), 395—407 [159].

Pettenkofer, M., Vorläufige Notiz über einen neuen stickstoffhaltigen Körper im Harne. Liebigs Annalen 52 (1844) 97—100 [151].

Plimmer, Die Eiweißanalyse. Die Argininbestimmung durch Zersetzung mit Alkali. Biochem. Journ. 10 (1916), 115—119 [176].

— Dick und Lieb, Ein Stoffwechselversuch mit spezieller Hinsicht auf die Harnsäurebildung. Journ. of Physiol. 39 (1909), 98—117 [154].

Pommerenig, Über Guanidinzersetzung im Tierkörper. Beitr. z. Physiol. u. Path. 1 (1901), 561 [170].

Powis und Raper, Kreatinurie bei Kindern. Biochem. Journ. 10 (1916), 363—375 [156, 157].

Rießer, siehe 3 und 5.

Rose, Experimentelle Studien über Kreatin und Kreatinin. III. Die Kreatininausscheidung im Säuglingsalter und während der Kindheit. Journ. of Biol. Chem. 10 (1911), 265—270 [156].

— V. Mitteilung. Eiweißfütterung und Kreatinausscheidung bei Pankreasdiabetes. Journ. of Biol. Chem. 26 (1916), 331—338 [157].

— Dimitt, und Cheatham, Experimentelle Studien über Kreatin und Kreatinin. Das Schicksal innerlich verabfolgten Kreatins und Kreatinins beim Menschen. Journ. of Biol. Chem. 26 (1916), 245—253 [154, 159].

Rothmann, Über das Verhalten des Kreatins bei der Autolyse. Zeitschr. f. physiol. Chem. 57 (1908), 131—142 [158, 178].

Saiki, T., Chemische Untersuchungen der nichtgestreiften Säugetiermuskeln. Journ. of Biol. Chem. 4 (1908), 483 [153].

Schenk, M., Zur Kenntnis einiger physiologisch wichtiger Substanzen. Zeitschr. f. physiol. Chem. 43 (1904), 72 [181, 182].

— Über das Guanidinpikrolonat. Zeitschr. f. physiol. Chem. 44 (1905), 427 [181, 182].

— Zur Kenntnis der methylierten Guanidine. Zeitschr. f. physiol. Chem. 77 (1912), 328 [166, 181].

Schmidt, Über das Kreatinin. Apotheker-Zeitung 27 (1912), 157 [165].

— Über das Kreatinin. Arch. d. Pharm. 248 (1910), 568—576 [165].

— Über das Glykocyamidin. Arch. d. Pharm. 251 (1913), 557—562 [165].

Schröder, siehe 5.

Schulze, E., Über das Vorkommen von Guanidin im Pflanzenorganismus. Ber. d. Deutsch. chem. Gesellsch. 25 (1892), 658 [168].

— Zum Nachweis des Guanidins. Ber. d. Deutsch. chem. Gesellsch. 25 (1892), 658 [168].

— Über einige stickstoffhaltige Bestandteile der Keimlinge von Vicia sativa. Zeitschr. f. physiol. Chem. 27 (1893), 193 [168].

— Über den Umsatz der Eiweißstoffe in der lebenden Pflanze. Zeitschr. f. physiol. Chem. 29 (1900), 241 [144].

— Neue Beiträge zur Kenntnis der Zusammensetzung und des Stoffwechsels der Keimpflanzen. Zeitschr. f. physiol. Chem. 47 (1906), 507 [168].

— siehe 5 und 8.

— Über das Vorkommen von Hexonbasen in den Knollen der Kartoffel (Solanum tuberosum) und der Dahlie (Dahlia variabilis). Landwirtsch. Vers.-Station 59 (1904), 331—343 [146].

Schulze und Castoro, Beitrag zur Kenntnis der in ungekeimten Pflanzensamen enthaltenen Stickstoffverbindungen. Zeitschr. f. physiol. Chem. 41 (1904), 455 [141].

— und Winterstein, siehe 5.

Skworzow, W., Zur Kenntnis der Extraktivstoffe der Muskeln. XI. Mitteilung. Eine vergleichende Untersuchung der stickstoffhaltigen Extraktivstoffe des Kalb- und Rindfleisches. Zeitschr. f. physiol. Chem. 68 (1910), 26 [182, 206].

van Slyke, siehe 1.

Seemann, Über die Oxydation von Leim und Hühnereiweiß mit Calciumpermanganat. Zeitschr. f. physiol. Chem. 44 (1905), 228 [169].

— Beitrag zur Frage der Kreatininbildung. Zeitschr. f. Biol. 49 (1907), 333 [158].

Shaffer, Die Kreatinin- und Kreatinausscheidung bei Gesunden und Kranken. Americ. Journ. of Physiol. 23 (1908), 1—22 [157, 160].

Sharpe, Die Wirkung von Guanidin auf das Nervenmuskelsystem von zehnfüßigen Crustaceen. Journ. of Physiol. 51 (1917), 159—163 [171].

Shiga, Über einige Hefefermente. Zeitschr. f. physiol. Chem. 42 (1904), 502 [149].

Shorey, Die Isolierung von Kreatinin aus Böden. Journ. Americ. Chem. Soc. 34 (1912), 99—107 [163].

Smorodinzew, siehe 3.

Smorodinzew, J., Zur Kenntnis der Extraktivstoffe der Muskeln. XV. Mitteilung. Über das Vorkommen des Carnosins, Methylguanidins und Carnitins im Pferdefleisch. Zeitschr. f. physiol. Chem. 87 (1913), 12 [166, 182, 234].

— Zur Methodik der Fleischextrakt-Untersuchung. Zeitschr. f. physiol. Chem. 92 (1914), 214 [166, 182, 206].

— Über das Vorkommen des Carnosins, Methylguanidins und Carnitins im Schaffleisch. Zeitschr. f. physiol. Chem. 92 (1914), 221 [166, 182, 206, 234].

Sörensen, Über die Synthese des d.l-Arginins (α-Amino-δ-guanido-n-valeriansäure). Ber. d. Deutsch. chem. Gesellsch. 43 (1910), 643 bis 651 [148].

— siehe auch 5.

Sjollema und Rinkas, siehe 5.

Städler, Jahresber. f. d. Fortschr. d. Chem. 72 (1857), 256 [153].

Strecker, Jahresber. über die Fortschr. d. Chem. 1868, 685 [163].

— Annalen 118 (1861), 159 [169].

Sullivan, Über das Vorkommen von Kreatinin in Böden. Journ. Americ. Chem. Soc. 33 (1911), 2035—2042 [162].

Susuki und Mitarbeiter, siehe 5.

Tamura, siehe 5.

Taylor, Kreatinin und Kreatinausscheidung bei Gesunden und Kranken. Biol. Journ. 5 (1911), 363—377 [157].

Theesen, Isokreatinin, eine neue stickstoffhaltige Verbindung im Fischfleisch. Zeitschr. f. physiol. Chem. 42 (1898), 1 [165].

Thomas, Über die Herkunft des Kreatins im tierischen Organismus. Zeitschr. f. physiol. Chem. 88 (1913), 465—477 [150].

— und Görne, Über die Herkunft des Kreatins im tierischen Organismus. II. Mitteilung. Das Verhalten der ε-Guanido-, ε-Ureido, ε-Amino-α-capronsäure im Organismus des Kaninchens. Zeitschr. f. physiol. Chem. 88 (1913), 465 [150].

Thompson, Die physiologische Wirkung der Peptone und verwandte Produkte. 7. Teil. Der Stoffwechsel des Arginins. Journ. of Physiol. 33 (1905), 106—124 [160].

— Wallace und Clottworth, Beobachtung über den Gebrauch der Folinschen Methode zur Bestimmung von Kreatin und Kreatinin. Biochem. Journ. 7 (1913), 445—465 [178, 179].

Thompson, W. H., Die Bildung von Kreatin. Wirkungen auf die Ausscheidung von Kreatin beim Vogel, hervorgerufen durch Paraformaldehyd und Hexamethylentetramin für sich und in Kombination mit Arginincarbonat und anderen Substanzen gegeben. Biochem. Journ. 11 (1917), 307—318 [161].

— Der Stoffwechsel des Arginins. IV. Mitteilung. Die Wirkungen auf die Ausscheidung von Gesamtkreatinin im Harn a) von Arginin in Verbindung mit Methyl- und Methylaminoverbindungen, b) von gewissen Substanzen, die erfahrungsgemäß im Tierkörper methyliert werden. Journ. of Physiol. 51 (1917), 347 [10, 161].

Toppelius, M. und Pommerehne, H., Über Kreatinine verschiedenen Ursprungs. Arch. f. Pharm. 234 (1896), 380 [164, 165].

Totani und Katsujama, Über das Vorkommen von Arginin in Stierhoden. Zeitschr. f. physiol. Chem. 64 (1910), 345—347 [146].

Towles und Vögtlin, Kreatin und Kreatinin bei gefütterten und hungernden Hunden mit besonderer Berücksichtigung der Leberfunktion. Journ. Biol. Chem. 10 (1912), 479 [154, 158].

Tsuji, Die Kreatinausscheidung bei Glukosurie. Biochem. Journ. 9 (1915), 449—455 [157].

Ulpiani, C. und Cïngolani, M., Über die Gärung von Guanin. Atti R. Accad. dei Lincei Roma [5] 14, II (1905), 596 [169].

Underhill, Studien über Kreatinstoffwechsel. I. Mitteilung. Mögliche Beziehungen zwischen Acidose und Kreatinausscheidung. Journ. of Biol. Chem. 27 (1916), 127—139 [158].

— II. Mitteilung. Der Einfluß von Alkalien auf die Kreatinausscheidung während des Hungerzustandes. Journ. of Biol. Chem. 27 (1916), 141—146 [158].

— und Baumann, III. Mitteilung. Der Einfluß von Alkali auf die Kreatinausscheidung bei Phlorrhicinglykosurie. Journ. of Biol. Chem. 27 (1916), 147—150 [158].

— — IV. Mitteilung. Die Beziehung zwischen Kreatinausscheidung, Kohlenhydratstoffwechsel und Acidose. Journ. of Biol. Chem. 27 (1916), 151—160 [158].

Urano, Über die Bindungsweise des Kreatins im Muskel. Beitr. z. chem. Physiol. u Path. 9 (1907), 104 [152].

Valenciennes und Frémy, Journ. de Pharm. et de Chim. 28 (1855), 401 [151].

Voit, Über das Verhalten des Kreatins, Kreatinins und Harnstoffs im Tierkörper. Zeitschr. f. Biol. 4 (1868), 77 [155].

Volhard, Über die Synthese des Kreatins. Sitzungsber. kgl. bayr. Akad. d. Wissensch. 2 (1868), 472 [163].

Walpole, Die direkte Bestimmung von Kreatin im pathologischen Harn. Journ. of Physiol. 42 (1911), 301—308 [178].

Watanabe, C. K., Forschungen über die durch Beibringung von Guanidinbasen herbeigeführten Stoffwechseländerungen. I. Einfluß von injiziertem Guanidınchlorhydrat auf den Blutzuckergehalt. Journ. Biol. Chem. 33 (1917) 253 [167].

— II. Der Einfluß des Guanidins auf die Ausscheidung von Ammoniak und Säuren im Harn. Journ. Biol. Chem. 34 (1918) 51 [167].

— III. Das Verhältnis zwischen den tetanischen Symptomen der Guanidinanwendung und den Verhältnissen der Acidose. Journ. Biol. Chem. 34 (1918) 5 [167].

— IV. Der Einfluß der Darreichung von Calcium auf den Blutzuckergehalt bei Kaninchen mit Guanidinhypoglykämie. Journ. Biol. Chem. 34 (1918) 73 [167].

Weber, S., Physiologisches zur Kreatininfrage. Arch. f. exp. Path. u. Pharm. 58 (1908), 93 [155].

Weichhardt und Schenk, Übermüdend wirkende Eiweißspaltprodukte und ihre Beeinflussung. Zeitschr. f. physiol. Chem. 85 (1913), 381 [171].

Weiß, Über einige Salze des Arginins. Zeitschr. f. physiol. Chem. 72 (1911), 490—493 [176].

Weiß, F., siehe auch 5.

Wheeler, H. L. und Jamieson, G. S., Über einige Pikrolonate, Guanidinderivate. Journ. of Biol. Chem. 4 (1908), 111—117 [169, 170, 181].

Winterstein, E., Über eine Methode zur Abscheidung der organischen Basen aus den Phosphorwolframniederschlägen und über das Verhalten des Cystins gegen Phosphorwolframsäure. Zeitschr. f. physiol. Chem. 34 (1902), 153 [176].

— Über einige Bestandteile des Emmentaler Käses. Zeitschr. f. physiol. Chem. 41 (1904), 385 [168].

— und Thöny, siehe 5.

Winterstein und Wünsche, Über einige Bestandteile der Maiskeime. Zeitschr. f. physiol. Chem. 95 (1915), 310 [168].

Wohlgemuth, Zur Kenntnis des Phosphorharns. Zeitschr. f. physiol. Chem. 44 (1905), 74 [146].

Wolf, Ch. und Österberg, Eiweißstoffwechsel beim Hunde. II. Teil. Stickstoff und Schwefelstoffwechsel während des Hungers und bei Unterernährung mit Eiweiß, Kohlehydraten und Fetten. Biochem. Zeitschr. f. 35 (1911), 329 [157].

— und Österberg, E., Eiweißstoffwechsel und Phlorrhicindiabetes. Amer. Journ. Physiol. 28 (1911), 21 [157].

Wörner, Beiträge zur Kenntnis des Kreatinins. Zeitschr. f. physiol. Chem. 27 (1899), 1 [164, 165].

Yoshimura, Über das Vorkommen einiger organischer Basen im Fleisch des Wildkaninchens. Biochem. Zeitschr. 37 (1911), 477—481 [153].

Zickgraf, Die Oxydation des Leims mit Permanganat. Zeitschr. f. physiol. Chem. 41 (1904), 259—272 [169, 177].

7. Imidazolverbindungen.

Abderhalden, siehe 5.

— und Einbeck, Studien über den Abbau des Histidins im Organismus des Hundes. Zeitschr. f. physiol. Chem. 62 (1909), 322—332 [185, 207, 208].

— — und Schmidt, Studien über den Abbau des Histidins im Organismus des Hundes. Zeitschr. f. physiol. Chem. 68 (1910), 395—410 [204].

— und Weil, Spaltung des racemischen Histidins in seine optisch aktiven Komponenten. Zeitschr. f. physiol. Chem. 77 (1911), 435—453 [203].

Ackermann, Über den bakteriellen Abbau des Histidins. Zeitschr. f. physiol. Chem. 65 (1910), 504 [187, 188, 189, 204].

Ackermann, D. und Kutscher, F., Untersuchungen über die physiologische Wirkung der Secalebase und des Imidazolyläthylamins. Zeitschr. f. Biol. 54 (1910), 387 [194].

Acroid und Hopkins, siehe 6.

Auvermann, H., Zur Kenntnis der Wirkungen des Imidazols. Archiv f. exp. Path. u. Pharm. 84 (1919) 155—75 [186, 204].

Bähr und Pick, Pharmakologische Studien an der Bronchialmuskulatur
    der überlebenden Meerschweinchenlunge. Arch. f. exp. Path. u.
    Pharm. 74 (1913), 41 [194, 260, 276].
Barger und Dakin, Mitteilungen über einige Versuche mit Glyoxalin-
    derivaten. Biochem. Journ. 10 (1915), 376 [205].
— Dale, 4-β-Aminoäthylglyoxalin (β-Imidazolyläthylamin) und andere
    aktive Prinzipien des Mutterkorns. Journ. Chem. Soc. 97 (1910),
    2592 [186, 187].
— — Die physiologische Wirkung einer Sekale-Base und deren Identi-
    fizierung als Imidazolyläthylamin. Zentralbl. f. Physiol. 24 (1910),
    885 [186, 187, 194].
Barger, D. und Dale, H. H., Ein drittes aktives Prinzip im Mutterkorn-
    extrakt. Vorläufige Mitteilung. Proc. Chem. Soc. 26 (1910), 128
    [186, 187].
— — β-Imidazolyläthylamin, ein blutdrucksenkender Bestandteil der
    Darmschleimhaut. Journ. of Physiol. 41 (1911), 499 [186, 187].
 arger, D. und Ewins, Die Konstitution von Ergothionein ein Betain-
    abkömmling des Histidins. Journ. Chem. Soc. 99 (1911), 2336 [205].
Bauer, Über die Krystallformen des Histidinchlorhydrates. Zeitschr. f.
    physiol. Chem. 22 (1896), 285 [207].
Baumann, L. und Ingvaldsen, Th., Über Histidin und Carnosin. Die
    Synthese von Carnosin. Journ. Biol. Chem. 35 (1918), 263—276
    [206, 207].
Bebeschin, Zur Kenntnis der Extraktivstoffe der Ochsennieren. Zeitschr.
    f. physiol. Chem. 72 (1911), 380 [206, 218, 234. 241].
Beresin, Über die Wirkung des Adrenalins und des Histamins auf das Herz
    und die Gefäße. Russki Wratsch 1913, 1538 [195, 273].
— Über die Wirkung der Gifte auf die Lebergefäße. Rußki Wratsch 1914,
    805 [195, 273].
Berthelot, A., Ptomaine und Kriegswunden. C. r. de l'Acad. 166 (1918),
    187—189 [187].
— und Bertrand, D. M., Untersuchungen über die Darmflora. Isolierung
    eines Mikroorganismus, der fähig ist, β-Imidazolyläthylamin auf
    Kosten von Histidin zu bilden. C. r. de l'Acad. 154 (1912), 1643
    [187, 188].
— — siehe 1.
— — Beitrag zur Kenntnis der Giftigkeit des β-Imidazolyläthylamins.
    C. r. de l'Acad. 155 (1912), 360 [187, 188].
— — Untersuchungen über die Darmflora. Über die Möglichkeit einer
    Ptomainbildung in saurem Milieu. C. r. de l'Acad. 156 (1913), 1027
    [187].
— — Untersuchungen über die Darmflora. Über die pathogene Wirkung
    einer Bakteriensymbiose: Proteus vulgaris und Bacillus aminophylus
    intestinalis. C. r. de l'Acad. 156 (1913), 1567 [187].
— — siehe auch 1 und 9.
Blendermann, Zeitschr. f. physiol. Chem. 6, 251 [183].
Bousson und Kirschbaum, Studien über Anaphylaxie. Zentralbl. f.
    Bakt. 65 (1912), 507—514 [191].

Brigl, Über das Verhalten des Histidins gegen Pikrolonsäure. Zeitschr. f. physiol. Chem. 64 (1910), 337 [208].

Cloetta, M. und Anderes, Besitzen die Lungen Vasomotoren? Arch. f. exp. Pathol. u. Pharm. 76 (1914), 125 (194).

— und Anderes, E., Zur Kenntnis der Lungenvasomotoren. Arch. f. exp. Path. u. Pharm. 77 (1914), 251 [194, 196].

Cohnheim, siehe 5.

Dakin, Oxydation von Aminosäuren zu Cyaniden. Biochem. Journ. 10 (1916), 319—323 [189].

Dakin, H. D., Das Schicksal von inaktivem Tyrosin im Tierkörper und einige Beobachtungen über den Nachweis von Tyrosin und seinen Derivaten im Harn. Die Synthese und wahrscheinliche Bildungsweise des Blendermannschen p-Oxybenzylhydantoins. Journ. of Biol. Chem. 8 (1910), 25 [184].

— und Wakemann, A. J., Der Abbau des Histidins. Journ. of Biol. Chem. 10 (1912), 499 [204].

Dale und Laidlow, Physiologische Wirkung von β-Imidazolyläthylaminchlorhydrat. Journ. of Physiol. 41 (1910), 319 [190, 191, 192].

— — Weitere Bemerkungen über die Wirkung von β-Imidazolyläthylamin. Journ. of Physiol. 43 (1912), 182 [173].

Dale, H. H. und Richards, A. N., siehe 3.

Debus, Annalen d. Chem. u. Pharm. 107 (1858), 204 [186].

Dietrich, Zur Kenntnis der Extraktivstoffe der Muskeln. XVI. Mitteilung. Über die Isolierung des Carnosins durch Mercurisulfat. Zeitschr. f. physiol. Chem. 92 (1914), 212—213 [206].

Drummond, J. C., Die stickstoffhaltigen Extraktstoffe von Tumoren. Biochem. Journ. 11 (1917), 246 [201, 206].

— Eine vergleichende Untersuchung des Wachstums von Tumoren und von normalem Gewebe. Biochem. Journ. 11 (1917), 325 [201, 206].

Ehrlich, F., Über asymmetrische und symmetrische Einwirkung von Hefe auf Racemverbindungen natürlich vorkommender Aminosäuren. Biochem. Zeitschr. 8 (1906), 438 [203].

Ehrström, siehe 5.

Einis, Über die Wirkung des Pituitrins und β-Imidazolyläthylamins (Histamin) auf die Herzaktion. Inaug. Diss. Berlin 1913 [193].

Engeland, siehe 6.

Ewins und Pyman, Versuche über die Bildung von 4(5)-β-Aminoäthylimidazol aus Histidin. Journ. of Chem. Soc. London 99 (1911), 339—344 [189, 203].

Fischer, E. und Skita, siehe 5.

Fränkel, Darstellung und Konstitution des Histidins. Monatsh. f. Chem. 24 (1903), 229 [202].

— und Rainer, Über das Vorkommen von cyclischen Aminosäuren im Secale cornutum. Biochem. Zeitschr. 74 (1916), 167 [201].

Friedmann und Gutmann, Über die N-Methylderivate des Phenylalanins und des Tyrosins. Biochem. Zeitschr. 27 (1910), 491 [209].

Fühner, H., Das Pituitrin und seine wirksamen Bestandteile, Münch. med. Wochenschr. 59 (1912), 852 [196].

von Fürth und Hryntschak, Über den Carnosingehalt der Säugetiermuskeln. Biochem. Zeitschr. 64 (1914), 172 [206].

Gabriel und Pinkus, Zur Kenntnis der Amidoketone. Ber. d. Deutsch. chem. Gesellsch. 26 (1893), 2204 [186].

— und Posner, Zur Kenntnis der Amidoketone. Ber. d. Deutsch. chem. Gesellsch. 27 (1894), 1039 [186].

Gortner und Würtz, siehe 5.

Guggenheim, M., Wirkung des β-Imidazolyläthylamins (Imido „Roche“) am menschlichen Uterus. Therap. Monatsh. 3 (1914), 174 [195, 197].

— und Löffler, W., siehe 2.

— Proteinogene Amine. Peptamine: Glycyl-p-oxyphenyläthylamin, Alanyl-p-oxyphenyläthylamin, Glycyl-β-imidazolyläthylamin. Biochem. Zeitschr. 51 (1913), 369 [197].

Gulewitsch, Zur Kenntnis der Extraktivstoffe des Muskels. Über die Bildung des Histidins bei der Spaltung von Carnosin. Zeitschr. f. physiol. Chem. 50 (1907), 535 [201, 206, 208].

— Zur Kenntnis der Extraktivstoffe des Muskels. Über die Identität des Ignotins mit dem Carnosin. Zeitschr. f. physiol. Chem. 50 (1907), 204 [201].

— Zur Kenntnis der Extraktivstoffe der Muskeln. Über die Konstitution des Carnosins. Zeitschr. f. physiol. Chem. 73 (1911), 434—446 [201, 205, 206, 208].

— und Admirazibi, Zur Kenntnis der Extraktivstoffe des Muskels. Zeitschr. f. physiol. Chem. 30 (1900), 565—573 [201, 208].

Gundermann, Über die pharmakologische Wirkung einiger halogensubstituierter Imidazole. Arch. f. exp. Path. u. Pharm. 65 (1919), 259—63 [198].

Hart, siehe 5.

Haslam, siehe 5.

Hedin, siehe 5.

Henze, Zur Chemie des Gorgonins und der Jodgorgosäure. Zeitschr. f. physiol. Chem. 38 (1903), 60 [201].

Heß und Müller, Über Anämien. Anämien durch enterogene Eiweißabbauprodukte. Wien. klin. Wochenschr. 31 (1918), 293 [187, 259].

— — siehe auch 1.

Holmes, Die Adrenalinreaktion bei gastrischen Tabeskrisen und die Bedeutung von β-Imidazolyläthylamin in den Fäces. Offic. Bull. of the Chicago Med. Soc. XV. Vol, Nr. 7 (1915), 16 [187].

— Das proximale Colon und seine Beziehung zur Bildung toxischer Amine. The Lancet Clinic 5 (1916), 93 [187].

Hunter, Über Urocaninsäure. Journ. of Biol. Chem. 11 (1912), 536 [205].

Jaffé, M., Über einen neuen Bestandteil des Hundeharns. Ber. d. Deutsch. chem. Gesellsch. 7 (1874), 1669 [205].

— Über Urocaninsäure. Ber. d. Deutsch. chem. Gesellsch. 8 (1875), 811 [205].

Jäger, Ein neuer, für die Praxis brauchbarer Secaleersatz (Tenosin). Münch. med. Wochenschr. 31 (1913), 1714 [196].

Jansen, Extraktivstoffe aus den Schließmuskeln von Mytilus edulis. Zeitschr. f. physiol. Chem. 85 (1913), 231—232 [201, 218].

Jnouje, Über den Nachweis des Histidins. Zeitschr. d. physiol. Chem. **83** (1912), 79 [209].

Johns und Jones, siehe 5.

Jones, H., Genaues Verfahren über die Darstellung von Histidin. Journ. Biol. Chem. **33** (1918), 429—31 [184].

Kehrer, Untersuchungen über die Wehentätigkeit des menschlichen Uterus. Vortrag gehalten am 14. Kongreß d. Deutsch. Gesellsch. f. Gynäk. München, 7.—10. Juli 1911. 196].

Kleinschmidt, siehe 5.

Knoop, F., Abbau und Konstitution des Histidins. Beitr. z. chem. Physiol. u. Path. **10** (1907), 111—119 [202].

— und Windaus, A., Die Konstitution des Histidins. Beitr. z. chem. Physiol. u. Path. **7** (1905), 144—147 [204].

Koch, siehe 3.

— Zentralbl. f. d. ges. Med. **16** (1913), 564 [196].

Koch, F. C., Über die Gegenwart von Histidin in Thyreoglobulin vom Schwein. Journ. of Biol. Chem. **9** (1911), 121—122 [201].

Kocher, siehe 6.

Koessler, J. H., Forschungen über Pollen und Pollenkrankheit. I. Die chemische Zusammensetzung des Ragweedpollens. Journ. Biol. Chem. **35** (1918), 415—24 [187, 200].

Kossel und Cameron, siehe 5.

— und Dakin, siehe 5.

— und Edlbacher, Einige Bemerkungen über das Histidin. Zeitschr. f. physiol. Chem. **93** (1915), 396—400 [203, 206].

— — siehe auch 6.

— und Kutscher, Über das Histidin. Zeitschr. f. physiol. Chem. **28** (1899), 382 [202, 203, 207, 208, 209].

— — siehe auch 5.

— und Patten, siehe 5.

Krosz, Über Erfahrungen mit Tenosin. Zentralbl. f. Gynäk. **43** (1913), 1587 [196].

Kurajeff, siehe 6.

Kutscher, Über Antipepton. Zeitschr. f. physiol. Chem. **28** (1899), 88 [201].

— Zur Kenntnis von Liebigs Fleischextrakt. Zentralbl. f. Physiol. **19** (1905), 504 [54, 201, 234].

Kutscher, Fr., Über die Identität des Ignotins mit dem Carnosin. Zeitschr. f. physiol. Chem. **50** (1907), 445—448 [201].

— Die physiologische Wirkung einer Secalebase und des Imidazolyläthylamins. Zentralbl. f. Physiol. **24** (1910), 163 [183].

— Die basischen Extraktstoffe des Champignons (Agaricus campestris). Zentralbl. f. Physiol. **24** (1911), 775—76 [218, 220].

— siehe auch 5.

— und Lohmann, Die physiologische Wirkung von einigen aus Rindermuskeln gewonnenen organischen Basen. Arch. f. d. ges. Physiol. **114** (1906), 553 [207, 238].

— — siehe auch 5.

Lautenschläger, C. L., Über die titrimetrische Bestimmung des Histidins und anderer Imidazolderivate. Zeitschr. f. physiol. Chem. 102 (1918), 226—43 [200, 201, 210].

Lawrow, siehe 5.

Leschke, Über die Beziehungen zwischen Anaphylaxie und Fieber, sowie über die Wirkungen von Anaphylatoxien, Histamin, Organextrakten und Pepton auf die Temperatur. Zeitschr. f. exp. Path. u. Therap. 1 (1913), 151 [192].

Levene und Alsberg, siehe 5.

Lippich, F., Über Uraminosäuren. II. Mitteilung. Ber. d. Deutsch. chem. Gesellsch. 41 (1908), 2953 [183].

Mellanby und Twort, Über die Gegenwart von β-Imidazolyläthylamin in der Darmwand mit einer Methode zur Isolierung eines Bacillus aus dem Darmkanal der Histidin in diese Substanz verwandelt. Journ. of Physiol. 45 (1912), 53—60 [5, 187, 188, 189].

Morita, Pharmakologische Untersuchungen an den Portalgefäßen der Froschleber. Arch. f. exp. Path. u. Pharm. 78 (1915), 232 [195].

Mutsch, Die Bildung von β-Imidazolyläthylamin im Ileum von gewissen konstipierten Personen mit einer Bemerkung über den Harn bei Konstipation. Quart. Journ. of med. 7 (1914), 427 [187].

O'Brien, zitiert nach Barger: Abderhaldens Handb. d. biochem. Arbeitsmethode VI [187].

Öhme, Über die Wirkungsweise des Histamins. Arch. d. exp. Path. u. Pharm. 72 (1913), 96 [191].

Omelianski und Sieber, siehe 5.

Osborne und van Slyke, siehe 5.

Pal, Über die Wirkung des Coffeins auf die Bronchien und die Atmung. Deutsche med. Wochenschr. 38 (1912), 1774 [194].

Pauly, Über die Konstitution des Histidins. Zeitschr. f. physiol. Chem. 42 (1904), 508 [203, 210].

— Über die Einwirkung von Diazoniumverbindungen auf Imidazol. Zeitschr. f. physiol. Chem. 44 (1905), 159—160 [203, 210].

— Über jodierte Abkömmlinge des Imidazols und des Histidins. Ber. d. Deutsch. chem. Gesellsch. 43 (1910), 2243 [203].

— Zur Kenntnis der Diazoreaktion des Eiweißes. Zeitschr. f. physiol. Chem. 94 (1915), 284 [203, 2 0].

Popielsky, Erscheinungen bei direkter Einführung von chemischen Körpern in die Blutbahn. Zentralbl. f. Physiol. 24 (1910), 1102—1104 [192, 296].

— siehe auch 11.

Pyman, F. L., Eine neue Synthese von 4- (oder 5-)β-Aminoäthylglyoxalin, eines der aktiven Mutterkornprinzipien. Journ. Chem. Soc. London 99 (1911), 668 [189, 190].

— Die Synthese des Histidins. Journ. Chem. Soc. London 99 (1911), 1386 bis 1401 [202, 203].

— Aminoalkylglyoxaline. Journ. Chem. Soc. London 99 (1911), 2172 [197].

Schröder, siehe 5.

Schulze, siehe 5.

— und Winterstein, siehe 5.

Sieburg, Zur Kenntnis des Imidazolyläthylamins (Histamin). Deutsche
    med. Wochenschr. 49 (1914), 2038 [192, 193].
Siegfried, Über Urocaninsäure. Zeitschr. f. physiol. Chem. 24 (1898),
    299 [205].
Sjöllema und Rinkes, siehe 5.
Skworzow, siehe 6.
van Slyke, siehe 5.
Smorodinzew, Über die Gewinnung des Carnosins bei der beim Sterilisieren
    des Fleisches mit Wasserdampf im Hönneckschen Fleischdämpfer
    sich bildenden Brühe. Zeitschr. f. physiol. Chem. 92 (1914), 228
    bis 236 [206].
— siehe auch 3 und 6.
Steudel, Das Verhalten der Hexonbasen zur Pikrolonsäure. Zeitschr. f.
    physiol. Chem. 37 (1902), 219—220 [208].
Suzuki, Yoshimura und Irie, siehe 5.
Tamura, siehe 5.
Taylor, Über das Vorkommen von Spaltprodukten der Eiweißkörper in
    der degenerierten Leber. Zeitschr. f. physiol. Chem. 34 (1901), 580
    [201].
— siehe auch 5.
Totani, Über die Diazoreaktion des Hystidins und Tyrosins. Biochem.
    Journ. 9 (1915), 385—392 [209].
Trendelenburg, Physiologische und pharmakologische Untersuchungen
    an der isolierten Bronchialmuskulatur. Arch. f. exp. Path. u. Therap.
    69 (1912) [194].
Weber, Über experimentelles Asthma. Med. Klin. 3 (1914), 112 [194].
— Neue Untersuchungen über experimentelles Asthma und die Innervation
    der Bronchialmuskeln. Arch. f. Anat. u. Phys.; Physiol. Abt. 1914
    [194].
Weiß, siehe 5.
— und Ssobolew, Über ein kolorimetrisches Verfahren zur quantitativen
    Bestimmung des Histidins. Biochem. Zeitschr. 58 (1913), 119—129 [209].
Windaus und Knoop, Überführung von Traubenzucker in Methylimidazol.
    Ber. d. Deutsch. chem. Gesellsch. 38 (1905), 1166—1170 [185, 202].
— und Opitz, Synthese einiger Imidazolderivate. Ber. d. Deutsch. chem.
    Gesellsch. 44 (1911), 1721—1725 [197].
— und Vogt, siehe 4.
Winterstein und Thöring, siehe 5.
Wohl und Markwald, Ber. d. Deutsch. chem. Gesellsch. 22 (1889), 572
    [186, 190].
Yoshimura, siehe 5.
Zimmermann, Über Tenosin (ein neues Secaleersatzpräparat). Münch.
    med. Wochenschr. 48 (1913), 2675 [196].

8. Die Betaine.

Abderhalden, E., Brahm, C. und Schittenhelm, A., Vergleichende
    Studien über den Stoffwechsel verschiedener Tierarten. I. Mitteilung.
    Zeitschr. f. physiol. Chem. 59 (1909), 32—34 [230].

Abderhalden und Fodor, Versuche über die bei der Fäulnis von
    l-Asparaginsäure entstehenden Abbaustufen. Eine neue Methode
    zum Nachweis von β-Alanin. Zeitschr. f. physiol. Chem. 85 (1913),
    112 [234, 242].
— Fromme und Hirsch, Die Bildung von γ-Aminobuttersäure und
    d-Glutaminsäure unter dem Einfluß von Mikroorganismen. Zeitschr.
    f. physiol. Chem. 85 (1913), 131 [233].
— und Kautzsch, K., Beitrag zur Kenntnis methylierter Polypeptide.
    Zeitschr. f. physiol. Chem. 72 (1911), 44 [216, 242].
— — Weitere Beiträge zur Kenntnis von methylierten Polypeptiden,
    Betain, des Diglycylglycins. Zeitschr. f. physiol. Chem. 75 (1911),
    19 [216, 242].
— — Fäulnisversuche mit der Glutaminsäure und Studien über die γ-Amino-
    buttersäure. Zeitschr. f. physiol. Chem. 81 (1912), 294—314 [216,
    233, 237, 242].
Achelis und Kutscher, Der Nachweis organischer Basen im Pferdeharn.
    Zeitschr. f. physiol. Chem. 32 (1907), 91—94 [231].
Ackermann, Über ein neues auf bakteriellem Wege gewinnbares Aporrhegma.
    Zeitschr. f. physiol. Chem. 69 (1900), 273—281 [233, 235].
Ackermann, D., Über das β-Alanin als bakterielles Aporrhegma. Zeitschr.
    f. Biol. 56 (1911), 87 [234].
— Über einen neuen basischen Bestandteil der Muskulatur des Hundes und
    seine Beziehung zum Hexamethylornithin. Zeitschr. f. physiol.
    Chem. 59 (1913), 433—440 [214, 222].
— Über das Vorkommen von Trigonellin und Nicotinursäure im Harn nach
    Verfütterung von Nicotinsäure. Zeitschr. f. Biol. 59 (1913), 17—22
    [229].
— Weitere Beiträge zur Kenntnis des Myokynins. Zeitschr. f. physiol.
    Chem. 61 (1913), 373—378 [222].
— siehe auch 2 und 5.
— und Kutscher, siehe 5.
— und Schütze, siehe 2.
Agfa = Aktien - Gesellschaft für Anilinfabrikation. D. R. Pat.
    Kl. 12q, Nr. 269, 338; D. R. P. Kl. 12q, 281, 056 (Zus. Pat. zu Nr. 276,
    489); Kl. 12q, 269, 701; Kl. 12q, 269, 451 [219].
Andrlick, K., Gewinnung von Betain aus den Abfallaugen von der Melasse-
    entzuckerung mittels Strontian. Zeitschr. f. Zuckerindustrie, Böhmen
    28 (1903—1904), 404—406 [218].
— Velich, A. und Stanek, Vl., Über Betain in physiologisch-chemischer
    Beziehung. Zeitschr. f. Zuckerindustrie, Böhmen 27 (1902), 161
    bis 180 [219].
Barger und Ewins, Die Identität des Trimethylhistidins (Histidin-Betain)
    aus verschiedenen Quellen. Biochem. Journ. 7 (1913), 204—206 [221].
— — siehe 7.
Bebeschin, siehe 7.
Bertrand und Weisweiller, Über die Zusammensetzung des Kaffee-
    extraktes; Gegenwart von Pyridin. C. r. de l'Acad. 157 (1913),
    212—213 [230].

Brieger, siehe 1.

Bocklisch, siehe 1. bei Brieger.

Borchardt, L., Fäulnisversuche mit Glutamin- und Asparaginsäure Zeitschr. f. physiol. Chem. 59 (1909), 96—100 [233, 234].

Cohn, Über das Verhalten einiger Pyridin- und Naphthalinderivate im tierischen Stoffwechsel. Zeitschr. f. physiol. Chem. 18 (1894), 112 [230, 231].

Deleano und Trier, Über das Vorkommen von Betain in grünen Tabak-blättern. Zeitschr. f. physiol. Chem. 79 (1912), 243 [217].

Demjanowski, siehe 6.

Dombrowski, S., Über den Mannit, die Nitrate und die Alkaloide des normalen Harns. Compt. rend. 135 (1902), 244—246 [123, 236].

Drummond und Funck, Die chemische Untersuchung des Phosphor-wolframsäureniederschlages von Reisschalen. Biochem. Journ. 8 (1914), 598—615 [217].

Ehrlich, F., siehe 2.

— und Lange, siehe 2.

Engeland, R., Über das Verhalten des Carnitins im tierischen Stoffwechsel. Zeitschr. f. Unters. Nahrungs- u. Genußmittel 16 (1908), 64 [234, 236].

— Die Konstitution des Stachydrins. Arch. d. Pharm. 247 (1909), 463 [224].

— Zur Kenntnis der Bestandteile des Fleischextraktes. Ber. d. Deutsch. chem. Gesellsch. 42 (1909), 2457 [234, 236].

— Über Hydrolyse von Casein und den Nachweis der dabei entstandenen Monoaminosäuren. Ber. d. Deutsch. chem. Gesellsch. 42 (1909), 2962 [224].

— Bemerkungen zu den Arbeiten von E. Schulze und G. Trier: Über die in den Pflanzen vorkommenden Betaine und über das Stachydrin. Zeitschr. f. physiol. Chem. 67 (1910), 463 [224].

— siehe auch 6.

— und Kutscher, Über ein methyliertes Aporrhegma des Tierkörpers. Zeitschr. f. physiol. Chem. 69 (1910), 282—285 [234, 317].

— — Versuche zur Synthese des Herzynins. Zentralbl. f. Physiol. 26 (1912), 569—570 [220, 221].

— — Die Methylierung von Histidin, Arginin und Lysin. Zeitschr. f. Biol. 59 (1913), 415 [220, 221].

Fischer, E., Über eine neue Aminosäure aus Leim. Ber. d. Deutsch. chem. Gesellsch. 35 (1902), 2660 [224].

— und Goddertz, Synthese der γ-Amino-α-oxybuttersäure und ihre Trimethylderivate. Ber. d. Deutsch. chem. Gesellsch. 43 (1910), 3272—3280 [236].

Freudenberg, Über das Guvacin. Ber. d. Deutsch. chem. Gesellsch. 51 (1918), 976 [229].

Funk, Studien über Beri-Beri. VII. Chemie der Vitaminfraktion aus Hefe- und Reisschalen. Journ. of Physiol. 46 (1913), 173—179 [217].

Gabriel, Synthese der Homopiperidonsäure und der Piperidinsäure. Ber. d. Deutsch. chem. Gesellsch. 23 (1890), 1771 [237].

Gabriel, S. und Maas, Th., Über ε-Amidocapronsäure. Ber. d. Deutsch. chem. Gesellsch. 32 (1899), 1299 [237].

Gabriel, S. und Maas, Th., Zur Kenntnis der ε-Aminoketone. Ber. d.
    Deutsch. chem. Gesellsch. 42 (1909), 1249—1259 [237].
Greshoff, M., Mededeelingen nit's Lands Plantentnin. XXV. Batavia-
    Haag (1898) [222].
Gulewitsch und Krimberg, Zur Kenntnis der Extraktivstoffe der Muskeln.
    II. Mitteilung. Über das Carnitin. Zeitschr. f. physiol. Chem. 45
    (1905), 326—330 [17, 234, 239].
Henze, Über das Vorkommen des Betains bei Cephalopoden. Zeitschr. f.
    physiol. Chem. 70 (1911), 253—255 [218].
Heß, K. und Leibbrandt, F., Synthese von N-Methyltetrahydropyridin-
    carbonsäuren. 1. Eine neue Bildungsweise des Arecaidins und des
    Arecolins. Zur Aufklärung der Konstitutionen des Guvacins und
    des Arecains. Ber. d. Deutsch. chem. Gesellsch. 51 (1918), 806—820
    [229].
His, Über das Stoffwechselprodukt des Pyridins. Arch. f. exp. Path. u.
    Pharm. 22 (1887), 253—260 [230, 231].
Hoshiai, Über das Verhalten des Pyridins im Organismus des Huhns.
    Zeitschr. f. physiol. Chem. 62 (1909), 118—119 [230].
Husemann u. Marmé, Über Lycin. Liebigs Annalen III. Suppl.-Band 2
    (1864), 45—49 [216].
Jahns, E., Vorkommen von Stachydrin in den Blättern von Citrus vul-
    garis. Ber. d. Deutsch. chem. Gesellsch. 29 (1896), 2065—2068
    [223].
— Über die Anwendung des Kalium-Wismutjodids zur Darstellung orga-
    nischer Basen. Arch. f. Pharm. 235 (1897), 156 [218].
— siehe auch 3.
Jansen, siehe 7.
Kohlrausch, siehe 2.
Kraft, siehe 3.
Krimberg, Zur Kenntnis der Extraktivstoffe der Muskeln. Über das Vor-
    kommen des Carnosins, Carnitins und Methylguanidins im Fleisch.
    Zeitschr. f. physiol. Chem. 48 (1906), 412 [166, 234].
— Zur Kenntnis der Extraktivstoffe der Muskeln. Zur Frage über die
    Konstitution des Carnitins. Zeitschr. f. physiol. Chem. 49 (1906),
    89—95 [234].
— Über neue Verbindungen des Carnitins. Zeitschr. f. physiol. Chem. 50
    (1907), 361—373 [239].
— Zur Frage über die Konstitution des Carnitins. Zeitschr. f. physiol.
    Chem. 53 (1907), 515—525 [235].
— Über die Identität des Novains mit dem Carnitin. Zeitschr. f. physiol.
    Chem. 55 (1908). 466—480 [234].
— Über die Beziehungen des Oblitins zum Carnitin. Zeitschr. f. physiol.
    Chem. 56 (1908), 417—424 [234].
— Bemerkungen zum Aufsatz des Herrn E. Engeland: Über Bestandteile
    des Fleischextraktes. Ber. d. Deutsch. chem. Gesellsch. 42 (1909),
    3378—3380 [234].
Küng, Die Synthese des Betonicins und Turicins. Zeitschr. f. physiol.
    Chem. 85 (1913), 218—224 [218, 224, 226].

Küng, siehe auch 5.

— und Trier, Über Betonicin und Turicin. Zeitschr. f. physiol. Chem. 8 (1913), 209—216 [226].

Kutscher, Notiz zur Kenntnis des Novains. Zeitschr. f. physiol. Chem. 49 (1907), 484 [234].

— Die Spaltung des Oblitins durch Bakterien. Zeitschr. f. physiol. Chem. 48 (1906), 331—333 [234, 236].

— Zweite Notiz zur Kenntnis des Novains. Zeitschr. f. physiol. Chem. 50 (1907), 250 [234].

— siehe auch 4, 6 und 7.

— und Lohmann, Das Vorkommen von Pyridinmethylchlorid im menschlichen Harn und seine Beziehungen zu den Genußmitteln, Tabak und Kaffee. Zeitschr. f. Unters. Nahrungs- u. Genußmittel 13 (1907), 177 [230, 231].

— — siehe auch 6 und 7.

Löffler und Freytag, siehe 2.

Neuberg, siehe 2.

Neuberg, C. und Cappezuoli, C., Biochemische Umwandlung von Asparagin und Asparaginsäure in Propionsäure und Bernsteinsäure. Biochem. Zeitschr. 18 (1909), 424 [234].

Orlow, Chem. Zentralbl. 1898, I, S. 37, zit. nach Beilsteil I, Ergänzungsband S. 656 [218].

Pictet und Court, siehe 5.

Planta, A. von und Schulze, E., Über Stachydrin. Ber. d. Deutsch. chem. Gesellsch. 26 (1893), 939—946 [223].

— — Über die organischen Basen der Wurzelknollen von Stachys tuberifera. Arch. d. Pharm. 231 (1893), 305—313 [223].

Polstorff, Über das Vorkommen von Betain und von Cholin in Coffein und Theobromin enthaltenden Drogen. Festschr. Otto Wallach 569—578 (1909) [218].

Reuter, siehe 3.

Rieländer, siehe 5.

Rießer, siehe 3.

Ritthausen und Weger, Über Betain der Preßrückstände der Baumwollsamen. Journ. f. prakt. Chem. 30 (1884), 32—37 [217].

Rolle, Nachteilige Wirkung der Rübenfütterung auf die Milch. Zeitschr. f. Unters. Nahrungs- u. Genußmittel 30 (1915), 361 [220].

Romburgh van und Barger, Darstellung des Betains des Tryptophans und seine Identität mit dem Alkaloid Hypaphorin. Journ. Chem. Soc. London 99 (1912), 2068—2071 [222].

— Hypaphorin und seine Beziehung zu Tryptophan. Koninkl. Akad. van Wetensch, Amsterdam, Wisk. en Natk Afd. 19 (1911), 1250 [220].

Sabathier und Mailhe, siehe 1.

Salkowski, H., Über Aminovaleriansäure. Ber. d. Deutsch. chem. Gesellsch. 31 (1898), 776 [235].

Salkowski, E. und H., Über basische Fäulnisprodukte. Ber. d. Deutsch. chem. Gesellsch. 16 (1883), 1191 [235].

— — Über die δ-Aminovaleriansäure. Ber. d. Deutsch. chem. Gesellsch. 31 (1898), 776 [235].

Santesson-Koraen, siehe 2.

Scheibler, Über ein im Rübensaft vorkommendes Alkaloid. Jahresber. Untersuch. Fortschr. Zuckerfabr. 6 (1866), 172 [216].

Schulze, Untersuchungen über die zur Klasse der stickstoffhaltigen organischen Basen gehörenden Bestandteile einiger landwirtschaftlich benutzter Samen, Ölkuchen und Wurzelknollen, sowie einiger Keimpflanzen. Landwirtschaftl. Vers.-Station 46 (1846), 23—77 [229].

— Über Betain in den Knollen des Topinambours. Zeitschr. f. physiol. Chem. 65 (1910), 293 [140, 217].

— siehe auch 3 und 6.

— und Frankfurt, siehe 3.

— und Trier, G., Über die in den Pflanzen vorkommenden Betaine. Zeitschr. f. physiol. Chem. 67 (1910), 46—58 [218].

Schulze, E. und Trier, G., Über das Stachydrin. Zeitschr. f. physiol. Chem. 59 (1909) [223, 224, 229].

— — Über die Konstitution des Stachydrins. Ber. d. Deutsch. chem. Gesellsch. 42 (1909), 4654 [224].

— — Über das Stachydrin und über einige neben ihm in den Stachysknollen und in den Orangeblättern enthaltenen Basen. Zeitschr. f. physiol. Chem. 67 (1910), 59—96 [223, 224, 229].

— — Untersuchungen über die in den Pflanzen vorkommenden Betaine. II. Mitteilung. Zeitschr. f. physiol. Chem. 76 (1912), 258 [217, 218, 229].

— — Untersuchungen über die in den Pflanzen vorkommenden Betaine. III. Mitteilung. Zeitschr. f. physiol. Chem. 79 (1912), 235 [214, 217, 229].

— und Trier, siehe auch 3.

— und Pfenniger, W., siehe 3.

Smorodinzew, siehe 3 und 6.

Stanek, V., Über die Lokalisation von Betain in Pflanzen. Zeitschr. f. physiol. Chem. 72 (1911), 402 [214, 217].

— Über die Darstellung großer Betainperjodidkrystalle. Zeitschr. f. Zuckerindustrie, Böhmen 36 (1912), 577 [239].

— siehe auch 3.

— und Domin, K., Über das Vorkommen von Betain in den Chenopodiaceen. Zeitschr. f. Zuckerindustrie, Böhmen 34 (1912), 297 [217].

— und Miskovsky, Kann Betain als Stickstoffnährsubstanz der Hefe betrachtet werden? Zeitschr. f. ges. Brauwesen 30 (1907), 566 [214].

Steenbock, Isolierung und Identifizierung von Stachydrin aus Alfalfaheu. Journ. of Biol. Chem. 35 (1918), 1—13 [223].

Suwa, siehe 2.

Suzuki, Yoshimura, Jamakowa und Irie, siehe 5.

Takeda, K., Untersuchungen über einige nach Phosphorvergiftung im Harn auftretende Basen. Pflügers Arch. 133 (1910), 365—396 [234, 236, 238, 241, 242].

Tanret, Über eine neue Base aus Mutterkorn, das Ergothionein. Journ. Pharm. et Chim. 30 (6) (1909), 145—153 [221].

Tanret, G., Über ein aus der Galega officinalis extrahiertes Alkaloid. C. r. de l'Acad. 158, (1914), 1182—1184 [225, 226, 227].

Tanret, G., Über die Konstitution des Galegins. C. r. de l'Acad. **158**, (1914), 1426—1429 [225, 226, 227].

— Über das Galegin, ein aus der Galega officinalis extrahiertes Alkaloid. Bull. Soc. Chim. de France **15** (1914), 613—615 [225, 226, 227].

— Über einige physiologische Eigenschaften des Galeginsulfats. C. r. de l'Acad. **159** (1914), 108—111 [225, 226, 227].

Thoms, Über das Vorkommen von Cholin und Trigonellin Strophanthussamen und über die Darstellung von Strophanthin. Ber. d. Deutsch. chem. Gesellsch. **31** (1898), 371—377 [229].

— Cholin und Trigonellin in den Samen von Strophanthus Kombé. Ber. d. Deutsch. chem. Gesellsch. **31** (1898), 404 [229].

Totani, siehe 3.

— und **Hashiai,** Über das Methylpyridinammoniumpikrat. Zeitschr. f. physiol. Chem. **68** (1910), 85 [230].

Trier, Über die Umwandlung des Stachydrins in den isomeren Hygrinsäuremethylester. Zeitschr. f. physiol. Chem. **67** (1910), 324—331 [224, 225, 227, 241].

— Weitere Beiträge zur Kenntnis einfacher Pflanzenbasen. Zeitschr. physiol. Chem. **85** (1913), 372 [217, 239].

— siehe auch 3.

Tunnicliffe, F. W. und Rosenheim, O., Die physiologische Wirkung einiger reduzierter Pyrrolderivate (Pyrrolin, N-Methylpyrrolidin). Zentralbl. f. Physiol. **16** (1902), 93 [227].

Velich, A., Bemerkungen zum Studium des Betains. Zeitschr. f. Zuckerindustrie Böhmen **29** (1904), 14—25 [220].

— und **Stanek, Vl.,** Über das Betain in physiologisch-chemischer Beziehung. Zeitschr. f. Zuckerindustrie Böhmen **29** (1904), 205—219 [220].

Völtz, W., Untersuchungen über die Verwertung des Betains durch den Wiederkäuer. (Schaf.) Pflügers Arch. **116** (1907), 307—333 [219].

Wallach, Umwandlung cyklischer Ketone in Alkamine und in sauerstofffreie Basen stickstoffhaltiger Ringsysteme. Liebigs Annalen d. Chem. **312** (1902), 181 [238].

Waller, A. und Plimmer, R. H. A., Die physiologische Wirkung von Betain. Proc. Roy. Soc. **72** (1903), 345—352 [220].

— und **Sowton, S. C. M.,** Einwirkung von Cholin, Neurin, Muscarin und Betain auf den isolierten Nerv und das abgetrennte Herz. Proc. Royal Soc. London **72** (1903), 320—345 [220].

Weiß, Über Cholin und verwandte Verbindungen. Zeitschr. f. Naturwissenschaft **60** (1887), 221 [237].

Willstätter, Die Betaine. Ber. d. Deutsch. chem. Gesellsch. **35** (1902), 584—620 [236, 241, 242].

— und **Kahn,** Über δ-Trimethylvalerobetain. Ber. d. Deutsch. chem. Gesellsch. **37** (1904), 1853 [235].

Wilson, W., Die vergleichende Chemie des Muskels. Betain in Kammmuscheln, Strandmondschnecke und Neunauge; Kreatin im Neunauge. Journ. of Biol. Chem. **18** (1914), 17 [218].

Winterstein, E. und Reuter, C., Über das Vorkommen von Histidinbetain im Steinpilz. Zeitschr. f. physiol. Chem. **86** (1913), 234—237 [221].

Winterstein und Weinhagen, Beiträge zur Kenntnis der Nicotinsäure-
derivate. Zeitschr. f. physiol. Chem. 100 (1916), 170—184 [229].
— — Beiträge zur Kenntnis der Arekaalkaloide. Über Guvacin und Isoguvacin. Arch. d. Pharm. 257 (1919), 1 [225, 228, 229].
Yoshimura, K., siehe 3.
— und Kanai, siehe 3.
— und Trier, G., siehe 3.

9. Die Phenylalkylamine.

Abderhalden, E. und Bergell, Zur Kenntnis des Epinephrins (Adrenalins).
Ber. d. Deutsch. chem. Gesellsch. 37 (1904), 2022 [262].
— und Guggenheim, M., Weitere Versuche über die Wirkung der Tyrosinase aus Russula delica auf tyrosinhaltige Polypeptide und auf
Suprarenin. Zeitschr. f. physiol. Chem. 57 (1908), 329—330 [270, 287].
— und Kautsch, Weitere Studien über das physiologische Verhalten von
l- und d-Suprarenin. I. Mitteilung. Zeitschr. f. physiol. Chem. 61
(1909), 119—123 [281, 288].
— und Müller, Über das Verhalten des Blutdruckes nach intravenöser
Einführung von l-, d- und d-l-Suprarenin. Zeitschr. f. physiol. Chem.
58 (1908), 184—189 [281].
— und Slavu, Weitere Studien über das physiologische Verhalten von
d- und l-Suprarenin. III. Mitteilung. Zeitschr. f. physiol. Chem. 59
(1908), 129—137 [272, 281].
— und Thieß, Über das physiologische Verhalten von l-, d- und d-l-Supra
renin. Zeitschr. f. physiol. Chem. 59 (1909), 22—28 [281, 288].
Abel, J. J., Über die blutdruckerregenden Bestandteile der Nebennieren,
das Epinephrin. Zeitschr. f. physiol. Chem. 28 (1899), 318 [262, 267].
— Weitere Mitteilungen über das Epinephrin. Ber. d. Deutsch. chem.
Gesellsch. 36 (1903), 1839 [262, 267].
— Darstellung und Eigenschaften eines Abbauproduktes des Epinephrins.
Ber. d. Deutsch. chem. Gesellsch. 37 (1904), 368—381 [262, 267].
— und Macht, D. J., Das Gift der tropischen Kröte, Bufo Agna. Journ.
Amer. Med. Assoc. 56 (1911), 1531—1536 [266].
Abelouse, J. E., Soulié, A. und Toujan, G., Kolorimetrische Bestim-
mung des Adrenalins durch Jod. Compt. rend. Soc. Biol. 57 (1905),
301—302 [287].
— — — Über die Identität von Rinden und Markextrakten der Nebenniere. Comp. rend. Soc. Biol. 57 (1905), 520—521 [264].
— — — Über die Bildung des Adrenalins durch die Nebenniere. Comp.
rend. Soc. Biol. 57 (1905), 533 [263].
— — — Über den Ursprung des Adrenalins. Compt. rend. Soc. Biol. 57
(1905), 574 [263, 264].
Abramow und Mischennikow, Über die Entgiftung bakterieller Toxine
durch Adrenalin. Zeitschr. f. Immunitätsforschung und exp. Therap.
20 (1913), 235 [270].
Aldrich, Eine vorläufige Übersicht über das aktive Prinzip der Nebennieren. Americ. Journ. of Physiol. 5 (1901), 457 [267].
Bähr und Pick, siehe 7.

Bain, siehe 2.

Bainbridge, F. A. und Trevan, J. W., Einige Wirkungen des Adrenalins auf die Leber. Journ. of Physiol. 51 (1917), 460 [273].

Balint und Molnar, Experimentelle Untersuchungen über gegenseitige Wechselwirkung innerer Sekretionsprodukte. Berl. klin. Wochenschr. 7 (1911) [271].

Barcroft und Piper, Der Gasaustausch der Submaxillardrüse, mit besonderem Hinblick auf die Wirkung von Adrenalin und die zeitliche Beziehung des Reizes zum Verbrennungsprozeß. Journ. of Physiol. 44 (1912), 359—373 [280].

Barbour, Die Struktur verschiedener Abschnitte des Arteriensystems in Beziehung auf ihr Verhalten zum Adrenalin. Arch. f. exp. Path. u. Pharm. 68 (1912), 41—58 [273].

— und Fränkel, Die Wirkung von Phenyläthylamin auf das Herz. Journ. Pharm. Therap. 7 (1915), 511—527 [251].

Barger, Isolierung und Synthese des p-Oxyphenyläthylamins eines in Wasser löslichen aktiven Prinzips des Mutterkorns. Journ. Chem. Soc. London 95 (1909), 1123—1128 [254, 256, 286].

— Synthese des Hordenins, des Alkaloids der Gerste. Journ. Chem. Soc. London 95 (1909), 2193—2197 [256].

— und Dale, siehe 2.

— und Ewins, Einige Phenolderivate des β-Phenyläthylamins. Journ. Soc. London 97 (1910), 2253—2261 [256].

— und Walpole, Weitere Synthesen des p-Oxyphenyläthylamins. Journ. Chem. Soc. London 95 (1909), 1720—1724 [253, 256, 285].

— — siehe auch 2.

— und Jowett, H. A. D., Die Synthese von dem Adrenalin verwandten Substanzen. Journ. Chem. Soc. 87 (1905), 967—974 [268].

Bayer, G., Methoden zur Verschärfung von Adrenalin und Brenzkatechinreaktionen. Biochem. Zeitschr. 20 (1909), 178 [287].

Bayer, F. & Co., Farbenfabriken, Elberfeld, Verfahren zur Darstellung von Oxyphenyläthylaminen und Derivaten. D.R.P. Kl. 12q Nr. 230043 (1911), [256].

— — Verfahren zur Darstellung von Oxyphenyläthyldialkylaminen. D.R.P. Kl. 12q, Nr. 233069 (1911), [256].

Beresin, siehe 7.

Bernstein, S., Blutzuckergehalt bei Addisonscher Krankheit. Berl. klin. Wochenschr. 40 (1911) [278].

— und Falta, Über die Einwirkung von Adrenalin, Pituitrinum infundibulare und Glandulare auf den respiratorischen Stoffwechsel. Zentralbl. f. d. ges. innere Med. u. ihre Grenzgebiete 3 (1912), 569 [279].

Berthelot, Untersuchungen über die Eingeweideflora und Isolierung von Bakterien, die speziell die letzten Verdauungsprodukte der Proteine angreifen. C. r. de l'Acad. 153 (1911), 306—309 [255, 259].

— und Bertrand, siehe 1 und 7.

Bertram und Walbaum, Über das Resedawurzelöl. Journ. f. prakt. Chem. 50 (1894), 555—565 [247, 248, 284].

Bertrand, Über die chemische Zusammensetzung und die Formel des Adrenalins. Annal. de l'Inst. Pasteur 18 (1904), 672—677 [265, 267].

Bierry und Fandard, Adrenalin und Glukämie. C. r. de l'Acad. 156 (1913), 480—482 [278].

Blau, H., Ein Beitrag zur Kenntnis des Surinamins. Zeitschr. f. physiol. Chem. 58 (1908), 153—155 [255].

Bloch, B., Chemische Untersuchungen über das spezifische pigmentbildende Ferment der Haut, die Dopaoxydase. Zeitschr. f. physiol. Chem. 98 (1916), 226 [288].

— Das Problem der Pigmentbildung in der Haut. Arch. f. Dermatologie u. Syphilis 124 (1917), 129 [263].

— Zur Pathogenese der Vitiligo. Arch. f. Dermatologie u. Syphilis 124 (1917), 209 [263].

— und Löffler, W., Untersuchungen über die Bronzefärbung der Haut bei der Addisonschen Krankheit. Deutsch. Arch. f. klin. Med. 120 (1917), 262 [264].

— und Ryhiner, Histochemische Studien im überlebenden Gewebe über fermentative Oxydation und Pigmentbildung. Zeitschr. f. d. ges exp. Med. 5 (1917), 179 [264].

Blum, F., Über Nebennierendiabetes. Deutsch. Arch. f. klin. Med. 71 (1901), 146 [277].

Blum und Marx, Zur Physiologie der Schilddrüse und der Epithelkörperchen I. Mitteilung. Pflügers Arch. 159 (1914), 393—413 [279].

Börner, Ursache der Steigerung der Adrenalinwirkung auf den Kaninchenblutdruck durch Hypophysenextrakte. Arch. f. exp. Path. u. Pharm. 79 (1915), 218—249 [279].

Böttcher, K., Eine neue Synthese des Suprarenins und verwandter Verbindungen. Ber. d. Deutsch. chem. Gesellsch. 42 (1909), 253—266 [268].

de Bonis und Susanna, Über die Wirkung des Hypophysenextraktes auf isolierte Blutgefäße. Zentralbl. f. Physiol. 23 (1909), 169—175 [273].

Brieger, siehe 1.

Bry, Über die respirationserregende Wirkung von Phenyläthylaminderivaten. Zeitschr. f. exp. Path. u. Therap. 16 (1914), 186 [261].

Camus, Die Wirkung des Hordeninsulfats auf den Kreislauf. Compt. rend. de l'Acad. 142 (1906), 237 [261].

— Wirkungen des Hordeninsulfats auf die löslichen Fermente und auf die Bakterien. C. r. de l'Acad. 142 (1906), 350 [258].

— Das Hordenin in der Behandlung adynamischer Affektionen. Soc. Biol. 78 (1915), 577—579 [261].

— und Porak, Nebenniereninsuffizienz und Empfindlichkeit gegen Gifte. Wirkung eines Gemisches von Adrenalin und Strychnin. Gaz. d. Hopitaux 72 (1913), 1180 [271].

Cannon, W. B., Aub, J. C. und Binger, C. A. L., Eine Notiz über die Wirkung einer Nicotininjektion auf die Adrenalinsekretion. Journ. Pharm. Exp. Therap. 3 (1912), 379 [278].

Cannon, W. B. und Gray, H., Faktoren, welche die Koagulation des Blutes beeinflussen. II. Mitteilung. Die Beschleunigung oder Verzögerung der Koagulation durch Adrenalininjektion. Americ. Journ. Physiol. 34 (1914), 232—242 [270].
— und Nice, Wirkung der Adrenalinsekretion auf die Muskelermüdung. Americ. Journ. of Physiol. 32 (1913), 44—60 [277].
— und de la Paz, Emotionelle Reizung der Adrenalinsekretion. Americ. Journ. Physiol. 28 (1911), 64 [278].
— Shohl, A. F. und Wright, W. S., Emotionelle Glucosurie. Americ. Journ. Physiol. 29 (1911), 280 [278].
Clark, Die klinische Anwendung von Ergotamin (Tyramin). Biochem. Journ. 5 (1910), 236—242 [260].
Cloetta und Waser, Über die Beziehungen zwischen Konstitution und Wirkung beim alicyclischen Tetrahydro-β-naphthylamin und seinen Derivaten. Arch. f. exp. Path. u. Pharm. 73 (1913), 398—436 [252, 253].
— — Über das Adrenalinfieber, zur Kenntnis des Fieberanstiegs. Arch. f. exp. Path. u. Pharm. 79 (1916), 30—41 [253, 277].
Comessatti, G., Über den Wert der Froschbulbusreaktion und einige Eigenschaften des Adrenalins. Arch. f. exp. Path. u. Pharm. 60 (1909), 233—242 [288].
— Pankreasextrakt und Adrenalin. Arch. f. exp. Path. u. Pharm. 60 (1909), 243 [269].
— Systematische Dosierung des Nebennierenadrenalins in der Pathologie. Arch. f. exp. Path. 62 (1910), 190—200 [265, 287].
Cow, Einige Reaktionen überlebender Arterien. Journ. of Physiol. 42 (1911), 125—143 [259, 273].
Crawford, A. C., Die Druckwirkung einer amerikanischen Mistel. Journ. Americ. Med. Assoc. 57 (1911), 865 [246, 254].
— und Watanabe, W. K., p-Oxyphenyläthylamin, eine den Blutdruck steigernde Verbindung in einer amerikanischen Mistel. Journ. of Biol. Chem. 19 (1914), 303 [254].
— — Das Auftreten von p-Oxyphenyläthylamin in verschiedenen Misteln. Journ. of Biol. Chem. 24 (1916), 169—172 [254].
Cushny, Über die Bewegung des Uterus. Journ. of Physiol. 35 (1907), 13 [275, 276].
— Die Wirkung von synthetischem Suprarenin. Pharmac. Journ. 4 (1908), 56—57 [272, 281].
— Weitere Notizen über die Adrenalinisomeren. Journ. of Physiol. 38 (1908), 259—262 [272, 281].
Cybulsky, Weitere Untersuchungen über die Funktion der Nebennieren. Bull. intern. de l'Acad. des Sciences de Cracovie; Classe d. sc. math. et nat. (1895) [269].
Dakin, Die Synthese einer dem Adrenalin verwandten Substanz. Proc. Royal Soc. London 76 (1905), Serie B. 491—497 [268].
Dale, H. H., Über einige physiologische Wirkungen des Mutterkorns. Journ. of Physiol. 34 (1906), 163—206 [273, 275, 276, 288].
— Die Wirkung von Hypophysenextrakten. Biochem. Journ. 7 (1912), 427—446 [273].

Dale und Dixon, siehe 2.

Decker, Verfahren zur Darstellung von Dihydroisochinolinderivaten. Zus. Pat. zu Nr. 234 850 vom 11. 5. 1910, Kl. 12 o. Nr. 245 095 vom 30. 7. (26. 3. 1912) [245].

Donath, Über den Einfluß der Nebennierenextirpation und des d-Suprarenins auf die Blutzirkulation bei Katzen. Arch. f. exp. Path. u. Pharm. 60 (1909), 408 [271].

Douetteau, Über die Dioxy-2.3- und 3.4-Benzylamine. Bull. Soc. Chim. de France (4) 9 (1911), 932—938 [268].

Dresel und Piper, Zur Frage des experimentellen Diabetes. Beeinflussung der Zuckermobilisation durch Adrenalin und Pankreasextrakt in der künstlich durchbluteten Leber. Zeitschr. f. exp. Path. u. Therap. 16 (1914), 327—335 [279].

Edmunds, Weitere Studien über die Beziehungen der Nebennieren zur Pankreastätigkeit. Journ. of Pharmacol. and exp. Therap. 2 (1911), 559 [275].

Ehrlich, F., Über die Vergärung des Tyrosins zu p-Oxyphenyläthylalkohol (Tyrosol). Ber. d. Deutsch. chem. Gesellsch. 44 (1911), 139—146 [253, 254].

— Über den Nachweis von Tyrosol und Tryptophol in verschiedenen Gärprodukten. Biochem. Zeitschr. 79 (1917), 232 [253, 254].

— und Lange, siehe 2.

— und Pistschimuka, siehe 2.

Ehrmann, R., Über eine physiologische Wertbestimmung des Adrenalins und seinen Nachweis im Blute. Arch. exp. Path. u. Pharm. 53 (1905), 97—111 [266, 275, 288].

— Zur Physiologie und experimentellen Pathologie der Adrenalinsekretion. Arch. f. exp. Path. u. Pharm. 55 (1906), 39 (265).

Elliot, T. R., Die Wirkung des Adrenalins. Journ. of Physiol. 32 (1905), 401 [264, 265].

— Die Kontrolle der Nebenniere durch den Splanchnicus. Journ. of Physiol. 44 (1912), 374 [264, 265].

— Notiz über die quantitative Bestimmung des Adrenalins. Journ. Physiol. 46 (1913), 15—17; Proc. Physiol. Soc. [264, 288].

— und Durhan, H. E., Über subkutane Adrenalininjektion. Journ. Physiol. 34 (1906), 490—498 [280].

Embden, G. und v. Fürth, O., Über die Zerstörung des Suprarenins (Adrenalins) im Organismus. Beitr. z. Physiol. u. Path. 4 (1903), 421—429 [269, 272].

Emde, H., Beiträge zur Kenntnis des Ephedrins und Pseudoephedrins. Arch. d. Pharm. 244 (1906), 241—255 [248].

— Über Styrylaminbasen und deren Beziehungen zum Ephedrin und Pseudoephedrin. Arch. d. Pharm. 244 (1906), 269 [248].

— Darstellung des 1-Phenyl-1-Äthyl-1-Amin und verwandte Verbindungen. Arch d. Pharm. 253 (1915), 181—195 [248, 284].

— und Runne, Reduktion N-alkylierter Aminocetone. Arch. d. Pharm. 249 (1911), 354 [248, 284].

— — Alkylaminoalkohole. Arch. d. Pharm. 249 (1911), 371 [248, 284].

Emmerling, siehe 2.

Emmerson, Über das Auftreten von p-Oxyphenyläthylamin im Emmentaler Käse. IV. Mitteilung. Über die Bestandteile des Emmentaler Käses. Zeitschr. f. physiol. Chem. **59** (1909), 138 [253].

Eppinger, H., Zur Pathologie des viszeralen Nervensystems. Zeitschr. f. klin. Med. **67** (1909), 345 [278].

— Falta, W. und Rudinger, K., Über die Wechselbeziehungen der Drüsen mit interner Sekretion. Zeitschr. f. klin. Med. **66** (1908), 1 und 67 (1909), 380 [277, 279].

Erb, W., Experimentelle und histologische Studien über Arterienerkrankung nach Adrenalininjektion. Arch. f. exp. Path. u. Pharm. **53** (1905), 173—213 [274].

Evans und Ogawa, Die Wirkung von Adrenalin auf den Gasumsatz des isolierten Säugetierherzens. Journ. of Physiol. **47** (1913), 446—459 [280].

Ewins, A. J., Einige Farbenreaktionen des Adrenalins und verwandter Basen. Journ. Physiol. **40** (1910), 317 [287, 288].

— und Laidlaw, P. P., Die angebliche Bildung von Adrenalin aus Tyrosin. Journ. Physiol. **40** (1910), 275—278 [263].

— — Das Schicksal des p-Oxyphenyläthylamins im Organismus. Journ. of Physiol. **41** (1911), 77 [257].

Falta, W., Studien über den Purinstoffwechsel. I. Mitteilung. Zeitschr. f. exp. Path. u. Therap. **15** (1914), 356—358 [280].

—· und Ivcovic, L., Über die Wirkungsweise des Adrenalins bei verschiedener Applikation. Wien. klin. Wochenschr. **51** (1909) [269].

Flächer, Über die Umwandlung des Ephedrins in Pseudoephedrin. Arch. f. Pharm. **242** (1904), 380 [249].

— Über die Spaltung des synthetischen d.l-Suprarenins in seine optisch aktiven Komponenten. Zeitschr. f. physiol. Chem. **58** (1908), 189 [262, 267].

Folin, O., Cannon, W. B. und Denis, W., Über eine neue kolorimetrische Methode zur Bestimmung des Epinephrins. Journ. Biol. Chem. **13** (1913), 477—483 [265, 288].

— und Denis, W., Über Phosphorwolfram- und Phosphormolybdänsäureverbindungen als kolorimetrische Reagenzien. Journ. Biol. Chem. **12** (1912), 239 [288].

Fourneau, Synthetische Ephedrine. Journ. of Pharm. et Chim. (6), **25** (1907), 593 [268].

Fränkel, A., Über den Gehalt des Blutes an Adrenalin bei chronischer Nephritis bei Morbus Basedowii. Arch. f. exp. Path. u. Pharm. **60** (1909), 395 [266, 288].

Fränkel, S. und Allers, R., Über eine neue charakteristische Adrenalinreaktion. Biochem. Zeitschr. **18** (1909), 40 [287].

Frank und Isaac, Die Bedeutung des Adrenalins und des Cholins für die Erforschung des Zuckerstoffwechsels. Zeitschr. f. exp. Path. u. Therap. **7** (1910), 326—338 [278].

Franc, E. und Isaac, S., Beiträge zur Theorie experimenteller Diabetesformen. Arch. f. exp. Path. u. Pharm. **64** (1911), 293 [278].

Friedmann, Zur Kenntnis des Adrenalins (Suprarenin). Beitr. chem. Physiol. Path. **6** (1904), 92—93 [262].

Friedmann, Die Konstitution des Adrenalins. Beitr. z. chem. Physiol.
    u. Path. 8 (1906), 95 [262].
Fröhlich, Eine neue physiologische Eigenschaft des d-Suprarenins. Zentral-
    blatt f. Physiol. 23 (1909), 254—256 [281].
— Weitere Untersuchungen über die physiologische Wirkung des d-Suprare-
    nins. Zentralbl. f. Physiol. 25 (1911), 1—8 [281].
— und Pick, Die Folgen der Vergiftung durch Adrenalin, Histamin, Pi-
    tuitrin, Pepton, sowie der anaphylaktischen Vergiftung in bezug auf
    das vegetative Nervensystem. Arch. f. exp. Path. u. Pharm. 71
    (1912), 23 [260, 281].
Fröhlich, A. und Pollak, L., Über Zuckermobilisierung in der überlebenden
    Kaltblüterleber. Arch. f. exp. Path. u. Therap. 77 (1914), 265 [279].
Fuchs und Roth, Untersuchungen über die Wirkung des Adrenalins auf
    den respiratorischen Stoffwechsel. Zeitschr. f. exp. Path. u. Therap. 10
    (1912), 187—190 [279].
— — Untersuchungen über die Wirkung des Adrenalins auf den Respi-
    rationsstoffwechsel. Zeitschr. f. exp. Path. u. Therap. 11 (1913),
    55 [279].
— — Über die Wirkung des Adrenalins auf die Atmung. Zeitschr. f. exp.
    Path. u. Therap. 12 (1914). 568—571 [279].
Fürth, O. von, Zur Kenntnis der brenzkatechinähnlichen Substanz in den
    Nebennieren. I. Mitteilung. Zeitschr. f. physiol. Chem. 24 (1898),
    142 [262].
— Zur Kenntnis der brenzkatechinähnlichen Substanz der Nebennieren.
    II. Mitteilung. Zeitschr. f. physiol. Chem. 25 (1898). 15 [262].
— Zur Kenntnis der brenzkatechinähnlichen Substanz der Nebennieren.
    III. Mitteilung. Zeitschr. f. physiol. Chem. 29 (1900), 105 [262, 272].
— Zur Kenntnis des Suprarenins. Beitr. z. chem. Physiol. u. Path. 1 (1901),
    243—251 [262].
— Zur Kenntnis des Suprarenins (Adrenalins). Monatsh. f. Chem. 24
    (1903). 261—290 [262].
Gadamer, Über die Isomerie von Ephedrin und Pseudoephedrin. Arch.
    f. Pharm. 246 (1908). 566—574 [248].
Gäbel, G. O., Über das Hordenin. Arch. Pharm. 244 (1906), 435—441
    [254, 256].
Gautier, siehe auch 1.
Gautier, A., Über die Tyrosinamine. Bull. Soc. Chim. (III) 35 (1906).
    1195—1197 [255].
Gautier und Etard, Über den Mechanismus der fauligen Gärung der
    Eiweißsubstanzen und die dabei entstehenden Alkaloide. C. r. de
    l'Acad. 97 (1883), 263 und 325 [247].
— — siehe auch 1.
Gley und Guinquand, Beitrag zur Untersuchung der humoralen Wechsel-
    wirkungen. Bull. Acad. Roy. Belgique Classe des Sciences 1913,
    888 [279].
Goldschmidt, G., Über das Ratanin. Monatsh. f. Chem. 33 (1912),
    1379 [255].
— Die Struktur des Ratanins. Monatsh. f. Chem. 34 (1913), 659 [255].

Golla und Symes, Die reversible Wirkung von Adrenalin und einiger verwandter Pharmaka. Journ. Pharmacol. u. Experiment. Therap. 5 (1913), 87 [276].

Gottlieb, R., Über die Wirkung der Nebennierenextrakte auf Herz und Blutdruck. Arch. f. experim. Path. u. Pharm. 38 (1897) und 43 (1899), 286 [273].

Griffith, A. B., C. r. de l'Acad. 110 (1890), 416 [248].

Guareshi und Mosso, siehe 1.

Guber, Adrenalin (Suprarenin) als physiologisches Gegengift gegen Morphin. Arch. f. exp. Path. u. Pharm. 75 (1914), 333—46 [271].

Guggenheim, M., Dioxyphenylalanin eine neue Aminosäure aus Vicia faba. Zeitschr. f. physiol. Chem. 88 (1913), 276—284 [244, 263].

— und Löffler, W., siehe 2.

Gunn, Die Wirkung von Adrenalin und Pituitrin auf den isolierten menschlichen Uterus. Proc. Royal Soc. London 87 (1914), 551—556 [275].

— Über den Antagonismus zwischen Adrenalin und Chloroform, Chloral usw. in ihrer Herzwirkung, zugleich eine Untersuchung über die Hervorrufung rhythmischer Kontraktion am ruhenden Herzen durch Adrenalin. Quart. Journ. of exp. Physiol. 7 (1913), 1 [274].

Halle, W. L., Über die Bildung des Adrenalins im Organismus. Beitr. z. chem. Physiol. u. Path. 8 (1906), 276 [263].

Halpern, Über experimentelle Erzeugung von gefäßerweiternden Stoffen. Arch. f. exp. Path. u. Pharm. 73 (1913), 347 [280].

Handowski und Pick, Untersuchungen über die pharmakologische Beeinflußbarkeit des peripheren Gefäßtonus des Frosches. Arch. f. exp. Path. u. Pharm. 2 (1913), 89—101 [259].

Hari, P., Einfluß des Adrenalins auf den Gaswechsel. Biochem. Zeitschr. 38 (1912), 23 [277, 280].

Hartmann, Die verschiedenen Einwirkungen von Adrenalin auf die Gefäße des Splanchnicus und peripheren Systems. Americ. Journ. of Physiol. 38 (1915), 438—455 [275].

Hashimoto, Über den Einfluß unmittelbarer Erwärmung und Abkühlung des Wärmezentrums auf die Temperaturwirkungen von verschiedenen pyrogenen und antipyretischen Substanzen. Arch. f. exp. Path. u. Pharm. 78 (1915), 394—445 [277].

Hatiegan, J., Untersuchungen über die Adrenalinwirkung auf die weißen Blutzellen. Wien. klin. Wochenschr. 30 (1917), 1541 [271].

Heffter, A., Über zwei Cacteenalkaloide. Ber. d. Deutsch. chem. Gesellsch. 27 (1894), 2975.

— und B., Über Cacteenalkaloide. II. Mitteilg. Ber. d. Deutsch. chem. Gesellsch. 29 (1896), 216.

Henze, M., p-Oxyphenyläthylamin, das Speicheldrüsengift der Cephalopoden. Zeitschr. f. physiol. Chem. 87 (1913), 51 [254].

Heß und Müller, siehe 1 und 7.

Hirsch, Adrenalin und Wärmehaushalt. Zeitschr. f. exp. Path. u. Therap. 13 (1913), 142—163 [277].

Hofmeister und von Fürth, O., Verfahren zur Darstellung der den Blutdruck steigernden Substanz der Nebennieren. 103 865 Kl. 30 vom 16. Juli 1898 [267].

Hofmeister und von Fürth, O., Darstellung der Eisenverbindung der
    blutdrucksteigernden Substanz der Nebenniere. 113811 Kl. 30 vom
    14. Dez. 1899 [257].
Jackson, Die Wirkung einiger Drogen auf die Bronchiolen. The Journ.
    of Pharm. and experim. Therap. 5 (1914), 479 [261].
Janneret, J., Untersuchung über die Zersetzung von Gelatine und Eiweiß
    durch die geformten Pankreasfermente bei Luftausschluß. Journ.
    prakt. Chem. 15 (1877), 353 [246].
Januschke, Zur Pharmakologie der Bronchialmuskulatur. Arch. f. exp.
    Path. u. Pharm. 66 (1911) [276].
Ingier, A. und Schmorl, G., Über Adrenalingehalt der Nebennieren.
    Münch. med. Wochenschr. 45 (1911), 2405 [265].
Johnson und Guest, Untersuchungen von Aminen. Chem. Journ. 42
    (1909), 340—353 [248].
— — II. Mitteilung. Synthese von 4-Nitro-Phenyläthylamin und 2.4-Di-
    nitrophenyläthylamin. Americ. Chem. Journ. 43 (1910), 310—322
    [248].
Jonescu, Pharmakologische Untersuchungen über Tetrahydronaphthyl-
    amin. Arch. f. exp. Path. u. Pharm. 60 (1904), 345—359 [252].
Iwao, Beiträge zur Kenntnis der intestinalen Autointoxikation. Über den
    Einfluß von p-Oxyphenyläthylamin auf das Meerschweinchenblut.
    Biochem. Zeitschr. 59 (1914), 436 [259].
Kahn, Zur Frage des Serumgehaltes an adrenalinähnlichen Substanzen.
    Münch. med. Wochenschr. 13 (1912), 692 [266].
Kawashima, Zur Kenntnis der Rindensubstanz der Nebennieren. Biochem.
    Zeitschr. 28 (1910), 332 [264].
Kehrer, E., Physiologische und pharmakologische Untersuchungen an den
    überlebenden und lebenden inneren Genitalien. Arch. f. Gynäk. 81
    (1907), 160 [275].
— Der überlebenhe Uterus als Testobjekt für die Wichtigkeit der Mutter-
    kornpräparate. Arch. f. exp. Path. u. Pharm. 58 (1908), 366 [275].
Kepinow, Über den Synergismus von Hypophysenextrakt und Adrenalin.
    Arch. f. exp. Path. u. Pharm. 67 (1912), 247—274 [279].
King, Zur Frage der Vermeidbarkeit der Adrenalinglucosurie durch Nicotin.
    Zeitschr. f. exp. Path. u. Therap. 12 (1912), 152—154 [278].
Kleczkowski, Das Vorhandensein von Adrenalin im Blutserum der Glau-
    komkranken. Klin. Monatsbl. f. Augenheilk. 1911, Okt. [266].
Kleißel, Ein Beitrag zur Abhängigkeit der Adrenalinwirkung von der
    Alkaleszenz des Blutes. Wien. med. Wochenschr. 7 (1912), 455 [277].
Krauß, Die Jodsäurereaktion des Adrenalins. Biochem. Zeitschr. 22 (1909),
    131 [287].
Kretschmer, Dauernde Blutdrucksteigerung durch Adrenalin und über
    den Wirkungsmechanismus des Adrenalins. Arch. f. exp. Path. u.
    Pharm. 57 (1907), 423 [269].
— Über die Beeinflussung der Adrenalinwirkung durch Säure. Arch. f. exp.
    Path. u. Pharm. 57 (1907), 438 [269].
Ladenburg und Ölschlägel, Über das Pseudoephedrin. Ber. d. Deutsch.
    chem. Gesellsch. 22 (1889), 1823 [248, 251].

Laewen, Quantitative Untersuchungen über die Gefäßwirkung von Supra-
renin. Arch. f. exp. Path. **51** (1904), 415 [273].
Langstein, siehe 5.
Leersum und Rassers, Beitrag zur Kenntnis des experimentellen Ad-
renalin-Atheroms. Zeitschr. f. exp. Path. u. Therap. **16** (1914), 230
[274].
Leger, Über das Hordenin, ein neues Alkaloid aus den Malzkeimen der
Gerste. C. r. de l'Acad. **142** (1906), 108 [254, 256].
Loewe, S., Ist die perorale Darreichung von Nebennierenpräparaten sinn-
voll? Therap. Monatsh. **32** (1918), 89—92 [272, 275].
Löwi und Meyer, Über die Wirkung synthetischer, dem Adrenalin ver-
wandter Stoffe. Arch. f. exp. Path. **53** (1905), 213 [282].
Lohmann, siehe 3.
Löw, O., Über die Natur der Giftwirkung des Suprarenins. Biochem. Zeit-
schr. **85** (1917), 295—306 [267].
Lussana, Wirkung des Adrenalins und des Cholins auf die Rückenmark-
reflexe der Schildkröte. Arch. internat. de Physiol. **2** (1912), 119
bis 141 [273, 277].
Langley, J. N., Bemerkungen über die physiologische Wirkung des Neben-
nierenextraktes. Journ. Physiol. **27** (1901), 237 [275].
Leprince, M., Beitrag zum chemischen Studium der Mistel (Viscum album).
C. r. de l'Acad. **145** (1907), 940 [246, 254, 285].
Macadie, Die Färbung der Lösung von naturellem Adrenalin. Pharm.
Journ. **31** (1910), 669 [268].
Mannich, Studien in der Reihe des Adrenalins. Arch. f. Pharm. **248** (1910),
127 [268, 282].
— und Jacobsohn, Über Oxyphenylalkylamine und Dioxyphenylalkyl-
amine. Ber. d. Deutsch. chem. Gesellsch. **43** (1910), 189—197 [268].
— und Thiele, Über 1-Phenyl-1-Äthanolamin und verwandte Verbindungen.
Arch. d. Pharm. **253** (1915), 181—195 [248].
Mansfeld und Purjesz, Über die Unwirksamkeit der Antipyretica gegen-
über dem Adrenalin. Pflügers Arch. **161** (1915), 506 [278].
Marie, Wirkung des Adrenalins auf die vegetabilischen Toxine. Soc. Biol. **78**
(1915), 330 [270].
Meek und Eyster, Der Einfluß von Adrenalin auf die Herztätigkeit. Americ.
Journ. of Physiol. **38** (1915), 1082 [274].
Meltzer, S. J. und Meltzer, K., Über den Einfluß der Nebennierenextrakte
auf die Pupille des Froschauges. Zentralbl. f. Physiol. **18** (1904),
317 [275, 288].
Metzger, L., Zur Lehre vom Nebennierendiabetes. Münch. med. Wochenschr. **12** (1902) [277].
Meyer, Zur Frage der Adrenalinwirkung auf den Coronarkreislauf. Ber.
klin. Wochenschr. **20** (1913), 920 [274].
Miculicich, M., Über Glykosuriehemmung. Arch. f. exp. Path. u. Pharm. **69**
(1912), 128 [278].
Moore, α.p-Oxy-m-Methoxyphenyläthylamin und die Spaltung des α-p-Oxy-
phenyläthylamins. Journ. Chem. Soc. London **99** (1910), 416—421
[282].

Moog, Über den gegenseitigen Synergismus von normalem Serum und Adrenalin am Froschgefäß. Arch. f. exp. Path. u. Pharm. 77 (1914), 346 [266].

Morita, S., Über die zuckertreibende Wirkung adrenalinähnlicher Substanzen. Arch. f. exp. Path. u. Pharm. 78 (1915), 244 [252, 277, 278, 283].

Nagai, Deutsche med. Wochenschr. 38 (1887) [248].

Nardelli, Einfluß der Temperatur auf die Adrenalinglucosurie. Arch. d. Pharmacol. sperim. 17 (1914), 486—502 [278].

Nencki, M., Über die Zersetzung der Gelatine und des Eiweißes bei der Fäulnis mit Pankreas. Zeitschr. zum 40jähr. Jubiläum des Prof. Valentin 1876, Bern [246].

— Zur Geschichte der basischen Fäulnisprodukte. Journ. prakt. Chem. 26 (1882), 47 [246].

— Untersuchungen über die Zersetzung des Eiweißes durch anerobe Spaltpilze. Monatsh. 10 (1889), 506 [246].

Neuberg, C., Enzymatische Umwandlung aus Adrenalin. Biochem. Zeitschr. 8 (1908), 383 [287].

— und Welde, Phytochemische Reduktionen. III. Mitteilung. Umwandlungen aromatischer und fettaromatischer Aldehyde in Alkohol. Biochem. Zeitschr. 72 (1916), 325 [250].

Nice, Rock und Courtright, Der Einfluß des Adrenalins auf die Atmung. Americ. Journ. Physiol. 34 (1914), 326—331 [276].

Nishi, Über den Mechanismus der Diüretinglucosurie. Arch. f. exp. Path. u. Pharm. 61 (1909), 401 [278].

Öchsner de Conink, siehe 1.

O'Connor, Über Adrenalinbestimmung im Blute. Münch. med. Wochenschr. 27 (1911), 1439 [266, 289].

— Über den Adrenalingehalt des Blutes. Arch. f. exp. Path. u. Pharm. 67 195—232 [266, 289].

— Über die Abhängigkeit der Adrenalinsekretion vom Splanchnicus. Arch. f. exp. Path. u. Pharm. 68 (1912), 383 [265].

Ogawa, Beiträge zur Gefäßwirkung des Adrenalins. Arch. f. exp. Path. u. Pharm. 67 (1911), 89—110 [273, 275].

Oliver, S. und Schäfer, E. A., Über die physiologische Wirkung von Nebennierenextrakt. Proc. Physiol. Soc. 10, March. I—IV. Journ. Physiol. (1894) [274].

— — Die physiologische Wirkung von Nebennierenextrakt. Journ. Physiol. 18 (1895), 230—276 [274].

Parisot, Umwandlung des Blutfarbstoffes in Gallenpigment unter dem Einfluß des Adrenalins. C. r. de l'Acad. 153 (1911), 1518—1520 [269].

Parnas, siehe 3.

Pauly, Zur Kenntnis des Adrenalins. Ber. d. Deutsch. chem. Gesellsch. 36 (1903), 2944—2949 [262, 267].

— Zur Kenntnis des Adrenalins. II. Mitteilung. Ber. d. Deutsch. chem. Gesellsch. 37 (1904), 1388—1401 [262, 267].

Pauly. Bemerkungen zu der Abhandlung des Herrn Böttcher: Eine neue Synthese des Suprarenins und verwandter Verbindungen. Ber. d. Deutsch. chem. Gesellsch. **42** (1909), 484 [262].

— und Neukam, Über einige Derivate des Äthylbrenzkatechins. Ber. d. Deutsch. chem. Gesellsch. **41** (1908), 4151 [268].

Pentimalli, Die Wirkung des Adrenalins und Paraganglins auf den Atmungsmechanismus. Arch. p. l. scienze med. **37** (1913), 83—96 [276].

— und Quercia, Die Wirkung des Adrenalins, des Extraktes der „Nebenkörper“ und der Hypophyse auf die Niere. Zentralbl. f. d. ges. inn. Med. u. ihre Grenzgeb. **11** (1912), 642 [273].

Pictet und Gams, A., Synthese des Papaverins. Ber. d. Deutsch. chem. Gesellsch. **42** (1909), 2943 [244, 245].

— und Finkelstein, Synthese des Laudanosins. Ber. d. Deutsch. chem. Gesellsch. **42** (1909), 1979—1989 [245, 268].

— und Gams, A., Synthese des Papaverins. Ber. d. Deutsch. chem. Gesellsch. **42** (1909), 2943 [244, 245].

Pictet, A. und Gams, A., Über eine neue Methode zur synthetischen Darstellung von Isochinolinbasen. Ber. d. Deutsch. chem. Gesellsch. **43** (1910), 2384 [244, 245].

— und Spengler, Über die Bildung von Isochinolinderivaten durch Einwirkung von Methyl- auf Phenyläthylamin, Phenylalanin und Tyrosin. Ber. d. Deutsch. chem. Gesellsch. **44** (1911), 2030—2036 [244].

Pitini, A. und Paterno, M., Experimentelle Untersuchungen über das neue Mydriaticum Phenomydrol (Pitini). Arch. d. Farmacol sperim. **20** (1915), 540 [251].

Pollak, L., Experimentelle Studien über Adrenalindiabetes. Arch. f. exp. Path. u. Pharm. **61** (1909), 149 [277].

— Zur Frage der Adrenalingewöhnung. Zeitschr. f. physiol. Chem. **68** (1910), 69—74 [278, 281].

Porges, O., Über Hypoglykämie bei Morbus Addissonii, sowie bei nebennierenlosen Hunden. Zeitschr. f. klin. Med. **69** (1909) [278].

Pyman, Isochinolinderivate. IV. o-Dioxybasen. Die Umwandlung von 1-Keto-6, 7-Dimethoxy-2-alkyltetrahydroisochinolinen in 3,4-Dioxyphenyläthylalkamine. Journ. Chem. Soc. London **97** (1910), 264 bis 280 [268].

Rabe, Paul, Über das Ephedrin und Pseudoephedrin. Ber. d. Deutsch. chem. Gesellsch. **44** (1911), 824 [248].

Ransom, Reaktion von Kartoffel-Tyrosinase auf Adrenalin. New York Medical Journ. **8** (1912), 407 [270, 287].

Reuter, siehe 2.

Rosenmund, Über p-Oxyphenyläthylamin. Ber. d. Deutsch. chem. Gesellsch. **42** (1909), 4778—4783 [256].

— Die Synthese des Hordenins, eines Alkaloids aus Gerstenkeimen und über (a)-p-Oxyphenyläthylamin. Ber. d. Deutsch. chem. Gesellsch. **43** (1909), 306—313 [256].

Rowe, Die Sterilisierung von Adrenalinlösungen. Amer. Journ. Pharm. **86** (1914), 145—149 [268].

Salkowski, E. und H., Über die Entstehung der Homologen der Benzoesäure bei der Fäulnis. Zeitschr. f. physiol. Chem. 7 (1882), 450 [257].
— — Über das Verhalten der aus dem Eiweiß durch Fäulnis entstehenden Säuren im Tierkörper. Zeitschr. f. physiol. Chem. 7 (1882), 161 [257].
Savopol, Wirkung der ultravioletten Strahlen auf die nekrotisierende Wirkung des Adrenalins. C. r. Soc. Biol. 77 (1914), 459 [270].
— Verschwinden der neutralisierenden Eigenschaften des Adrenalins auf das Tetanustoxin nach der Bestrahlung mit ultraviolettem Licht. C. r. Soc. Biol. 77 (1914) [270].
Sasaki, Über die biologische Umwandlung primärer Eiweißspaltprodukte. Eine einfache biochemische Darstellungsmethode von p-Oxyphenyläthylamin. Biochem. Zeitschr. 59 (1914), 429 [254, 255, 259, 284].
Schmid, Versuche zur Synthese des Ephedrins. Arch. d. Pharm. 243 (1905), 73—78 [248].
— Über das Ephedrin und Pseudoephedrin. Arch. d. Pharm. 246 (1908), 210 [248].
— Ephedrin und Pseudoephedrin. Arch. d. Pharm. 249 (1911), 305 [248].
— Über das Ephedrin und Pseudoephedrin. Arch. d. Pharm. 252 (1914), 89—138 [248].
— Über das Ephedrin und Pseudoephedrin. Arch. d. Pharm. 253 (1915), 52—61 [248].
Schotten, Über das Verhalten des Tyrosins und der aromatischen Oxysäuren im Organismus. Zeitschr. f. physiol. Chem. 7 (1882), 123 [257].
Schulz, Quantitative pharmakologische Studien: Das Adrenalin und adrenalinähnliche Körper. Hygienic Laboratory Bulletin Nr. 55 (1909), Washington [281, 288].
Schultz, W. H., Experimentelle Kritik über neue das Adrenalin betreffende Ergebnisse. Journ. Pharm. Exp. Therap. 1 (1909), 291 [272].
Seidell, Kolorimetrische Bestimmung von Adrenalin in getrockneten Nebennieren. Journ. of Biol. Chem. 15 (1914), 197—212 [287].
Spät, E., Über die Anhaloniumalkaloide. Sitzungsber. d. Akad. d. Wissenschaft. Wien 12/12 (1918) und Chem. Ztg. 43 (1919), 232 [255].
Spiro, Die aromatische Gruppe des Leims. Beitr. z. chem. Physiol. u. Pathol. 1 (1910), 347 [246].
Starkenstein, E., Der Mechanismus der Adrenalinwirkung. Arch. f. exp. Path. u. Therap. 10 (1911), 78 [278].
Stenström, Das Pituitrin und die Adrenalinhyperglykämie. Biochem. Zeitschr. 58 (1914), 247—274 [278].
Stolz, Über Adrenalin und Alkylaminoacetobrenzkatechin. Ber. d. Deutsch. chem. Gesellsch. 37 (1904), 4149—4154 [262, 267, 268].
Stewart, Der Wirkungsmechanismus des Adrenalins bei der Erzeugung von Herzhypertrophie. Journ. of Pathol. and Bacteriol. 17 (1912), 64—81 [274].
Stutzer, Über die Wirkung von Adrenalin auf Bakterien und Diphtherietoxin. Zeitschr. f. Immunitätsforschung und exp. Therap. 22 (1914), 372 [270].
Takamine, J., Adrenalin, das aktive Prinzip der Nebenniere und seine Herstellungsweise. Americ. Journ. Pharm. 73 (1901), 523—531 [262].

Takamine, J., Die Isolierung des aktiven Prinzips der Nebenniere.
Proc. Physiol. Soc. 14.. Dez. XXIX—XXX; Journ. Physiol. 27
(1901) [262].

Tiffeneau, Über das Monomethyl- und Dimethyl-3.4-dioxybenzylamin.
Bull. Soc. Chim. de France (4) 9 (1911), 928—932 [268].

— Über die aktiven Gruppen in der Adrenalinreihe. Ch. Richet-Fest-
schrift, Paris 1912, 399—412 [282].

— Vergleich der verschiedenen Adrenaline und ihrer Homologen hinsichtlich
ihrer Wirkung auf den Blutdruck beim atropinisierten Hund. C. r.
de l'Acad. 161 (1915), 36—39 [282].

Torquati, T., Untersuchung über die Bildung von Hordenin während der
Keimung der Gerstensamen. Arch. di farmacol. sperim. 10 (1910),
62—70 [254, 286].

— Über die Gegenwart einer stickstoffhaltigen Substanz in den Keimlingen
von Vicia Faba. Arch. di farmacol. sperim. 15 (1913), 213 [244].

— Über die Gegenwart einer stickstoffhaltigen Substanz in den grünen
Hülsen von Vicia Faba. Arch. di farmacol. sperim. 15 (1913), 308
[244].

Trendelenburg, P., Bestimmung des Adrenalingehaltes im normalen
Blut, sowie beim Abklingen der Wirkung einer einmaligen intravenösen
Adrenalininjektion mittels physiologischer Meßmethode. Arch. f..
exp. Path. u. Pharm. 63 (1910), 161 [265, 266, 273, 288].

— Zur Physiologie der Nebennieren. I. Mitteilung. Einfluß des Blutdruckes
auf die Adrenalinsekretion. Zeitschr. f. Biol. 57 (1911), 90—103 [265].

— Zur Bestimmung des Adrenalingehaltes im Blut. Münch. med. Wochenschr. 36 (1911), 1919 [265, 266, 288].

— Physiologische und pharmakologische Untersuchungen an der isolierten
Bronchialmuskulatur. Arch. f. exp. Path. u. Therap. 69 (1912) [276].

— Über die Adrenalinkonzentration im Säugetierblut. Arch. f. exp. Path.
u. Pharm. 79 (1915), 154—189 [265, 266, 288].

Tutin, F., Synthese in der Epinephrinreihe. II. Mitteilung. Journ. Chem.
Soc. London 97 (1911), 2495 [268].

— Caton, F. W. und Hann, A. C. O., Synthese in der Epinephrinreihe.
I. Mitteilung. Journ. Chem. Soc. London 95 (1909), 2113—2126 [268].

Venturoli und Gollerani, Beitrag zum chemisch-toxikologischen Studium
des Adrenalins. Giorn. Farm. Chim. 60 (1910), 97—105 [267].

Vincent, S., Über die allgemein physiologische Wirkung von Nebennierenextrakten. Journ. of Physiol. 22 (1897), 111—120 [271].

Vögelmann, Niere und Nebenniere. Arch. f. exp. Path. u. Pharm. 74
(1913), 181—221 [266].

Vulpian, Notiz über einige der Nebennierensubstanz eigentümliche Reaktionen. C. r. de l'Acad. 43 (1856), 663—665 [262, 287].

Waser, Über die Beziehungen zwischen Konstitution und Wirkung beim
ac-Tetrahydro-β-naphthylamin und seinen Derivaten. Schweiz.
Chem.-Ztg. 1 (1917), 12—15 [253].

Watermann, Über einige Versuche mit Rechtssuprarenin. Zeitschr. f.
physiol. Chem. 63 (1909), 290—295]277, 281, 288].

— Zur Frage der Adrenalinimmunität. Zeitschr. f. physiol. Chem. 74 (1911),
273—281 [277, 278, 281].

Wiggers, Weitere Beobachtungen über die konstriktorische Wirkung des Adrenalins auf die zerebralen Gefäße. Journ. of Physiol. 48 (1914), 109 [273].

Wilenko, Über den Einfluß des Adrenalins auf den respiratorischen Quotienten und die Wirkungsweise des Adrenalins. Biochem. Zeitschr. 42 (1912), 44 [280].

Winterstein und Bisegger, Zur Kenntnis der Bestandteile des Emmentaler Käses. III. Mitteilung. Versuche zur Bestimmung der stickstoffhaltigen Käsebestandteile. Zeitschr. f. physiol. Chem. 47 (1906), 28 [246].

— und Küng, Über das Auftreten von p-Oxyphenyläthylamin im Emmentaler Käse. IV. Mitteilung. Über die Bestandteile des Emmentaler Käses. Zeitschr. f. physiol. Chem. 59 (1909), 138 [253, 284].

Wohl und Berthold, Über die Darstellung der aromatischen Alkohole und ihre Acetate. Chem. Zentralbl. 1910, II, 642 [248].

Zanfrognini, A., Eine neue kolorimetrische Methode der Adrenalinbestimmung. Deutsche med. Wochenschr. 35 (1909), 1752 [287].

Zuckerstein, Die Wirkung des Adrenalins auf die Gefäße verschiedener Abschnitte der Niere des Frosches und die Veränderungsfähigkeit dieser Wirkung. Zeitschr. f. Biol. 67 (1916), 293—306 [273].

Zülzer, G., Zur Frage des Nebennierendiabetes. Berl. klin. Wochenschr. 48 (1901) [277].

— Experimentelle Untersuchungen über den Diabetes. Berl. klin. Wochenschr. (1907), 474 [277].

10. Das Indoläthylamin.

Braun, F., Über ein neues Produkt der Pankreasselbstverdauung. Beitr. z. chem. Physiol. u. Pathol. 3 (1903), 439—441 [290].

Ehrlich, F., Über Tryptophol (β-Indoläthylalkohol), ein neues Gärprodukt der Hefe aus Aminosäuren. Ber. d. Deutsch. chem. Gesellsch. 45 (1912), 883—889 [291].

Ewins, Die Synthese des 3-β-Aminoäthylindols. Journ. Chem. Soc. London 99 (1911), 270—273 [291].

— und Laidlaw, P. P., Die Synthese von 3-β-Aminoäthylindol und seine Bildung aus Tryptophan. Proc. Chem. Soc. 26 (1910), 343 [291].

— — Das Schicksal des Indoläthylamins im Organismus. Biochem. Journ. 7 (1913), 18—25 [292].

Guggenheim und Löffler, W., siehe 2.

Herter, C., Die Beziehung von nitrifizierenden Bakterien zu der Uroroseinreaktion von Nenki und Sieber. Journ. of Biol. Chem. 4 (1908), 238 [292].

Homer, Die Ausscheidung von Kynurensäure im Harn von Hunden nach Verabreichung von Tryptophan. Journ. of Biol. Chem. 22 (1915), 391—488 [289].

— Eine Methode zur Bestimmung des Tryptophans in Proteinen unter Verwendung von Baryt als hydrolysierendes Agens. Journ. of Biol. Chem. 22 (1915), 369—391 [289].

Hopkins, F. G. und Cole, S. W., Ein Beitrag zur Chemie der Eiweißstoffe. 2. Teil. Die Konstitution des Tryptophans und die Wirkung der Bakterien auf letzteres. Journ. of Physiol. 29 (1903), 451 [289].

Laidlaw, Die physiologische Wirkung von Indoläthylamin. Biochem. Journ. 6 (1912), 141—150 [294].

Swain, R. E., Weiteres über Skatosin. Beitr. z. chem. Physiol. u. Pathol. 3 (1903), 442—445 [290].

11. Schlußkapitel.

Abderhalden, Organsubstanzen mit spezifischer Wirkung. Pflügers Arch. 162 (1915) [297].

Abelin, J., Beiträge zur Kenntnis der physiologischen Wirkung der proteinogenen Amine auf den Stickstoffwechsel schilddrüsenloser Hunde. Biochem. Zeitschr. 93 (1918), 128—148 [297].

Abelous und Bardier, Vergleichende Wirkung von Urohypertensin und Trimethylamin. C. r. Soc. Biol. 61 (1909), 347 [298].

— — siehe auch 2.

Aldrich, Über das Vorkommen histidinähnlicher Substanzen in der Schleimdrüse (hinterer Lappen). Journ. of Amer. Chem. Soc. 37 (1915), 203—208 [296].

Aronson und Sommerfeld, Die Giftigkeit des Harns bei Masern und anderen Infektionskrankheiten. Deutsche med. Wochenschr. 37 (1912), 1733 [298].

Asher, Beiträge zur Physiologie der Drüsen. XXIX. Mitteilung. Nachweis der Stoffwechselwirkung der Schilddrüse mit Hilfe eines eiweißfreien und jodarmen Schilddrüsenpräparates. Biochem. Zeitschr. 80 (1916), 259 [297].

Bayliß und Starling, Der Mechanismus der Pankreassekretion. Journ. Physiol. 28 (1902), 325—353 [296].

Berlin, E., Ein Beitrag über die wirksamen Substanzen der Blutgefäßdrüsen. Zeitschr. f. Biol. 68 (1918), 371 [297].

Berlin und Kutscher, Untersuchungen von bei Meningitis cerebrospinalis epidemica gewonnenen Lumbalflüssigkeit auf toxische Substanzen. Zeitschr. f. Hygiene u. Infektionskrankh. 82 (1916), 506 [297].

Bouchardt, siehe 1.

Dakin und Ransom, Behandlung des Diabetes. Journ. of Biol. Chem. 2 (1907), 305 [296].

Dale, Die Wirkung von Extrakten der Hypophyse. Biochem. Journ. 7 (1912), 427—446 [297].

Dixon und Hamlin, Sekretin- und Alkaloidwirkung. Journ. of Physiol. 39 (1909), 314 [296].

Dörr, Über Anaphylaxie. Wien. klin. Wochenschr. 9 (1912), 331 [298].

Dittler, R., Über die Wirkung des Blutes auf den isolierten Dünndarm. II. Mitteilung. Zeitschr. f. Biol. 68 (1917), 223—256 [297].

Forster, Die Behandlung des Diabetes mit Sekretin. Journ. of Biol. Chem. 2 (1906), 297 [296].

Fühner, Pharmakologische Untersuchungen über die wirksamen Bestandteile der Hypophyse. Zeitschr. f. d. ges. exp. Med. 1 (1913), 397 [295, 296].

— siehe auch 3 und 7.

Funk, C., Über die chemische Natur der Substanz, welche eine durch Fütterung mit Reis hervorgerufene Polyneuritis bei Vögeln heilt. Journ. of Physiol. 43 (1911), 395—400 [66, 295].

— Die Darstellung der Substanz aus Hefe und anderen Nahrungsmitteln, deren Abwesenheit bei Vögeln Polyneuritis verursacht. Journ. of Physiol. Vol. XLV, Nr. 1 u. 2 (1912) [295].

— Fortschritte der experimentellen Beriberiforschung in den Jahren 1911 bis 1913. Münch. med. Wochenschr. 36 (1913), 1997 [295].

— Weitere experimentelle Studien über Beriberi. Die Wirkung gewisser Purin- und Pyrinidinderivate. Journ. of Physiol. Vol. XLV, H. 2 (1913) [295].

— Die stickstoffhaltigen Bestandteile des Citronensaftes. Biochem. Journ. 7 (1913), 81 [295].

— siehe auch 8.

— und Macallum, A., Studien über das Wachstum. IV. Mitteilung. Die Wirkung der Hefefraktionen auf das Wachstum der Ratten. Journ. of Biol. Chem. 27 (1916), 63—70 [295].

— und Poklop, J., Das Studium gewisser Ernährungsbedingungen hinsichtlich des Problems des Wachstums bei Ratten. Journ. of Biol. Chem. 27 (1916), 1 [295].

Gubary, A., Über die klinische Untersuchung des Blutserums auf vasokonstringierende Substanzen. Zentralbl. f. d. ges. Med. u. ihre Grenzgebiete Nr. 9 (1913), 392 [297].

Guber, Über die Anwesenheit von gefäßverengernden Stoffen im Blutserum. V. Kongreß russischer Therapeuten 1913 [297].

Guggenheim, M., Beitrag zur Kenntnis des wirksamen Prinzips der Hypophyse. Biochem. Zeitschr. 65 (1914), 189 [296].

Handowsky und Pick, Über die Entstehung vasokonstriktorischer Substanzen durch Veränderung der Serumkolloide. Arch. f. exp. Path. u. Pharm. 71 (1913), 62 [298].

le Heux, W. J., Cholin als Hormon der Darmbewegung. Pflügers Arch. d. Physiol. 173 (1918), 8—27 [297].

Höchster Farbwerke, Verfahren zur Darstellung einer hochwirksamen Substanz aus Hypophysenextrakten. D. R. P. Nr. 26 419 Kl. 30 h [295, 296].

Kaufmann, Über den Einfluß der Organextrakte auf die Blutgefäße. Zentralbl. f. d. ges. inn. Med. u. ihre Grenzgebiete 7 (1913), 686 [297].

Lalou, S., Veränderungen in der Menge und in der Zusammensetzung des Pankreassaftes im Verlauf der durch Sekretin hervorgerufenen Sekretionen. C. r. de l'Acad. 151 (1910), 824 [296].

Oliver und Schäfer, E. A., Über die physiologische Wirkung von Extrakten der Hypophyse und anderer drüsigen Organe. Journ. Physiol. 18 (1895), 277 [295].

Pfeiffer und Albrecht, Zur Kenntnis der Harntoxizität des Menschen bei verschiedenen Krankheiten. Zeitschr. f. d. ges. Neurol. u. Psychiatrie 9, 577 [298].

Popielski, Über die physiologische Wirkung von Extrakten aus sämtlichen Teilen des Verdauungskanals (Magen-, Dick- und Dünndarm), sowie des Gehirns, Pankreas und Blutes und über die chemischen Eigenschaften des darin wirkenden Körpers. Arch. f. d. ges. Physiol. 128 (1909), 191 [296].

— siehe auch 7.

Robertson, Experimentelle Studien über das Wachstum. III. Mitteilung. Die Wirkung des Vorderlappens der Hypophyse auf das Wachstum der weißen Maus. Journ. of Biol. Chem. 24 (1916), 385—407 [296].

— Isolierung und die Eigenschaften des Tethelins, die wachstumsbeeinflussende Substanz des Vorderlappens der Hypophyse. Journ. of Biol. Chem. 24 (1916), 409—421 [296].

Romeis, B., Experimentelle Untersuchungen über die Wirkung innersekretorischer Organe. 6. Mitteilung. Pflügers Arch. d. Physiol. 173 (1918), 422—497 [297].

Le Sourt und Pagnier, Über die gefäßverengernde Wirkung der Blutplättchenextrakte auf die isolierten Arterien. Soc. Biol. 76 (1914), 587 [297].

Taylor und Piarce, Die Natur der blutdrucksenkenden Substanz im Harn und in den Geweben des Hundes. Journ. of Biol. Chem. 15 (1913), 213 [298].

Vincent und Sheen, Über die physiologische Wirkung von Extrakten der Nerven, Muskeln und anderer Organe. Journ. of Physiol. 28 (1902), Anhang XIX [297].

Vögtlin und Macht, Isolierung einer neuen Substanz im Blut. Deutsche med. Wochenschr. 4 (1914), 191 [297].

Williams, Die Chemie der Vitamine. The Philippine Journ. of Science 11 (1915), 49—57 [295].

— Eigenschaften der Oxypyridine. Journ. of Biol. Chem. 25 (1916), 437—445 [295].

Sachregister.